U0538731

# 工程數學

SI Edition

ADVANCED ENGINEERING
MATHEMATICS
8th Edition

Peter V. O'Neil　著

黃孟樑・郭姿君　編譯

CENGAGE

Australia • Brazil • Mexico • Singapore • United Kingdom • United States

工程數學 / Peter V. O'Neil 原著；黃孟槺，郭姿君編譯 -- 修訂一版. -- 臺北市：新加坡商聖智學習，2019.03
　　面；　公分
譯自：Advanced Engineering Mathematics, 8th ed.
ISBN 978-957-9282-43-7 (平裝)

1. 工程數學

440.11　　　　　　　　　　　　　108003666

# 工程數學

© 2019 年，新加坡商聖智學習亞洲私人有限公司台灣分公司著作權所有。本書所有內容，未經本公司事前書面授權，不得以任何方式（包括儲存於資料庫或任何存取系統內）作全部或局部之翻印、仿製或轉載。

© 2019 Cengage Learning Asia Pte. Ltd.
Original: Advanced Engineering Mathematics, SI, 8th Edition
　　By Peter V. O'Neil
　　ISBN: 9781337274524
　　© 2018 Cengage Learning
　　All rights reserved.

1 2 3 4 5 6 7 8 9 2 0 1 9

| | |
|---|---|
| 出 版 商 | 新加坡商聖智學習亞洲私人有限公司台灣分公司 |
| | 10448 臺北市中山區中山北路二段 129 號 3 樓之 1 |
| | http://cengageasia.com |
| | 電話：(02) 2581-6588　　傳眞：(02) 2581-9118 |
| 原　　著 | Peter V. O'Neil |
| 編　　譯 | 黃孟槺・郭姿君 |
| 執行編輯 | 曾怡蓉 |
| 印務管理 | 吳東霖 |
| 總 經 銷 | 台灣東華書局股份有限公司 |
| | 地址：10045 臺北市中正區重慶南路一段 147 號 3 樓 |
| | http://www.tunghua.com.tw |
| | 郵撥：00064813 |
| | 電話：(02) 2311-4027 |
| | 傳眞：(02) 2311-6615 |
| 出版日期 | 西元 2019 年 3 月　修訂一版一刷 |

ISBN 978-957-9282-43-7

(19SMS0)

# 編譯序

　　本書為原文書 *Advanced Engineering Mathematics* (8$^{th}$ edition, Peter V. O'Neil) 的中文精簡版本，原著者利用圖示、範例，以及有趣的數學模型，讓數以千計的學生得以一窺工程數學的堂奧，而編譯者考量國內大專院校課程安排與實務應用所需，刪除原著部分艱深困難內容，修編成《工程數學》一書。本書編寫目的為提供工程數學研讀之參考，全書共 12 章，內容包括一階微分方程式；二階微分方程式；拉氏變換；向量與向量空間 $R^n$；矩陣、行列式與線性方程組；特徵值、對角化與特殊矩陣；線性微分方程組；向量的微分；向量的積分；傅立葉級數；傅立葉變換及偏微分方程式等主題。

　　全書包含許多範例和習題，幫助學生真正理解所涉及的概念，而不是只列出機械式步驟。此外，「數往知來」(Math in Context) 專欄，由工程師撰寫，對數學如何在各種現實世界的工程項目和環境中發生提供了深刻的見解，期望能增進學生利用工程數學解決問題之能力與技巧。

　　最後，感謝黃孟樑老師與 Cengage Learning 同仁的細心審閱校稿本書，使得本書可以順利出版。

郭姿君

# 簡明目錄

Chapter 1　一階微分方程式　　1

Chapter 2　二階微分方程式　　39

Chapter 3　拉氏變換　　89

Chapter 4　向量與向量空間 $R^n$　　125

Chapter 5　矩陣、行列式與線性方程組　　153

Chapter 6　特徵值、對角化與特殊矩陣　　199

Chapter 7　線性微分方程組　　229

Chapter 8　向量的微分　　259

Chapter 9　向量的積分　　285

Chapter 10　傅立葉級數　　333

Chapter 11　傅立葉變換　　371

Chapter 12　偏微分方程式　　393

# 目錄

編譯序 ................................................................................................ i

## CHAPTER 1　一階微分方程式 .................................................... 1

**1.1** 術語和可分離變數的方程式 ................................................. 1
　　1.1.1　奇異解 ........................................................................ 6
　　1.1.2　可分離方程式的一些應用 ........................................ 7

**1.2** 線性一階方程式 .................................................................... 12

**1.3** 正合方程式 ............................................................................ 15

**1.4** 積分因子 ................................................................................ 22
　　1.4.1　可分離方程式與積分因子 ........................................ 26
　　1.4.2　線性方程式與積分因子 ............................................ 27

**1.5** 齊次、伯努利與李卡地方程式 ............................................. 28
　　1.5.1　齊次微分方程式 ........................................................ 28
　　1.5.2　伯努利方程式 ............................................................ 33
　　1.5.3　李卡地方程式 ............................................................ 35

## CHAPTER 2　二階微分方程式 .................................................... 39

**2.1** 線性二階方程式 .................................................................... 39

**2.2** 降階法 .................................................................................... 46

**2.3** 常係數齊次方程式 ................................................................ 50

**2.4** 非齊次方程式的特解 ............................................................ 55
　　2.4.1　參數變換法 ................................................................ 55
　　2.4.2　未定係數法 ................................................................ 58

**2.5** 歐勒方程式 ............................................................................ 66

**2.6** 級數解 .................................................................................... 70
　　2.6.1　冪級數解 .................................................................... 71
　　2.6.2　Frobenius 解 ............................................................... 76

## Chapter 3 拉氏變換     89

- **3.1** 定義與符號     89
- **3.2** 初值問題的解     92
- **3.3** Heaviside 函數與移位定理     97
  - 3.3.1 第一移位定理     97
  - 3.3.2 Heaviside 函數、脈動與第二移位定理     101
  - 3.3.3 Heaviside 公式     110
- **3.4** 卷積     113
- **3.5** 脈衝與 Dirac delta 函數     116
- **3.6** 線性微分方程組     120

## Chapter 4 向量與向量空間 $R^n$     125

- **4.1** 平面與三維空間的向量     125
  - 4.1.1 三維空間的直線方程式     131
- **4.2** 點積     134
  - 4.2.1 一向量投影到另一向量     138
- **4.3** 叉積     140
- **4.4** $n$-向量和 $R^n$ 的代數結構     143

## Chapter 5 矩陣、行列式與線性方程組     153

- **5.1** 矩陣與矩陣代數     153
  - 5.1.1 術語與特殊矩陣     158
- **5.2** 列運算與簡化矩陣     161
- **5.3** 齊次線性方程組的解     169
- **5.4** 非齊次線性方程組的解     176
- **5.5** 反矩陣     182
- **5.6** 行列式     188
  - 5.6.1 以列或行運算計算     191
- **5.7** 克蘭姆法則     195

## Chapter 6 特徵值、對角化與特殊矩陣 — 199

**6.1** 特徵值與特徵向量 — *199*
    7.1.1 特徵向量的線性獨立 — *205*

**6.2** 對角化 — *210*

**6.3** 特殊矩陣及其特徵值和特徵向量 — *217*
    6.3.1 正交矩陣 — *217*
    6.3.2 單式矩陣 — *220*
    6.3.3 賀米特與反賀米特矩陣 — *221*

**6.4** 二次式 — *224*

## Chapter 7 線性微分方程組 — 229

**7.1** 線性方程組 — *229*
    7.1.1 $X' = AX$ 的解的結構 — *231*
    7.1.2 $X' = AX + G$ 的解的結構 — *237*

**7.2** 當 $A$ 為常數的 $X' = AX$ 的解 — *239*
    7.2.1 複數特徵值的情況 — *247*

**7.3** 指數矩陣解 — *251*

## Chapter 8 向量的微分 — 259

**8.1** 單變數的向量函數 — *259*

**8.2** 速度、加速度與曲率 — *265*

**8.3** 梯度場 — *271*
    8.3.1 等位面、切平面與法線 — *273*

**8.4** 散度與旋度 — *278*
    8.4.1 散度的物理解釋 — *281*
    8.4.2 旋度的物理解釋 — *282*

## Chapter 9 向量的積分 — 285

**9.1** 線積分 — *285*

**9.2** 格林定理 — *294*

**9.3** 與路徑無關以及位勢理論 — *297*

**9.4** 面積分 — *308*

9.4.1　曲面的法向量　　　　　　　　　　　　　　　　　　　　*309*
　　　9.4.2　純量場的面積分　　　　　　　　　　　　　　　　　　*315*
**9.5**　面積分的應用　　　　　　　　　　　　　　　　　　　　　*318*
　　　9.5.1　曲面的面積　　　　　　　　　　　　　　　　　　　　*318*
　　　9.5.2　殼的質量和質心　　　　　　　　　　　　　　　　　　*319*
**9.6**　高斯散度定理　　　　　　　　　　　　　　　　　　　　　*322*
　　　9.6.1　阿基米德原理　　　　　　　　　　　　　　　　　　　*324*
　　　9.6.2　熱方程式　　　　　　　　　　　　　　　　　　　　　*325*
**9.7**　史托克定理　　　　　　　　　　　　　　　　　　　　　　*328*

# CHAPTER 10　傅立葉級數　　　　　　　　　　　　　　　　　　　　*333*

**10.1**　在 $[-L, L]$ 的傅立葉級數　　　　　　　　　　　　　　　*333*
　　　10.1.1　偶函數與奇函數的傅立葉級數　　　　　　　　　　　*342*
　　　10.1.2　在 $[0, L]$ 的傅立葉餘弦級數　　　　　　　　　　　*345*
　　　10.1.3　在 $[0, L]$ 的傅立葉正弦級數　　　　　　　　　　　*347*
**10.2**　正弦和餘弦級數　　　　　　　　　　　　　　　　　　　　*350*
**10.3**　傅立葉級數的積分與微分　　　　　　　　　　　　　　　　*356*
**10.4**　傅立葉係數的性質　　　　　　　　　　　　　　　　　　　*360*
　　　10.4.1　最小平方最適化　　　　　　　　　　　　　　　　　*362*
**10.5**　複數傅立葉級數　　　　　　　　　　　　　　　　　　　　*366*

# CHAPTER 11　傅立葉變換　　　　　　　　　　　　　　　　　　　　*371*

**11.1**　傅立葉變換　　　　　　　　　　　　　　　　　　　　　　*371*
　　　11.1.1　濾波和 Dirac delta 函數　　　　　　　　　　　　　*385*
**11.2**　傅立葉餘弦和正弦變換　　　　　　　　　　　　　　　　　*387*

# CHAPTER 12　偏微分方程式　　　　　　　　　　　　　　　　　　　*393*

**12.1**　波動方程式　　　　　　　　　　　　　　　　　　　　　　*393*
　　　12.1.1　在有界區間的波動　　　　　　　　　　　　　　　　*393*
　　　12.1.2　在無界介質中的波動　　　　　　　　　　　　　　　*399*
**12.2**　熱方程式　　　　　　　　　　　　　　　　　　　　　　　*405*
　　　12.2.1　在區間的熱方程式　　　　　　　　　　　　　　　　*406*
　　　12.2.2　在無界介質中的熱方程式　　　　　　　　　　　　　*411*

**12.3** 位勢方程式　416
　12.3.1　拉氏方程式　416
　12.3.2　矩形的 Dirichlet 問題　417
　12.3.3　圓盤的 Dirichlet 問題　422

習題解答　427
索引　465

# CHAPTER 1

# 一階微分方程式

## 1.1 術語和可分離變數的方程式

微分方程式是至少含有一個導數的方程式。因為導數是變化率，所以微分方程式可用於建立運動系統的模式，這些可能涉及物理、化學、生物、金融市場，以及其他領域中各種有趣的現象。

一階微分方程式包含一階導數，但不包含較高的導數。我們將從幾種可以求解的一階方程式開始，這些方程式都有重要和有趣的應用。

當一階微分方程式是**可分離** (separable) 的，在經過一些代數運算之後，可以寫成如下的形式：

$$\frac{dy}{dx} = F(x)G(y)$$

亦即導數等於 $x$ 的函數與 $y$ 的函數之乘積。對於所有 $G(y) \neq 0$ 的情況下，我們可以分離變數，而將方程式寫成微分形式，即

$$\frac{1}{G(y)} dy = F(x)\, dx$$

將上式等號兩邊積分即可求解。

---

### 數往知來──質量與能量均衡方程式

許多工程機械和元件的設計是從質量與能量均衡方程式開始。流體系統的機械能均衡的微分形式可以寫為

$$dE = dH + dQ - dW$$

其中

> $E$ 是微分質量的總能量，
> $H$ 是焓，是內能的量度，
> $Q$ 是添加到系統中的熱量，
> $W$ 是系統所做的功。
>
> 在許多情況下對於感興趣的量，可將這種能量均衡簡化為一階可分離微分方程式進行求解。

**例 1.1**

$y' = y^2 e^{-x}$ 是可分離的，因為如果 $y \neq 0$，我們可將它寫成

$$\frac{1}{y^2} dy = e^{-x} dx$$

將上式積分，

$$\int \frac{1}{y^2} dy = \int e^{-x} dx$$

可得

$$-\frac{1}{y} = -e^{-x} + k$$

其中 $k$ 為積分常數。解出此方程式中的 $y$，得到

$$y = \frac{1}{e^{-x} - k}$$

對任意數 $k$，將上式代入微分方程式可驗證上式是原題的解。

含有一個任意常數的一階微分方程式的解稱為**通解** (general solution)，而具有選擇特定 $k$ 的解稱為**特解** (particular solution)。圖 1.1 顯示例 1.1 的微分方程式的特解之圖形，其中 $k$ 取一些特定值。解的圖形稱為微分方程式的**積分曲線** (integral curve)。

通常我們需要一個微分方程式的解，其在某一已知數 $x = x_0$ 具有特定值 $y = y_0$。

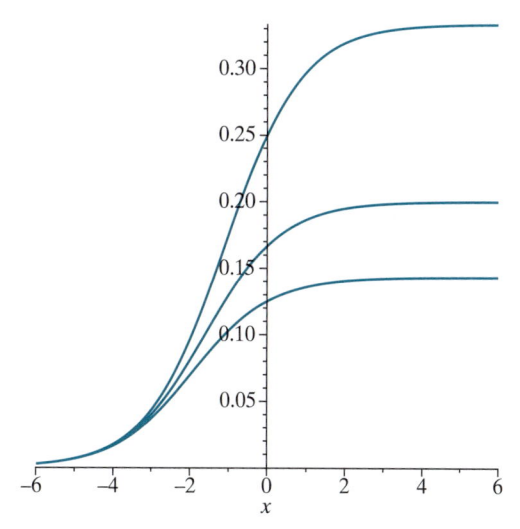

**圖 1.1** 例 1.1 中的積分曲線，其中 $k = -3 \cdot -5 \cdot -7$

條件
$$y(x_0) = y_0$$

稱為**初始條件** (initial condition)，而具有初始條件的微分方程式稱為**初值問題** (initial value problem)。初值問題的解之圖形為通過 $(x_0, y_0)$ 的積分曲線。

在例 1.1 中，如果我們指定初始條件為 $y(0) = 4$，則初值問題為

$$y' = y^2 e^{-x}; y(0) = 4$$

由微分方程式的通解

$$y(x) = \frac{1}{e^{-x} - k}$$

為了求 $k$，上式需滿足

$$y(0) = \frac{1}{1-k} = 4$$

解出 $k = \frac{3}{4}$，此初值問題的解為

$$y = \frac{1}{e^{-x} - \frac{3}{4}}$$

當微分方程式具有 $y' = f(x, y)$ 的形式，且 $f(x, y)$ 在包含 $(x_0, y_0)$ 的平面之某區域為連續，則初值問題

$$y' = f(x,y); y(x_0) = y_0$$

有唯一解。這表示對於每一點只會有一條微分方程式的積分曲線通過此點。這個技術的細節將於存在／唯一性的模組中討論。

> **例 1.2**
>
> 若 $y \neq -1$，則 $x^2 y' = 1 + y$ 為可分離，因為
>
> $$\frac{1}{1+y} dy = \frac{1}{x^2} dx$$
>
> 將此可分離方程式積分，可得
>
> $$\ln|1+y| = -\frac{1}{x} + k$$
>
> 其中 $k$ 為任意常數。我們必須寫成 $|1+y|$，而不是 $1+y$，因為只有正數才可以取對數。
>
> 我們要解此方程式，亦即以 $x$ 表示 $y$。當解可分離方程式時，並不是一定可以解出 $y$，但是對於此題，我們可以解出 $y$。首先對方程式的兩邊取指數以消去對數，得到
>
> $$|1+y| = e^{k-1/x}$$
>
> 將此式寫成
>
> $$|1+y| = e^k e^{-1/x} = a e^{-1/x}$$
>
> 其中 $a = e^k$ 為任意正數（因為對任意 $k$，$e^k$ 為正）。
>
> 因為對任意 $\alpha$，$|\alpha| = \pm \alpha$，上式變成
>
> $$1 + y = \pm a e^{-1/x} = b e^{-1/x}$$
>
> 其中我們令 $b = \pm a$，此處 $b$ 可為任意非零的數，$b$ 可能是負數，因為 $1+y$ 可以為負；但是 $b$ 不為 0，因為我們需要 $y \neq -1$ 來分離變數。
>
> 因此，
>
> $$y = -1 + b e^{-1/x}$$
>
> 其中 $b$ 為任意非零的數，此為微分方程式的通解。
>
> 作為初值問題的例子，假設我們要解
>
> $$x^2 y' = 1 + y; \quad y(1) = 4$$

解題的策略是要利用 $y(1)=4$ 解出通解中的 $b$，亦即
$$y(1) = -1 + be^{-1} = 4$$
因此 $be^{-1}=5$；故 $b=5e$，滿足 $y(1)=4$ 的特解為
$$y(x) = -1 + 5ee^{-1/x} = -1 + 5e^{1-1/x}$$

---

使用分離變數和積分解微分方程式時，有時我們無法用 $x$ 來明確地 (explicitly) 表示 $y$。在這種情況下，微分方程式的通解只能用隱式解 (implicitly solution) 表示，如下例所示。

### 例 1.3

求以下微分方程式的解：
$$y' = y\frac{(x-1)^2}{y+3}; y(3) = -1$$

策略是找到微分方程式的通解，然後利用初始條件求出通解中的常數。首先，將變數分離：
$$\frac{y+3}{y} dy = (x-1)^2 dx$$

微分方程式本身要求 $y \neq -3$，而分離變數進一步要求 $y \neq 0$。

此時
$$\left(1 + \frac{3}{y}\right) dy = (x-1)^2 dx$$

對上式兩邊積分可得
$$y + 3\ln|y| = \frac{1}{3}(x-1)^3 + k$$

我們無法解出 $y$ 使其成為涉及 $x$ 的項的基本代數組合，所以必須對於此方程式的通解採用隱式解。然而，這並不妨礙我們解初值問題。將 $x=3$ 和 $y=-1$ 代入這個隱式定義的通解：
$$-1 = \frac{1}{3}(2^3) + k$$

則 $k = -11/3$。初值問題的隱式解為

$$y + 3\ln|y| = \frac{1}{3}(x-1)^3 - \frac{11}{3}$$

圖 1.2 顯示當 $-1 \leq x \leq 3$ 時，此解的圖形。

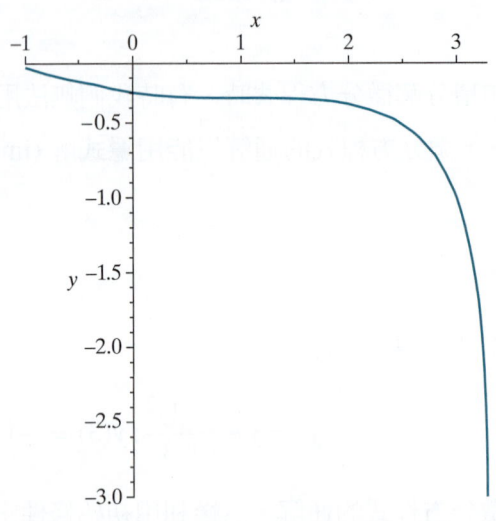

**圖 1.2**　$y + 3\ln|y| = \frac{1}{3}(x-1)^3 - \frac{11}{3}$ 的圖形

### 1.1.1　奇異解

為了分離變數，我們必須對微分方程式附加新的條件。在例 1.1 中，微分方程式 $y' = y^2 e^{-x}$ 在 $y = 0$ 有定義，但為了分離變數，我們假設 $y \neq 0$。

注意：$y = 0$ 確實不是下列通解中的一解，

$$y = \frac{1}{e^{-x} - k}$$

其中 $k$ 為任意值。

為了分離變數而作出某些假設導致解的遺漏，此遺漏的解稱為**奇異解** (singular solution)。在例 1.1 中，$y = 0$ 為一奇異解。微分方程式 $y' = y^2 e^{-x}$ 具有解

$$y = \frac{1}{e^{-x} - k}$$

其中 $k$ 為任意數,並且具有奇異解 $y=0$。

有時我們為了要找通解而對 $y$ 作限制,而我們可調整通解以包含奇異解。這對於例 1.1 是不可行的,因為無法在通解中選出 $k$ 來產生 $y=0$。但是,再觀察例 1.2,為了分離變數,強迫 $y \neq -1$,而 $y=-1$ 確實是微分方程式 $x^2 y' = 1+y$ 的一解。

在此例中,通解為

$$y = -1 + be^{-1/x}$$

其中 $b$ 為任意非零的數。在此式中,若我們令 $b=0$,則可得解 $y=-1$,因此若令 $b$ 為包括 0 的任意數,則可將所有解都包含在這個 $y$ 的單一式中。

在例 1.3 中,為了分離變數,我們假設 $y \neq 0$,而 $y=0$ 為微分方程式的奇異解。如同例 1.1,我們無法將此奇異解包含在通解中,此通解的隱式定義為

$$y + 3\ln|y| = \frac{1}{3}(x-1)^3 + k$$

一般來說,對於在分離變數中,對 $y$ 進行的任何限制 $y \neq \alpha$,是一個很好的做法。檢查 $y = \alpha$ 是否也是一個解,它是否包含於通解。例 1.1 和例 1.3 中的奇異解不包含於通解。

### 1.1.2 可分離方程式的一些應用

本節使用一個例子,利用微分方程式來建立模式,並且提供有關現實世界問題的資訊。

> **數往知來——壓縮機**
>
> 壓縮機是許多工程應用中發現的基本機器,例如噴射飛機發動機、化工廠、家用冰箱和空調。壓縮機增加氣體的壓力,而減小氣體的體積,對於在穩定狀態 ($dE = 0$) 下運行的簡單壓縮機,能量均衡可簡化為
>
> $$dW = dH + dQ$$
>
> 此方程式可以用來解多個感興趣的變數。例如,考慮下列的問題:壓縮氣體使其溫度升高,如果不提供冷卻 ($dQ = 0$),我們如何將溫度升高與體積變化相關聯?

（左圖）鼓風機的圖片，能夠實現中等壓縮，並引起溫度升高的一種壓縮機類型。
（右圖）壓縮機加熱效果示意圖。

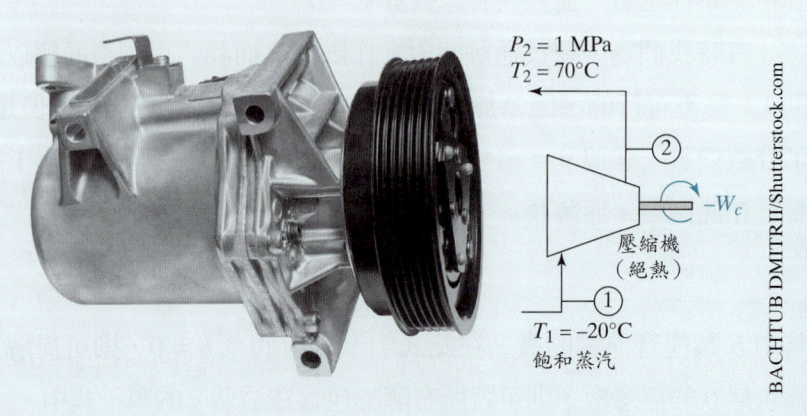

$P_2 = 1$ MPa
$T_2 = 70°C$
②
$-W_c$
壓縮機
（絕熱）
①
$T_1 = -20°C$
飽和蒸汽

BACHTUB DMITRII/Shutterstock.com

根據 Israel Urieli. *Engineering Themodynamics – A Graphical Approach*, Chapter 4: The First Law of Themodynamics for Control Volumes, https://www.ohio.edu/mechanical/thermo/Intro/Chapt.1_6/Chapter4c/html

給予能量均衡，$dW = dH$，我們可以設計介於被壓縮氣體的體積減少與相應的加熱效應之間的關係。

將熱力學關係式 $dH = nC_p dT$ 與 $dW = -PdV$ 代入能量均衡式，並利用理想氣體方程式，我們得到一個可分離的微分方程式。當壓力低於 2 至 3 atm 時，空氣和大多數的典型氣體均遵循理想氣體方程式 $pV = nRT$ 的模式，其中 $R$ 為氣體常數，$C_p$（在該壓力範圍內大致恆定）是被壓縮氣體的實驗確定的熱容量。

$$nC_p dT = -PdV = -\frac{nRT}{V}dV$$

分離變數且積分，我們得到

$$\int_{T_{in}}^{T_{out}} \frac{dT}{T} = -\frac{R}{C_p}\int_{V_{in}}^{V_{out}} \frac{dV}{V} \qquad \frac{T_{out}}{T_{in}} = \left(\frac{V_{in}}{V_{out}}\right)^{\frac{R}{C_p}}$$

取決於應用，工程師可能想要忽略或限制 $T_{out}$。例如，$T_{out}$ 是設計致冷系統的重要參數。

## 例 1.4　終端速度

一名跳傘者從一架飛機上跳下來，起初經歷朝向地球向下的加速度。然而，如果跳傘是在足夠的高度進行，跳傘者在著陸之前不會加速，但在某時間內會以大致恆定的速度下降，此速度稱為跳傘者的**終端速度** (terminal velocity)。

我們將導出終端速度的模型,以及其大小的表達式。

令 $m$ 為墜落物體的質量,$g$ 是地球表面附近的重力加速度常數。假設大氣以與速度平方成正比的力減慢下降(此假設可由實驗證明)。若 $\alpha$ 是比例常數,則作用在墜落物體上外力的大小為

$$F = mg - \alpha v^2$$

其中 $mg$ 為向下重力的大小。對於恆定質量,由牛頓運動定律可知,此力等於質量乘以速度 $v(t)$ 的變化率:

$$m\frac{dv}{dt} = mg - \alpha v^2$$

此微分方程式是可分離的,因為我們可以將它寫成

$$\frac{1}{mg - \alpha v^2} dv = \frac{1}{m} dt$$

在積分之前,將方程式寫成

$$\frac{1}{1 - \frac{\alpha}{mg}v^2} dv = g\, dt$$

積分時會用到雙曲正切函數 (hyperbolic tangent function),其定義如下:

$$\tanh(x) = \frac{e^{2x} - 1}{e^{2x} + 1}$$

圖 1.3 顯示此函數的部分圖形,其性質為

$$|\tanh x| \leq 1,\ \lim_{x \to \infty} \tanh(x) = 1 \text{ 且 } \lim_{x \to -\infty} \tanh(x) = -1$$

反雙曲正切函數 $\tanh^{-1}(x)$ 可表示為

$$\tanh^{-1}(x) = \frac{1}{2} \ln\left(\frac{1+x}{1-x}\right)$$

其中 $-1 < x < 1$。圖 1.4 顯示此函數的部分圖形。

針對目前的問題,這個函數很有趣,因為

$$\frac{d}{dx} \tanh^{-1}(x) = \frac{1}{1 - x^2}$$

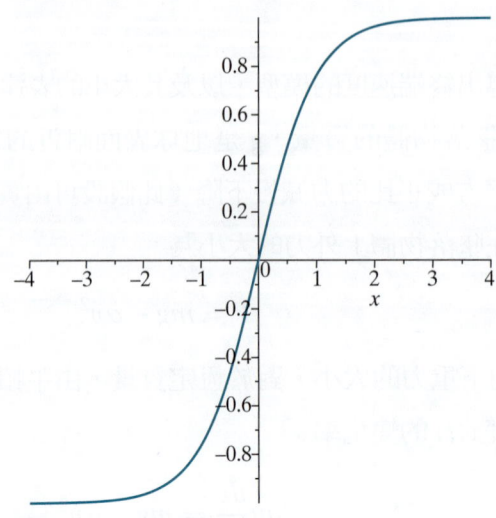

**圖 1.3** $y = \tanh(x)$ 的圖形

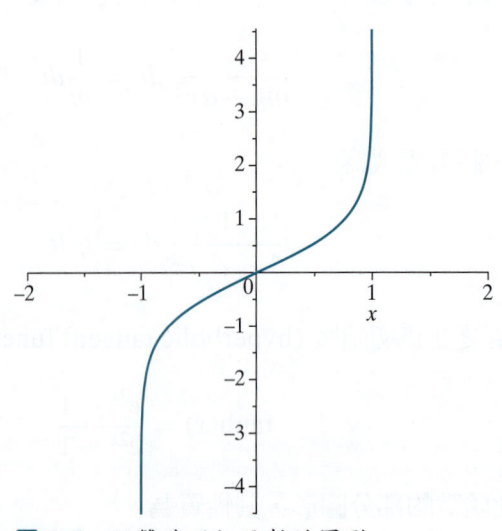

**圖 1.4** 反雙曲正切函數的圖形

將此性質應用到可分離的微分方程式，令

$$\xi = \sqrt{\frac{\alpha}{mg}} v$$

可得

$$\frac{1}{1-\xi^2} \sqrt{\frac{mg}{\alpha}} \, d\xi = g \, dt$$

積分後，得到

$$\sqrt{\frac{mg}{\alpha}} \tanh^{-1}(\xi) = gt + c$$

為了方便起見，將上式寫成

$$\sqrt{\frac{mg}{\alpha}} \tanh^{-1}(\xi) = g(t+k)$$

其中 $c = gk$ 仍為任意的積分常數。如今

$$\tanh^{-1}\left(\sqrt{\frac{\alpha}{mg}}v\right) = \sqrt{\frac{\alpha}{mg}}g(t+k)$$

或

$$\tanh^{-1}\left(\sqrt{\frac{\alpha}{mg}}v\right) = \sqrt{\frac{\alpha g}{m}}(t+k)$$

欲解出 $v(t)$，利用上式寫出

$$\sqrt{\frac{\alpha}{mg}}v = \tanh\left(\sqrt{\frac{\alpha g}{m}}(t+k)\right)$$

因此

$$v(t) = \sqrt{\frac{mg}{\alpha}} \tanh\left(\sqrt{\frac{\alpha g}{m}}(t+k)\right)$$

假設物體由靜止中釋放，因此其初速度為零，則

$$v(0) = 0 = \sqrt{\frac{mg}{\alpha}} \tanh\left(\sqrt{\frac{\alpha g}{m}}k\right)$$

故 $k = 0$，速度的解為

$$v(t) = \sqrt{\frac{mg}{\alpha}} \tanh\left(\sqrt{\frac{\alpha g}{m}}t\right)$$

若 $t \to \infty$，結果為

$$\lim_{t \to \infty} v(t) = \sqrt{\frac{mg}{\alpha}}$$

這表示，經過長時間，物體將以恆定的速度下降，其速度為 $\sqrt{mg/\alpha}$。這是物體的終端速度。正如我們所預期的，此終端速度取決於 $g$、物體的質量，以及介質影響的比例常數。

這種分析通常適用於物體在具有減緩降落的介質中落下，例如，船隻沉沒在海洋深處或顆粒沉澱在相當長的油管中。

## 1.1 習題

習題 1–5，判斷微分方程式是否為可分離。若為可分離，則求其通解（可能是隱式解），以及由分離變數產生的奇異解；若方程式為不可分離，則不需求解。

1. $3y' = 4x/y^2$
2. $\cos(y)y' = \sin(x+y)$
3. $xy' + y = y^2$
4. $x\sin(y)y' = \cos(y)$
5. $y + y' = e^x - \sin(y)$

習題 6–8，解初值問題。

6. $xy^2 y' = y + 1;\ y(3e^2) = 2$
7. $\ln(y^x)y' = 3x^2 y;\ y(2) = e^3$
8. $yy' = 2x\sec(3y);\ y(2/3) = \pi/3$
9. 將溫度為 32.2°C 的物體置於溫度保持在 15.5°C 的環境中。10 分鐘後物體冷卻至 31.1°C。若將此物體置於此環境 20 分鐘，則其溫度為何？物體冷卻到 18°C 需要多久？

## 1.2 線性一階方程式

**線性 (linear)** 一階微分方程式為具有下列形式的方程式：

$$y' + p(x)y = q(x)$$

函數

$$e^{\int p(x)\,dx}$$

稱為線性微分方程式的**積分因子 (integrating factor)**。將此因子乘以線性一階微分方程式可得

$$y'e^{\int p(x)\,dx} + p(x)ye^{\int p(x)\,dx} = q(x)e^{\int p(x)\,dx}$$

因左邊為乘積的導數，所以上式可寫成

$$\frac{d}{dx}\left(ye^{\int p(x)\,dx}\right) = q(x)e^{\int p(x)\,dx}$$

由積分上式後所得的方程式求解 $y$。

這個方法的缺點是，我們可能無法解出所有的積分。

### 例 1.5

方程式

$$y' + y = x$$

為線性，其中 $p(x) = 1$，$q(x) = x$。積分因子為

$$e^{\int p(x)\,dx} = e^x$$

將 $e^x$ 乘以微分方程式：

$$y'e^x + ye^x = xe^x$$

左邊為乘積 $ye^x$ 的導數，因此

$$(ye^x)' = xe^x$$

對兩邊積分，可得

$$\int (ye^x)'\,dx = \int xe^x\,dx$$
$$\Rightarrow ye^x = xe^x - e^x + c$$

最後，以 $e^{-x}$ 乘以上式解出 $y$：

$$y = x - 1 + ce^{-x}$$

此為具有一個任意常數 $c$ 的通解。像往常一樣，如果我們指定一值 $y(x_0) = y_0$，則可求出 $c$，所得結果為唯一的特解。例如，若我們要滿足 $y(0) = 7$，則必須

$$y(0) = -1 + c = 7$$

可得 $c = 8$，滿足 $y(0) = 7$ 的解為

$$y = x - 1 + 8e^{-x}$$

這是圖形通過 $(0, 7)$ 的解。

### 例 1.6

解初值問題

$$y' = 3x^2 - \frac{y}{x}; \, y(1) = 5$$

策略是求出微分方程式的通解，然後解出滿足 $y(1) = 5$ 的特解。將原式寫成

$$y' + \frac{1}{x}y = 3x^2$$

這是線性微分方程式，其積分因子為

$$e^{\int (1/x)\, dx} = e^{\ln(x)} = x$$

為了取對數，我們假設 $x > 0$。將微分方程式乘以 $x$：

$$xy' + y = 3x^3$$

亦即

$$(xy)' = 3x^3$$

將上式積分，可得

$$xy = \frac{3}{4}x^4 + c$$

因此

$$y = \frac{3}{4}x^3 + \frac{c}{x}$$

此為通解。為了滿足初始條件，我們需要

$$y(1) = \frac{3}{4} + c = 5$$

解出 $c = 17/4$，因此初值問題的解為

$$y = \frac{3}{4}x^3 + \frac{17}{4}\frac{1}{x}$$

舉一個不易積分的例子，考慮

$$y' + xy = 2$$

積分因子為

$$e^{\int x\,dx} = e^{x^2/2}$$

將此函數乘以微分方程式可得

$$y'e^{x^2/2} + xye^{x^2/2} = 2e^{x^2/2}$$

亦即

$$(ye^{x^2/2})' = 2e^{x^2/2}$$

積分後可得

$$ye^{x^2/2} = 2\int e^{x^2/2}\,dx$$

這是正確的解，但是我們無法算出右邊的積分，而將它寫成基本函數的有限代數組合。或許我們可以嘗試用無窮級數解此微分方程式。

## 1.2 習題

習題 1–3，求通解。

1. $y' - \frac{3}{x}y = 2x^2$
2. $y' + 2y = x$
3. $y' - 2y = -8x^2$

習題 4–5，解初值問題。

4. $y' + \frac{1}{x-2}y = 3x;\ y(3) = 4$
5. $y' + \frac{2}{x+1}y = 3;\ y(0) = 5$

## 1.3 正合方程式

假設我們有一個微分方程式：

$$M(x,y) + N(x,y)y' = 0$$

我們可以將上式寫成微分式如下：

$$M(x, y)\, dx + N(x, y)\, dy = 0$$

左邊的式子讓人聯想到兩個變數的函數 $\varphi(x, y)$ 的微分：

$$d\varphi = \frac{\partial \varphi}{\partial x} dx + \frac{\partial \varphi}{\partial y} dy$$

如果我們能找到 $\varphi(x, y)$ 滿足微分方程式，亦即 $\varphi(x, y)$ 滿足

$$\frac{\partial \varphi}{\partial x} = M(x, y) \text{ 且 } \frac{\partial \varphi}{\partial y} = N(x, y)$$

則微分方程式變為

$$d\varphi(x, y) = 0$$

而方程式

$$\varphi(x, y) = c$$

隱含定義一個函數 $y(x)$ 滿足微分方程式。隱式的通解為 $\varphi(x, y) = c$。

### 例 1.7

利用上述的觀念，解

$$\frac{dy}{dx} = \frac{2x - e^x \sin(y)}{e^x \cos(y) + 1}$$

此方程式不可分離，也不是線性。將上式寫成微分的形式：

$$(e^x \sin(y) - 2x)\, dx + (e^x \cos(y) + 1)\, dy = 0$$

令

$$\varphi(x, y) = e^x \sin(y) + y - x^2$$

則

$$\frac{\partial \varphi}{\partial x} = e^x \sin(y) - 2x \text{ 且 } \frac{\partial \varphi}{\partial y} = e^x \cos(y) + 1$$

故微分方程式為 $d\varphi(x, y) = 0$。微分方程式的隱式通解為

$$e^x \sin(y) + y - x^2 = c$$

欲驗證上式是否為通解，可將 $y$ 視為 $y(x)$，並將此隱式解對 $x$ 微分，得到

$$e^x \sin(y) + e^x \cos(y) y' + y' - 2x = 0$$

解出 $y'$，可得

$$y' = \frac{2x - e^x \sin(y)}{e^x \cos(y) + 1}$$

此即原微分方程式。

仔細檢查例 1.7 求出的 $\varphi(x, y)$。這裡是一種有系統的方法來求 $\varphi(x, y)$，使得微分方程式為 $d\varphi = 0$。我們需要

$$\begin{aligned} d\varphi &= \frac{\partial \varphi}{\partial x} dx + \frac{\partial \varphi}{\partial y} dy \\ &= (e^x \sin(y) - 2x) \, dx + (e^x \cos(y) + 1) \, dy \end{aligned}$$

亦即

$$\frac{\partial \varphi}{\partial x} = e^x \sin(y) - 2x \ \text{且} \ \frac{\partial \varphi}{\partial y} = e^x \cos(y) + 1$$

由這兩個方程式中的一個開始，若選

$$\frac{\partial \varphi}{\partial y} = e^x \cos(y) + 1$$

欲去除偏微分，可對此方程式的 $y$ 積分，在積分過程中，視 $x$ 為常數，可得

$$\varphi(x, y) = \int (e^x \cos(y) + 1) \, dy = e^x \sin(y) + y + g(x)$$

其中積分「常數」$g$ 可以含有 $x$，因為 $g(x)$ 對 $y$ 的偏導數為零。若能求出 $g(x)$，則 $\varphi(x, y)$ 可知。欲求適當的 $g(x)$ 滿足此問題，可將 $\varphi(x, y)$ 對 $x$ 微分，而所得的偏微分必須等於 $e^x \sin(y) - 2x$：

$$\frac{\partial \varphi}{\partial x} = e^x \sin(y) + g'(x) = e^x \sin(y) - 2x$$

因此 $g'(x) = -2x$。求出 $g(x) = -x^2$，得到

$$\varphi(x, y) = e^x \sin(y) + y - x^2$$

此即例 1.7 中的 $\varphi(x, y)$。

若
$$d\varphi = M\,dx + N\,dy$$

則 $\varphi(x, y)$ 為微分方程式 $M(x, y) + N(x, y)y' = 0$ 的**位勢函數** (potential function)。一旦我們有了位勢函數，隱式通解可定義為 $\varphi(x, y) = c$。當 $M + Ny' = 0$ 有位勢函數，則此微分方程式稱為**正合** (exact)。

並非每一個一階微分方程式均為正合。

---

### 數往知來──蒸汽

在工程中使用蒸汽已具有悠久的歷史，從 19 世紀的蒸汽機到現代電廠的渦輪機，蒸汽可用於系統周圍傳遞能量，因此必須能夠將蒸汽的能量含量與可量測的性質（如溫度和壓力）相關聯，這對熱流體工程師而言是至關重要的。

焓函數 $H$ 是熱力學位勢函數，它代表流體的能量。對於許多實際情況，它可以寫成正合微分的形式，形成一個正合微分方程式。例如，有一種形式是：

$$dH = S(T, P)dT + V(T, P)dP$$

其中，熵 $S$ 和體積 $V$ 為溫度與壓力的函數。對於各種流體，可以用實驗來確定熵和體積的相關性，然後可以藉由求解上述微分方程式來確定流體的焓變化。

由於蒸汽被廣泛使用，已經開發了「蒸汽表」，列出上述方程式及其他相關方程式的解，為工程師和工廠作業員提供方便、省時的參考。

---

### 例 1.8

微分方程式 $y' + y = 0$ 為可分離且為線性，通解為 $y(x) = ce^{-x}$。但此方程式並非正合，因此不能以尋找位勢函數的方法求解。$y' + y = 0$ 的微分式為

$$y\,dx + dy = 0$$

若 $\varphi(x, y)$ 為此方程式的位勢函數，則需滿足

$$\frac{\partial \varphi}{\partial x} = y \text{ 且 } \frac{\partial \varphi}{\partial y} = 1$$

將上式中的第一個方程式對 $x$ 積分,並將 $y$ 視為常數,可得

$$\varphi(x, y) = \int y\, dx = xy + h(y)$$

其中 $h(y)$ 為欲求的函數,然而我們仍需要

$$\frac{\partial \varphi}{\partial y} = 1 = x + h'(y)$$

得到 $h'(y) = 1 - x$,此為不可能,因為 $h(y)$ 假設僅為 $y$ 的函數。因此,對於 $y' + y = 0$ 並無位勢函數存在。

由此例可知,有一個簡單的測試方法可判斷 $M(x, y) + N(x, y)y' = 0$ 是否為正合。定理 1.1 提供這種測試法。

### 定理 1.1　正合的測試

假設對於平面上的矩形 $R$ 內的所有點 $(x, y)$ 而言,$M$、$N$、$\partial N/\partial x$ 與 $\partial M/\partial y$ 均為連續,而矩形 $R$ 的邊平行於座標軸,則 $M + Ny' = 0$ 在 $R$ 為正合若且唯若

$$\frac{\partial N}{\partial x} = \frac{\partial M}{\partial y}$$

其中 $(x, y) \in R$。

在例 1.8 中,$M = y$ 且 $N = 1$,故對所有的 $(x, y)$ 而言,$\partial N/\partial x = 0$ 且 $\partial M/\partial y = 1$,由定理 1.1 可知,$y' + y = 0$ 並非正合。

### 例 1.9

考慮初值問題:

$$M + Ny' = (\cos(x) - 2xy) + (e^y - x^2)y' = 0; \quad y(0) = 1$$

此微分方程式不可分離,也不是線性。寫成微分式:

$$(\cos(x) - 2xy)\, dx + (e^y - x^2)\, dy = 0$$

因為對所有的 $(x, y)$，

$$\frac{\partial}{\partial y}(\cos(x) - 2xy) = -2x = \frac{\partial}{\partial x}(e^y - x^2)$$

微分方程式在任意矩形為正合，因此在整個平面為正合，這表示微分方程式有位勢函數。現在我們要找位勢函數。

若 $\varphi(x, y)$ 為位勢函數，則

$$\frac{\partial \varphi}{\partial x} = \cos(x) - 2xy \text{ 且 } \frac{\partial \varphi}{\partial y} = e^y - x^2$$

選擇其中的一個進行積分，

$$\int \frac{\partial \varphi}{\partial y} \, dy = \varphi(x, y) = \int (e^y - x^2) \, dy = e^y - x^2 y + g(x)$$

現在需滿足

$$\frac{\partial \varphi}{\partial x} = \cos(x) - 2xy = -2xy + g'(x)$$

則 $g'(x) = \cos(x)$，故 $g(x) = \sin(x)$，可得

$$\varphi(x, y) = e^y - x^2 y + \sin(x)$$

微分方程式的隱式通解為

$$e^y - x^2 y + \sin(x) = c$$

欲解初值問題，由 $y(0) = 1$ 求 $c$。將 $x = 0$ 與 $y = 1$ 代入通解，可得

$$e = c$$

初值問題的隱式解為

$$e^y - x^2 y + \sin(x) = e$$

圖 1.5 顯示此特解的部分圖形。

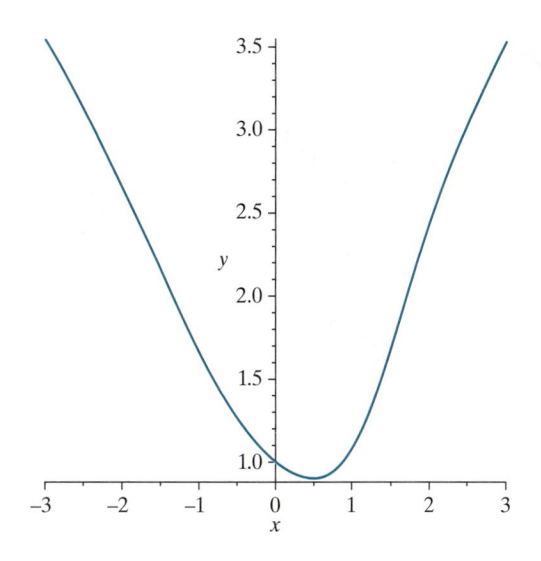

圖 1.5　例 1.9 中特解的圖形

## 1.3　習題

習題 1–3，判斷微分方程式是否為正合。若微分方程式在平面的某個區域 $R$ 為正合，求位勢函數及通解，此通解在該區域可能是隱式定義；若微分方程式在任意區域都不是正合，則不需求解。

**1.** $2y^2 + ye^{xy} + (4xy + xe^{xy} + 2y)y' = 0$

**2.** $4xy + 2x^2y + (2x^2 + 3y^2)y' = 0$

**3.** $\frac{1}{x} + y + (3y^2 + x)y' = 0$

習題 4，求常數 $\alpha$ 使得方程式為正合，並求正合方程式的通解。

**4.** $2xy^3 - 3y - (3x + \alpha x^2 y^2 - 2\alpha y)y' = 0$

習題 5–6，判斷在包含所予初始條件的點的某個矩形上微分方程式是否為正合。若微分方程式為正合，則解此初值問題，否則不需求解。

**5.** $3y^4 - 1 + 12y^3 y' = 0;\ y(1) = 2$

**6.** $x\cos(2y - x) - \sin(2y - x) - 2x\cos(2y - x)y' = 0;\ y(\pi/12) = \pi/8$

**7.** 令 $\varphi(x, y)$ 為 $M(x, y) + N(x, y)y' = 0$ 的位勢函數。證明對任意數 $c$ 而言，$\varphi(x, y) + c$ 亦為位勢函數。利用 $\varphi(x, y)$ 求得的通解與利用 $\varphi(x, y) + c$ 求得的通解有何不同？

## 1.4 積分因子

「大部分」微分方程式在任何矩形上均不是正合，但有時將微分方程式乘以一非零之函數 $\mu(x, y)$ 可得一正合方程式，下列指出為何積分因子會如此有用。

### 例 1.10

方程式
$$y^2 - 6xy + (3xy - 6x^2)y' = 0 \tag{1.1}$$
在任意矩形上並非正合，以 $\mu(x, y) = y$ 乘以上式，得
$$y^3 - 6xy^2 + (3xy^2 - 6x^2y)y' = 0 \tag{1.2}$$
$y \neq 0$ 時，式 (1.1) 和式 (1.2) 有相同解。理由是式 (1.2) 為
$$y[y^2 - 6xy + (3xy - 6x^2)y'] = 0$$
且若 $y \neq 0$，則 $y^2 - 6xy + (3xy - 6x^2)y' = 0$。

式 (1.2) 為正合（整個平面），其位勢函數為
$$\varphi(x, y) = xy^3 - 3x^2y^2$$
故式 (1.2) 之隱式通解為
$$xy^3 - 3x^2y^2 = C$$
只要 $y \neq 0$，上式亦為式 (1.1) 之通解。

為了檢視上述式子，我們從非正合微分方程式開始。將它乘以一函數 $\mu(x, y)$ 使新方程式為正合，解此正合方程式，發現此解亦為原非正合方程式之通解。函數 $\mu(x, y)$ 可用來解正合方程式，進而求出非正合方程式之解。這個觀念值得探討，我們先給 $\mu(x, y)$ 一個定義。

### 定義 1.1

令 $M(x, y)$ 和 $N(x, y)$ 定義在平面上之區域 $R$，對所有 $R$ 中之 $\mu(x, y)$，若 $\mu M + \mu N y' = 0$ 為正合，其中 $\mu(x, y) \neq 0$，則稱 $\mu(x, y)$ 為 $M + Ny' = 0$ 的一個積分因子。

如何求 $M + Ny' = 0$ 之積分因子？若 $\mu$ 為積分因子，則 $\mu M + \mu N y' = 0$ 必須是正

合（在平面上某區域），故

$$\frac{\partial}{\partial x}(\mu N) = \frac{\partial}{\partial y}(\mu M) \tag{1.3}$$

此為求 $\mu$ 的初始點。

若 $\mu$ 僅為 $x$ 或僅為 $y$ 之函數，則式 (1.3) 會變得比較容易解。

## 例 1.11

微分方程式 $x - xy - y' = 0$ 非正合。其中 $M = x - xy$ 且 $N = -1$，由式 (1.3) 知

$$\frac{\partial}{\partial x}(-\mu) = \frac{\partial}{\partial y}(\mu(x - xy))$$

寫成

$$-\frac{\partial \mu}{\partial x} = (x - xy)\frac{\partial \mu}{\partial y} - x\mu$$

若 $\mu$ 僅為 $x$ 之函數，則 $\partial \mu / \partial y = 0$，上式可化為

$$\frac{\partial \mu}{\partial x} = x\mu$$

此為可分離，

$$\frac{1}{\mu}d\mu = x\,dx$$

積分，得

$$\ln|\mu| = \frac{1}{2}x^2$$

因僅需積分因子，故令積分常數為零，由上式，得

$$\mu(x) = e^{x^2/2}$$

以 $e^{x^2/2}$ 乘以原微分方程式，得

$$(x - xy)e^{x^2/2} - e^{x^2/2}y' = 0$$

此微分方程式為正合，求出位勢函數 $\varphi(x, y) = (1 - y)e^{x^2/2}$。正合方程式之通解（隱式解）為

$$(1-y)e^{x^2/2} = C$$

顯式解為

$$y(x) = 1 - Ce^{-x^2/2}$$

此即為原方程式 $x - xy - y' = 0$ 之通解。

若不能找到僅為 $x$ 或僅為 $y$ 之函數，則必須另外嘗試。通常無脈絡可循，仍必須以式 (1.3) 開始，小心地運算。

### 例 1.12

考慮 $2y^2 - 9xy + (3xy - 6x^2)y' = 0$，此方程式並非正合，其中 $M = 2y^2 - 9xy$ 且 $N = 3xy - 6x^2$，利用式 (1.3) 求積分因子

$$\frac{\partial}{\partial x}[\mu(3xy - 6x^2)] = \frac{\partial}{\partial y}[\mu(2y^2 - 9xy)]$$

即

$$(3xy - 6x^2)\frac{\partial \mu}{\partial x} + \mu(3y - 12x) = (2y^2 - 9xy)\frac{\partial \mu}{\partial y} + \mu(4y - 9x) \qquad (1.4)$$

若設 $\mu = \mu(x)$，則 $\partial \mu/\partial y = 0$，得

$$(3xy - 6x^2)\frac{\partial \mu}{\partial x} + \mu(3y - 12x) = \mu(4y - 9x)$$

無法解出 $\mu(x)$。同理，令 $\mu = \mu(y)$，則 $\partial \mu/\partial x = 0$，亦是無法解出 $\mu(y)$，必須嘗試其他方法。式 (1.4) 僅含 $x$ 與 $y$ 之整數次方，故設 $\mu(x, y) = x^a y^b$。代入式 (1.4) 解 $a$、$b$：

$$3ax^a y^{b+1} - 6ax^{a+1}y^b + 3x^a y^{b+1} - 12x^{a+1}y^b = 2bx^a y^{b+1} - 9bx^{a+1}y^b + 4x^a y^{b+1} - 9x^{a+1}y^b$$

假設 $x \neq 0$ 且 $y \neq 0$，上式除以 $x^a y^b$ 得

$$3ay - 6ax + 3y - 12x = 2by - 9bx + 4y - 9x$$

移項整理

$$(1 + 2b - 3a)y = (-3 + 9b - 6a)x$$

因 $x$、$y$ 為獨立，因此上式僅在 $1+2b-3a=0$ 和 $-3+9b-6a=0$ 時，對所有 $x$ 和 $y$ 值皆成立。求解上兩式可得 $a=b=1$。積分因子為 $\mu(x,y)=xy$，以 $xy$ 乘以微分方程式，得

$$2xy^3 - 9x^2y^2 + (3x^2y^2 - 6x^3y)y' = 0$$

此為正合，位勢函數為 $\varphi(x,y) = x^2y^3 - 3x^3y^2$，$x \neq 0$ 且 $y \neq 0$，原微分方程式之解為

$$x^2y^3 - 3x^3y^2 = C$$

以積分因子求解，有時會遺漏某些解，正如在可分離方程式中遺漏了奇異解之情形一樣。由以下兩例可知。

### 例 1.13

考慮

$$\frac{2xy}{y-1} - y' = 0 \tag{1.5}$$

可用分離變數解之，但此時用積分因子求解。式 (1.5) 為非正合，但當 $y \neq 0$ 時，令 $\mu(x,y) = (y-1)/y$ 為積分因子，方程式本身並沒有要求 $y \neq 0$，將 $\mu(x,y)$ 乘以微分方程式，得正合方程式

$$2x - \frac{y-1}{y}y' = 0$$

位勢函數 $\varphi(x,y) = x^2 - y + \ln|y|$，通解為

$$x^2 - y + \ln|y| = C, y \neq 0$$

上式為當 $y \neq 0$ 時，式 (1.5) 之解，事實上 $y = 0$ 亦為式 (1.5) 之解，此奇異解不包含在以積分因子求解所得之通解中。

**例 1.14**

方程式
$$y - 3 - xy' = 0 \tag{1.6}$$

非正合，當 $x \neq 0$ 且 $y \neq 3$ 時，$\mu(x, y) = 1/x(y-3)$ 為積分因子，原方程式並沒有要求 $x \neq 0$ 且 $y \neq 3$，以 $\mu(x, y)$ 乘以式 (1.6) 得正合方程式

$$\frac{1}{x} - \frac{1}{y-3}y' = 0$$

通解為

$$\ln|x| + C = \ln|y - 3|$$

上式為式 (1.6) 不含直線 $x = 0$ 或 $y = 3$ 之通解。

通解 $y$ 可以 $x$ 明顯表示，首先令 $C = \ln(k)$，其中 $k$ 為任意正數，通解變成

$$\ln|x| + \ln(k) = \ln|y - 3|$$

或

$$\ln|kx| = \ln|y - 3|$$

但 $y - 3 = \pm kx$，令 $\pm k = K$，此時 $K$ 為非零實數，得

$$y = 3 + Kx$$

上式為式 (1.6) 之通解。由觀察知 $y = 3$ 為式 (1.6) 之解，此解在使用積分因子過程中是「遺漏」的解，但 $y = 3$ 並非奇異解，它可由 $y = 3 + Kx$ 中，令 $K = 0$ 而得，故式 (1.6) 之通解為 $y = 3 + Kx$，其中 $K$ 為任意實數。

## 1.4.1 可分離方程式與積分因子

指出可分離方程式與積分因子之關係。

可分離方程式 $y' = A(x)B(y)$ 一般非正合，由下可知：

$$A(x)B(y) - y' = 0$$

所以 $M(x, y) = A(x)B(y)$ 且 $N(x, y) = -1$。又

$$\frac{\partial}{\partial x}(-1) = 0 \quad \text{且} \quad \frac{\partial}{\partial y}[A(x)B(y)] = A(x)B'(y)$$

一般而言，$A(x)B'(y) \neq 0$。

$\mu(y) = 1/B(y)$ 為積分因子，以 $1/B(y)$ 乘以微分方程式，得

$$A(x) - \frac{1}{B(y)} y' = 0$$

上式為正合方程式，因

$$\frac{\partial}{\partial x}\left[-\frac{1}{B(y)}\right] = \frac{\partial}{\partial y}[A(x)] = 0$$

分離變數的作用等於乘上積分因子 $1/B(y)$。

### 1.4.2　線性方程式與積分因子

線性方程式 $y' + p(x)y = q(x)$，寫成 $[p(x)y - q(x)] + y' = 0$，令 $M(x, y) = p(x)y - q(x)$ 且 $N(x, y) = 1$，則

$$\frac{\partial}{\partial x}[1] = 0 \quad \text{且} \quad \frac{\partial}{\partial y}[p(x)y - q(x)] = p(x)$$

線性方程式非正合，除非 $p(x)$ 等於零。但 $\mu(x, y) = e^{\int p(x)dx}$ 為一積分因子，以 $\mu$ 乘以線性方程式，得

$$[p(x)y - q(x)]e^{\int p(x)dx} + e^{\int p(x)dx} y' = 0$$

上式為正合，因

$$\frac{\partial}{\partial x} e^{\int p(x)dx} = p(x)e^{\int p(x)dx} = \frac{\partial}{\partial y}\left[[p(x)y - q(x)]e^{\int p(x)dx}\right]$$

## 1.4 習題

1. 當 $M+Ny'=0$ 的積分因子僅是 $y$ 的函數，則 $M$、$N$ 應滿足何種條件？

2. 考慮 $y-xy'=0$。
   (a) 證明此方程式在任何矩形上均不為正合。
   (b) 求僅為 $x$ 函數的積分因子 $\mu(x)$。
   (c) 求僅為 $y$ 函數的積分因子 $v(y)$。
   (d) 證明 $\eta(x,y)=x^a y^b$ 亦為積分因子，$a$、$b$ 為常數。求所有此種積分因子。

習題 3–5，(a) 證明微分方程式不是正合；(b) 求積分因子；(c) 求通解（可能是隱式解）；(d) 求微分方程式可能具有的任何奇異解。

3. $1+(3x-e^{-2y})y'=0$

4. $2xy^2+2xy+(x^2y+x^2)y'=0$

5. $y'+y=y^4$。提示：嘗試 $\mu(x,y)=e^{ax}y^b$。

習題 6–7，求微分方程式之積分因子，利用此積分因子求微分方程式之通解，因而得初值問題之解。

6. $1+xy'=0;\ y(e^4)=0$

7. $2xy+3y'=0;\ y(0)=4$。提示：嘗試 $\mu=y^a e^{bx^2}$。

8. 證明 $M+Ny'=0$ 積分因子之非零恆定倍數亦為積分因子。

## 1.5 齊次、伯努利與李卡地方程式

有許多特殊類型的一階微分方程式具有一些特定的特徵，因此可以求出方程式的解。我們將討論三個例子。

### 1.5.1 齊次微分方程式

**齊次微分方程式** (homogeneous differential equation) 具有如下的特殊形式：

$$y'=f(y/x)$$

其中 $y'$ 等於 $y/x$ 的函數。例如，

$$y' = \sin(y/x) - x/y \text{ 且 } y' = \frac{x^2}{y^2}$$

在某些情況下,微分方程式可改寫成齊次方程式。例如,

$$y' = \frac{y}{x+y}$$

若 $x \neq 0$,則上式可寫成

$$y' = \frac{y/x}{1+y/x}$$

令 $u = y/x$,則齊次微分方程式轉換為以 $x$ 與 $u$ 表示的可分離方程式,亦即令

$$y = ux$$

可將微分方程式 $y' = f(y/x)$ 轉換為

$$y' = (ux)' = u'x + u = f(u)$$

則

$$x\frac{du}{dx} = f(u) - u$$

此為可分離微分方程式(變數 $u$ 與 $x$ 分離),因為

$$\frac{1}{f(u) - u}du = \frac{1}{x}dx$$

解出此方程式中的 $u$,然後由 $y = xu(x)$ 得到原方程式之解。

**例 1.15**

求以下微分方程式的解

$$xy' = \frac{y^2}{x} + y$$

首先觀察可將此式改寫為

$$y' = \left(\frac{y}{x}\right)^2 + \frac{y}{x}$$

以 $y = ux$ 代入，得

$$xu' + u = u^2 + u$$

亦即

$$x\frac{du}{dx} = u^2$$

上式可分離：

$$\frac{1}{u^2} du = \frac{1}{x} dx$$

積分後，可得

$$-\frac{1}{u} = \ln|x| + c$$

其中 $c$ 為任意常數，亦即

$$u = \frac{y}{x} = -\frac{1}{\ln|x| + c}$$

故原齊次方程式的通解為

$$y = -\frac{x}{\ln|x| + c}$$

### 例 1.16　追逐問題

　　追逐問題 (pursuit problem) 是求一軌線，使一物截獲另一物。例如，飛彈擊中飛機、太空梭降落至太空站。

　　這裡介紹一個簡單的追逐問題的例子，這個問題可以用目前研發的工具來解決。假設運河的寬度為 $w$，水以恆定速度 $s$ 流動。在圖 1.6 中的運河，其水流為向上流動。

　　一人跳入運河中，入水點為點 $A$，朝著目的地點 $B$ 游去，方向始終保持朝向點 $B$ 的方向。我們欲求游泳者所經的軌線。

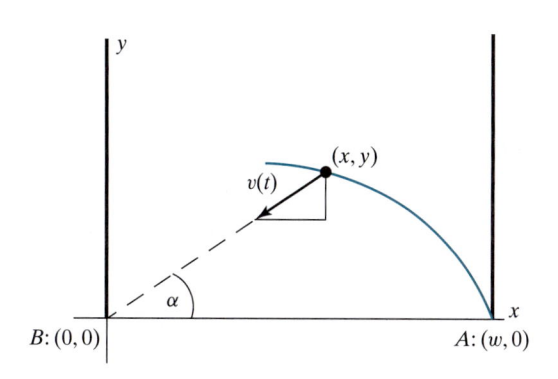

**圖 1.6** 例 1.19 追逐問題的設定

　　設定一座標系如圖所示，點 $A$ 為 $(w, 0)$，目的地為原點 $(0, 0)$。游泳者從右向左移動穿過運河。假設在時間 $t$，游泳者的速率為 $v(t)$，且假設游泳者的位置為點 $(x(t), y(t))$。

　　圖中顯示朝向原點（目標點 $B$）的速度 $v(t)$。$\alpha$ 是從游泳者到點 $B$ 的視線的恆定角度，游泳者速度的水平與垂直分量分別為

$$x'(t) = -v\cos(\alpha) \quad \text{與} \quad y'(t) = s - v\sin(\alpha)$$

則

$$\frac{dy}{dx} = \frac{y'(t)}{x'(t)} = \frac{s - v\sin(\alpha)}{-v\cos(\alpha)} = \tan(\alpha) - \frac{s}{v}\sec(\alpha)$$

由圖形可知

$$\tan(\alpha) = \frac{y}{x}, \ \sec(\alpha) = \frac{1}{x}\sqrt{x^2 + y^2}$$

以 $x$ 和 $y$ 表示，

$$\frac{dy}{dx} = \frac{y}{x} - \frac{s}{v}\frac{1}{x}\sqrt{x^2 + y^2}$$

此為齊次微分方程式

$$\frac{dy}{dx} = \frac{y}{x} - \frac{s}{v}\sqrt{1 + \left(\frac{y}{x}\right)^2}$$

令 $y = ux$，得到

$$x\frac{du}{dx} + u = u - \frac{s}{v}\sqrt{1+u^2}$$

此為可分離方程式,亦即

$$\frac{1}{\sqrt{1+u^2}}\,du = -\frac{s}{v}\frac{1}{x}\,dx$$

將此方程式積分,得到

$$\ln\left|u+\sqrt{1+u^2}\right| = -\frac{s}{v}\ln|x| + c$$

欲解此方程式中的 $u$,方程式兩邊取指數:

$$\left|u+\sqrt{1+u^2}\right| = e^c e^{-(s\ln|x|)/v}$$

因為 $c$ 是任意的,$e^c$ 可以是任意正數。令 $K = \pm e^c$(可以是任意非零數),並使用 $x > 0$ 的事實,令 $\ln|x| = \ln x$。

$$e^{-(s\ln|x|)/v} = e^{-s\ln(x)/v} = e^{\ln(x^{-s/v})} = x^{-s/v}$$

則

$$u + \sqrt{1+u^2} = Kx^{-s/v}$$

為了求解這個方程式中的 $u$,首先將它寫成

$$\sqrt{1+u^2} = Kx^{-s/v} - u$$

兩邊平方,得到

$$1 + u^2 = K^2 x^{-2s/v} + u^2 - 2uKx^{-s/v}$$

由此可得

$$u(x) = \frac{1}{2}Kx^{-s/v} - \frac{1}{2}\frac{1}{K}x^{s/v}$$

最後,方程式的解 $y$ 為

$$y(x) = xu(x) = \frac{1}{2}Kx^{1-s/v} - \frac{1}{2}\frac{1}{K}x^{1+s/v}$$

欲求 $K$，記得我們把點 $A$ 設在 $(w, 0)$，所以 $y(w) = 0$。這表示

$$\frac{1}{2}Kw^{1-s/v} - \frac{1}{2}\frac{1}{K}w^{1+s/v} = 0$$

則

$$K = w^{s/v}$$

方程式的解 $y(x)$ 為

$$y(x) = \frac{w}{2}\left[\left(\frac{x}{w}\right)^{1-s/v} - \left(\frac{x}{w}\right)^{1+s/v}\right]$$

如預期的那樣，軌線取決於游泳者的速率、運河的寬度和水流的強度。圖 1.7 顯示 $w = 1$ 且 $s/v = 1/3$、$1/2$、$3/4$ 的游泳者路徑圖。

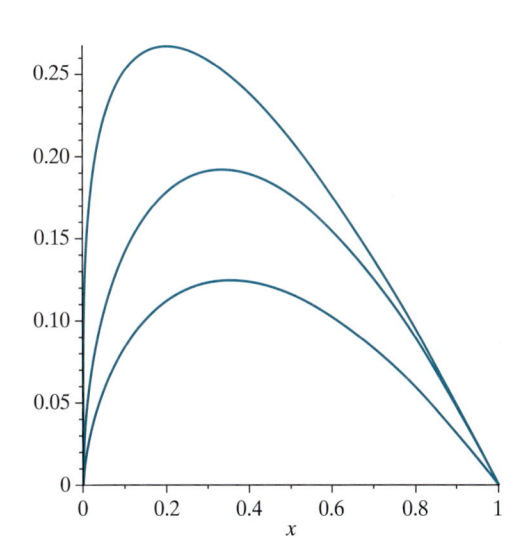

**圖 1.7** 游泳者的軌線 $s/v = 1/3$（下曲線）、$s/v = 1/2$（中間曲線），$s/v = 3/4$（上曲線）

## 1.5.2 伯努利方程式

**伯努利方程式**（Bernoulli equation）具有下列形式：

$$y' + P(x)y = R(x)y^\alpha$$

其中 $\alpha$ 為常數。若 $\alpha = 0$，則此伯努利方程式為線性；若 $\alpha = 1$，則為可分離。

大約於 1696 年，萊伯尼茲 (Leibniz) 證明了若 $\alpha \neq 1$，則下列的變換式：

$$v = y^{1-\alpha}$$

可將 $x$ 與 $y$ 為變數的伯努利方程式轉換為 $v$ 與 $x$ 為變數的線性微分方程式。

### 例 1.17

解伯努利方程式

$$y' + \frac{1}{x}y = 3x^2 y^3$$

此題 $P(x) = 1/x$，$R(x) = 3x^2$，且 $\alpha = 3$。令

$$v = y^{1-\alpha} = y^{-2}$$

則 $y = v^{-1/2}$。對 $x$ 微分，由連鎖律 (chain rule) 可得

$$y' = -\frac{1}{2}v^{-3/2}v'$$

以 $x$ 和 $y$ 為變數的微分方程式變成

$$-\frac{1}{2}v^{-3/2}v' + \frac{1}{x}v^{-1/2} = 3x^2 v^{-3/2}$$

上式乘以 $-2v^{3/2}$，得到

$$v' - \frac{2}{x}v = -6x^2$$

這是一個以 $x$ 與 $v$ 為變數的線性微分方程式。此方程式有積分因子

$$e^{\int (-2/x)\, dx} = e^{\ln(x^{-2})} = x^{-2}$$

將 $x^{-2}$ 乘以微分方程式，得到

$$x^{-2}v' - 2x^{-3}v = -6$$

或

$$(x^{-2}v)' = -6$$

積分後，得

$$x^{-2}v = -6x + c$$

即

$$v = -6x^3 + cx^2$$

以 $y$ 表示，原伯努利方程式的解為

$$y(x) = \frac{1}{\sqrt{v(x)}} = \frac{1}{\sqrt{cx^2 - 6x^3}}$$

### 1.5.3 李卡地方程式

微分方程式

$$y' = P(x)y^2 + Q(x)y + R(x)$$

稱為**李卡地方程式** (Riccati equation)。當 $P(x)$ 等於零，上式為線性。若我們可以求出李卡地方程式中的一解 $S(x)$，則下列變數的改變：

$$y = S(x) + \frac{1}{z}$$

將李卡地方程式轉換為 $x$ 與 $z$ 的線性方程式。該策略是解這個線性方程式，並利用它寫出李卡地方程式的通解。

### 例 1.18

解李卡地方程式

$$y' = \frac{1}{x}y^2 + \frac{1}{x}y - \frac{2}{x}$$

由觀察知 $y = S(x) = 1$ 為一解。定義一新變數如下：

$$y = S(x) + \frac{1}{z} = 1 + \frac{1}{z}$$

則

$$y' = -\frac{1}{z^2}z'$$

將李卡地方程式轉換為

$$-\frac{1}{z^2}z' = \frac{1}{x}\left(1+\frac{1}{z}\right)^2 + \frac{1}{x}\left(1+\frac{1}{z}\right) - \frac{2}{x}$$

經過一些代數運算，可得線性方程式：

$$z' + \frac{3}{x}z = -\frac{1}{x}$$

積分因子為

$$e^{\int (3/x)\,dx} = e^{\ln(x^3)} = x^3$$

將 $x^3$ 乘以微分方程式，產生

$$x^3 z' + 3x^2 z = (x^3 z)' = -x^2$$

積分後，得到

$$x^3 z = -\frac{1}{3}x^3 + c$$

即

$$z(x) = -\frac{1}{3} + \frac{c}{x^3}$$

李卡地方程式的通解為

$$y(x) = 1 + \frac{1}{z} = 1 + \frac{1}{cx^{-3} - 1/3}$$

亦可寫成

$$y(x) = \frac{k + 2x^3}{k - x^3}$$

其中 $k = 3c$ 為任意常數。

## 1.5 習題

習題 1–7，求通解。這些微分方程式包括本節中討論的所有類型。

1. $y' = \dfrac{1}{x^2}y^2 - \dfrac{1}{x}y + 1$

2. $y' + xy = xy^2$

3. $y' = \dfrac{y}{x+y}$

4. $(x-2y)y' = 2x - y$

5. $y' + \dfrac{1}{x}y = \dfrac{1}{x^4}y^{-3/4}$

6. $y' = -\dfrac{1}{x}y^2 + \dfrac{2}{x}y$

7. $y' = -e^{-x}y^2 + y + e^x$

# CHAPTER 2 二階微分方程式

## 2.1 線性二階方程式

二階微分方程式是涉及二階導數並且可能含有一階導數,但不包括三階或更高階導數的方程式。本節的重點是**線性 (linear)** 二階方程式

$$y'' + p(x)y' + q(x)y = f(x) \tag{2.1}$$

為了得到一些期待的感覺,看一下簡單的方程式

$$y'' = 12x$$

當然這只是一個積分問題。積分一次得到

$$\int y''(x)\,dx = y'(x) = \int 12x\,dx = 6x^2 + c_1$$

再積分一次,可得

$$y(x) = \int (6x^2 + c_1)\,dx = 2x^3 + c_1 x + c_2$$

因為需要積分兩次,所以有兩個積分常數。任意選取這些常數,我們得到一特解,且這些解構成平面曲線的兩參數系統(參數為 $c_1$ 和 $c_2$)。圖 2.1 顯示這些曲線中的一些,這些曲線亦稱為微分方程式的**積分曲線 (integral curve)**。

有兩個任意常數的事實對初值問值的解的唯一性有影響。假設有一初始條件,$y(0) = -3$。這表示我們想要的是圖形通過 $(0, -3)$ 的解。雖然 $c_2 = -3$,但 $c_1$ 仍為任意值。圖 2.2 顯示不同 $c_1$ 值的 $y = 2x^3 + c_1 x - 3$ 的圖。這些曲線都代表通過 $(0, -3)$ 的解。若改變 $c_1$,則有無限多的這種曲線。

然而,這些曲線中的每一個在 $(0, -3)$ 具有不同的斜率。如果我們在 $(0, -3)$ 指定斜率,例如 $y'(0) = -1$,則

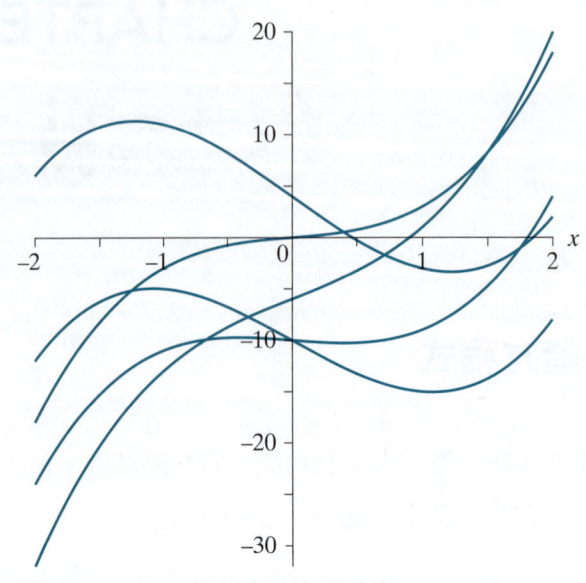

**圖 2.1** $y'' = 12x$ 的一些積分曲線

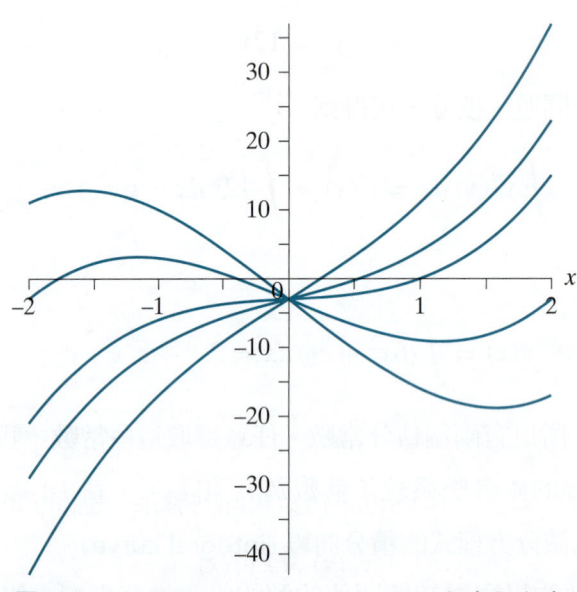

**圖 2.2** 通過 $(0, -3)$ 的 $y'' = 12x$ 的一些積分曲線

$$y'(0) = c_1 = -1$$

只有一個解通過 $(0, -3)$ 且在 $(0, -3)$ 之斜率為 $-1$，此解為

$$y(x) = 2x^3 - x - 3$$

這個例子的概念一般適用於線性二階方程式。

### 定理 2.1 初值問題的解之存在和唯一性

假設 $p(x)$、$q(x)$ 與 $f(x)$ 在包含 $x_0$ 的開區間 $I$ 為連續。令 $A$ 與 $B$ 為數值，則

$$y'' + p(x)y' + q(x)y = f(x); y(x_0) = A, y'(x_0) = B$$

在區間 $I$ 有唯一解。

---

現在探索如何尋找線性二階方程式的所有解。從齊次的情況開始。

方程式

$$y'' + p(x)y' + q(x)y = 0 \tag{2.2}$$

稱為**齊次** (homogeneous) 方程式，此即式 (2.1) 中的函數 $f(x) = 0$ 之情形。這個術語不要與 1.5.1 節中的齊次一階微分方程式的「齊次」一詞混淆。

式 (2.2) 的解有兩個重要性質：

1. 方程式中的兩個解的總和是方程式的解。
2. 方程式中的解的恆定倍數是方程式的解。

這些性質可以用組合的方式來說，即對於任意兩個解 $y_1$ 和 $y_2$，以及任意數 $c_1$ 與 $c_2$，**線性組合** (linear combination)

$$c_1 y_1 + c_2 y_2$$

亦為一解。例如，$\sin(x)$ 與 $\cos(x)$ 為 $y'' + y = 0$ 的解，則任何線性組合

$$c_1 \sin(x) + c_2 \cos(x)$$

亦為一解。

若一解，例如 $y_2$，為另一解的恆定倍數，即對於某一區間 $I$ 的所有 $x$ 而言，

$$y_2(x) = k y_1(x)$$

則任何線性組合 $c_1 y_1 + c_2 y_2$ 變成僅為 $y_1$ 的倍數，不知道 $y_1$ 就不知道 $y_2$ 的資訊。

對於 $I$ 中的所有 $x$ 而言，若彼此間的一個解是另一解的恆定倍數，則稱這兩個解在 $I$ 中為**線性相依** (linearly dependent)，或**相依** (dependent)。對於 $I$ 中的所有 $x$ 而言，若彼此間的一個解非另一解的恆定倍數，則稱式 (2.2) 的兩個解在 $I$ 中為**線性獨立** (linearly independent)，或**獨立** (independent)。

例如，對所有 $x$ 而言，$\sin(x)$ 與 $\cos(x)$ 為 $y'' + y = 0$ 的線性獨立解。

通常兩個解在區間是否為相依或獨立是很明顯的。然而，還有一個有用的測試。兩函數 $f(x)$ 與 $g(x)$ 的 **朗士基** (Wronskian) 為

$$W[f,g](x) = \begin{vmatrix} f(x) & g(x) \\ f'(x) & g'(x) \end{vmatrix}$$

若已知 $f$ 與 $g$，則可採用 $W(x)$ 作為朗士基的符號。

**定理 2.2** 朗士基獨立測試

設 $y_1$ 與 $y_2$ 為式 (2.2) 在開區間 $I$ 的解，則

1. 對 $I$ 中的所有 $x$ 而言，$W[y_1, y_2](x) = 0$ 或 $W[y_1, y_2](x) \neq 0$ 兩者之一成立。
2. 對於 $I$ 中的每一個 $x_0$ 而言，若且唯若 $W[y_1, y_2](x_0) \neq 0$，則 $y_1(x)$ 與 $y_2(x)$ 在 $I$ 中為線性獨立。

在測試獨立時，我們只需要在區間的一個（任何）點檢查兩個解的朗士基的值。例如，$y_1(x) = e^{-x}$ 與 $y_2(x) = xe^{-x}$ 為 $y'' + 2y' + y = 0$ 在整個實數線上的獨立解，其朗士基為

$$W(x) = \begin{vmatrix} e^{-x} & xe^{-x} \\ -e^{-x} & e^{-x} - xe^{-x} \end{vmatrix} = e^{-2x}$$

對所有的 $x$ 而言，此值不等於零，故 $e^{-x}$ 與 $xe^{-x}$ 為線性獨立的解。

獨立的概念是寫出 $y'' + p(x)y' + q(x)y = 0$ 的所有解的關鍵。

**定理 2.3** 方程式 (2.2) 的通解

設 $p(x)$ 與 $q(x)$ 在開區間 $I$ 為連續。設 $y_1$ 與 $y_2$ 為式 (2.2) 在開區間 $I$ 的獨立解，則線性組合

$$y(x) = c_1 y_1(x) + c_2 y_2(x)$$

包含式 (2.2) 在 $I$ 中的所有解，其中 $c_1$ 與 $c_2$ 為任意常數。

由於這個原因，當 $y_1$ 和 $y_2$ 為獨立解時，$c_1 y_1(x) + c_2 y_2(x)$ 稱為式 (2.2) 的 **通解** (general solution)。可以調整常數從線性組合中獲得每一個解。

定理 2.3 遵循唯一性定理 2.1。假設 $\varphi(x)$ 為式 (2.2) 在開區間 $I$ 的任意解，選擇 $I$ 中的任意數 $x_0$，且令 $\varphi(x_0) = A$, $\varphi'(x_0) = B$，則 $\varphi(x)$ 為初值問題

$$y'' + p(x)y' + q(x)y = 0; y(x_0) = A, y'(x_0) = B$$

的唯一解。現在考慮方程式

$$c_1 y_1(x_0) + c_2 y_2(x_0) = A$$
$$c_1 y_1'(x_0) + c_2 y_2'(x_0) = B$$

因為 $y_1$ 與 $y_2$ 為線性獨立，$W[y_1, y_2](x_0) \neq 0$。這表示我們可以解這兩個方程式中的 $c_1$ 與 $c_2$，得到

$$c_1 = \frac{Ay_2'(x_0) - By_2(x_0)}{W(x_0)}, c_2 = \frac{By_1(x_0) - Ay_1'(x_0)}{W(x_0)}$$

選擇這些常數，$c_1 y_1(x) + c_2 y_2(x)$ 亦為初值問題的解。由解的唯一性知，這兩個解必須相同：

$$\varphi(x) = c_1 y_1(x) + c_2 y_2(x)$$

### 數往知來——彈簧模型

運動的研究是一個經典的工程領域，使用由牛頓第二定律 $\sum F = ma$ 控制的二階微分方程式。這些方程式會出現在流體和固體的運動中，儘管它們在每種情況下，因為使用不同的參考框架，而會有不同的描述。

彈簧質量模型是用於各種固體運動情況的設計模擬中普遍存在的模型，例如，材料變形、摩天大樓穩定性的質量阻尼器和車輛減震器。我們將在本章中探討這個例子。

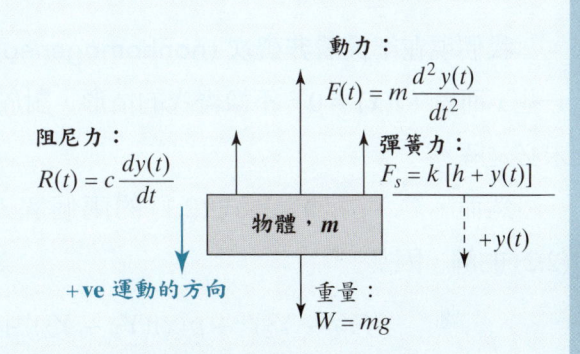

自行車和汽車通常在車身與車輪之間設計有阻尼懸掛系統，以保護乘客免受路障產生的不適。系統可以被建立模式成為介於固定點（車輪）和可移動質量（車輛的框架）之間的阻尼彈簧。

動力：
$$F(t) = m \frac{d^2 y(t)}{dt^2}$$

阻尼力：
$$R(t) = c \frac{dy(t)}{dt}$$

彈簧力：
$$F_s = k[h + y(t)]$$

重量：
$$W = mg$$

+ve 運動的方向

微分方程式推導原理圖。

根據 Hsu, Tai-Ran. "Applications of Second Order Differential Equations in Mechanical Engineering Analysis." Lecture, Class Notes from San Jose State University. San Jose, CA, USA.

### 例 2.1

$e^x$ 與 $e^{2x}$ 為

$$y'' - 3y' + 2y = 0$$

的線性獨立解。因此這個微分方程式的通解具有下列的形式：

$$y(x) = c_1 e^x + c_2 e^{2x}$$

欲解初值問題

$$y'' - 3y' + 2y = 0;\ y(0) = -2,\ y'(0) = 3$$

為了要解出滿足這些條件的常數，我們需要

$$y(0) = c_1 + c_2 = -2,\ y'(0) = c_1 + 2c_2 = 3$$

可得 $c_1 = -7$，$c_2 = 5$，因此初值問題的解為

$$y(x) = -7e^x + 5e^{2x}$$

我們現在準備看**非齊次** (nonhomogeneous) 方程式 (2.1)，其中對於區間中至少一些 $x$ 而言，$f(x) \neq 0$。不像齊次的情形，對於非齊次方程式，解的和與解的恆定倍數未必是解。

然而，若 $Y_1$ 與 $Y_2$ 為式 (2.1) 的兩個解，它們的**差** (difference) 是齊次方程式 (2.2) 的解，因為

$$(Y_1 - Y_2)'' + p(x)(Y_1 - Y_2)' + q(x)(Y_1 - Y_2)$$
$$= (Y_1'' + p(x)Y_1' + q(x)Y_1) - (Y_2'' + p(x)Y_2' + q(x)Y_2)$$
$$= f(x) - f(x) = 0$$

這是寫出式 (2.1) 的通解之關鍵，此通解包含所有可能的解。

### 定理 2.4　方程式 (2.1) 的通解

設 $y_1$ 與 $y_2$ 為**對應齊次方程式** (associated homogeneous equation)

$$y'' + p(x)y' + q(x)y = 0$$

的獨立解。設 $y_p$ 為非齊次方程式

$$y'' + p(x)y' + q(x)y = f(x)$$

的任意解，則非齊次方程式的每一解都包含在下列的式子中，

$$y(x) = c_1 y_1(x) + c_2 y_2(x) + y_p(x)$$

假設 $Y(x)$ 為式 (2.1) 的一解，則 $Y(x) - y_p(x)$ 為對應齊次方程式 (2.2) 的解，亦即有常數 $c_1$ 和 $c_2$ 使得

$$Y(x) - y_p(x) = c_1 y_1(x) + c_2 y_2(x)$$

因此

$$Y(x) = c_1 y_1(x) + c_2 y_2(x) + y_p(x)$$

定理 2.4 告訴我們，式 (2.1) 的通解等於式 (2.2) 的通解加上式 (2.1) 的任意特解。寫出式 (2.1) 的所有解的問題可化為兩個步驟：

1. 求相關齊次方程式 (2.2) 的通解。亦即求出此方程式的兩個線性獨立解。
2. 求式 (2.1) 的一個（任意一個）解。

### 例 2.2

求

$$y'' + 4y = 8x$$

的通解。我們可以驗證 $y_1(x) = \sin(2x)$ 與 $y_2(x) = \cos(2x)$ 為對應齊次方程式 $y'' + 4y = 0$ 的獨立解。

可直接驗證 $Y_p(x) = 2x$ 為非齊次方程式的一解，因此這個方程式的通解為

$$y(x) = c_1 \sin(2x) + c_2 \cos(2x) + 2x$$

假設現在我們有一個初值問題，

$$y'' + 4y = 8x; \; y(\pi) = 1, y'(\pi) = -6$$

將 $x = \pi$ 代入通解：

$$y(\pi) = c_1 \sin(2\pi) + c_2 \cos(2\pi) + 2\pi = c_2 + 2\pi = 1$$

可得 $c_2 = 1 - 2\pi$。其次，

$$y'(\pi) = 2c_1 \cos(2\pi) - 2c_2 \sin(2\pi) + 2 = 2c_1 + 2 = -6$$

可得 $c_1 = -4$。初值問題的唯一解為

$$y(x) = -4\sin(2x) + (1 - 2\pi)\cos(2x) + 2x$$

## 2.1 習題

習題 1–3 中，已知初值問題。驗證 $y_1(x)$ 與 $y_2(x)$ 為相關齊次方程式的解，且利用朗士基證明這些解為線性獨立。寫出相關齊次方程式的通解。

其次，證明 $y_p(x)$ 為非齊次方程式的解，且寫出方程式的通解。

最後，求初值問題的值。

1. $y'' + 36y = x - 1$; $y(0) = -5$, $y'(0) = 2$
   $y_1(x) = \sin(6x), y_2(x) = \cos(6x)$,
   $y_p(x) = \frac{1}{36}(x - 1)$

2. $y'' + 3y' + 2y = 15$; $y(0) = -3$, $y'(0) = -1$
   $y_1(x) = e^{-2x}, y_2(x) = e^{-x}, y_p(x) = \frac{15}{2}$

3. $y''(x) - 2y' + 2y = -5x^2$; $y(0) = 6$,
   $y'(0) = 1$
   $y_1(x) = e^x \cos(x), y_2(x) = e^x \sin(x)$,
   $y_p(x) = -\frac{5}{2}x^2 - 5x - \frac{5}{2}$

4. 以下面的論述證明式 (2.2) 的兩個獨立解的朗士基不為零。假設 $y_1(x)$ 與 $y_2(x)$ 為式 (2.2) 的解，則

   $$y_1'' + p(x)y_1' + q(x)y_1 = 0$$
   $$y_2'' + p(x)y_2' + q(x)y_2 = 0$$

   將第一式乘以 $y_2$，第二式乘以 $-y_1$，然後二式相加，利用產生的方程式證明

   $$W' + p(x)W = 0$$

   其中 $W = W[y_1, y_2]$。解此線性一階方程式中的 $W(x)$，證明此朗士基。

5. 證明 $y_1(x) = x$ 與 $y_2(x) = x^2$ 為 $x^2y'' - 2xy' + 2y = 0$ 在 $-1 < x < 1$ 的線性獨立解，但 $W(0) = 0$。為何此與定理 2.2(1) 不互相矛盾？

## 2.2 降階法

我們欲求 $y'' + p(x)y' + q(x)y = 0$ 的兩線性獨立之解，若已知其中一解，由降階

法可求得另一解。

設已知一非零解 $y_1$，欲求另一解 $y_2(x) = u(x)y_1(x)$，計算

$$y_2' = u'y_1 + uy_1', \quad y_2'' = u''y_1 + 2u'y_1' + uy_1''$$

因 $y_2$ 為一解，故

$$u''y_1 + 2u'y_1' + uy_1'' + p[u'y_1 + uy_1'] + quy_1 = 0$$

重組各項後可得到

$$u''y_1 + u'[2y_1' + py_1] + u[y_1'' + py_1' + qy_1] = 0$$

因 $y_1$ 為一解，所以 $u$ 之係數為零，故

$$u''y_1 + u'[2y_1' + py_1] = 0$$

在 $y_1(x) \neq 0$ 之任意區間上，同除 $y_1$

$$u'' + \frac{2y_1' + py_1}{y_1}u' = 0$$

欲求解 $u$，我們可令

$$g(x) = \frac{2y_1'(x) + p(x)y_1(x)}{y_1(x)}$$

因 $y_1(x)$ 與 $p(x)$ 皆為已知，故上式為已知函數。

$$u'' + g(x)u' = 0$$

接著令 $v = u'$ 代入方程式中，得到

$$v' + g(x)v = 0$$

上式為 $v$ 的一階線性微分方程式，其通解的型式為

$$v(x) = Ce^{-\int g(x)\,dx}$$

因為我們只需解出另一解 $y_2$，所以取 $C = 1$，

$$v(x) = e^{-\int g(x)\,dx}$$

又 $v = u'$，積分後可得

$$u(x) = \int e^{-\int g(x)\,dx}\,dx$$

執行上式之積分可得 $u(x)$，則 $y_2 = uy_1$，為 $u'' + py' + qy = 0$ 之另一解。此外，

$$W(x) = y_1 y_2' - y_1' y_2 = y_1(uy_1' + u'y_1) - y_1' u y_1 = u'y_1^2 = vy_1^2$$

因 $v(x)$ 為指數函數，所以 $v(x) \neq 0$。上述之推導是在 $y_1(x) \neq 0$ 之區間內進行，故 $W(x) \neq 0$ 且 $y_1$ 與 $y_2$ 形成此區間內的解之基本集合。$y'' + py' + qy = 0$ 之通解為 $c_1 y_1 + c_2 y_2$。

不需強記 $g$、$v$ 和 $u$ 之公式。已知一解 $y_1$ 將 $y_2 = uy_1$ 代入微分方程式，再利用 $y_1$ 為一解之條件，即可解出 $u(x)$。

### 例 2.3

設 $y_1(x) = e^{-2x}$ 為 $y'' + 4y' + 4y = 0$ 之一解。我們欲求另一解，首先令 $y_2(x) = u(x)e^{-2x}$，則

$$y_2' = u'e^{-2x} - 2e^{-2x}u \text{ 且 } y_2'' = u''e^{-2x} + 4e^{-2x}u - 4u'e^{-2x}$$

將上式代入微分方程式，得到

$$u''e^{-2x} + 4e^{-2x}u - 4u'e^{-2x} + 4(u'e^{-2x} - 2e^{-2x}u) + 4ue^{-2x} = 0$$

又因 $e^{-2x}$ 為其中一解，故

$$u''e^{-2x} = 0$$

或

$$u'' = 0$$

透過兩次積分可得到 $u(x) = cx + d$。因為我們僅需另一解 $y_2$，即僅需一個 $u$，故取 $c = 1$，$d = 0$。得 $u(x) = x$ 且

$$y_2(x) = xe^{-2x}$$

對所有 $x$，其朗士基

$$W(x) = \begin{vmatrix} e^{-2x} & xe^{-2x} \\ -2e^{-2x} & e^{-2x} - 2xe^{-2x} \end{vmatrix} = e^{-4x} \neq 0$$

因此對於所有 $x$，$y_1$ 與 $y_2$ 形成解之基本集合，$y'' + 4y' + 4y = 0$ 之通解為

$$y(x) = c_1 e^{-2x} + c_2 x e^{-2x}$$

### 例 2.4

當 $x > 0$,我們欲求 $y'' - (3/x)y' + (4/x^2)y = 0$ 之通解,若已知其中一解 $y_1(x) = x^2$,令 $y_2(x) = x^2 u(x)$,則

$$y_2' = 2xu + x^2 u' \text{ 且 } y_2'' = 2u + 4xu' + x^2 u''$$

上式代入微分方程式,得到

$$2u + 4xu' + x^2 u'' - \frac{3}{x}(2xu + x^2 u') + \frac{4}{x^2}(x^2 u) = 0$$

故

$$x^2 u'' + xu' = 0$$

因 $x > 0$,故

$$xu'' + u' = 0$$

令 $v = u'$,求得

$$xv' + v = (xv)' = 0$$

故 $xv = c$,取 $c = 1$。則

$$v = u' = \frac{1}{x}$$

故

$$u = \ln(x) + d$$

因僅需一適當之 $u$,故取 $d = 0$,則 $y_2(x) = x^2 \ln(x)$ 為另一解。此外,對 $x > 0$,

$$W(x) = \begin{vmatrix} x^2 & x^2 \ln(x) \\ 2x & 2x \ln(x) + x \end{vmatrix} = x^3 \neq 0$$

對 $x > 0$,$x^2$ 與 $x^2 \ln(x)$ 兩函數形成解之基本集合。在 $x > 0$ 時的通解為

$$y(x) = c_1 x^2 + c_2 x^2 \ln(x)$$

## 2.2 習題

習題 1–5，證明所給予之函數為微分方程式的一解，以降階法求另一解，並寫出其通解型式。

1. $y'' + 4y = 0;\ y_1(x) = \cos(2x)$
2. $y'' - 10y' + 25y = 0;\ y_1(x) = e^{5x}$
3. $x^2 y'' - 3xy' + 4y = 0;\ y_1(x) = x^2,\ x > 0$
4. $y'' - \dfrac{1}{x}y' - \dfrac{8}{x^2}y = 0;\ y_1(x) = x^4,\ x > 0$
5. $y'' - \dfrac{1}{x}y' + \left(1 - \dfrac{1}{4x^2}\right)y = 0;$

   $y_1(x) = \dfrac{1}{\sqrt{x}}\cos(x),\ x > 0$

6. 當二階方程式中的 $x$ 並非顯性地表露出來，有些時候我們可令 $u = y'$ 且視 $y$ 為自變數，$u$ 為 $y$ 之函數，故

$$y'' = \frac{d}{dx}\left[\frac{dy}{dx}\right] = \frac{du}{dx} = \frac{du}{dy}\frac{dy}{dx} = u\frac{du}{dy}$$

接下來將 $F(y, y', y'') = 0$ 轉變成一階方程式 $F(y, u, u(du/dy)) = 0$，求解 $u(y)$，然後令 $u = y'$，求解 $y$，其中 $y$ 為 $x$ 之函數，以此方法求下列之解。

(a) $yy'' + 3(y')^2 = 0$
(b) $yy'' + (y+1)(y')^2 = 0$
(c) $yy'' = y^2 y' + (y')^2$
(d) $y'' = 1 + (y')^2$
(e) $y'' + (y')^2 = 0$

## 2.3 常係數齊次方程式

我們現在知道在寫出

$$y'' + p(x)y' + q(x)y = 0$$

以及

$$y'' + p(x)y' + q(x)y = f(x)$$

的解時要尋找什麼。下一個重點是實際找到求解的方法，集中在 $p(x)$ 與 $q(x)$ 為常數的情形。從本節中的齊次情況開始，然後轉到下一節中的非齊次情況。

考慮常係數齊次線性方程式

$$y'' + ay' + by = 0 \tag{2.3}$$

其中 $a$ 與 $b$ 為已知。因為 $e^{rx}$ 的導數為 $e^{rx}$ 的恆定倍數，嘗試求 $r$ 的值使得 $e^{rx}$ 為一解。將 $e^{rx}$ 代入微分方程式，可得

$$r^2 e^{rx} + a r e^{rx} + b e^{rx} = 0$$

除以非零因數 $e^{rx}$，得到 $r$ 的二次方程式

$$r^2 + ar + b = 0 \tag{2.4}$$

這是微分方程式 (2.3) 的**特徵方程式** (characteristic equation)。我們可直接由微分方程式的係數得到此二次方程式，不需實際將 $e^{rx}$ 代入。

特徵方程式的根為

$$r = \frac{1}{2}\left(-a \pm \sqrt{a^2 - 4b}\right)$$

此為 $e^{rx}$ 是式 (2.3) 之解的 $r$ 值。根據這些根，解可以有三種不同的形式。

### 情況 1——相異實根

當 $a^2 - 4b > 0$ 時，特徵方程式有相異實根。若這些根為 $r_1$ 與 $r_2$，則 $e^{r_1 x}$ 與 $e^{r_2 x}$ 為獨立，且

$$y = c_1 e^{r_1 x} + c_2 e^{r_2 x}$$

為式 (2.3) 的通解。

#### 例 2.5

$$y'' - y' - 6y = 0$$

的特徵方程式為

$$r^2 - r - 6 = (r-3)(r+2) = 0$$

其根為 3、−2，因此

$$y(x) = c_1 e^{3x} + c_2 e^{-2x}$$

為通解。

### 情況 2——重根

當 $a^2 - 4b = 0$ 時，特徵方程式有重根（實根）。此根為 $r = -a/2$，因此

$$y_1(x) = e^{-ax/2}$$

為一解。將 $y_2(x) = xe^{-ax/2}$ 代入微分方程式。由驗證得知 $y_2(x)$ 亦為一解，且 $y_2$ 與 $y_1$ 為獨立。在此情況下，我們有通解

$$y(x) = c_1 e^{-ax/2} + c_2 x e^{-ax/2}$$

或

$$y(x) = (c_1 + c_2 x)e^{-ax/2}$$

### 例 2.6

考慮

$$y'' + 8y' + 16y = 0$$

特徵方程式為

$$r^2 + 8r + 16 = (r+4)^2 = 0$$

根 $r = -4$、$-4$。通解為

$$y(x) = (c_1 + c_2 x)e^{-4x}$$

### 情況 3——複數根

假設特徵方程式具有複數根 $\alpha \pm i\beta$。因為特徵方程式為實係數，所以複數根為共軛複數。

如今 $e^{(\alpha + i\beta)x}$ 與 $e^{(\alpha - i\beta)x}$ 為獨立解，我們可將通解寫成

$$y(x) = c_1 e^{(\alpha + i\beta)x} + c_2 e^{(\alpha - i\beta)x}$$

這是正確的，但是有時（如繪圖）我們需要僅涉及實數的通解。利用任意兩個獨立解可作為通解的事實來產生實數通解，由歐勒公式 (Euler's formula)，

$$e^{ikx} = \cos(kx) + i\sin(kx)$$

其中 $k$ 為實數。所以

$$\begin{aligned} y_1(x) &= e^{(\alpha + i\beta)x} \\ &= e^{\alpha x} e^{i\beta x} = e^{\alpha x}\cos(\beta x) + i e^{\alpha x}\sin(\beta x) \end{aligned}$$

為一解。以 $-\beta$ 取代 $\beta$，可得

$$y_2(x) = e^{\alpha x}\cos(\beta x) - ie^{\alpha x}\sin(\beta x)$$

此為第二個獨立解。因此，$y_1(x)$ 與 $y_2(x)$ 的任意線性組合亦為方程式的解，又因

$$\frac{1}{2}(y_1(x) + y_2(x)) = e^{\alpha x}\cos(\beta x)$$

且

$$\frac{1}{2i}(y_1(x) - y_2(x)) = e^{\alpha x}\sin(\beta x)$$

因此 $e^{\alpha x}\cos(\beta x)$ 與 $e^{\alpha x}\sin(\beta x)$ 亦為線性獨立解。我們可將此情況的通解寫成

$$y(x) = c_1 e^{\alpha x}\cos(\beta x) + c_2 e^{\alpha x}\sin(\beta x)$$

---

### 數往知來——對固定點和可移動物體之間的阻尼彈簧進行建模

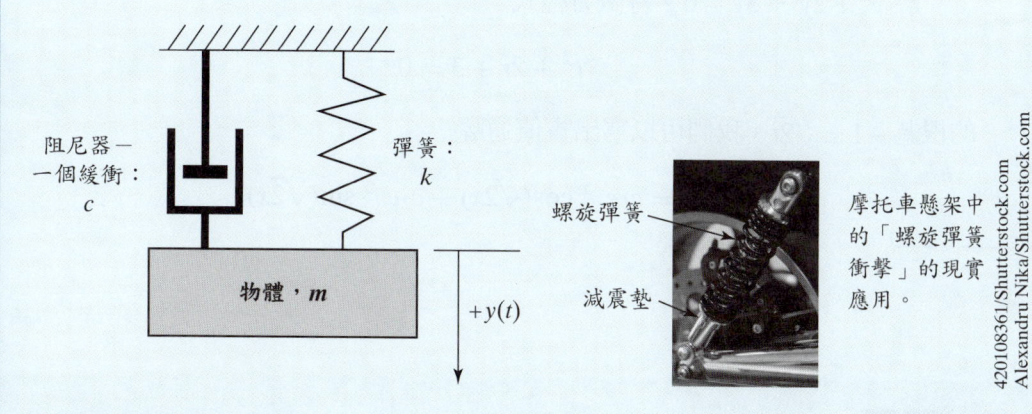

減震器原理圖模型和圖片。
根據 Hsu, Tai-Ran. "Applications of Second Order Differential Equations in Mechanical Engineering Analysis." Lecture, Class Notes from San Jose State University. San Jose, CA, USA.

彈簧運動可由虎克定理 (Hooke's law) 描述，其中指出彈簧具有恢復力 (restoring force)，使其回到原來的位置。該力被描述為 $F = -kx$，其中 $k$ 是與材料有關的彈簧常數，$x$ 是彈簧末端的位置。利用添加減震器及有阻尼力，可抑制系統中的振動，以保持物體（車架和乘客）不受路面碰撞。阻尼力被建模為 $F = -c\frac{dx}{dt}$，其中 $c$ 是設計的減震器之阻尼常數。將這些代入牛頓第二定律，可得

$$ma = m\frac{d^2x}{dt^2} = -c\frac{dx}{dt} - kx = \sum F$$
$$\Rightarrow m\frac{d^2x}{dt^2} + c\frac{dx}{dt} + kx = 0$$

使用本章的方法，我們可以根據 $c^2 - 4mk$ 的值找到三種解。在這種情況下，不希望產生震盪解，因為減震器的目的是快速消除震盪。因此，工程師應選擇彈簧材料和減震器，以 $k$ 與 $c$ 的值來設計使得就算有較高的 $m$ 值（車輛中有許多乘客），$c^2 - 4mk \geq 0$，來自路面顛簸的震盪也會被快速消除。

#### 例 2.7

解 $y'' + 2y' + 3y = 0$。特徵方程式
$$r^2 + 2r + 3 = 0$$
的根為 $-1 \pm \sqrt{2}i$。我們可以寫出實值通解
$$y(x) = c_1 e^{-x}\cos(\sqrt{2}x) + c_2 e^{-x}\sin(\sqrt{2}x)$$

## 2.3 習題

習題 1–5，寫出微分方程式的實值通解。

1. $y'' - y' - 6y = 0$
2. $y'' + 6y' + 9y = 0$
3. $y'' + 10y' + 26y = 0$
4. $y'' + 3y' + 18y = 0$
5. $y'' - 14y' + 49y = 0$

習題 6–10，解初值問題。

6. $y'' + 3y' = 0;\ y(0) = 3,\ y'(0) = 6$
7. $y'' - 2y' + y = 0;\ y(1) = y'(1) = 0$
8. $y'' + y' - 12y = 0;\ y(2) = 2,\ y''(2) = -1$
9. $y'' - 2y' + y = 0;\ y(1) = 12,\ y'(1) = -5$
10. $y'' - y' + 4y = 0;\ y(-2) = 1,\ y'(-2) = 3$

## 2.4 非齊次方程式的特解

對於非齊次方程式

$$y'' + p(x)y' + q(x)y = f(x)$$

的通解。我們需要相關齊次方程式的兩個解 $y_1$ 與 $y_2$，以及非齊次方程式的特解 $y_p$。本節開發了求特解 $y_p$ 的兩種方法。

在說明此方法之前，觀察以下的觀念有時是有用的，若 $f(x)$ 為函數的和，例如：

$$f(x) = f_1(x) + \cdots + f_n(x)$$

且 $Y_j$ 為

$$y'' + p(x)y' + q(x)y = f_j(x)$$

的任意解，則

$$y_p = Y_1 + \cdots + Y_n$$

為非齊次方程式

$$y'' + p(x)y' + q(x)y = f(x) = f_1(x) + \cdots + f_n(x)$$

的一解。此觀念稱為**重疊原理** (principle of superposition)，有時可將一個問題分解成 $n$ 個容易個別求解的問題。

### 2.4.1 參數變換法

一種求式 (2.1) 特解的方法稱為**參數變換法** (method of variation of parameters)。假設 $y_1$ 與 $y_2$ 為相關齊次方程式 (2.2) 的獨立解。此法的概念是尋找函數 $u_1(x)$ 與 $u_2(x)$，使得

$$y_p(x) = u_1(x)y_1(x) + u_2(x)y_2(x)$$

為非齊次方程式的特解。

$y_p$ 的一階導數為

$$y_p' = u_1'y_1 + u_1y_1' + u_2'y_2 + u_2y_2'$$

若繼續微分，$y''_p$ 有八項。為了化簡二階導數，迫使我們強行加入條件

$$u'_1 y_1 + u'_2 y_2 = 0 \tag{2.5}$$

則

$$y'_p = u_1 y'_1 + u_2 y'_2$$

這使得

$$y''_p = u'_1 y'_1 + u'_2 y'_2 + u_1 y''_1 + u_2 y''_2$$

將 $y_p$、$y'_p$、$y''_p$ 代入微分方程式，可得

$$\begin{aligned} & u'_1 y'_1 + u'_2 y'_2 + u_1 y''_1 + u_2 y''_2 \\ & + p(x)(u_1 y'_1 + u_2 y'_2) \\ & + q(x)(u_1 y_1 + u_2 y_2) = f(x) \end{aligned}$$

整理各項，將上式寫成

$$\begin{aligned} & u_1 [y''_1 + p(x) y'_1 + q(x) y_1] \\ & + u_2 [y''_2 + p(x) y'_2 + q(x) y_2] \\ & + u'_1 y'_1 + u'_2 y'_2 = f(x) \end{aligned}$$

因為 $y_1$ 與 $y_2$ 是齊次方程式的解，所以兩個中括號內的項等於零，剩下

$$u'_1 y'_1 + u'_2 y'_2 = f(x) \tag{2.6}$$

解式 (2.5) 與式 (2.6) 中的 $u'_1$ 與 $u'_2$，得到

$$u'_1(x) = -\frac{y_2(x) f(x)}{W(x)}, u'_2(x) = \frac{y_1(x) f(x)}{W(x)} \tag{2.7}$$

其中 $W(x)$ 為 $y_1$ 與 $y_2$ 的朗士基。因為 $y_1$ 與 $y_2$ 為獨立，所以此朗士基不為零。將這些方程式積分，可得 $u_1(x)$ 和 $u_2(x)$：

$$u_1(x) = -\int \frac{y_2(x) f(x)}{W(x)} dx, u_2(x) = \int \frac{y_1(x) f(x)}{W(x)} dx \tag{2.8}$$

**數往知來——考慮設計需求**

考慮一輛汽車經過一個非常粗糙的路面，造成許多顛簸。當車輛經過坑洞時，可能會以不同的頻率經歷不同深度的顛簸。如果該頻率高於減震器阻尼先前碰撞所需的時間，則將額外的強制項加到微分方程式中，把模型修改為

$$m\frac{d^2x}{dt^2} + c\frac{dx}{dt} + kx = f(x)$$

對於設計減震器的初步模式，工程師可以將顛簸路「震盪」模式化，成為 $f(x) = A\cos(\omega t)$ 的函數，其中 $A$ 和 $\omega$ 是粗糙路面中顛簸的平均（或最壞情況）振幅與頻率。求解這個方程式可以幫助工程師確定減震器需要設計的平均（或最壞情況）性能模型。

**例 2.8**

求

$$y'' + 4y = \sec(x)$$

的通解，其中 $-\pi/4 \leq x \leq \pi/4$。

$y'' + 4y = 0$ 的特徵方程式為 $r^2 + 4 = 0$，其根為 $\pm 2i$。$y'' + 4y = 0$ 的兩個獨立解為

$$y_1(x) = \cos(2x), y_2(x) = \sin(2x)$$

這些函數的朗士基為

$$W(x) = \begin{vmatrix} \cos(2x) & \sin(2x) \\ -2\sin(2x) & 2\cos(2x) \end{vmatrix} = 2$$

由式 (2.8)，可得

$$u_1(x) = -\int \frac{1}{2}\sin(2x)\sec(x)\,dx, u_2(x) = \int \frac{1}{2}\cos(2x)\sec(x)\,dx$$

有幾種求這些積分的方法，包括利用積分表、軟體或利用下列的恆等式：

$$\sin(2x) = 2\sin(x)\cos(x), \cos(2x) = 2\cos^2(x) - 1$$

結果為

$$u_1(x) = -\int \frac{1}{2}\sin(2x)\sec(x)\,dx = -\int \frac{2\sin(x)\cos(x)}{2}\sec(x)\,dx$$
$$= -\int \frac{\sin(x)\cos(x)}{\cos(x)}\,dx = -\int \sin(x)\,dx = \cos(x)$$

且

$$u_2(x) = \int \frac{1}{2}\cos(2x)\sec(x)\,dx = \int \frac{(2\cos^2(x) - 1)}{2\cos(x)}\,dx$$
$$= \int \left(\cos(x) - \frac{1}{2}\sec(x)\right)dx$$
$$= \sin(x) - \frac{1}{2}\ln|\sec(x) + \tan(x)|$$

這裡省略了積分常數，因為我們僅需適當的選取 $u_1$ 與 $u_2$，即可得到特解

$$y_p(x) = u_1(x)y_1(x) + u_2(x)y_2(x)$$
$$= \cos(x)\cos(2x) + \sin(x)\sin(2x) - \frac{1}{2}\sin(2x)\ln|\sec(x) + \tan(x)|$$

因此通解為

$$y(x) = c_1\cos(2x) + c_2\sin(2x) + y_p(x)$$

使用參數變換法，我們在執行生成 $u_1(x)$ 與 $u_2(x)$ 時要有能力積分，否則這種方法就會受到限制。它的優點是不需要係數 $p(x)$ 與 $q(x)$ 是常數，雖然常係數齊次方程式是我們最容易解的情況。

### 2.4.2 未定係數法

不同於參數變換法，未定係數法 (method of undetermined coefficients) 僅適用於常係數線性微分方程式

$$y'' + ay' + by = f(x)$$

這個想法是基於 f(x) 會提供 $y_p(x)$ 可以採用的形式。

### 例 2.9

求

$$y'' + 4y = 7e^{3x}$$

的通解。對應齊次方程式 $y'' + 4y = 0$ 具有獨立解 $y_1(x) = \cos(2x)$ 與 $y_2(x) = \sin(2x)$。

對於所予非齊次方程式的特解，嘗試

$$y_p(x) = Ae^{3x}$$

這是由於 $e^{3x}$ 的導數為 $e^{3x}$ 的恆定倍數之事實。將 $y_p$、$y_p''$ 代入微分方程式

$$9Ae^{3x} + 4Ae^{3x} = 7e^{3x}$$

得到

$$13A = 7$$

因此 $A = 7/13$ 且

$$y_p(x) = \frac{7}{13}e^{3x}$$

為特解，通解為

$$y(x) = c_1 \cos(2x) + c_2 \sin(2x) + \frac{7}{13}e^{3x}$$

### 例 2.10

求

$$y'' + 3y' + 2y = -2x^2 + 3$$

的通解。對應齊次方程式有獨立解 $y_1(x) = e^{-x}$ 與 $y_2(x) = e^{-2x}$。對於非齊次方程式的特解，利用多項式的導數為多項式的事實，嘗試特解的形式為

$$y_p(x) = Ax^2 + Bx + C$$

注意：我們不需要嘗試次數高於 2（$f(x)$ 的次數）的多項式，因為 $y'' + 3y' + 2y$ 的次數不會高於 $y(x)$。注意：$y_p(x)$ 含有一次項 $Bx$，即使 $f(x)$ 沒有一次項，因為我們並不知道 $y_p(x)$ 的真正形式。

計算

$$y'_p(x) = 2Ax + B, y''_p(x) = 2A$$

且將 $y_p$、$y'_p$、$y''_p$ 代入微分方程式，得到

$$2A + 3(2Ax + B) + 2(Ax^2 + Bx + C) = -2x^2 + 3$$

合併同類項，

$$2Ax^2 + (6A + 2B)x + (2A + 3B + 2C) = -2x^2 + 3$$

方程式的兩邊，比較係數：

$$2A = -2$$
$$6A + 2B = 0$$
$$2A + 3B + 2C = 3$$

解這些方程式得到

$$A = -1, B = 3, C = -2$$

因此

$$y_p(x) = -x^2 + 3x - 2$$

為特解，而通解為

$$y(x) = c_1 e^{-x} + c_2 e^{-2x} - x^2 + 3x - 2$$

注意：在此例中，$y_p(x)$ 具有一次項 $3x$，即使微分方程式中的 $f(x)$ 沒有這樣的項。

### 例 2.11

求

$$y'' + y' + 3y = 5\sin(2x)$$

的通解。對應齊次方程式有獨立解

$$y_1(x) = e^{-x/2} \cos\left(\frac{\sqrt{11}}{2}x\right), y_2(x) = e^{-x/2} \sin\left(\frac{\sqrt{11}}{2}x\right)$$

對於非齊次方程式的特解，嘗試

$$y_p(x) = A\cos(2x) + B\sin(2x)$$

因為正弦和餘弦的導數為正餘和餘弦的恆定倍數。雖然 $f(x)$ 僅有 $\sin(2x)$ 項，但在 $y_p(x)$ 中包含有 $\cos(2x)$ 項，因為正弦的導數可能是正弦或餘弦，取決於它被微分的次數。

現在

$$y_p'(x) = -2A\sin(2x) + 2B\cos(2x)$$

且

$$y_p''(x) = -4A\cos(2x) - 4B\sin(2x)$$

將 $y_p$、$y_p'$、$y_p''$ 代入微分方程式，可得

$$-4A\cos(2x) - 4B\sin(2x) - 2A\sin(2x) + 2B\cos(2x) + 3A\cos(2x) + 3B\sin(2x)$$
$$= 5\sin(2x)$$

整理後

$$(-A + 2B)\cos(2x) + (-2A - B)\sin(2x) = 5\sin(2x)$$

因此

$$-A + 2B = 0$$
$$-2A - B = 5$$

得 $A = -2$，$B = -1$。特解為

$$y_p(x) = -2\cos(2x) - \sin(2x)$$

原微分方程式具有通解

$$y(x) = c_1 e^{-x/2}\cos\left(\frac{\sqrt{11}}{2}x\right) + c_2 e^{-x/2}\sin\left(\frac{\sqrt{11}}{2}x\right) - 2\cos(2x) - \sin(2x)$$

如果 f(x) 是不同類型函數的和，則嘗試將 f(x) 寫成適用於未定係數法的函數，並使用重疊原理。

### 例 2.12

求
$$y'' + 2y' - 3y = 4x^2 - x + 11e^{2x}$$
的通解，對應齊次方程式 $y'' + 2y' - 3y = 0$ 具有通解
$$y_h(x) = c_1 e^x + c_2 e^{-3x}$$
我們需要非齊次方程式的特解 $y_p(x)$。這裡 $f(x)$ 有兩種項——多項式和指數，所以考慮兩個問題：

$$問題\ 1：y'' + 2y' - 3y = 11e^{2x}$$
$$問題\ 2：y'' + 2y' - 3y = 4x^2 - x$$

若 $y_{p_1}(x)$ 為問題 1 的特解，而 $y_{p_2}(x)$ 為問題 2 的特解，則
$$y_p(x) = y_{p_1}(x) + y_{p_2}(x)$$
為原問題的特解。

針對問題 1，嘗試 $y_{p_1} = Ae^{2x}$，將此代入問題 1，得到
$$4Ae^{2x} + 4Ae^{2x} - 3Ae^{2x} = 11e^{2x}$$
或
$$5Ae^{2x} = 11e^{2x}$$
故 $5A = 11$，$A = 11/5$，因此
$$y_{p_1}(x) = \frac{11}{5}e^{2x}$$
為問題 1 的解。

針對問題 2，嘗許多項式 $y_{p_2}(x) = Bx^2 + Cx + D$。將此代入問題 2，得到
$$2B + 2(2Bx + C) - 3(Bx^2 + Cx + D) = 4x^2 - x$$
或
$$-3Bx^2 + (4B - 3C)x + (2B + 2C - 3D) = 4x^2 - x$$

左、右兩邊比較係數,可得
$$-3B = 4, 4B - 3C = -1, 2B + 2C - 3D = 0$$
因此
$$B = -\frac{4}{3}, C = -\frac{13}{9}, D = -\frac{50}{27}$$
於是
$$y_{p_2}(x) = -\frac{4}{3}x^2 - \frac{13}{9}x - \frac{50}{27}$$
為問題 2 的特解。由重疊原理,
$$y_p(x) = y_{p_1}(x) + y_{p_2}(x) = \frac{11}{5}e^{2x} - \frac{4}{3}x^2 - \frac{13}{9}x - \frac{50}{27}$$
原問題的通解為
$$y(x) = y_h(x) + y_p(x)$$
$$= c_1 e^x + c_2 e^{-3x} + \frac{11}{5}e^{2x} - \frac{4}{3}x^2 - \frac{13}{9}x - \frac{50}{27}$$

未定係數法並不是一定適用。例如,微分方程式
$$y'' + 8y' - 2y = -6e^{-x^3}$$
沒有基本函數可嘗試作為特解。問題的原因是 $e^{-x^3}$ 的導數,隨著多項式因數的增加而變得越來越複雜,尤其是採用更高階數時。

在使用這種方法時,也可能會遇到一個微妙之處。

### 例 2.13

求
$$y'' + 5y' + 4y = 11e^{-x}$$
的通解。嘗試一個特解 $y_p(x) = Ae^{-x}$ 似乎是很自然的。然而,若我們將它代入微分方程式,可得
$$Ae^{-x} - 5Ae^{-x} + 4Ae^{-x} = 11e^{-x}$$

或
$$0 = 11e^{-x}$$

這是不可能的。發生困難是因為 $11e^{-x}$ 是對應齊次方程式的解,因此當我們將 $Ae^{-x}$ 代入 $y'' + 5y' + 4y$ 時,會產生零。

當遇到這種情況時,首先是將 $x$ 乘以特解。例如,在例 2.13 中,令
$$y_p(x) = Axe^{-x}$$
將上式代入(非齊次)微分方程式,可得
$$-2Ae^{-x} + Axe^{-x} + 5(Ae^{-x} - Axe^{-x}) + 4Axe^{-x} = 11e^{-x}$$
除以 $e^{-x}$,即
$$-2A + Ax + 5A - 5Ax + 4Ax = 11$$
消去含有 $x$ 的項,得到 $3A = 11$,$A = 11/3$,產生的特解為
$$y_p(x) = \frac{11}{3}xe^{-x}$$
對應齊次方程式有獨立解 $e^{-x}$ 與 $e^{-4x}$,因此例 2.13 的通解為
$$y(x) = c_1 e^{-x} + c_2 e^{-4x} + \frac{11}{3}xe^{-x}$$

若特解 $y_p(x)$ 中有一項是對應齊次方程式的解,則以 $x$ 乘以此項,若乘以 $x$ 後所得之結果仍是齊次方程式的解,則將此項再乘以 $x$。

### 例 2.14

求
$$y'' - 4y' + 4y = 3e^{2x}$$
的通解。齊次方程式 $y'' - 4y' + 4y = 0$ 有獨立解 $e^{2x}$ 與 $xe^{2x}$。

欲求非齊次方程式的特解,嘗試 $y_p(x) = Ae^{2x}$ 似乎是很自然的。不過,這是不行的,因為 $e^{2x}$ 是齊次方程式的解。其次,嘗試 $xe^{2x}$,但這也是齊次方程式的解。因此,嘗試

$$y_p(x) = Ax^2 e^{2x}$$

將上式代入非齊次微分方程式，並除以共同因數 $e^{2x}$，可得

$$(2A + 8Ax + 4Ax^2) - 4(2Ax + 2Ax^2) + 4Ax^2 = 3$$

消去左邊涉及 $x$ 和 $x^2$ 的項，剩下 $2A = 3$，故 $A = 3/2$，我們有特解

$$y_p(x) = \frac{3}{2} x^2 e^{2x}$$

微分方程式的通解為

$$y(x) = c_1 e^{2x} + c_2 x e^{2x} + \frac{3}{2} x^2 e^{2x}$$

## 2.4 習題

習題 1–3，利用參數變換法求非齊次方程式的特解，並求通解。

1. $y'' + y = \tan(x)$
2. $y'' + 9y = 12\sec(3x)$
3. $y'' - 3y' + 2y = \cos(e^{-x})$

習題 4–8，利用未定係數法求非齊次方程式的特解，並求通解。

4. $y'' - y' - 2y = 2x^2 + 5$
5. $y'' - 2y' + 10y = 20x^2 + 2x - 8$
6. $y'' - 6y' + 8y = 3e^x$
7. $y'' - 3y' + 2y = 10\sin(x)$
8. $y'' - 4y' + 13y = 3e^{2x} - 5e^{3x}$

習題 9–12，解初值問題。

9. $y'' - 4y = -7e^{2x} + x$; $y(0) = 1, y'(0) = 3$
10. $y'' + 8y' + 12y = e^{-x} + 7$; $y(0) = 1$, $y'(0) = 0$
11. $y'' - 2y' - 8y = 10e^{-x} + 8e^{2x}$; $y(0) = 1$, $y'(0) = 4$
12. $y'' - y = 5\sin^2(x)$; $y(0) = 2, y'(0) = -4$

## 2.5　歐勒方程式

**歐勒微分方程式** (Euler differential equation) 具有下列形式：
$$x^2 y'' + Axy' + By = 0 \tag{2.9}$$
其中 $A$ 與 $B$ 為實數。它也稱為**柯西－歐勒微分方程式** (Cauchy-Euler differential equation)。

我們求解當 $x > 0$ 時的歐勒方程式，可以從這些獲得當 $x < 0$ 時的解。

注意：在歐勒方程式中，每個導數乘以 $x$ 的若干次方，而次方等於該導數的階數。如果我們令 $y = x^r$，則
$$x^2 y'' = x^2 r(r-1)x^{r-2} = r(r-1)x^r$$
且
$$xy' = xrx^{r-1} = rx^r$$
將這些代入歐勒方程式，可得
$$r(r-1)x^r + Arx^r + Bx^r = 0$$
上式除以 $x^r$，得到 $r$ 的二次方程式：
$$r(r-1) + Ar + B = 0$$
或
$$r^2 + (A-1)r + B = 0 \tag{2.10}$$

式 (2.10) 是歐勒微分方程式 (2.9) 的**特徵方程式** (characteristic equation)，它可以立即由歐勒方程式讀取。此二次方程式的根是 $r$ 的值，其中 $x^r$ 是歐勒方程式的解。正如我們在齊次常係數線性方程式中所看到的，這會導致三種情況。

**情況 1——相異實根**

假設 $r_1$ 與 $r_2$ 為相異實根，則 $x^{r_1}$ 與 $x^{r_2}$ 為歐勒方程式的獨立解，且對於 $x > 0$，通解為
$$y(x) = c_x x^{r_1} + c_2 x^{r_2}$$

### 例 2.15

解

$$x^2y'' + 2xy' - 6y = 0$$

特徵方程式為

$$r^2 + r - 6 = 0$$

根為 2、−3。通解為

$$y(x) = c_1 x^2 + c_2 x^{-3} = c_1 x^2 + c_2 \frac{1}{x^3}$$

其中 $x > 0$。

## 情況 2——重根

假設特徵方程式有實重根 $r_1$。如今 $y_1(x) = x^{r_1}$ 為一解，我們需要第二個線性獨立解。在這種情況下，可以證明

$$y_2(x) = \ln(x) x^{r_1}$$

也是一個解。這可以將 $y_2(x)$ 代入歐勒方程式來驗證，而上式的推導也可以嘗試將

$$y_2(x) = u(x) x^{r_1}$$

視為歐勒方程式的第二個解，代入歐勒方程式得到 $u(x)$ 的微分方程式，解出 $u(x)$。

在此情況下，通解為

$$y(x) = c_1 x^{r_1} + c_2 \ln(x) x^{r_1}$$

或

$$y(x) = (c_1 + c_2 \ln(x)) x^{r_1}$$

### 例 2.16

解

$$x^2y'' - 5xy' + 9y = 0$$

特徵方程式為

$$\lambda^2 - 6\lambda + 9 = 0$$

或

$$(\lambda - 3)^2 = 0$$

重根為 $\lambda = 3$、3，因此

$$y(x) = c_1 x^3 + c_2 \ln(x) x^3$$

為通解，其中 $x > 0$。

**情況 3——複數根**

假設特徵方程式有複數根，則它們是以共軛對出現：

$$r_1 = a + ib, r_2 = a - ib$$

兩個獨立解為

$$y_1(x) = x^{(a+ib)}, y_2(x) = x^{(a-ib)}$$

通解可寫成

$$y(x) = c_1 x^{(a+ib)} + c_2 x^{(a-ib)}$$

這是可以的，但是如果我們願意，也可以將通解用實函數表示。利用歐勒方程式及下列的事實：

$$x^\alpha = e^{\alpha \ln(x)}, x > 0$$

可得

$$y_1(x) = x^{(a+ib)} = x^a x^{ib} = x^a e^{ib\ln(x)}$$
$$= x^a [\cos(b\ln(x)) + i\sin(b\ln(x))]$$

以 $-ib$ 取代 $ib$，

$$y_2(x) = x^a [\cos(b\ln(x)) - i\sin(b\ln(x))]$$

這些解的線性組合仍然是解，所以令

$$y_3(x) = \frac{1}{2}(y_1(x) + y_2(x)) = x^a \cos(b\ln(x))$$

且

$$y_4(x) = \frac{1}{2i}(y_1(x) - y_2(x)) = x^a \sin(b\ln(x))$$

這也是兩個獨立解，在這種情況下，通解也可以寫成

$$y(x) = c_1 x^a \cos(b\ln(x)) + c_2 x^a \sin(b\ln(x))$$

### 例 2.17

解

$$x^2 y'' + 3xy' + 10y = 0$$

特徵方程式為

$$r^2 + 2r + 10 = 0$$

具有複數根 $-1 \pm 3i$。通解可立即寫出如下：

$$y(x) = c_1 x^{-1} \cos(3\ln(x)) + c_2 x^{-1} \sin(3\ln(x))$$

像往常一樣，解初值問題，可先求微分方程式的通解，然後再求出滿足初始條件的常數。

### 例 2.18

解

$$x^2 y'' - 5xy' + 10y = 0; \, y(1) = 4, y'(1) = -6$$

此為歐勒方程式，特徵方程式為

$$r^2 - 6r + 10 = 0$$

具有複數根 $3 \pm i$。微分方程式的通解為

$$y(x) = x^3 \left[c_1 \cos(\ln(x)) + c_2 \sin(\ln(x))\right]$$

如今

$$y(1) = c_1 = 4$$

此外，
$$y'(x) = 3x^2\left[c_1\cos(\ln(x)) + c_2\sin(\ln(x))\right]$$
$$+ x^2\left[-c_1\sin(\ln(x)) + c_2\cos(\ln(x))\right]$$

故
$$y'(1) = 3c_1 + c_2 = -6$$

因此 $c_2 = -6 - 3c_1 = -18$，初值問題的解為
$$y(x) = x^3\left[4\cos(\ln(x)) - 18\sin(\ln(x))\right]$$

## 2.5 習題

習題 1–5，求通解。

1. $x^2y'' + 2xy' - 6y = 0$
2. $x^2y'' + xy' + 4y = 0$
3. $x^2y'' + xy' - 16y = 0$
4. $x^2y'' + 6xy' + 6y = 0$
5. $x^2y'' + 25xy' + 144y = 0$

習題 6–8，解初值問題。

6. $x^2y'' + 5xy' - 21y = 0$, $y(2) = 1$, $y'(2) = 0$
7. $x^2y'' - 3xy' + 4y = 0$, $y(1) = 4$, $y'(1) = 5$
8. $x^2y'' - 9xy' + 24y = 0$, $y(1) = 1$, $y'(1) = 10$
9. 當歐勒方程式有重根時，若有一解為 $y_1(x) = x^{(1-A)/2}$，則第二解為 $y_2(x) = \ln(x)x^{(1-A)/2}$。將 $y_2(x) = u(x)y_1(x)$ 代入歐勒方程式，解 $u(x)$ 的微分方程式，以導出此第二解。

## 2.6 級數解

有時我們可以用**封閉形式** (closed form) 求解微分方程式或初值問題。這表示我們可以將解寫成基本函數的有限代數組合。例如，

$$y(x) = \frac{1}{2}\left(1 + 5e^{-2x}\right)$$

為初值問題

$$y' + 2y = 1;\ y(0) = 3$$

的封閉形式的解。對於某些問題，這是無法做到的。例如，

$$y(x) = 4e^{-x^3/3} + e^{-x^3/3} \int_0^x e^{\xi^3/3}\,d\xi$$

是問題

$$y' + x^2 y = 1;\ y(0) = 4$$

的唯一解，但是這個解涉及一個不能用基本項來計算的積分。

對於像這樣的問題，我們可以嘗試用數值近似法或級數解。本節討論兩種級數解：冪級數與 Frobenius 級數。

### 2.6.1 冪級數解

某些微分方程式有冪級數解。例如，若 $p(x)$、$q(x)$ 與 $f(x)$ 在 $x_0$ 有冪級數展開，則線性一階和二階方程式：

$$y' + p(x)y = q(x) \quad \text{和} \quad y'' + p(x)y' + q(x)y = f(x)$$

有冪級數解

$$y(x) = \sum_{n=0}^{\infty} a_n (x - x_0)^n$$

策略是將 $y(x)$ 的級數代入微分方程式，並嘗試求解係數 $a_n$。

**例 2.19**

考慮一階方程式

$$y' + 2xy = \frac{1}{1-x}$$

寫出一個關於 0 的級數解，令

$$y = \sum_{n=0}^{\infty} a_n x^n$$

假設 $-1 < x < 1$，因為

$$\frac{1}{1-x} = \sum_{n=0}^{\infty} x^n, \; -1 < x < 1$$

將 $y$ 的級數以及 $1/(1-x)$ 的級數代入微分方程式，得到

$$\sum_{n=1}^{\infty} n a_n x^{n-1} + 2x \sum_{n=0}^{\infty} a_n x^n = \sum_{n=0}^{\infty} x^n$$

$y'$ 的冪級數由 $n=1$ 開始，因為 $y$ 的冪級數中的常數項 $a_0$ 其導數為零。

上式為

$$\sum_{n=1}^{\infty} n a_n x^{n-1} + \sum_{n=0}^{\infty} 2 a_n x^{n+1} = \sum_{n=0}^{\infty} x^n \tag{2.11}$$

我們想在一個總和下盡可能將各項合併，這樣我們才可以提出 $x^n$ 的係數。這使得我們要重寫這些級數中的兩個，以便 $x^n$ 出現在所有的和（不是一個用 $x^{n-1}$，而另一個用 $x^{n+1}$ 來表示級數和）。

首先，

$$\sum_{n=1}^{\infty} n a_n x^{n-1} = a_1 + 2a_2 x + 3a_3 x^2 + \cdots = \sum_{n=0}^{\infty} (n+1) a_{n+1} x^n$$

兩個總和均表示相同的項。同理，

$$\sum_{n=0}^{\infty} 2 a_n x^{n+1} = 2a_0 x + 2a_1 x^2 + 2a_2 x^3 + \cdots = \sum_{n=1}^{\infty} 2 a_{n-1} x^n$$

將這些代入式 (2.11) 且將級數置於左側，可得

$$\sum_{n=0}^{\infty} (n+1) a_{n+1} x^n + \sum_{n=1}^{\infty} 2 a_{n-1} x^n - \sum_{n=0}^{\infty} x^n = 0 \tag{2.12}$$

這些重新排列使我們能夠將 $n = 1, 2, \cdots$ 的總和合併，而將 $n = 0$ 項單獨寫出（否則我們會失去這些項）：

$$a_1 - 1 + \sum_{n=1}^{\infty}[(n+1)a_{n+1} + 2a_{n-1} - 1]x^n = 0 \qquad (2.13)$$

對於所有 $x \in (-1, 1)$，因為式 (2.13) 的右邊為零，所以左邊 $x$ 的每個次方的係數必須為零。因此，

$$a_1 - 1 = 0$$

且

$$(n+1)a_{n+1} + 2a_{n-1} - 1 = 0, n = 1, 2, \cdots$$

因此

$$a_1 = 1$$

且

$$a_{n+1} = \frac{1}{n+1}(1 - 2a_{n-1}), n = 1, 2, \cdots \qquad (2.14)$$

式 (2.14) 是係數的**遞迴關係式** (recurrence relation)。$a_{n+1}$ 是用前面的係數 $a_{n-1}$ 表示。例如

$$(n=1) \; a_2 = \frac{1}{2}(1 - 2a_0)$$

$$(n=2) \; a_3 = \frac{1}{3}(1 - 2a_1) = -\frac{1}{3}$$

$$(n=3) \; a_4 = \frac{1}{4}(1 - 2a_2)$$

$$= \frac{1}{4}(1 - 1 + 2a_0) = \frac{1}{2}a_0$$

$$(n=4) \; a_5 = \frac{1}{5}(1 - 2a_3)$$

$$= \frac{1}{5}\left(1 + \frac{2}{3}\right) = \frac{1}{3}$$

$$(n=5) \; a_6 = \frac{1}{6}(1 - 2a_4) = \frac{1 - a_0}{6}$$

$$(n=6) \; a_7 = \frac{1}{7}(1 - 2a_5) = \frac{1}{21}$$

等等，這是我們想要的許多項。到目前為止，解可以寫成

$$y(x) = a_0 + x + \frac{1}{2}(1-2a_0)x^2 - \frac{1}{3}x^3$$
$$+ \frac{1}{2}a_0 x^4 + \frac{1}{3}x^5$$
$$+ \frac{1}{6}(1-a_0)x^6 + \frac{1}{21}x^7 + \cdots$$

這是通解的一部分，其中包含一個任意常數 $a_0$。

### 例 2.20

求

$$y'' + x^2 y = 0$$

在 $x = 0$ 展開的冪級數解。將 $y = \sum_{n=0}^{\infty} a_n x^n$ 代入微分方程式，得到

$$\sum_{n=2}^{\infty} n(n-1)a_n x^{n-2} + \sum_{n=0}^{\infty} a_n x^{n+2} = 0 \qquad (2.15)$$

將這些級數中的指標移位，使其具有共同的次方 $x^n$：

$$\sum_{n=2}^{\infty} n(n-1)a_n x^{n-2} = \sum_{n=0}^{\infty} (n+2)(n+1)a_{n+2} x^n$$

且

$$\sum_{n=0}^{\infty} a_n x^{n+2} = \sum_{n=2}^{\infty} a_{n-2} x^n$$

因此式 (2.15) 變成

$$\sum_{n=0}^{\infty} (n+2)(n+1)a_{n+2} x^n + \sum_{n=2}^{\infty} a_{n-2} x^n = 0$$

將 $n \geq 2$ 的項合併，分別寫出 $n = 0$ 及 $n = 1$ 的項，得

$$2a_2x^0 + 2(3)a_3x + \sum_{n=2}^{\infty}[(n+2)(n+1)a_{n+2} + a_{n-2}]x^n = 0$$

某區間 $(-h, h)$ 中，對於所有 $x$，等號左邊為零，就是指 $x$ 的每一個次方的係數為零。因此

$$a_2 = a_3 = 0$$

且對於 $n = 2, 3, \cdots$，

$$a_{n+2} = -\frac{1}{(n+2)(n+1)}a_{n-2}$$

此為遞迴關係式，例如，$a_4$ 以 $a_0$ 表示、$a_5$ 以 $a_1$ 表示等等。

當 $n = 2$，我們得到

$$a_4 = -\frac{1}{(4)(3)}a_0 = -\frac{1}{12}a_0$$

當 $n = 3$，

$$a_5 = -\frac{1}{(5)(4)}a_1 = -\frac{1}{20}a_1$$

繼續用這種方法，可得

$$a_6 = -\frac{1}{(6)(5)}a_2 = 0$$

$$a_7 = -\frac{1}{(7)(6)}a_3 = 0$$

$$a_8 = -\frac{1}{(8)(7)}a_4 = \frac{1}{(56)(12)}a_0 = \frac{1}{672}a_0$$

$$a_9 = -\frac{1}{(9)(8)}a_5 = \frac{1}{(72)(20)}a_1 = \frac{1}{1440}a_1$$

等等。到目前為止，我們有

$$y(x) = a_0 + a_1x - \frac{1}{12}a_0x^4 - \frac{1}{20}a_1x^5$$
$$+ \frac{1}{672}a_0x^8 + \frac{1}{1440}a_1x^9 + \cdots$$

將乘以常數 $a_0$ 的項與乘以常數 $a_1$ 的項分開：

$$y(x) = a_0 \left(1 - \frac{1}{12}x^4 + \frac{1}{672}x^8 + \cdots\right)$$
$$+ a_1 \left(x - \frac{1}{20}x^5 + \frac{1}{1440}x^9 + \cdots\right)$$

這些是通解的前 6 項。

## 2.6.1 習題

習題 1–5，求在 $x = 0$ 的冪級數解的遞迴關係，並利用它來產生解的前 5 個非零項。

1. $y' - xy = 1 - x$
2. $y' + (1 - x^2)y = x$
3. $y'' - xy' + y = 3$
4. $y'' - x^2 y' + 2y = x$
5. $y'' + (1 - x)y' + 2y = 1 - x^2$

## 2.6.2 Frobenius 解

本節專注於下列的微分方程式：

$$P(x)y'' + Q(x)y' + R(x)y = F(x) \tag{2.16}$$

若 $P(x_0) \neq 0$，我們可以在一些關於 $x_0$ 的區間中，將此方程式除以 $P(x)$，並嘗試寫出在 $x_0$ 的冪級數解。若 $P(x_0) = 0$，則稱 $x_0$ 為微分方程式的**奇異點** (singular point)。若

$$(x - x_0)\frac{Q(x)}{P(x)} \quad 且 \quad (x - x_0)^2 \frac{R(x)}{P(x)}$$

在 $x_0$ 有冪級數展開式，則 $x_0$ 稱為**正則** (regular) 奇異點。

不是正則的奇異點稱為**非正則** (irregular)。

又專注於正則奇異點，若 $x_0$ 為微分方程式 (2.16) 的正則奇異點，則在一些關於 $x_0$ 的區間中，方程式具有 **Frobenius 級數解** (Frobenius series)：

$$y(x) = \sum_{n=0}^{\infty} c_n (x - x_0)^{n+r}$$

其中 $c_0 \neq 0$ 且 $r$ 是必須與係數 $c_n$ 一起求出的數。若 $r$ 為非負整數,則 Frobenius 級數為冪級數。

### 例 2.21

零為

$$x^2 y'' + 5xy' + (x+4)y = 0$$

的奇異點,因為

$$x\frac{Q(x)}{P(x)} = x\frac{5x}{x^2} = 5 \quad \text{且} \quad x^2\frac{R(x)}{P(x)} = x^2\frac{x+4}{x^2} = x+4$$

而 5 與 $x+4$ 在 0 有冪級數展開式(它們本身就是冪級數展開式),所以零為正則奇異點。

嘗試 Frobenius 解。將 $y = \sum_{n=0}^{\infty} c_n x^{n+r}$ 代入微分方程式,可得

$$x^2 \sum_{n=0}^{\infty} (n+r)(n+r-1) c_n x^{n+r-2} + 5x \sum_{n=0}^{\infty} (n+r) c_n x^{n+r-1}$$

$$+ x \sum_{n=0}^{\infty} c_n x^{n+r} + 4 \sum_{n=0}^{\infty} c_n x^{n+r} = 0$$

所有這些求和從 $n=0$ 開始,因為 Frobenius 級數的這個項為 $c_0 x^r$,而 $c_0 \neq 0$。此級數的和為

$$\sum_{n=0}^{\infty} (n+r)(n+r-1) c_n x^{n+r} + \sum_{n=0}^{\infty} 5(n+r) c_n x^{n+r}$$

$$+ \sum_{n=0}^{\infty} c_n x^{n+r+1} + \sum_{n=0}^{\infty} 4 c_n x^{n+r} = 0$$

將第三個級數的指標移位,使得在所有求和中都是冪次 $x^{n+r}$:

$$\sum_{n=0}^{\infty} (n+r)(n+r-1) c_n x^{n+r} + \sum_{n=0}^{\infty} 5(n+r) c_n x^{n+r}$$

$$+ \sum_{n=1}^{\infty} c_{n-1} x^{n+r} + \sum_{n=0}^{\infty} 4 c_n x^{n+r} = 0$$

從 $n=1$ 開始，將級數合併，並將 $n=0$ 的項分開，得到

$$[r(r-1) + 5r + 4]c_0 x^r$$
$$+ \sum_{n=1}^{\infty}[(n+r)(n+r-1)c_n + 5(n+r)c_n + c_{n-1} + 4c_n]x^{n+r} = 0$$

令 $x$ 的每一個次方的係數為零。因假設 $c_0 \neq 0$，我們首先得到

$$r(r-1) + 5r + 4 = 0$$

此為 Frobenius 級數的**指標方程式** (indicial equation)，由此可得重根 $r = -2$。由 $x^{n+r}$ 的係數得到

$$(n+r)(n+r-1)c_n + 5(n+r)c_n + c_{n-1} + 4c_n = 0$$

其中 $n = 1, 2, \cdots$。將 $r = -2$ 代入上式，解出 $c_n$

$$c_n = -\frac{1}{(n-2)(n-3) + 5(n-2) + 4}c_{n-1}$$

其中 $n = 1, 2, \cdots$。

化簡後，可得

$$c_n = -\frac{1}{n^2}c_{n-1}, n = 1, 2, \cdots$$

這是此問題的遞迴關係式。寫出係數的一部分：

$$c_1 = -c_0$$
$$c_2 = -\frac{1}{4}c_1 = \frac{1}{4}c_0 = \frac{1}{2^2}c_0$$
$$c_3 = -\frac{1}{9}c_2 = -\frac{1}{(2 \cdot 3)^2}c_0$$
$$c_4 = -\frac{1}{16}c_0 = \frac{1}{(2 \cdot 3 \cdot 4)^2}c_0$$

等等。通式是明顯的：

$$c_n = (-1)^n \frac{1}{(n!)^2}c_0$$

其中 $n = 1, 2, \cdots$。Frobenius 解為

$$y(x) = c_0 \sum_{n=0}^{\infty} (-1)^n \frac{1}{(n!)^2} x^{n-2}$$

其中 $x \neq 0$。

對於級數解的係數，我們可以找到一個簡單的通式是不尋常的。

在這個例子中，只找到一個級數解。因為方程式是二階，我們需要另一個解。以下定理告訴我們如何在 $F(x) = 0$ 時找到式 (2.16) 的第二個線性獨立解。

### 定理 2.5

假設 0 是

$$P(x)y'' + Q(x)y' + R(x)y = 0$$

的正則奇異點，則微分方程式有 Frobenius 解

$$y(x) = \sum_{n=0}^{\infty} c_n x^{n+r}$$

其中 $c_0 \neq 0$。此級數至少對於某區間 $(0, h)$ 或 $(-h, 0)$ 中的所有 $x$ 收斂。

現在假設 $r$ 的指標方程式具有實根 $r_1$ 與 $r_2$，其中 $r_1 \geq r_2$，則以下結論成立。

(1) 若 $r_1 - r_2$ 不是正整數，則有兩個線性獨立 Frobenius 解

$$y_1(x) = \sum_{n=0}^{\infty} c_n x^{n+r_1} \quad \text{與} \quad y_2(x) = \sum_{n=0}^{\infty} c_n^* x^{n+r_2}$$

其中 $c_0 \neq 0$ 且 $c_0^* \neq 0$。這些解至少收斂於區間 $(0, h)$ 或 $(-h, 0)$。

(2) 若 $r_1 - r_2 = 0$，則存在由結論 (1) 給出的 Frobenius 解 $y_1(x)$，其中 $r = r_1$，且 $c_0 \neq 0$，以及第二解

$$y_2(x) = y_1(x) \ln(x) + \sum_{n=1}^{\infty} c_n^* x^{n+r_1}$$

這些解在某區間 $(0, h)$ 為線性獨立。

(3) 若 $r_1 - r_2$ 為正整數，則有 Frobenius 解 $y_1(x)$，其中 $r = r_1$ 且 $c_0 \neq 0$，且有第二解

$$y_2(x) = ky_1(x)\ln(x) + \sum_{n=0}^{\infty} c_n^* x^{n+r_2}$$

其中 $c_0^* \neq 0$。這兩個解在某區間 $(0, h)$ 為線性獨立。

當 $F(x) = 0$ 時，**Frobenius 的方法 (method of Frobenius)** 是使用此定理寫出式 (2.16) 的級數解。請按照以下步驟操作。

步驟 1——將 $y(x) = \sum_{n=0}^{\infty} c_n x^{n+r}$ 代入微分方程式，解出 $r$ 的指標方程式，得到係數的遞迴關係式。此時我們有一個 Frobenius 解，此解可能是冪級數，也可能不是。

步驟 2——根據定理中的 (1)、(2) 或 (3) 的情況，定理提供第二線性獨立解的形式，一旦我們確定第二解的形式，就將其代入微分方程式並解出係數，以及情況 (3) 中的常數 $k$。

在以下的例子中，我們省略了一些計算，而僅對這些情況作重點說明。

### 例 2.22

**定理 2.5 的情況 1**

考慮

$$x^2 y'' + x\left(\frac{1}{2} + 2x\right) y' + \left(x - \frac{1}{2}\right) y = 0$$

0 為正則奇異點。將 $y = \sum_{n=0}^{\infty} c_n x^{n+r}$ 代入微分方程式，對於 $n \geq 1$，整理級數，並由各項提出 $x^{n+r}$ 得到指標方程式：

$$\left[r(r-1) + \frac{1}{2}r - \frac{1}{2}\right] c_0 = 0$$

以及

$$(n+r)(n+r-1)c_n + \frac{1}{2}(n+r)c_n + 2(n+r-1)c_{n-1} + c_{n-1} - \frac{1}{2}c_n = 0$$

其中 $n = 1, 2, \cdots$。

假設 $c_0 \neq 0$，我們有

$$r(r-1) + \frac{1}{2}r - \frac{1}{2} = 0$$

其中 $r_1 = 1$，$r_2 = -1/2$。此問題是定理的情況 (1)。解出 $c_n$ 得到遞迴關係式

$$c_n = -\frac{1 + 2(n+r-1)}{(n+r)(n+r-1) + \frac{1}{2}(n+r) - \frac{1}{2}} c_{n-1}$$

其中 $n = 1, 2, \cdots$。

首先，將 $r = r_1 = 1$ 代入遞迴式，得

$$c_n = -\frac{2n+1}{n(n+\frac{3}{2})} c_{n-1}$$

利用此遞迴關係式，第一 Frobenius 解為

$$y(x) = c_0 \left( x - \frac{6}{5}x^2 + \frac{6}{7}x^3 - \frac{4}{9}x^4 + \cdots \right)$$

這是關於 0 的冪級數。

對於第二 Frobenius 解，將 $r = r_2 = -\frac{1}{2}$ 代入遞迴關係式，可得

$$c_n^* = -\frac{1 + 2(n-\frac{3}{2})}{(n-\frac{1}{2})(n-\frac{3}{2}) + \frac{1}{2}(n-\frac{1}{2}) - \frac{1}{2}} c_{n-1}^*$$

化簡為

$$c_n^* = -\frac{2n-2}{n(n-\frac{3}{2})} c_{n-1}^*$$

其中 $n = 1, 2, \cdots$。在此例中，因為 $c_1^* = 0$，故 $c_n^*$ 的所有後續值皆為零，第二解為

$$y_2(x) = \sum_{n=0}^{\infty} c_n^* x^{n-1/2} = c_0^* x^{-1/2}$$

其中 $x > 0$。

## 例 2.23

**定理 2.5 的情況 2**

解

$$x^2 y'' + 5xy' + (x+4)y = 0$$

在 0 有正則奇異點。在例 2.21 得知指標方程式的根為重根 $r = -2$ 且 Frobenius 解為

$$y_1(x) = c_0 \sum_{n=0}^{\infty} (-1)^n \frac{1}{(n!)^2} x^{n-2}$$

此微分方程式屬於定理中的情況 (2)，因此第二線性獨立解為

$$y_2(x) = y_1(x) \ln(x) + \sum_{n=1}^{\infty} c_n^* x^{n-2}$$

將此級數代入微分方程式，可得

$$4y_1 + 2xy_1' + \sum_{n=1}^{\infty}(n-2)(n-3)c_n^* x^{n-2} + \sum_{n=1}^{\infty} 5(n-2)c_n^* x^{n-2}$$
$$+ \sum_{n=1}^{\infty} c_n^* x^{n-1} + \sum_{n=1}^{\infty} 4c_n^* x^{n-2} + \ln(x)\left[x^2 y_1'' + 5xy_1' + (x+4)y_1\right] = 0$$

因為 $y_1(x)$ 為微分方程式的解，故 $\ln(x)$ 的括弧係數為零。取 $c_0^* = 1$（我們僅需一個第二解），指標移位，寫成

$$\sum_{n=1}^{\infty} c_n^* x^{n-1} = \sum_{n=2}^{\infty} c_{n-1}^* x^{n-2}$$

其餘各項以 $y_1(x)$ 的級數代入上式，可得

$$-2x^{-1} + c_1^* x^{-1} +$$
$$\sum_{n=2}^{\infty}\left[\left(\frac{4(-1)^n}{(n!)^2} + \frac{2(-1)^n}{(n!)^2}(n-2)\right)\right.$$
$$\left. + (n-2)(n-3)c_n^* + 5(n-2)c_n^* + c_{n-1}^* + 4c_n^*\right]x^{n-2}$$
$$= 0$$

令 $x$ 的各冪次的係數為零。由 $x^{-1}$ 的係數可知 $c_1^* = 2$。經過重新排列，由 $x^{n-2}$ 的係數，得到下列遞迴關係式：

$$c_n^* = -\frac{1}{n^2}c_{n-1}^* - \frac{2(-1)^n}{n(n!)^2}$$

其中 $n = 2, 3, \cdots$。第二解為

$$y_2(x) = y_1(x)\ln(x) + \frac{2}{x} - \frac{3}{4} + \frac{11}{108}x$$
$$- \frac{25}{3456}x^2 + \frac{137}{432,000}x^3 + \cdots$$

最後兩個例子說明定理的情況 (3)，首先是 $k = 0$，然後是 $k \neq 0$。

## 例 2.24

**定理 2.5 的情況 3** 當 $k = 0$

解

$$x^2 y'' + x^2 y' - 2y = 0$$

零為正則奇異點。以 $y = \sum_{n=0}^{\infty} c_n x^{n+r}$ 代入，得

$$[r(r-1) - 2]c_0 x^r$$
$$+ \sum_{n=1}^{\infty}[(n+r)(n+r-1)c_n + (n+r-1)c_{n-1} - 2c_n]x^{n+r} = 0$$

指標方程式為 $r^2 - r - 2 = 0$，其根為 $r_1 = 2$ 與 $r_2 = -1$。此時 $r_1 - r_2 = 3$，適用於定理的情況 (3)。由 $x^{n+r}$ 的係數，得一般遞迴關係式：

$$(n+r)(n+r-1)c_n + (n+r-1)c_{n-1} - 2c_n = 0$$

其中 $n = 1, 2, \cdots$。對於第一解，令 $r = 2$ 代入上式得遞迴關係式：

$$c_n = -\frac{n+1}{n(n+3)}c_{n-1}, n = 1, 2, \cdots$$

使用上式可獲得第一解

$$y_1(x) = c_0 x^2 \left[ 1 - \frac{1}{2}x + \frac{3}{20}x^2 - \frac{1}{30}x^3 + \frac{1}{168}x^4 - \frac{1}{1120}x^5 + \cdots \right]$$

對於第二解，令 $r = -1$ 代入一般遞迴關係式，得

$$(n-1)(n-2)c_n^* + (n-2)c_{n-1}^* - 2c_n^* = 0$$

其中 $n = 1, 2, \cdots$。當 $n = 3$ 得 $c_2^* = 0$，這使得 $c_n^* = 0$，$n = 2, 3, \cdots$。因此

$$y_2(x) = c_0^* \frac{1}{x} + c_1^*$$

將上式代入微分方程式，得

$$x^2(2c_0^* x^{-3}) + x^2(-c_0^* x^{-2}) - 2\left(c_1^* + c_0^* \frac{1}{x}\right) = -c_0^* - 2c_1^* = 0$$

故 $c_1^* = -c_0^*/2$，第二解為

$$y_2(x) = c_0^* \left( \frac{1}{x} - \frac{1}{2} \right)$$

其中 $c_0^*$ 為不等於 0 的任意數。函數 $y_1(x)$ 與 $y_2(x)$ 形成解的基本集合。而在此情況下，並無 $y_1(x)\ln(x)$ 項。

**例 2.25**

**定理 2.5 的情況 3**　當 $k \neq 0$

解

$$xy'' - y = 0$$

在 0 處有正則奇異點。將 $y = \sum_{n=0}^{\infty} c_n x^{n+r}$ 代入，且整理各項，得

$$(r^2 - r)c_0 x^{r-1} + \sum_{n=1}^{\infty} [(n+r)(n+r-1)c_n - c_{n-1}]x^{n+r-1} = 0$$

指標方程式為 $r^2 - r = 0$，其根為 $r_1 = 1$，$r_2 = 0$，此時 $r_1 - r_2 = 1$ 為正整數，適用於定理的情況 (3)，一般遞迴關係式為

$$(n+r)(n+r-1)c_n - c_{n-1} = 0$$

其中 $n = 1, 2, \cdots$。令 $r = 1$，遞迴關係式為

$$c_n = \frac{1}{n(n+1)}c_{n-1}$$

其中 $n = 1, 2, \cdots$。係數的一部分為

$$c_1 = \frac{1}{2}c_0, c_2 = \frac{1}{2(3)}c_1 = \frac{1}{2(2)(3)}c_0, c_3 = \frac{1}{3(4)}c_2 = \frac{1}{2(3)(2)(3)(4)}c_0$$

等等。通式為

$$c_n = \frac{1}{n!(n+1)!}c_0$$

其中 $n = 1, 2, \cdots$。一個 Frobenius 解為

$$y_1(x) = c_0 \sum_{n=0}^{\infty} \frac{1}{n!(n+1)!} x^{n+1}$$
$$= c_0 \left[ x + \frac{1}{2}x^2 + \frac{1}{12}x^3 + \frac{1}{144}x^4 + \cdots \right]$$

對於第二解，令 $r = 0$ 代入一般遞迴關係式，得

$$n(n-1)c_n - c_{n-1} = 0$$

其中 $n = 1, 2, \cdots$。但在這種關係式中，$n = 1$ 意味著 $c_0 = 0$；與假設 $c_0 \neq 0$ 矛盾，這表示當 $r = 0$ 時，我們無法得到第二 Frobenius 級數解。定理的情況 (3) 告訴我們，可以嘗試如下的第二解：

$$y_2(x) = ky_1(x)\ln(x) + \sum_{n=0}^{\infty} c_n^* x^n$$

將上式代入微分方程式，得

$$x\left[ky_1''\ln(x) + 2ky_1'\frac{1}{x} - ky_1\frac{1}{x^2} + \sum_{n=2}^{\infty} n(n-1)c_n^* x^{n-2}\right]$$
$$- ky_1 \ln(x) - \sum_{n=0} c_n^* x^n = 0$$

然而，

$$k\ln(x)[xy_1'' - y_1] = 0$$

因為 $y_1(x)$ 為微分方程式的一解。其餘各項以 $y_1(x)$ 的級數代入，且令 $c_0 = 1$，得

$$2k\sum_{n=0}^{\infty}\frac{1}{(n!)^2}x^n - k\sum_{n=0}^{\infty}\frac{1}{n!(n+1)!}x^n + \sum_{n=2}^{\infty}c_n^*n(n-1)x^{n-1} - \sum_{n=0}^{\infty}c_n^*x^n = 0$$

將第三個級數中的指標移位，重寫此式，使得每個級數的冪次都是 $x^n$：

$$2k\sum_{n=0}^{\infty}\frac{1}{(n!)^2}x^n - k\sum_{n=0}^{\infty}\frac{1}{n!(n+1)!}x^n$$
$$+ \sum_{n=2}^{\infty}c_{n+1}^*n(n+1)x^n - \sum_{n=0}^{\infty}c_n^*x^n = 0$$

因此

$$(2k - k - c_0^*)x^n + \sum_{n=1}^{\infty}\left[\frac{2k}{(n!)^2} - \frac{k}{n!(n+1)!} + n(n+1)c_{n+1}^* - c_n^*\right]x^n = 0$$

這表示 $k - c_0^* = 0$，故

$$k = c_0^*$$

此外，遞迴關係式為

$$c_{n+1}^* = \frac{1}{n(n+1)}\left[c_n^* - \frac{(2n+1)k}{n!(n+1)!}\right]$$

其中 $n = 1, 2, \cdots$。因為 $c_0^*$ 可為任意非零的數。取 $c_0^* = 1$，可得第二解

$$y_2(x) = y_1\ln(x) + 1 - \frac{3}{4}x^2 - \frac{7}{36}x^3 - \frac{35}{1728}x^4 - \cdots$$

## 2.6.2 習題

習題 1–5，求兩線性獨立解的前五項。

1. $xy'' + (1-x)y' + y = 0$
2. $x(x-1)y'' + 3y' - 2y = 0$
3. $4xy'' + 2y' + 2y = 0$
4. $x^2 y'' - 2xy' - (x^2 - 2)y = 0$
5. $x(2-x)y'' - 2(x-1)y' + 2y = 0$

# CHAPTER 3 拉氏變換

## 3.1 定義與符號

**拉氏變換** (Laplace transform) 對於解某些類型的初值問題有其重要性，特別是涉及不連續驅動函數，這些函數經常出現在各領域裡，例如電機工程。它也用於解涉及偏微分方程式模擬波動和擴散現象的邊界值問題。

拉氏變換將某些初值問題轉換為代數問題，導引我們嘗試以下的方法：

$$初值問題 \Rightarrow 代數問題$$
$$\Rightarrow 代數問題的解$$
$$\Rightarrow 初值問題的解$$

這可能是一種有效的策略，因為求解代數問題比求解初值問題更容易。本節從拉氏變換的定義和基本性質開始。

函數 $f$ 的**拉氏變換** (Laplace transform) 為函數 $\mathcal{L}[f]$，其定義為

$$\mathcal{L}[f](s) = \int_0^\infty e^{-st} f(t)\, dt$$

此變換是利用瑕積分將變數 $t$ 的函數 $f(t)$ 轉換成變數 $s$ 的新函數 $\mathcal{L}[f](s)$。因為 $\mathcal{L}[f](s)$ 在計算時不易書寫，我們使用小寫 $f(t)$ 表示放入拉氏變換內的函數，使用大寫 $F(s)$ 表示變換後出來的函數。我們通常將 $t$ 作為輸入函數 $f$ 的變數，將 $s$ 作為輸出函數 $F$ 的變數，但是這可以隨著上下文而變。以這種方式，

$$\mathcal{L}[f](s) = F(s), \mathcal{L}[h](s) = H(s)$$

等等。

有可用於計算某些函數之變換的套裝軟體，表 3.1 是函數及其變換的簡短表。在簡單的情況下，我們可以將 $f(t)$ 直接積分來求 $F(s)$。

**表 3.1** 函數的拉氏變換

| $f(t)$ | $F(s)$ |
|---|---|
| $1$ | $\dfrac{1}{s}$ |
| $t$ | $\dfrac{1}{s^2}$ |
| $t^n$ | $\dfrac{1}{s^{n+1}}$ |
| $\dfrac{1}{\sqrt{t}}$ | $\sqrt{\dfrac{\pi}{s}}$ |
| $e^{at}$ | $\dfrac{1}{s-a}$ |
| $te^{at}$ | $\dfrac{1}{(s-a)^2}$ |
| $t^n e^{at}$ | $\dfrac{n!}{(s-a)^{n+1}}$ |
| $\dfrac{1}{a-b}(e^{at}-e^{bt})$ | $\dfrac{1}{(s-a)(s-b)}$ |
| $\sin(at)$ | $\dfrac{a}{s^2+a^2}$ |
| $\cos(at)$ | $\dfrac{s}{s^2+a^2}$ |
| $t\sin(at)$ | $\dfrac{2as}{(s^2+a^2)^2}$ |
| $t\cos(at)$ | $\dfrac{s^2-a^2}{(s^2+a^2)^2}$ |
| $e^{at}\sin(bt)$ | $\dfrac{b}{(s-a)^2+b^2}$ |
| $e^{at}\cos(bt)$ | $\dfrac{s-a}{(s-a)^2+b^2}$ |
| $\sinh(at)$ | $\dfrac{a}{s^2-a^2}$ |
| $\cosh(at)$ | $\dfrac{s}{s^2-a^2}$ |
| $\dfrac{1}{t}\sin(at)$ | $\arctan\left(\dfrac{a}{s}\right)$ |
| $\dfrac{2}{t}[1-\cos(at)]$ | $\ln\left(\dfrac{s^2+a^2}{s^2}\right)$ |
| $\operatorname{erfc}\left(\dfrac{a}{2\sqrt{t}}\right)$ | $\dfrac{1}{s}e^{-a\sqrt{s}}$ |

## 數往知來──控制與儀表工程

拉氏變換可用於解各種工程領域中的時域 (time-domain) 微分方程式,此工程領域包括輸送現象(質量、動量、熱量)、核物理學,以及電子學等。

控制和儀表工程領域的中心是控制器,它是將系統保持在所需狀態的設備,拉氏變換是控制器設計中的基本工具。例如,考慮將汽車或控制系統中的巡航控制,設計為可以將化學反應器保持在某一溫度。

### 例 3.1

假設 $f(t) = e^{at}$,$a$ 為非零常數,則 $f$ 的拉氏變換為

$$\mathcal{L}[f](s) = \int_0^\infty e^{-st} e^{at}\, dt$$

$$= \int_0^\infty e^{(a-s)t}\, dt = \lim_{k\to\infty} \int_0^k e^{(a-s)t}\, dt$$

$$= \lim_{k\to\infty} \left[ \frac{1}{a-s} e^{(a-s)t} \right]_0^k$$

$$= \frac{-1}{a-s} = \frac{1}{s-a}$$

其中 $s > a$,因此 $a - s < 0$。我們亦可使用下列的符號:

$$F(s) = \frac{1}{s-a}$$

拉氏變換為**線性** (linear),亦即滿足

$$\mathcal{L}[f+g](s) = F(s) + G(s)$$

以及對於任意數 $c$，

$$\mathcal{L}[cf](s) = cF(s)$$

函數和的變換為經變換後的函數的和。這不需要驚訝，因為變換的定義是一種積分，而積分享有這些性質。

解問題時，我們不僅要將函數作變換，而且還要將變換後的函數作反變換至原函數。反變換的符號為 $\mathcal{L}^{-1}$，稱為**反拉氏變換** (inverse Laplace transform)，其中當 $\mathcal{L}[F] = f$ 時，$\mathcal{L}^{-1}[F] = f$。例如，由例 3.1，

$$\mathcal{L}^{-1}\left[\frac{1}{s-a}\right](t) = e^{at}$$

在表 3.1 中，由左至右是 $f(t)$ 的變換，由右至左是 $F(s)$ 的反變換；$n$ 為非負整數，$a$ 與 $b$ 為相異實常數。

## 3.1 習題

習題 1–3，求函數的拉氏變換。

1. $f(t) = 3t\cos(2t)$
2. $h(t) = 14t - \sin(7t)$
3. $k(t) = -5t^2 e^{-4t} + \sin(3t)$

習題 4–5，求函數的反拉氏變換。

4. $Q(s) = \frac{s}{s^2+64}$
5. $P(s) = \frac{1}{s+42} - \frac{1}{(s+3)^4}$

## 3.2 初值問題的解

拉氏變換對於求解常係數微分方程式的初值問題是一重要工具。它有能力處理微分方程式中有不連續函數的情況，而這種情況是先前的方法無法處理的。

首先我們需要片段連續函數的概念。一函數 $f(t)$ 定義於 $a \leq t \leq b$，若 $f(t)$ 滿足下列條件，則稱 $f(t)$ 在 $[a, b]$ 為**片段連續** (piecewise continuous)：

1. 除了有限點外，$f$ 在 $[a, b]$ 為連續。

**圖 3.1** 在 $t_0$ 與 $t_1$ 有跳躍不連續

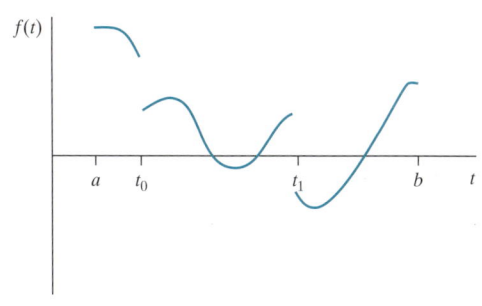

2. 若 $f$ 在 $(a, b)$ 中的某個點 $t_0$ 不連續；則 $f(t)$ 在 $t_0$ 兩側的極限值為有限（若 $f$ 在 $t_0$ 不連續，則兩側的極限值相異）。
3. 當 $t$ 由右趨近於 $a$ 與當 $t$ 由左趨近於 $b$，$f(t)$ 的極限值為有限。

圖 3.1 顯示片段連續函數的圖形，其中函數在 $t_0$ 與 $t_1$ 為不連續。這些不連續顯示於圖形中的間隙，稱為**跳躍不連續** (jump discontinuity)。

若導數 $f'$ 為片段連續，則除了有限點外，函數的圖形有連續的切線，而這些有限點可能是跳躍不連續點或圖形沒有切線的尖銳點。

我們現在要敘述導數取拉氏變換的結果。

**定理 3.1** 導數的變換

假設 $f$ 於 $t \geq 0$ 為連續，且設對於每一個 $k > 0$，$f'$ 在 $[0, k]$ 為片段連續。又假設

$$\lim_{t \to \infty} e^{-sk} f(k) = 0, \; s > 0$$

則

$$\mathcal{L}[f'](s) = sF(s) - f(0) \tag{3.1}$$

$f'(t)$ 的拉氏變換等於 $s$ 乘以 $f(t)$ 的拉氏變換 $F(s)$ 減去原函數 $f(t)$ 在 $t = 0$ 的值。

定理的證明是對 $f'(t)$ 使用拉氏變換的定義，並使用分部積分。

以 $f(0+)$ 取代 $f(0)$ 可將式 (3.1) 推廣到 $f$ 在 $t = 0$ 有跳躍不連續的情形，$f(0+)$ 為當 $t$ 由右側趨近於零，$f(t)$ 的極限：

$$f(0+) = \lim_{t \to 0+} f(t)$$

對於導數之變換的表達式 (3.1) 很容易推廣至高階導數，將 $f(t)$ 的高階導數記做 $f^{(n)}(t)$，則

$$\mathcal{L}[f^{(n)}](s) = s^n F(s) - s^{n-1} f(0) - s^{n-2} f'(0) - \cdots - s f^{(n-2)}(0) - f^{(n-1)}(0) \tag{3.2}$$

其中假設對於 $t \geq 0$，$f, f', \cdots, f^{(n-1)}$ 為連續，而對於 $k > 0$，$f^{(n)}$ 在 $[0, k]$ 為片段連續，且假設對於 $s > 0$，$j = 0, 1, 2, \cdots, n-1$，

$$\lim_{t \to \infty} e^{-sk} f^{(j)}(k) = 0$$

二階導數的情形：

$$\mathcal{L}[f''](s) = s^2 F(s) - s f(0) - f'(0) \tag{3.3}$$

注意：$f'(t)$、$f''(t)$ 或更高階導數的變換均不含 $F(s)$ 的導數。這就是為什麼常係數微分方程式變換到代數式，僅包含常數、$s$ 的冪次及未知函數的變換。如果我們可以解出未知函數的變換，並將它取反變換，即可得初值問題的解。

### 數往知來——建立液體儲存系統的模式

對於截面積為 $A$ 的圓柱形液體儲存槽，觀察其液位（高度）$h$ 的變化，以及液體流入率 $q_i$ 的變化。流出率 $q_o$ 的變化取決於閥，可以建模為 $q_o = \frac{h}{R_v}$，其中常數 $R_v$ 為閥的阻力。對於液位（高度）的變化，在系統上執行質量均衡可產生以下的模型：

$$A \frac{dh}{dt} = q_i - \frac{h}{R_v}$$

對此方程式取拉氏變換，可得

$$\frac{H(s)}{Q_i(s)} = \frac{R_v}{AR_v s + 1} = \frac{K_p}{\tau_p s + 1}$$

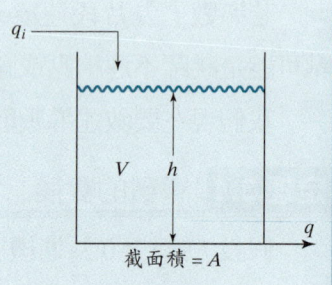

液位系統示意圖。
根據 Dale E. Seborg, Thomas F. Edgar, and Duncan A. Mellichamp. *Process Dynamics and Control* (USA: John Wiley & Sons, 2004).

其中左邊（在控制工程中稱為轉移函數）為輸出 $H(s)$ 與輸入 $Q_i(s)$ 的比值。$K_p$ 為程序的增益 (gain)，而 $\tau_p$ 為程序的時間常數 (time constant)。這兩項對於設計這個程序的控制器很重要。

**例 3.2**

解
$$y' - 4y = 1; y(0) = 1$$

我們知道如何求解此問題，但是利用拉氏變換來說明概念。將微分方程式取拉氏變換，利用式 (3.1) 求 $y'$ 的拉氏變換：

$$\mathcal{L}[y' - 4y](s) = \mathcal{L}[y'](s) - 4\mathcal{L}[y](s)$$
$$= (sY(s) - y(0)) - 4Y(s)$$
$$= \mathcal{L}[1](s) = \frac{1}{s}$$

$Y(s)$ 是 $y(t)$ 的變換且 $1/s$ 是 1 的變換。將 $y(0) = 1$ 代入此方程式可得

$$sY(s) - 1 - 4Y(s) = \frac{1}{s}$$

或

$$(s-4)Y(s) = 1 + \frac{1}{s}$$

因此

$$Y(s) = \frac{1}{s-4} + \frac{1}{s(s-4)}$$

此為 $y(t)$ 的變換。解為

$$y(t) = \mathcal{L}^{-1}[Y(s)] = \mathcal{L}^{-1}\left[\frac{1}{s-4}\right] + \mathcal{L}^{-1}\left[\frac{1}{s(s-4)}\right]$$

由表 3.1，可知

$$\mathcal{L}^{-1}\left[\frac{1}{s-4}\right] = e^{4t} \text{ 且 } \mathcal{L}^{-1}\left[\frac{1}{s(s-4)}\right] = \frac{1}{4}(e^{4t} - 1)$$

方程式的解為

$$y(t) = e^{4t} + \frac{1}{4}(e^{4t} - 1) = \frac{5}{4}e^{4t} - \frac{1}{4}$$

## 例 3.3

**解**

$$y'' + 4y' + 3y = e^t; \; y(0) = 0, y'(0) = 2$$

利用式 (3.1) 和式 (3.3) 對微分方程式取拉氏變換，並且將初值代入：

$$\mathcal{L}[y''] + 4\mathcal{L}[y'] + 3\mathcal{L}[y]$$
$$= [s^2Y - sy(0) - y'(0)] + 4[sY - y(0)] + 3Y$$
$$= s^2Y - 2 + 4sY + 3Y$$
$$= (s^2 + 4s + 3)Y - 2$$
$$= (s+3)(s+1)Y - 2$$
$$= \mathcal{L}[e^t] = \frac{1}{s-1}$$

因此

$$(s+3)(s+1)Y = 2 + \frac{1}{s-1} = \frac{2s-1}{s-1}$$

故

$$Y(s) = \frac{2s-1}{(s-1)(s+3)(s+1)}$$

方程式的解為 $Y(s)$ 的反變換。可由表求出 $Y(s)$ 的反變換，利用部分分式將 $Y(s)$ 分解成簡單分數的和。令

$$Y(s) = \frac{2s-1}{(s-1)(s+1)(s+3)} = \frac{A}{s-1} + \frac{B}{s+1} + \frac{C}{s+3}$$

如果右側的分數相加，則所得分數的分子必須等於左側的分子 $2s-1$：

$$A(s+1)(s+3) + B(s-1)(s+3) + C(s-1)(s+1) = 2s-1$$

有幾種求解 $A$、$B$、$C$ 的方法。一種是代入選擇的 $s$ 值以簡化方程式。令 $s = 1$，得 $8A = 1$，$A = 1/8$。令 $s = -1$，得 $-4B = -3$，$B = 3/4$，令 $s = -3$，得 $8C = -7$，$C = -7/8$。因此

$$Y(s) = \frac{1}{8}\frac{1}{s-1} + \frac{3}{4}\frac{1}{s+1} - \frac{7}{8}\frac{1}{s+3}$$

由表得知

$$y(t) = \frac{1}{8}e^t + \frac{3}{4}e^{-t} - \frac{7}{8}e^{-3t}$$

在接下來的兩節中，我們將開發不同於前兩章解初值問題的方法。

## 3.2 習題

習題 1–5，利用拉氏變換解初值問題。

1. $y' + 4y = 1; y(0) = -3$
2. $y' + 4y = \cos(t); y(0) = 0$
3. $y' - 2y = 1 - t; y(0) = 4$
4. $y'' - 4y' + 4y = \cos(t); y(0) = 1, y'(0) = -1$
5. $y'' + 16y = 1 + t; y(0) = -2, y'(0) = 1$

## 3.3 Heaviside 函數與移位定理

### 3.3.1 第一移位定理

令 $a$ 為一正數且 $f(t)$ 為一函數，若我們以 $t - a$ 取代 $t$，所得結果 $f(t - a)$ 稱為**移位函數** (shifted function)，如此命名是因為 $f(t - a)$ 的圖形是 $f(t)$ 的圖形向右移 $a$ 單位。圖 3.2 顯示 $f(t) = t^2$ 與 $f(t - 3) = (t - 3)^2$ 的圖形，而圖 3.3 顯示 $f(t) = t\sin(t)$ 和 $f(t - 2) = (t - 2)\sin(t - 2)$ 的圖形。

第一移位定理 (first shifting theorem) 是指 $e^{at}f(t)$ 的變換為 $F(s - a)$，此即將 $f(t)$ 的變換 $F(s)$ 向右移 $a$ 單位。

**定理 3.2** 第一移位定理

對於任意數 $a$，

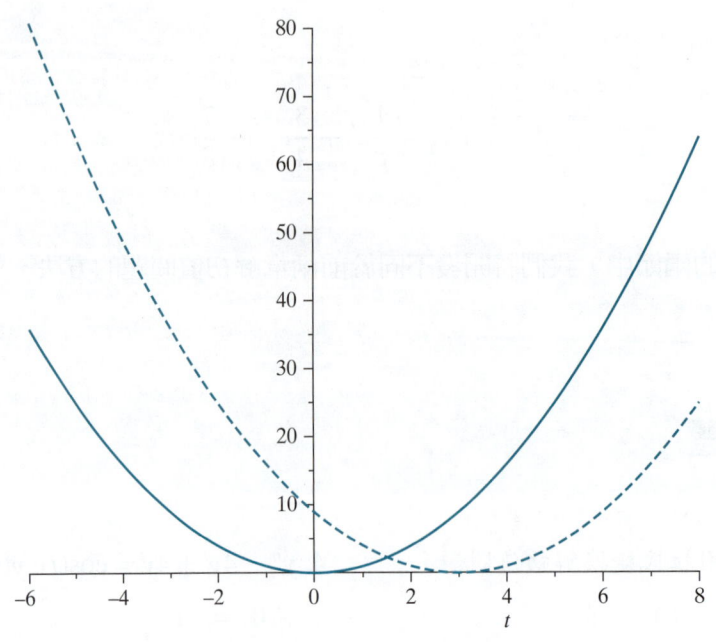

**圖 3.2** $f(t) = t^2$（實線）與 $f(t-3)$（虛線）的圖形

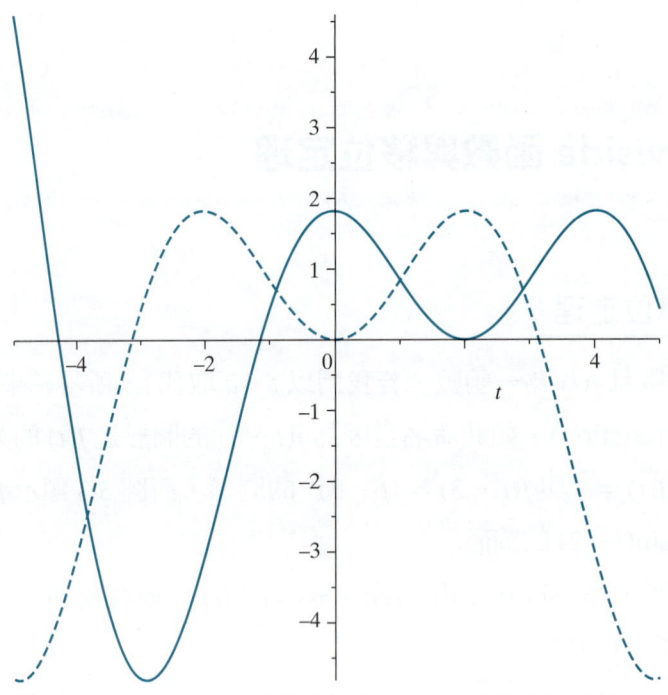

**圖 3.3** $f(t) = t\sin(t)$（虛線）與 $f(t-2)$（實線）的圖形

$$\mathcal{L}[e^{at}f(t)](s) = F(s-a) \tag{3.4}$$

式 (3.4) 稱為 **s 變數的移位** (shifting in the s variable)，而在 $f(t)$ 的變換之定理中，以 $e^{at}f(t)$ 取代 $f(t)$，即可證得式 (3.4)：

$$\mathcal{L}[e^{at}f(t)](s) = \int_0^\infty e^{-st} e^{at} f(t)\, dt$$

$$= \int_0^\infty e^{-((s-a)t)} f(t)\, dt$$

$$= F(s-a)$$

### 例 3.4

求 $e^{6t}\cos(2t)$ 的變換，亦即求 $\mathcal{L}[e^{6t}f(t)]$，其中 $f(t) = \cos(2t)$。由第一移位定理，式 (3.4)，此變換為 $F(s-6)$，其中

$$F(s) = \mathcal{L}[\cos(2t)](s) = \frac{s}{s^2 + 4}$$

因此

$$\mathcal{L}[e^{6t}\cos(2t)](s) = F(s-6) = \frac{s-6}{(s-6)^2 + 4}$$

對於函數變換的每一個公式，亦為反變換的公式。第一移位定理的逆定理為 $F(s-a)$ 的反變換，亦即 $e^{at}$ 乘以 $f(t)$：

$$\mathcal{L}^{-1}[F(s-a)](t) = e^{at}f(t) \tag{3.5}$$

### 例 3.5

求

$$\mathcal{L}^{-1}\left[\frac{4}{s^2 + 4s + 20}\right]$$

觀念在於將 s 的所予函數改為 $F(s-a)$ 的形式，然後應用式 (3.5)。

將分母配成平方項：

$$\frac{4}{s^2 + 4s + 20} = \frac{4}{(s+2)^2 + 16} = F(s+2)$$

其中
$$F(s) = \frac{4}{s^2+16}$$

$F(s)$ 的反拉氏變換為 $f(t) = \sin(4t)$。由式 (3.5)，

$$\mathcal{L}^{-1}\left[\frac{4}{s^2+4s+20}\right]$$
$$= \mathcal{L}^{-1}[F(s+2)] = e^{-2t}f(t)$$
$$= e^{-2t}\sin(4t)$$

### 例 3.6

計算
$$\mathcal{L}^{-1}\left[\frac{3s-1}{s^2-6s+2}\right]$$

首先將
$$\frac{3s-1}{s^2-6s+2}$$

寫成 $s-a$ 的形式，其中 $a$ 為某一數：

$$\frac{3s-1}{s^2-6s+2} = \frac{3s-1}{(s-3)^2-7}$$
$$= \frac{3(s-3)+8}{(s-3)^2-7}$$
$$= \frac{3(s-3)}{(s-3)^2-7} + \frac{8}{(s-3)^2-7}$$
$$= G(s-3) + Q(s-3)$$

在此例中，由代數得到 $s-3$ 的兩個函數的和，其中

$$G(s) = \frac{3s}{s^2-7}, Q(s) = \frac{8}{s^2-7}$$

由表可知這些函數的反變換：

$$g(t) = 3\cosh(\sqrt{7}t),\ q(t) = \frac{8}{\sqrt{7}}\sinh(\sqrt{7}t)$$

因此

$$\begin{aligned}\mathcal{L}^{-1}\left[\frac{3s-1}{s^2-6s+2}\right] &= \mathcal{L}^{-1}[G(s-3)] + \mathcal{L}^{-1}[Q(s-3)] \\ &= e^{3t}\mathcal{L}^{-1}[G(s)] + e^{3t}\mathcal{L}^{-1}[Q(s)] \\ &= 3e^{3t}\cosh(\sqrt{7}t) + \frac{8}{\sqrt{7}}e^{3t}\sinh(\sqrt{7}t)\end{aligned}$$

### 3.3.2　Heaviside 函數、脈動與第二移位定理

**單位階梯函數** (unit step function)，或 **Heaviside 函數** (Heaviside function)，定義為

$$H(t) = \begin{cases} 0, & t < 0 \\ 1, & t \geq 0 \end{cases}$$

圖 3.4 為 $H(t)$ 的圖形。**移位 Heaviside 函數** (shifted Heaviside function) $H(t-a)$ 是將 Heaviside 函數向右移正 $a$ 單位，其定義如下：

$$H(t-a) = \begin{cases} 0, & t < a \\ 1, & t \geq a \end{cases}$$

圖 3.5 為 $H(t-3)$ 的圖形。

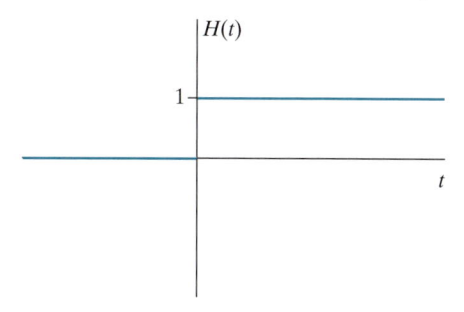

**圖 3.4**　Heaviside 函數 $H(t)$

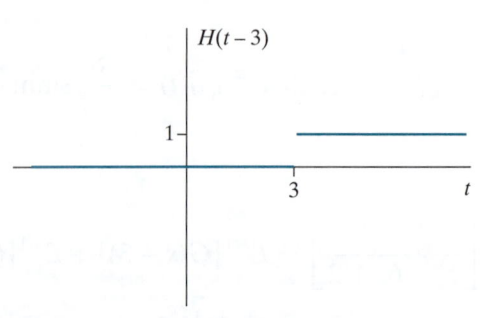

**圖 3.5** 移位 Heaviside 函數

可以使用移位 Heaviside 函數 $H(t-a)$ 將時間 $t=a$ 之前的信號（函數）$f(t)$ 關閉，直到時間 $t=a$ 再將信號打開。這可以用 $f(t)$ 乘以 $H(t-a)$ 來完成：

$$H(t-a)f(t) = \begin{cases} 0, & t < a \\ f(t), & t \geq a \end{cases}$$

圖 3.6 顯示 $H(t-\pi)\cos(t)$ 的圖形。當 $t \geq \pi$，此圖形與 $\cos(t)$ 相同；當 $t < \pi$，圖形為零。注意：$H(t-\pi)\cos(t)$ 不可視為移位函數，因為 $\cos(t)$ 並未移位，它只是「刪去」$\cos t$ 圖形中 $t < \pi$ 的部分。

將此觀念推廣，我們可以定義**脈動 (pulse)** 為兩個移位 Heaviside 函數的差。若 $0 < a < b$，則

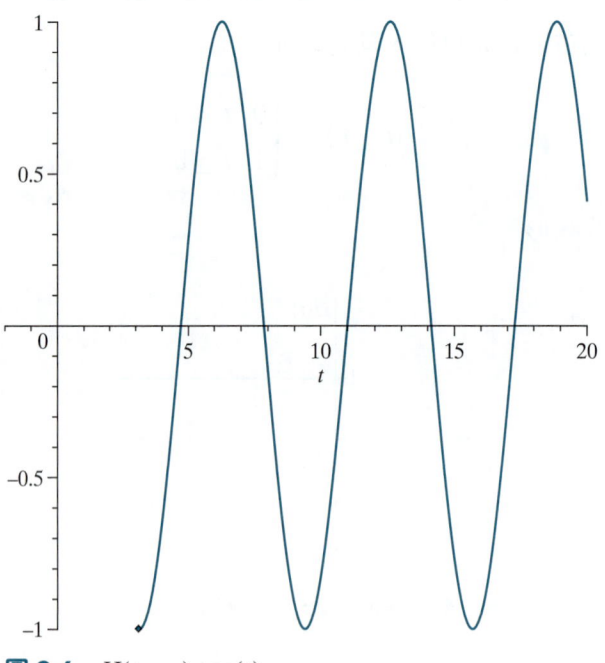

**圖 3.6** $H(t-\pi)\cos(t)$

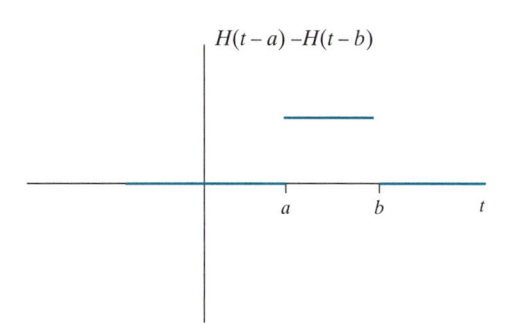

**圖 3.7** 脈動 $H(t-a) - H(t-b)$

$$H(t-a) - H(t-b) = \begin{cases} 0, & t < a \\ 1, & a \leq t < b \\ 0, & t \geq b \end{cases}$$

圖 3.7 為此脈動的圖形。

當 $f(t)$ 乘以 $H(t-a) - H(t-b)$，其效果為在時間 $t$ 之前將信號 $f(t)$ 關掉。在時間 $a \leq t < b$ 打開信號 $f(t)$，然後在時間 $t \geq b$ 再將信號 $f(t)$ 關掉。這使得我們可將任何函數除去（以零替換）區間之外的部分，同時保留區間內的部分。圖 3.8 顯示 $f(t) = t\sin(t)$ 的圖形，而圖 3.9 顯示

$$(H(t-\pi) - H(t-5\pi))t\sin(t)$$

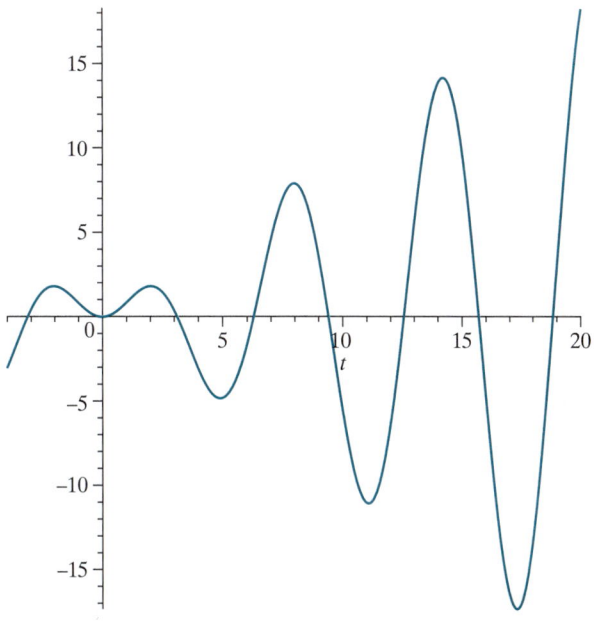

**圖 3.8** $t\sin(t)$ 的圖形

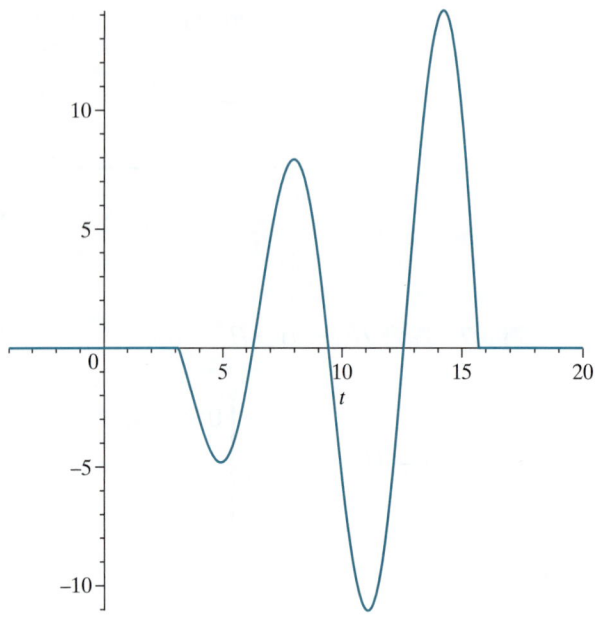

**圖 3.9** $(H(t-\pi) - H(t-5\pi))\, t\sin(t)$ 的圖形

的圖形，其意義為：當時間在 $t < \pi$ 與 $t \geq 5\pi$ 時，圖形為零，時間在 $\pi \leq t < 5\pi$，圖形為 $t\sin(t)$。

最後，我們用移位 Heaviside 函數乘以移位函數，所得之函數為 $H(t-a)f(t-a)$，當 $t < a$ 時，其值為零；當 $t \geq a$ 時，其值為 $f(t-a)$。$H(t-3)\cos(t-3)$ 表示將 $\cos t$ 的圖形向右移 3 單位，然後將 $t = 3$ 左邊的圖形刪去。這稱為 **t 變數的移位** (shifting in the t-variable)。

### 定理 3.3 第二移位定理

$$\mathcal{L}[H(t-a)f(t-a)](s) = e^{-as}F(s) \tag{3.6}$$

這表示 $H(t-a)f(t-a)$ 的拉氏變換等於 $f(t)$ 的拉氏變換乘以 $e^{-as}$。

#### 數往知來──建模輸入變化

控制器的目的是在輸入（如 $q_i$）變化的情況下控制系統。一種常見的變化是，在輸入過程中突然持續的增加或減少，例如，由操作員轉動閥門，引起流量的增加。這可以用 Heaviside 函數來建模。例如，下列方程式是當時間為 $t_0$ 時，系統的流率突然增加 200% 的模型：

$$q_i(t) = H(t - t_0) \times 2$$

將這個新的 $q_i$ 代入前面建模的液體儲存系統的方程式中,並進行反拉氏變換,系統以下列方式對此變化作出響應:

$$h(t) = 2K_p(1 - e^{-(t-t_0)/\tau_p})$$

其他類型的輸入變化也可以建模。脈衝或 Dirac delta 函數可以對變數(如電壓浪湧／波動)中的突然瞬時尖峰進行建模,而脈動輸入可以建模操作員轉動閥門的場景,將其維持一段時間,然後恢復到原始設置。

程序建模通常可以在 Laplace s 域中完成。拉氏變換通常用於建模在化學和製造工廠中常見的 SISO 控制系統(單輸入、單輸出)監督容器的溫度、流量或壓力控制等變數。

一旦有一個程序被建模,工程師就可以使用某些啟發式來確定何種控制器可用來設計和安裝。例如,在某些應用中,一個經驗法則是控制器時間常數 $\tau_c$ 應該大約是程序時間常數 $\tau_p$ 的 1/4。一旦從拉氏模型確定了程序增益 $K_p$,就使用類似的導引來找到適當的控制器增益 $K_c$。

許多控制器供應商設計的控制器,對於時間常數 $\tau_c$ 和控制器增益 $K_c$ 具有建議操作範圍。為了使工程師根據這個供應商資訊選擇正確的控制器,他們必須了解對於條件的任何變化,哪些物理因素(在前面例子中的橫截面 $A$ 和閥阻力 $R_v$)有助於程序的響應時間。這個見解可以經由拉氏變換分析 s 域中的轉移函數來獲得。因此,拉氏變換是控制迴路初始建模的有用工具,以及了解物理參數如何影響受控程序的響應時間和振幅。

### 例 3.7

計算移位 Heaviside 函數 $H(t-a)$ 的拉氏變換,令

$$H(t-a) = H(t-a)f(t-a)$$

其中對所有 $t$,$f(t) = 1$,由第二移位定理,

$$\mathcal{L}[H(t-a)](s) = \mathcal{L}[H(t-a)f(t-a)](s) = e^{-as}F(s) = \frac{1}{s}e^{-as}$$

因為 1 的拉氏變換為 $1/s$。

### 例 3.8

求

$$g(t) = \begin{cases} 0, & t < 2 \\ t^2+1, & t \geq 2 \end{cases}$$

的拉氏變換。為了應用第二移位定理，必須將 $g(t)$ 寫成形式如 $H(t-2)f(t-2)$ 的函數和。首先將 $t^2+1$ 寫成 $t-2$ 的函數：

$$t^2+1 = (t-2+2)^2+1 = (t-2)^2 + 4(t-2) + 5$$

因此

$$\begin{aligned} g(t) &= H(t-2)(t^2+1) \\ &= H(t-2)(t-2)^2 + 4H(t-2)(t-2) + 5H(t-2) \end{aligned}$$

現在對於每一項應用第二移位定理，得到

$$\begin{aligned} \mathcal{L}[g] &= \mathcal{L}[H(t-2)(t-2)^2] + 4\mathcal{L}[H(t-2)(t-2)] + 5\mathcal{L}[H(t-2)] \\ &= e^{-2s}\mathcal{L}[t^2] + 4e^{-2s}\mathcal{L}[t] + 5e^{-2s}\mathcal{L}[1] \\ &= e^{-2s}\left[\frac{2}{s^3} + \frac{4}{s^2} + \frac{5}{s}\right] \end{aligned}$$

像往常一樣，由拉氏變換的任何公式均可寫成反拉氏變換的公式。第二移位定理的反拉氏變換為

$$\mathcal{L}^{-1}[e^{-as}F(s)](t) = H(t-a)f(t-a) \tag{3.7}$$

### 例 3.9

欲求

$$\mathcal{L}^{-1}\left[\frac{s}{s^2+4}e^{-3s}\right]$$

因出現 $e^{-3s}$，故用式 (3.7)。由表得知，

$$\mathcal{L}^{-1}\left[\frac{s}{s^2+4}\right] = \cos(2t)$$

因此

$$\mathcal{L}^{-1}\left[\frac{s}{s^2+4}e^{-3s}\right] = H(t-3)\cos(2(t-3))$$

以此為背景，我們準備解含有不連續函數的初值問題。

### 例 3.10

考慮

$$y'' + 4y = f(t); y(0) = y'(0) = 0$$

其中

$$f(t) = \begin{cases} 0, & t < 3 \\ t, & t \geq 3 \end{cases}$$

令 $f(t) = H(t-3)t$，將微分方程式取拉氏變換：

$$\mathcal{L}[y'' + 4y] = s^2 Y(s) - sy(0) - y'(0) + 4Y(s)$$
$$= s^2 Y(s) + 4Y(s) = (s^2+4)Y(s) = \mathcal{L}[f]$$

欲求 $\mathcal{L}[f]$，將 $f(t)$ 分解成可應用第二移位定理的形式，則應用式 (3.6)。在此例中，所產生的項為

$$\mathcal{L}[f] = \mathcal{L}[H(t-3)t]$$
$$= \mathcal{L}[H(t-3)(t-3+3)]$$
$$= \mathcal{L}[H(t-3)(t-3)] + 3\mathcal{L}[H(t-3)]$$

$$= \frac{1}{s^2}e^{-3s} + \frac{3}{s}e^{-3s}$$

$$= \frac{3s+1}{s^2}e^{-3s}$$

因此

$$(s^2+4)Y(s) = \frac{3s+1}{s^2}e^{-3s}$$

解的變換為

$$Y(s) = \frac{3s+1}{s^2(s^2+4)}e^{-3s}$$

利用式 (3.7)，求 $Y(s)$ 的反變換，將上式右側寫成更適當的形式。首先利用部分分式分解寫成

$$\frac{3s+1}{s^2(s^2+4)} = \frac{A}{s} + \frac{B}{s^2} + \frac{Cs+D}{s^2+4}$$

解出 $A$、$B$、$C$、$D$ 得到

$$Y(s) = \frac{3}{4}\frac{1}{s}e^{-3s} - \frac{3}{4}\frac{s}{s^2+4}e^{-3s} + \frac{1}{4}\frac{1}{s^2}e^{-3s} - \frac{1}{4}\frac{1}{s^2+4}e^{-3s}$$

現在逐項應用式 (3.7)，將解寫成

$$y(t) = \frac{3}{4}H(t-3) - \frac{3}{4}H(t-3)\cos(2(t-3))$$
$$+ \frac{1}{4}H(t-3)(t-3) - \frac{1}{8}H(t-3)\sin(2(t-3))$$

在時間 $t = 3$ 之前，此解為 0；當 $t \geq 3$，

$$y(t) = \frac{3}{4} - \frac{3}{4}\cos(2(t-3)) + \frac{1}{4}(t-3)$$
$$- \frac{1}{8}\sin(2(t-3))$$

合併各項，

$$y(t) = \begin{cases} 0, \; t < 3 \\ \frac{1}{8}[2t - 6\cos(2(t-3)) - \sin(2(t-3))], \; t \geq 3 \end{cases}$$

圖 3.10 顯示此解的部分圖形。

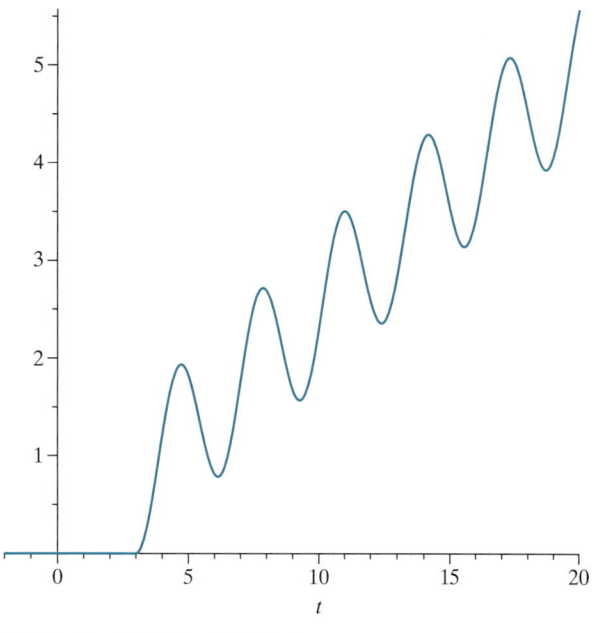

**圖 3.10** 例 3.10 解的圖形

## 例 3.11

有時我們必須處理具有幾個跳躍不連續的函數。此處有一個例子是將這種函數寫成移位 Heaviside 函數的和。令

$$f(t) = \begin{cases} 0, & t < 2 \\ t-1, & 2 \leq t < 3 \\ -4, & t \geq 3 \end{cases}$$

圖 3.11 是這個函數的圖形，它在 $t = 2$ 與 $t = 3$ 有跳躍不連續。

將 $f(t)$ 視為兩個非零部分組成，在 $2 \leq t < 3$ 的部分為 $t-1$，在 $t \geq 3$ 的部分則為 $-4$。我們在時間 $t = 2$ 打開，其值為 $t-1$，至 $t = 3$ 關閉，然後在 $t = 3$ 打開，其值為 $-4$，且維持不變。

第一部分是將 $t-1$ 乘以脈動函數 $H(t-2) - H(t-3)$，此脈動函數在 $t < 2$ 時為 0，在 $2 \leq t < 3$ 時為 1，在 $t \leq 3$ 時為 0。第二部分是將 $-4$ 乘以 $H(t-3)$，此 $H(t-3)$ 在 $t < 3$ 時為 0，在 $t \geq 3$ 時為 1。因此

$$f(t) = [H(t-2) - H(t-3)](t-1) - 4H(t-3)$$

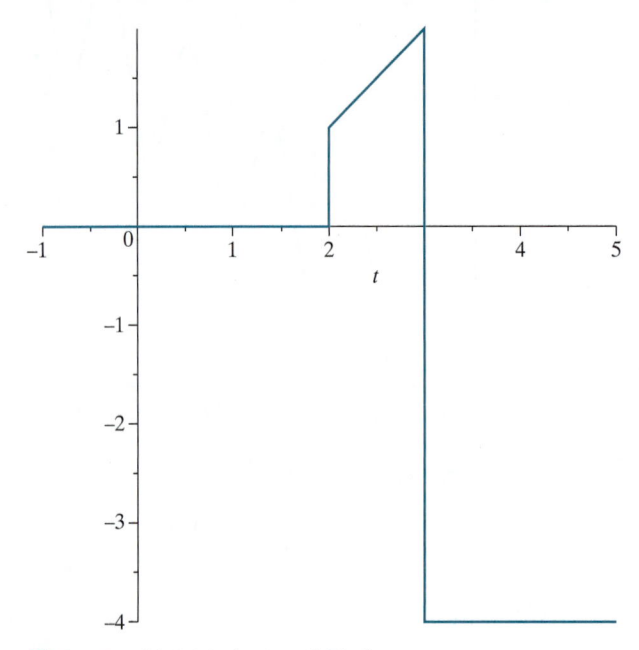

**圖 3.11** 例 3.11 中 $f(t)$ 的圖形

### 3.3.3　Heaviside 公式

此公式來自 Heaviside，可用來求多項式的商的反拉氏變換。

假設

$$F(s) = \frac{p(s)}{q(s)}$$

其中 $p(s)$ 與 $q(s)$ 為多項式，且 $q(s)$ 的次數高於 $p(s)$。假設 $q(s)$ 可分解為一次因式的乘積，

$$q(s) = c(s-a_1)(s-a_2) \cdots (s-a_n)$$

其中 $c$ 為非零實數且每個 $a_j$ 是 $q(s)$ 的簡單零點。並且假設 $a_j$ 不是 $p(s)$ 的零點。$a_j$ 可

為實數或複數。

令
$$q_j(s) = \frac{q(s)}{s - a_j}$$

是由 $q(s)$ 刪去 $s - a_j$ 所得的 $n - 1$ 次多項式。例如，

$$q_1(s) = c(s - a_2) \cdots (s - a_n)$$

則

$$\mathcal{L}^{-1}[F](t) = \sum_{j=1}^{n} \frac{p(a_j)}{q_j(a_j)} e^{a_j t} \tag{3.8}$$

此為 Heaviside 公式 (Heaviside formula)。應用此公式，先由 $a_1$ 開始，求 $p(a_1)$，然後將 $a_1$ 代入不含 $(s - a_1)$ 項的分母 $q(s)$，此時可得 $e^{a_1 t}$ 的係數，仿 $a_1$ 的做法繼續操作其他的零點 $a_j$，最後將每項加起來可得 $F(s)$ 的反拉氏變換。

舉例來說，令

$$F(s) = \frac{s}{(s^2 + 4)(s - 1)} = \frac{s}{(s - 2i)(s + 2i)(s - 1)}$$

令 $a_1 = 2i$、$a_2 = -2i$ 且 $a_3 = 1$，則

$$\begin{aligned}\mathcal{L}^{-1}[F](t) &= \frac{2i}{4i(2i - 1)} e^{2it} + \frac{-2i}{-4i(-2i - 1)} e^{-2it} + \frac{1}{(1 - 2i)(1 + 2i)} e^t \\ &= \frac{-1 - 2i}{10} e^{2it} + \frac{-1 + 2i}{10} e^{-2it} + \frac{1}{5} e^t \\ &= -\frac{1}{10}(e^{2it} + e^{-2it}) - \frac{2i}{10}(e^{2it} - e^{-2it}) + \frac{1}{5} e^t \\ &= -\frac{1}{5} \cos(2t) + \frac{2}{5} \sin(2t) + \frac{1}{5} e^t\end{aligned}$$

化簡過程中，利用了歐勒公式

$$e^{i\theta} = \cos(\theta) + i \sin(\theta)$$

其中

$$\cos(\theta) = \frac{1}{2}(e^{i\theta} + e^{-i\theta}), \sin(\theta) = \frac{1}{2i}(e^{i\theta} - e^{-i\theta})$$

## 3.3 習題

習題 1–8，求 $f(t)$ 的拉氏變換。

**1.** $f(t) = (t^3 - 3t + 2)e^{-2t}$

**2.** $f(t) = \begin{cases} 1, & 0 \leq t < 7 \\ \cos(t), & t \geq 7 \end{cases}$

**3.** $f(t) = \begin{cases} t, & 0 \leq t < 3 \\ 1 - 3t, & t \geq 3 \end{cases}$

**4.** $f(t) = e^{-t}(1 - t^2 + \sin(t))$

**5.** $f(t) = \begin{cases} \cos(t), & 0 \leq t < 2\pi \\ 2 - \sin(t), & t \geq 2\pi \end{cases}$

**6.** $f(t) = te^{-t}\cos(3t)$

**7.** $f(t) = \begin{cases} t - 2, & 0 \leq t < 16 \\ -1, & t \geq 16 \end{cases}$

**8.** $f(t) = e^{-5t}(t^4 + 2t^2 + t)$

習題 9–13，求函數的反拉氏變換。

**9.** $\dfrac{1}{s^2 - 4s + 5}$

**10.** $\dfrac{e^{-2s}}{s^2 + 9}$

**11.** $\dfrac{1}{s^2 + 6s + 7}$

**12.** $\dfrac{s + 2}{s^2 + 6s + 1}$

**13.** $\dfrac{1}{s(s^2 + 16)} e^{-21s}$

**14.** 利用第一移位定理，求
$$\mathcal{L}\left[e^{-2t} \int_0^t e^{2\xi} \cos(3\xi)\, d\xi\right]$$

習題 15–17，解初值問題。

**15.** $y'' + 4y = f(t)$；$y(0) = 1$，$y'(0) = 0$，其中
$$f(t) = \begin{cases} 0, & 0 \leq t < 4 \\ 3, & t \geq 4 \end{cases}$$

**16.** $y''' - 8y = g(t)$；$y(0) = y'(0) = y''(0) = 0$，其中
$$g(t) = \begin{cases} 0, & 0 \leq t < 6 \\ 2, & t \geq 6 \end{cases}$$

**17.** $y''' - y'' + 4y' - 4y = f(t)$；$y(0) = y'(0) = 0$，$y''(0) = 1$，其中
$$f(t) = \begin{cases} 1, & 0 \leq t < 5 \\ 2, & t \geq 5 \end{cases}$$

**18.** 求具有一個電阻 $R$ 和一個電感 $L$ 的 $RL$ 電路的電流 $i(t)$，如果電流最初為零，且電動勢為
$$E(t) = \begin{cases} k, & 0 \leq t < 5 \\ 0, & t \geq 5 \end{cases}$$

習題 19–20，利用 Heaviside 公式求 $F(s)$ 的反拉氏變換。

**19.** $F(s) = \dfrac{s^2}{(s-1)(s-2)(s+5)}$

**20.** $F(s) = \dfrac{s^2 + 2s - 1}{(s-3)(s-5)(s+8)}$

## 3.4 卷積

假設 $f(t)$ 和 $g(t)$ 定義於 $t \geq 0$。$f$ 與 $g$ 的**卷積** (convolution) $f * g$ 定義為

$$(f * g)(t) = \int_0^t f(t - \tau)g(\tau)\, d\tau$$

一般來說，函數乘積 $f(t)g(t)$ 的拉氏變換不等於各函數的拉氏變換的乘積。但是，$f$ 與 $g$ 的卷積之拉氏變換等於各函數的拉氏變換之乘積：

$$\mathcal{L}[f * g](s) = F(s)G(s) \tag{3.9}$$

這個方程式稱為**卷積定理** (convolution theorem)。

式 (3.9) 的反拉氏變換為

$$\mathcal{L}^{-1}[FG] = f * g \tag{3.10}$$

這表明兩函數 $F(s)$ 與 $G(s)$ 乘積的反拉氏變換等於卷積 $f * g$。

### 例 3.12

假設欲求

$$\mathcal{L}^{-1}\left[\frac{1}{s(s-4)^2}\right]$$

我們可以使用部分分式分解，將 $1/s(s-4)^2$ 寫成更簡單的分數和來完成。然而，我們也可以用卷積定理。令

$$F(s) = \frac{1}{s},\ G(s) = \frac{1}{(s-4)^2}$$

由卷積定理，

$$\mathcal{L}^{-1}\left[\frac{1}{s(s-4)^2}\right] = f * g$$

其中

$$f(t) = \mathcal{L}^{-1}\left[\frac{1}{s}\right] = 1$$

且
$$g(t) = \mathcal{L}^{-1}\left[\frac{1}{(s-4)^2}\right] = te^{4t}$$

因此
$$\mathcal{L}^{-1}\left[\frac{1}{s(s-4)^2}\right] = f(t) * g(t)$$
$$= 1 * te^{4t} = \int_0^t \tau e^{4\tau}\, d\tau$$
$$= \frac{1}{4}te^{4t} - \frac{1}{16}e^{4t} + \frac{1}{16}$$

我們將使用卷積寫出一個一般初值問題的解。

### 例 3.13

解
$$y'' - 2y' - 8y = f(t);\ y(0) = 1, y'(0) = 0$$

利用式 (3.1) 與式 (3.3) 以及初始條件，對微分方程式取拉氏變換，可得
$$s^2 Y(s) - s - 2(sY(s) - 1) - 8Y(s) = F(s)$$

解此方程式中的 $Y(s)$：
$$Y(s) = \frac{s-2}{s^2 - 2s - 8} + \frac{1}{s^2 - 2s - 8}F(s)$$

分解成部分分式
$$Y(s) = \frac{1}{3}\frac{1}{s-4} + \frac{2}{3}\frac{1}{s+2}$$
$$+ \frac{1}{6}\frac{1}{s-4}F(s) - \frac{1}{6}\frac{1}{s+2}F(s)$$

應用反拉氏變換獲得解
$$y(t) = \frac{1}{3}e^{4t} + \frac{2}{3}e^{-2t} + \frac{1}{6}e^{4t} * f(t) - \frac{1}{6}e^{-2t} * f(t)$$

上式成立的條件，必須假設對任意函數 $f$ 而言，卷積存在。

卷積也用於求解**積分方程式** (integral equation)，其中欲求的未知函數是在積分內。

### 例 3.14

求 $f(t)$ 滿足

$$f(t) = 2t^2 + \int_0^t f(t-\tau)e^{-\tau}\,d\tau$$

上式等號右邊積分項為 $f(t)$ 與 $e^{-t}$ 的卷積，因此積分方程式為

$$f(t) = 2t^2 + f(t) * e^{-t}$$

取拉氏變換，得

$$F(s) = \frac{4}{s^3} + \frac{1}{s+1}F(s)$$

解 $F(s)$：

$$F(s) = \frac{4}{s^3} + \frac{4}{s^4}$$

反拉氏變換，得

$$f(t) = 2t^2 + \frac{2}{3}t^3$$

在卷積的定義中，利用變數的改變可證明卷積運算是可交換的：

$$f * g = g * f$$

此性質具有實際重要性，因為若 $f*g$ 較 $g*f$ 容易積分，則採用 $f*g$，反之亦然。

## 3.4 習題

習題 1–4，利用卷積定理求函數的反拉氏變換，其中 $a$、$b$ 為正的常數。

1. $\dfrac{1}{(s^2+4)(s^2-4)}$

2. $\dfrac{s}{(s^2+a^2)(s^2+b^2)}$

3. $\dfrac{1}{s(s^2+a^2)^2}$

4. $\dfrac{1}{s(s+2)}e^{-4s}$

習題 5–8，使用卷積定理寫出解初值問題的公式。$y^{(n)}$ 表示 $y$ 對 $t$ 的 $n$ 階導數。

5. $y'' - 5y' + 6y = f(t); y(0) = y'(0) = 0$

6. $y'' - 8y + 12y = f(t); y(0) = -3,$ $y'(0) = 2$

7. $y'' + 9y = f(t); y(0) = -1, y''(0) = 1$

8. $y^{(3)} - y'' - 4y' + 4y = f(t); y(0) = y'(0) = 1, y''(0) = 0$

習題 9–11，求解未知函數 $f(t)$ 的積分方程式。

9. $f(t) = -1 + \int_0^t f(t-\tau)e^{-3\tau}\,d\tau$

10. $f(t) = e^{-t} + \int_0^t f(t-\tau)\,d\tau$

11. $f(t) = 3 + \int_0^t f(\tau)\cos(2(t-\tau))\,d\tau$

## 3.5 脈衝與 Dirac delta 函數

**脈衝** (impulse) 是在很短的時間內施加極大的力（如用鐵錘敲打拇指）。為了要應用脈衝，我們需要一個捕捉這個想法的數學模型。首先定義一個脈動

$$\delta_\epsilon(t) = \frac{1}{\epsilon}[H(t) - H(t-\epsilon)]$$

其中 $\epsilon$ 為任意正數。圖 3.12 顯示此脈動，它具有持續時間 $\epsilon$ 和高度 $1/\epsilon$。delta「函數」定義為 $\epsilon \to 0$ 時脈動的極限，因為持續時間縮短到零的時候，高度達到無窮大：

$$\delta(t) = \lim_{\epsilon \to 0} \delta_\epsilon(t)$$

以傳統意義而言，上式並非函數，而是一種稱為**分布** (distribution) 的函數。然而，這個定義使我們能夠在非正式的基礎上應用 $\delta(t)$。

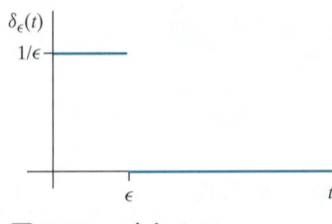

**圖 3.12** 脈動 $\delta_\epsilon(t)$

欲求 $\delta(t)$ 的拉氏變換，首先對移位脈動

$$\delta_\epsilon(t-a) = \frac{1}{\epsilon}[H(t-a) - H(t-a-\epsilon)]$$

$$= \begin{cases} 0, & t < a \\ 1/\epsilon, & a \leq t < a+\epsilon \\ 0, & t \geq a+\epsilon \end{cases}$$

取拉氏變換，結果為

$$\mathcal{L}[\delta_\epsilon(t-a)](s) = \frac{1}{\epsilon}\left[\frac{1}{s}e^{-as} - \frac{1}{s}e^{-(a+\epsilon)s}\right]$$

$$= \frac{e^{-as}(1-e^{-\epsilon s})}{\epsilon s}$$

我們定義

$$\mathcal{L}[\delta(t-a)](s) = \lim_{\epsilon \to 0+} \frac{e^{-as}(1-e^{-\epsilon s})}{\epsilon s} = e^{-as}$$

特殊情形，當 $a = 0$，我們有

$$\mathcal{L}[\delta(t)](s) = 1$$

$\delta$ 函數的拉氏變換為 1。

### 例 3.15

這是涉及移位 delta 函數的初值問題的一個例子。解

$$y'' + 2y' + 2y = \delta(t-3); \; y(0) = y'(0) = 0$$

對微分方程式取拉氏變換，可得

$$s^2 Y(s) + 2sY(s) + 2Y(s) = \mathcal{L}[\delta(t-3)](s) = e^{-3s}$$

因此

$$Y(s) = \frac{1}{s^2 + 2s + 2}e^{-3s}$$

$Y(s)$ 的反拉氏變換是 $y(t)$。計算此反拉氏變換，首先令

$$Y(s) = \frac{1}{(s+1)^2+1}e^{-3s}$$

因此

$$y(t) = \mathcal{L}^{-1}\left[\frac{1}{(s+1)^2+1}e^{-3s}\right](t) = \mathcal{L}^{-1}[e^{-3s}F(s)](t)$$

其中

$$F(s) = \frac{1}{(s+1)^2+1}$$

由第一移位定理的反拉氏變換，其中 $a=-1$

$$f(t) = \mathcal{L}^{-1}[F(s)](t) = e^{-t}\sin(t)$$

因為 $1/(s^2+1)$ 的反拉氏變換為 $\sin(t)$。現在利用第二移位定理的反拉氏變換，其中 $a=3$，可得

$$y(t) = \mathcal{L}^{-1}[e^{-3s}F(s)](t) = H(t-3)e^{-(t-3)}\sin(t-3)$$

解的圖形如圖 3.13 所示。

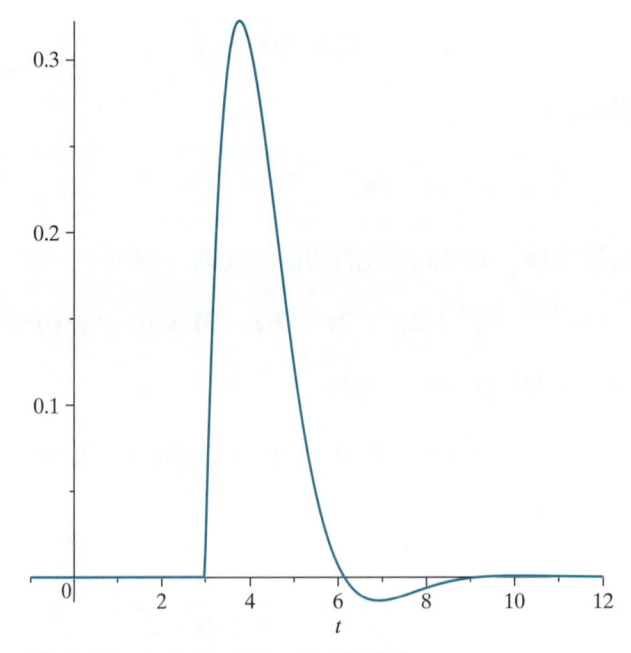

**圖 3.13**　例 3.15 中解 $y(t)$ 的圖形

## 例 3.16

圖 3.14 顯示一個 RLC 電路，假設在時間 $t=0$，電容器上的電流和電荷為零，並且假設引入電動勢 $E(t) = \delta(t)$。由柯西荷夫電壓定律，對於電流 $i(t)$，

$$i' + 10i + 100q = \delta(t)$$

且電荷為 $q(t) = i'(t)$，我們得到二階微分方程式

$$q'' + 10q' + 100q = \delta(t)$$

初始條件為 $q(0) = q'(0) = 0$。欲求解 $q(t)$，對微分方程式取拉氏變換，可得

$$s^2 Q(s) + 10s Q(s) + 100 Q(s) = \mathcal{L}[\delta(t)](s) = 1$$

因此

$$Q(s) = \frac{1}{s^2 + 10s + 100} = \frac{1}{(s+5)^2 + 75}$$

上式可視為 $s$ 變數的移位。因為

$$\mathcal{L}^{-1}\left[\frac{1}{s^2 + 75}\right](t) = \frac{1}{5\sqrt{3}} \sin(5\sqrt{3}t)$$

所以

$$q(t) = \mathcal{L}^{-1}\left[\frac{1}{(s+5)^2 + 75}\right](t) = \frac{1}{5\sqrt{3}} e^{-5t} \sin(5\sqrt{3}t)$$

圖 3.15 是此函數的圖形。輸出電壓為 $100 q(t)$。

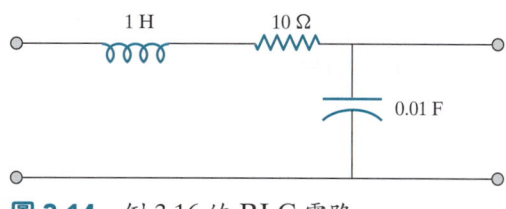

**圖 3.14** 例 3.16 的 RLC 電路

圖 3.15 例 3.16 中電荷 $q(t)$ 的圖形

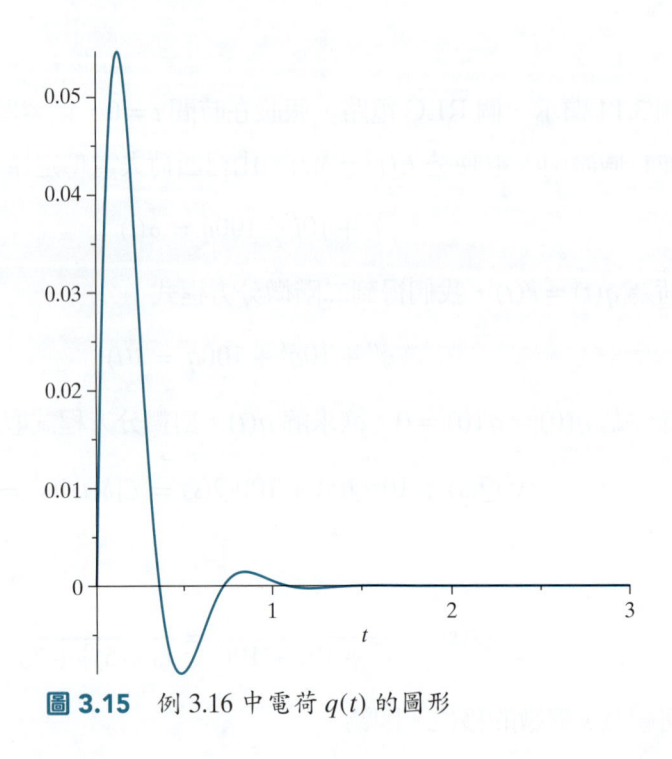

## 3.5 習題

習題 1–5，解初值問題並繪出解的圖形。

1. $y'' + 5y' + 6y = 3\delta(t-2) - 4\delta(t-5)$; $y(0) = y'(0) = 0$

2. $y'' - 4y' + 13y = 4\delta(t-3)$; $y(0) = y'(0) = 0$

3. $y''' + 4y'' + 5y' + 2y = 6\delta(t)$; $y(0) = y'(0) = y''(0) = 0$

4. $y'' + 6y' = 12\delta(t - 5\pi/8)$; $y(0) = 3$, $y'(0) = 0$

5. $y'' + 5y' + 6y = B\delta(t)$; $y(0) = 3$, $y'(0) = 0$

## 3.6 線性微分方程組

具有多個組件的電路和機械系統，其行為可以由常微分方程組予以模式化。在以下的例子中，使用拉氏變換求方程組的解。

## 例 3.17

解初值問題

$$x'' - 2x' + 3y' + 2y = 4$$
$$2y' - x' + 3y = 0$$
$$x(0) = x'(0) = y(0) = 0$$

將拉氏變換應用於每一個微分方程式，插入初始條件以獲得

$$s^2 X - 2sX + 3sY + 2Y = \frac{4}{s}$$
$$2sY - sX + 3Y = 0$$

解出 $X(s)$ 與 $Y(s)$：

$$X(s) = \frac{4s+6}{s^2(s+2)(s-1)}, Y(s) = \frac{2}{s(s+2)(s-1)}$$

利用部分分式分解得到

$$X(s) = -\frac{7}{2}\frac{1}{s} - \frac{3}{s^2} + \frac{1}{6}\frac{1}{s+2} + \frac{10}{3}\frac{1}{s-1}$$

且

$$Y(s) = -\frac{1}{s} + \frac{1}{3}\frac{1}{s+2} + \frac{2}{3}\frac{1}{s-1}$$

取反拉氏變換可得

$$x(t) = -\frac{7}{2} - 3t + \frac{1}{6}e^{-2t} + \frac{10}{3}e^t$$
$$y(t) = -1 + \frac{1}{3}e^{-2t} + \frac{2}{3}e^t$$

## 例 3.18

假設圖 3.16 電路中的開關在時間 $t = 0$ 時閉合，此時電流和電荷為零。求解每個迴路中的電流，假設 $E(t) = 2H(t-4) - H(t-5)$。

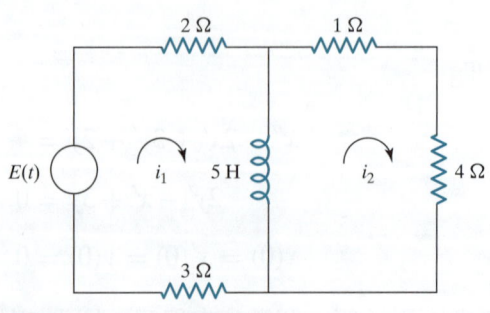

**圖 3.16** 例 3.18 的電路

應用柯西荷夫定律寫出迴路電流 $i_1$ 和 $i_2$ 的方程式：

$$2i_1 + 5(i_1 - i_2)' + 3i_1 = E(t) = 2H(t-4) - H(t-5)$$

$$i_2 + 4i_2 + 5(i_2 - i_1)' = 0$$

對這些方程式取拉氏變換，並且將各項重新排列，可得

$$5(s+1)I_1 - 5sI_2 = \frac{2}{s}e^{-4s} - \frac{1}{s}e^{-5s}$$

$$-5sI_1 + 5(s+1)I_2 = 0$$

解 $I_1$ 和 $I_2$：

$$I_1(s) = \frac{2}{5}\left[\frac{1}{s} - \frac{2}{2s+1}\right]e^{-4s} - \frac{1}{5}\left[\frac{1}{s} - \frac{2}{2s+1}\right]e^{-5s}$$

$$I_2(s) = \frac{2}{5(2s+1)}e^{-4s} + \frac{1}{5(2s+1)}e^{-5s}$$

現在應用反拉氏變換獲得迴路電流：

$$i_1(t) = \frac{2}{5}(1 - e^{-(t-4)})H(t-4) - \frac{1}{5}(1 - e^{-(t-5)})H(t-5)$$

$$i_2(t) = -\frac{2}{5}e^{-(t-4)}H(t-4) + \frac{1}{5}e^{-(t-5)}H(t-5)$$

## 3.6　習題

習題 1–6，解初值問題。

1. $x' - 2y' = 1$, $x' + y - x = 0$; $x(0) = y(0) = 0$

2. $x' + 2y' - y = 1$, $2x' + y = 0$; $x(0) = y(0) = 0$

3. $3x' - y = 2t$, $x' + y' - y = 0$; $x(0) = y(0) = 0$

4. $x' + 2x - y' = 0$, $x' + y + x = t^2$; $x(0) = y(0) = 0$

5. $x' + y' + x - y = 0$, $x' + 2y' + x = 1$; $x(0) = y(0) = 0$

6. $x' - 2y' + 3x = 0$, $x - 4y' + 3z' = t$, $x - 2y' + 3z' = -1$; $x(0) = y(0) = z(0) = 0$

# CHAPTER 4

# 向量與向量空間 $R^n$

## 4.1 平面與三維空間的向量

一些數量,如質量和體積,完全由數字指定。這些量稱為**純量** (scalar)。

**向量** (vector) 具有大小和方向,並用於描述如力之類的東西。力對物體的影響不僅與力的大小且與施加的方向有關。速度是具有大小(距離相對於時間的變化率),以及運動方向的向量。加速度也是一個向量,具有大小(速度變化有多快)和方向。

我們可以將三維向量的方向和大小,寫成實數的三元組 $<a, b, c>$。這個三元組指定一點 $P:(a, b, c)$,而向量 $<a, b, c>$ 由原點到 $P$ 的箭號表示(圖 4.1)。相同的向量是由具有相同長度和方向的任何其他箭號表示。圖 4.2 中的所有箭號具有相同的長度和方向,並且表示相同的向量。

$a$、$b$、$c$ 分別為 $<a, b, c>$ 的**第一、第二與第三分量** (first, second, and third components)。

兩向量 $<x_1, x_2, x_3>$ 與 $<y_1, y_2, y_3>$ 相等,就是它們各自的分量相等:

$$x_1 = y_1, x_2 = y_2, x_3 = y_3$$

向量以粗體表示(例如 **F** 或 **G**),而純量則以一般形式表示。

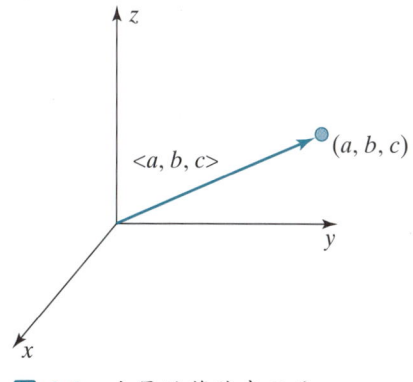

**圖 4.1** 向量的箭號表示法

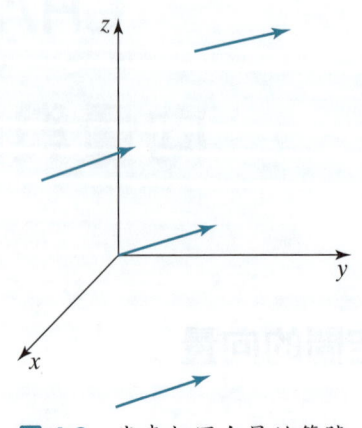

圖 4.2　代表相同向量的箭號

$\mathbf{F} = <a, b, c>$ 的**大小** (magnitude) 或**範數** (norm) 為純量

$$\| \mathbf{F} \| = \sqrt{a^2 + b^2 + c^2}$$

這是由原點到點 $(a, b, c)$ 的距離，也是圖 4.1 中的箭號的長度。

所有這些觀念可立即應用到平面上的向量 $<a, b>$，此向量僅有兩分量。平面上的向量 $<a, b>$ 是以原點至 $(a, b)$ 的箭號表示，且其範數為

$$\| <a, b> \| = \sqrt{a^2 + b^2}$$

此範數為箭號的長度。這個向量亦可用平面上與此向量有相同長度和方向的任何箭號表示。

有時三維空間的向量稱為三維向量，而平面上的向量稱為二維向量。

以純量 $\alpha$ 乘以向量 $\mathbf{F} = <a, b, c>$ 就是將 $\alpha$ 乘以 $\mathbf{F}$ 的每一個分量：

$$\alpha \mathbf{F} = <\alpha a, \alpha b, \alpha c>$$

這個運算稱為**純量乘法** (scalar multiplication)，它產生由原點至 $(\alpha a, \alpha b, \alpha c)$ 的向量。

比較 $\mathbf{F}$ 與 $\alpha \mathbf{F}$ 的長度：

$$\begin{aligned}
\| \alpha \mathbf{F} \| &= \sqrt{(\alpha a)^2 + (\alpha b)^2 + (\alpha c)^2} \\
&= \sqrt{(\alpha^2)(a^2 + b^2 + c^2)} \\
&= |\alpha| \, \| \mathbf{F} \|
\end{aligned}$$

這證明了

$$\| \alpha \mathbf{F} \| = |\alpha| \, \| \mathbf{F} \| \tag{4.1}$$

$\alpha \mathbf{F}$ 的長度是 $|\alpha|$ 乘以 $\mathbf{F}$ 的長度。

若 $\alpha > 0$，$\alpha \mathbf{F}$ 與 $\mathbf{F}$ 的方向相同；若 $\alpha > 1$，則 $\alpha \mathbf{F}$ 比 $\mathbf{F}$ 長；若 $0 < \alpha < 1$，則 $\alpha \mathbf{F}$ 比 $\mathbf{F}$ 短（圖 4.3）。

若 $\alpha < 0$，則 $\alpha \mathbf{F}$ 在 $\mathbf{F}$ 相反的方向上；若 $\alpha < -1$，則 $\alpha \mathbf{F}$ 比 $\mathbf{F}$ 長；若 $-1 < \alpha < 0$，則 $\alpha \mathbf{F}$ 比 $\mathbf{F}$ 短（圖 4.4）。

若 $\alpha = 0$，則 $\alpha \mathbf{F} = <0, 0, 0>$，為**零向量** (zero vector)，這是長度為零且無方向的唯一向量，因為它不能用箭號表示，記做 $\mathbf{O} = <0, 0, 0>$。

與純量乘法的解釋一致，如果每個向量都是另一個的非零純量倍數，則將 $\mathbf{F}$ 和 $\mathbf{G}$ 定義為**平行** (parallel)。平行向量的長度可能不同，甚至是相反的方向，但是通過以箭號表示的平行向量的直線是平行線。

$\mathbf{F} = <a_1, a_2, a_3>$ 與 $\mathbf{G} = <b_1, b_2, b_3>$ 的**向量和** (vector sum) 為

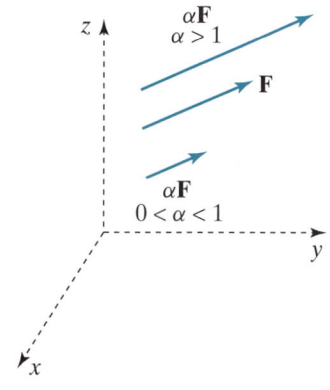

**圖 4.3** 箭號代表 $\mathbf{F}$ 與 $\alpha \mathbf{F}$，其中 $\alpha$ 為正數

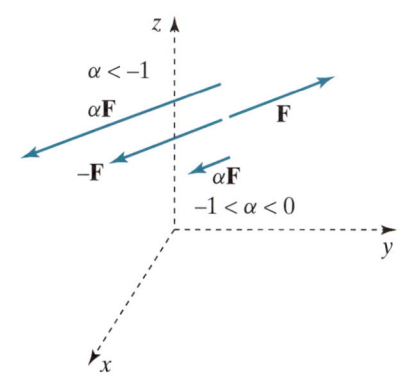

**圖 4.4** 箭號代表 $\mathbf{F}$ 與 $\alpha \mathbf{F}$，其中 $\alpha$ 為負數

$$\mathbf{F}+\mathbf{G} = <a_1+b_1, a_2+b_2, a_3+b_3>$$

是將對應的個別分量相加形成的。

向量加法滿足**平行四邊形定律**(parallelogram law)，如圖 4.5 所示。若 $\mathbf{F}$ 與 $\mathbf{G}$ 表示來自相同點 $P$ 的向量，則 $\mathbf{F}+\mathbf{G}$ 是從 $P$ 到以 $\mathbf{F}$ 和 $\mathbf{G}$ 為邊的平行四邊形的相反頂點的向量。

如圖 4.6 所示，有時可以方便地表示平行四邊形定律，$\mathbf{G}$ 從 $\mathbf{F}$ 尖端繪製，結果可得以 $\mathbf{F}$ 和 $\mathbf{G}$ 為邊的相同的平行四邊形。

向量加法和純量乘法具有下列性質：

1. $\mathbf{F}+\mathbf{G} = \mathbf{G}+\mathbf{F}$（交換律）
2. $\mathbf{F}+(\mathbf{G}+\mathbf{H}) = (\mathbf{F}+\mathbf{G})+\mathbf{H}$（結合律）

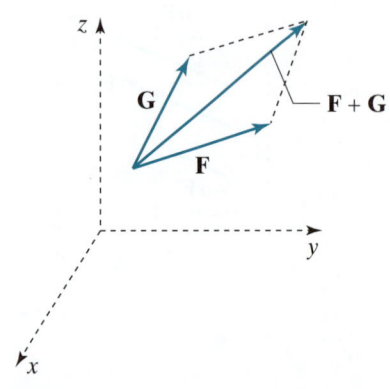

**圖 4.5** 向量加法的平行四邊形定律

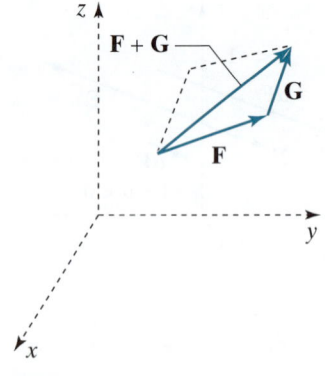

**圖 4.6** 向量加法的平行四邊形定律的不同觀點

3. $\mathbf{F} + \mathbf{O} = \mathbf{F}$

4. $\alpha(\mathbf{F} + \mathbf{G}) = \alpha\mathbf{F} + \alpha\mathbf{G}$

5. $(\alpha\beta)\mathbf{F} = \alpha(\beta\mathbf{F})$

6. $(\alpha + \beta)\mathbf{F} = \alpha\mathbf{F} + \beta\mathbf{F}$

7. 三角不等式

$$\|\mathbf{F} + \mathbf{G}\| \leq \|\mathbf{F}\| + \|\mathbf{G}\| \tag{4.2}$$

這可以在圖 4.7 中看到，其中三角形以向量 $\mathbf{F}$、$\mathbf{G}$ 和 $\mathbf{F} + \mathbf{G}$ 為邊。三角不等式遵循以下事實；三角形任何兩邊的長度總和必須至少與第三邊的長度一樣大。

長度為 1 的向量稱為**單位向量**（unit vector）。

向量

$$\mathbf{i} = <1,0,0>, \mathbf{j} = <0,1,0> \text{ 及 } \mathbf{k} = <0,0,1>$$

是沿三維空間中的軸的單位向量（圖 4.8）。任何向量都可以用這些單位向量來表

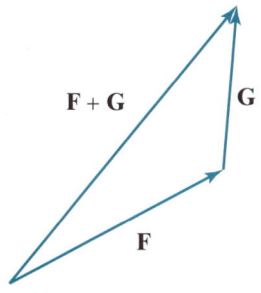

**圖 4.7** 向量的三角不等式

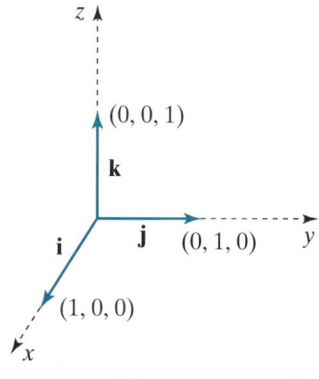

**圖 4.8** $R^3$ 中的標準單位向量

示,亦即
$$\mathbf{F} = <a, b, c> = a<1,0,0> + b<0,1,0> + c<0,0,1> = a\mathbf{i} + b\mathbf{j} + c\mathbf{k}$$

這稱為 **F 的標準表示**(standard representation of **F**)。當分量為零時,通常就將這項省略。例如:
$$<-7, 0, 4> = -7\mathbf{i} + 4\mathbf{k}$$

對平面上的向量,有類似的標準表示法,亦即使用單位向量 $\mathbf{i} = <1, 0>$ 和 $\mathbf{j} = <0, 1>$。

已知任意非零向量 **F**,向量
$$\frac{1}{\|\mathbf{F}\|}\mathbf{F}$$

的方向與 **F** 相同(因為是 **F** 的正純量倍數)且長度為 1。

使用這個想法在已知方向上寫出一向量且具有已知的長度。例如,假設我們想要一個方向與 $\mathbf{F} = \mathbf{i} - 2\mathbf{j} + 4\mathbf{k}$ 相同,且長度為 10 的向量 **V**。首先將 **F** 除以其長度,得到 **F** 方向的單位向量 **u**:
$$\mathbf{u} = \frac{1}{\sqrt{21}}(\mathbf{i} - 2\mathbf{j} + 4\mathbf{k})$$

我們想要的向量是
$$\mathbf{V} = 10\mathbf{u} = \frac{10}{\sqrt{21}}(\mathbf{i} - 2\mathbf{j} + 4\mathbf{k})$$

單位向量 **u** 提供方向(與 **F** 相同),並將該單位向量乘以 10,產生具有該方向和我們想要的長度的向量。

知道由一點 $P_0$ 到另一點 $P_1$ 的箭號所表示的向量 **V** 的分量通常是有用的。

令 **G** 是從原點到 $P_0 : (x_0, y_0, z_0)$ 的向量,**F** 是從原點到 $P_1 : (x_1, y_1, z_1)$ 的向量,如圖 4.9 所示。由平行四邊形定律,
$$\mathbf{V} = \mathbf{F} - \mathbf{G} = (x_1 - x_0)\mathbf{i} + (y_1 - y_0)\mathbf{j} + (z_1 - z_0)\mathbf{k}$$

例如,由 $(-1, 5, -2)$ 到 $(7, -4, 5)$ 的向量為
$$(7 - (-1))\mathbf{i} + (-4 - 5)\mathbf{j} + (5 - (-2))\mathbf{k}$$

或

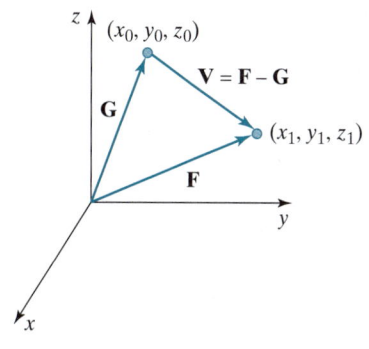

**圖 4.9** 從 $P_0$ 到 $P_1$ 的向量

$$8\mathbf{i} - 9\mathbf{j} + 7\mathbf{k}$$

## 4.1.1　三維空間的直線方程式

兩個相異點 $P_0:(x_0, y_0, z_0)$ 和 $P_1:(x_1, y_1, z_1)$ 決定一條包含兩點的唯一直線 $L$。在平面上，我們可以使用點斜式來決定包含兩點的直線方程式。

我們可以得到 $L$ 的參數方程式如下，令

$$\mathbf{L} = (x_1 - x_0)\mathbf{i} + (y_1 - y_0)\mathbf{j} + (z_1 - z_0)\mathbf{k}$$

從 $L$ 的一點 $(x_0, y_0, z_0)$ 到 $L$ 的另一點 $(x_1, y_1, z_1)$ 的向量 $\mathbf{L}$ 開始。$\mathbf{L}$ 是沿著我們想要的線。令 $P:(x, y, z)$ 為 $L$ 的任意點，則向量

$$(x - x_0)\mathbf{i} + (y - y_0)\mathbf{j} + (z - z_0)\mathbf{k}$$

也沿著 $L$（圖 4.10），所以必須是 $\mathbf{L}$ 的純量倍數：

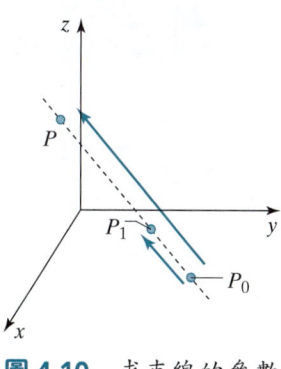

**圖 4.10**　求直線的參數方程式

$$(x-x_0)\mathbf{i} + (y-y_0)\mathbf{j} + (z-z_0)\mathbf{k}$$
$$= t[(x_1-x_0)\mathbf{i} + (y_1-y_0)\mathbf{j} + (z_1-z_0)\mathbf{k}]$$

其中 $t$ 為實數。因此，

$$x - x_0 = t(x_1 - x_0), y - y_0 = t(y_1 - y_0), z - z_0 = t(z_1 - z_0)$$

上式常寫成

$$x = x_0 + t(x_1 - x_0), y = y_0 + t(y_1 - y_0), z = z_0 + t(z_1 - z_0) \tag{4.3}$$

由於從 $P_0$ 和 $P_1$ 可知 $x_1 - x_0$、$y_1 - y_0$ 及 $z_1 - z_0$，所以式 (4.3) 根據參數 $t$ 給出在 $L$ 上的點 $(x, y, z)$ 的座標，其中 $t$ 在實數上變化。當 $t = 0$ 我們得到 $P_0$ 且當 $t = 1$ 得到 $P_1$。式 (4.3) 稱為 $L$ 的參數方程式 (parametric equations of $L$)。

### 數往知來──懸臂樑

本章中的向量方法可以應用於標準工程靜力學問題。我們的例子將集中在一個懸臂樑上，此樑一端固定，另一端為自由端。圖中顯示懸臂樑的端固定以及兩個點力。$W$ 表示樑本身的重量，而 $F$ 表示外部負載，方向如圖所示。對於這個例子，假設樑的厚度可以忽略，而僅考慮樑的長度。

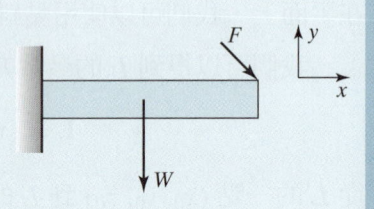

檢查懸臂樑時要考慮三種類型的力：軸向力、剪切力和彎矩。作用在樑的軸向力，其方向為樑長度的方向，即 $x$ 方向；剪切力作用於垂直於樑的方向，即 $y$ 方向；彎矩則是從樑的底部偏移的力。

你可以看到 $W$ 也是一個有助於彎矩的剪切力。為了計算 $F$，必須將其分解為 $x$ 和 $y$ 分量，$F_x$ 和 $F_y$。$F_x$ 僅是一個軸向力，並且在穿過基座時不會影響彎矩。另一方向，$F_y$ 是有助於彎矩的剪切力。

### 例 4.1

求通過 $(-1, -1, 7)$ 和 $(7, -1, 4)$ 的線的參數方程式。

選擇其中一個點為 $P_0$，另一個為 $P_1$，次序無關緊要。假設我們令

$$P_0 = (-1, -1, 7) \text{ 且 } P_1 = (7, -1, 4)$$

通過這些點的線，其參數方程式為

$$x = -1 + (7 - (-1))t, y = -1 + (-1 - (-1))t, z = 7 + (4 - 7)t$$

或

$$x = -1 + 8t, y = -1, z = 7 - 3t$$

其中 $t$ 為實數。此線由所有點

$$(-1 + 8t, -1, 7 - 3t), -\infty < t < \infty$$

組成。作為驗證，當 $t = 0$，這些參數方程式回到 $P_0$；而當 $t = 1$，可得 $P_1$。在這個例子中，$y$ 是常數 $-1$，所以這條線在平面 $y = -1$ 上。

## 4.1 習題

習題 1-3，計算 **F** + **G**、**F**−**G**、2**F**、3**G** 與 $\|\mathbf{F}\|$。

1. $\mathbf{F} = 2\mathbf{i} - 3\mathbf{j} + 5\mathbf{k}, \mathbf{G} = \sqrt{2}\mathbf{i} + 6\mathbf{j} - 5\mathbf{k}$
2. $\mathbf{F} = 2\mathbf{i} - 5\mathbf{j}, \mathbf{G} = \mathbf{i} + 5\mathbf{j} - \mathbf{k}$
3. $\mathbf{F} = \mathbf{i} + \mathbf{j} + \mathbf{k}, \mathbf{G} = 2\mathbf{i} - 2\mathbf{j} + 2\mathbf{k}$

習題 4 和 5，求具有給定長度且方向是從第一點到第二點的向量。

4. $9, (1, 2, 1,), (-4, -2, 3)$
5. $4, (0, 0, 1), (-4, 7, 5)$

習題 6-8，求包含所予點的線的參數方程式。

6. $(3, 0, 0), (-3, 1, 0)$
7. $(0, 1, 3), (0, 0, 1)$
8. $(2, -3, 6), (-1, 6, 4)$

## 4.2 點積

假設
$$\mathbf{F} = a_1\mathbf{i} + b_1\mathbf{j} + c_1\mathbf{k} \text{ 且 } \mathbf{G} = a_2\mathbf{i} + b_2\mathbf{j} + c_2\mathbf{k}$$

$\mathbf{F}$ 與 $\mathbf{G}$ 的 **點積** (dot product) 為純量

$$\mathbf{F} \cdot \mathbf{G} = a_1 a_2 + b_1 b_2 + c_1 c_2$$

例如，

$$(\sqrt{3}\mathbf{i} + 4\mathbf{j} - \pi\mathbf{k}) \cdot (-2\mathbf{i} + 6\mathbf{j} + 3\mathbf{k}) = -2\sqrt{3} + 24 - 3\pi$$

點積具有下列性質：

1. $\mathbf{F} \cdot \mathbf{G} = \mathbf{G} \cdot \mathbf{F}$（交換律）
2. $(\mathbf{F} + \mathbf{G}) \cdot \mathbf{H} = \mathbf{F} \cdot \mathbf{H} + \mathbf{G} \cdot \mathbf{H}$（分配律）
3. $\alpha(\mathbf{F} \cdot \mathbf{G}) = (\alpha\mathbf{F}) \cdot \mathbf{G} = \mathbf{F} \cdot (\alpha\mathbf{G})$
4. $\mathbf{F} \cdot \mathbf{F} = \|\mathbf{F}\|^2$
5. $\mathbf{F} \cdot \mathbf{F} = 0$ 若且唯若 $\mathbf{F} = \mathbf{O}$
6. $\|\alpha\mathbf{F} + \beta\mathbf{G}\|^2 = \alpha^2\|\mathbf{F}\|^2 + 2\alpha\beta\mathbf{F} \cdot \mathbf{G} + \beta^2\|\mathbf{G}\|^2$

點積的一個用途是決定表示這些向量的箭號之間的角度（或沿著這些向量的線）。要知道這一點，回想起餘弦定律。對於圖 4.11 的上三角形，餘弦定律是說

$$a^2 + b^2 - 2ab\cos(\theta) = c^2$$

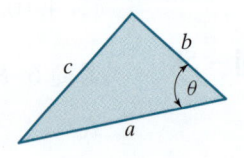

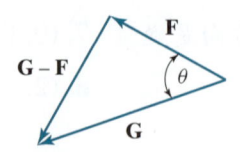

**圖 4.11** 餘弦定律和向量之間的夾角

將其應用於圖 4.11 的下三角形，此三角形以向量為邊。$\theta$ 為 **F** 和 **G** 之間的夾角，且邊長為

$$a = \| \mathbf{G} \|, b = \| \mathbf{F} \| \text{ 且 } c = \| \mathbf{G} - \mathbf{F} \|$$

餘弦定律告訴我們

$$\| \mathbf{G} \|^2 + \| \mathbf{F} \|^2 - 2 \| \mathbf{F} \| \| \mathbf{G} \| \cos(\theta) = \| \mathbf{G} - \mathbf{F} \|^2$$

將 $\beta = 1$ 和 $\alpha = -1$ 代入點積的性質 6，可得

$$\| \mathbf{G} - \mathbf{F} \|^2 = \| \mathbf{G} \|^2 + \| \mathbf{F} \|^2 - 2\mathbf{F} \cdot \mathbf{G}$$

比較最後兩個方程式，我們得到結論

$$\| \mathbf{F} \| \| \mathbf{G} \| \cos(\theta) = \mathbf{F} \cdot \mathbf{G}$$

假設 **F** 和 **G** 都不是零向量，這給了我們

$$\cos(\theta) = \frac{\mathbf{F} \cdot \mathbf{G}}{\| \mathbf{F} \| \| \mathbf{G} \|} \tag{4.4}$$

由式 (4.4) 決定的角度 $\theta$ 稱為 **F 和 G 之間的角度** (angle between **F** and **G**)。在說明這個概念之前，我們藉由回顧對於所有的 $\theta$，$|\cos(\theta)| \leq 1$，導出式 (4.4) 的另一個好處。因此，式 (4.4) 意味著

$$| \mathbf{F} \cdot \mathbf{G} | \leq \| \mathbf{F} \| \| \mathbf{G} \| \tag{4.5}$$

這是**柯西－舒瓦茲不等式** (Cauchy-Schwarz inequality)。

### 數往知來──方向餘弦

方向餘弦是兩個向量之間的角度的餘弦。你可以由本節中的下列分式來求解方向餘弦。

$$\cos \alpha = \frac{v_1 \cdot v_2}{\| v_1 \| \| v_2 \|}$$

若 $v_1$ 是主要討論的向量時，$v_2$ 是物理座標系的軸之一，則方向餘弦最有用，如下所示：

$$\cos\theta = \frac{v_1 \cdot i}{\|v_1\|}, \quad \cos\varphi = \frac{v_1 \cdot j}{\|v_1\|}, \quad \cos\gamma = \frac{v_1 \cdot k}{\|v_1\|}$$

你將看到如何將這個想法進一步應用於將向量從一個座標系轉換到另一個座標系，這在動態應用中是有用的。

### 例 4.2

$$\mathbf{F} = -\mathbf{i} + 3\mathbf{j} + \mathbf{k} \text{ 和 } \mathbf{G} = 2\mathbf{j} - 4\mathbf{k}$$

之間的角度 $\theta$ 的餘弦為

$$\cos(\theta) = \frac{(-\mathbf{i} + 3\mathbf{j} + \mathbf{k}) \cdot (2\mathbf{j} - 4\mathbf{k})}{\|-\mathbf{i} + 3\mathbf{j} + \mathbf{k}\| \|2\mathbf{j} - 4\mathbf{k}\|}$$

$$= \frac{(-1)(0) + (3)(2) + (1)(-4)}{\sqrt{(-1)^2 + 3^2 + (1)^2}\sqrt{2^2 + 4^2}}$$

$$= \frac{2}{\sqrt{220}}$$

這個角度是

$$\theta = \arccos(2/\sqrt{220}) \approx 1.436 \text{ 弳}$$

或 82.2767 度。

### 例 4.3

已知線 $L_1$ 和 $L_2$，其參數方程式分別為

$$L_1 : x = 1 + 6t, y = 2 - 4t, z = -1 + 3t$$

和

$$L_2 : x = 4 - 3p, y = 2p, z = -5 + 4p$$

其中參數 $t$ 與 $p$ 為任意實數。欲求兩直線之間的夾角。當然，兩條非平行直線之間有兩個夾角，如圖 4.12 所示，這兩個夾角的和為 $\pi$。

**圖 4.12** 兩線之間的夾角

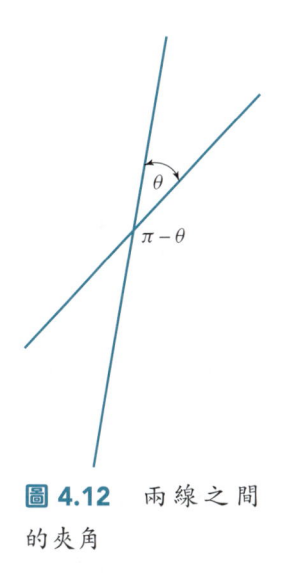

求 $\theta$ 的策略是先確定每條線上的向量，那麼這些向量之間的夾角就是線之間的夾角。

為了在 $L_1$ 上找到向量 $\mathbf{V}_1$，在 $L_1$ 上找到兩點，如 $t=0$ 的 $(1, 2, -1)$ 和 $t=1$ 的 $(7, -2, 2)$。沿著 $L_1$ 由第一點到第二點的向量 $\mathbf{V}_1$ 為

$$\mathbf{V}_1 = (7-1)\mathbf{i} + (-2-2)\mathbf{j} + (2-(-1))\mathbf{k} = 6\mathbf{i} - 4\mathbf{j} + 3\mathbf{k}$$

在 $L_2$，取 $p=0$ 的 $(4, 0, -5)$ 和 $p=1$ 的 $(1, 2, -1)$，形成沿著 $L_2$ 的向量

$$\mathbf{V}_2 = -3\mathbf{i} + 2\mathbf{j} + 4\mathbf{k}$$

現在計算

$$\cos(\theta) = \frac{\mathbf{V}_1 \cdot \mathbf{V}_2}{\|\mathbf{V}_1\| \|\mathbf{V}_2\|}$$

$$= \frac{-14}{\sqrt{1769}}, \theta \approx 1.910 \text{ 弳}$$

如果我們從第二個點到第一個點（將這個向量反向）形成 $\mathbf{V}_2$，則由式 (4.4) 可得 $\cos(\theta) = 14/\sqrt{1769}$，$\theta$ 大約為 1.23 弳，這是 $\theta \approx 1.910$ 弳的補角。

兩個非零向量 $\mathbf{F}$ 和 $\mathbf{G}$，如果它們之間的夾角是 $\pi/2$ 弳（90 度），則 $\mathbf{F}$ 和 $\mathbf{G}$ 是**正交** (orthogonal) 或**垂直** (perpendicular)。由式 (4.4) 可知，當 $\mathbf{F} \cdot \mathbf{G} = 0$ 時，會發生這種情況。因為任何向量與 $\mathbf{O}$ 向量的點積為零，所以零向量被認為與每個向量正交。

例如，令

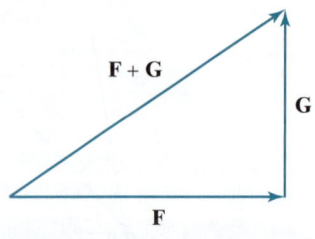

**圖 4.13** 以平行四邊形定律而論的畢氏定理

$$\mathbf{F} = -4\mathbf{i} + \mathbf{j} + 2\mathbf{k}, \mathbf{G} = 2\mathbf{i} + 4\mathbf{k} \text{ 且 } \mathbf{H} = 6\mathbf{i} - \mathbf{j} - 2\mathbf{k}$$

則 **F** 和 **G** 正交，因為它們的點積為零，但是 $\mathbf{F} \cdot \mathbf{H} = -29$，所以這兩個向量不是正交，且 $\mathbf{G} \cdot \mathbf{H} = 4$，因此這兩個向量也不是正交。

若 **F** 和 **G** 為非零正交向量，則 $\alpha = \beta = 1$ 的點積的性質 6 變為

$$\|\mathbf{F} + \mathbf{G}\|^2 = \|\mathbf{F}\|^2 + \|\mathbf{G}\|^2$$

這是熟悉的畢氏定理，其應用於具有垂直邊 **F** 和 **G**，以及斜邊 **F** + **G** 的三角形（圖 4.13）。

### 4.2.1　一向量投影到另一向量

假設 **u** 和 **v** 為非零向量，由共同點畫出以箭號表示。**v** 映射到 **u** 的 **投影 (projection)** 是在 **u** 方向上的向量 $\text{proj}_\mathbf{u} \mathbf{v}$，其大小等於 **v** 映射到 **u** 的投影的長度。

這個投影是從 **v** 的尖端映射到通過 **u** 的直線建構一垂直線段來完成的（圖 4.14）。以 **v** 為斜邊的直角三角形，其底為 $\text{proj}_\mathbf{u} \mathbf{v}$ 的長度 $d$。

我們想要一種計算這個投影的方法。若 $\theta$ 為 **u** 與 **v** 之間的夾角，則由圖可知

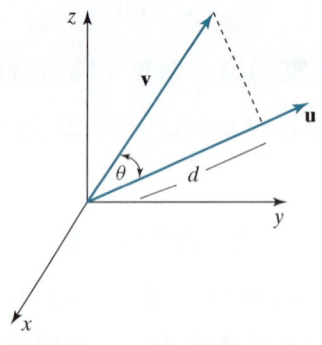

**圖 4.14** **v** 映射到 **u** 的正交投影

$$\cos(\theta) = \frac{d}{\|\mathbf{v}\|}$$

因此

$$d = \|\mathbf{v}\|\cos(\theta) = \|\mathbf{v}\|\frac{\mathbf{u}\cdot\mathbf{v}}{\|\mathbf{u}\|\|\mathbf{v}\|} = \frac{\mathbf{u}\cdot\mathbf{v}}{\|\mathbf{u}\|}$$

我們要的投影是在 **u** 方向上，長度為 $d$ 的向量。我們知道如何得到這樣一個向量——將 **u** 除以它的長度得到一個單位向量，然後將 $d$ 乘以這個單位向量得到正確的方向和大小：

$$\text{proj}_{\mathbf{u}}\mathbf{v} = d\left(\frac{\mathbf{u}}{\|\mathbf{u}\|}\right) = \frac{\mathbf{u}\cdot\mathbf{v}}{\|\mathbf{u}\|^2}\mathbf{u} \tag{4.6}$$

### 數往知來——開始對懸臂樑進行靜力分析

靜力分析用於確定使系統不移動所需的內力。在懸臂樑的系統，讀者可以在底座上切割樑，以曝露內部的軸向力、剪切力和彎矩，如右圖所示。

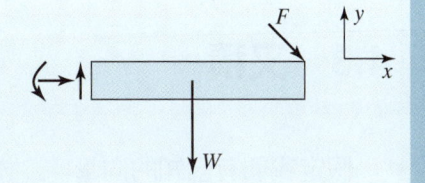

使用向量投影的概念，可以將 $F$ 投影到 $x$ 到 $y$ 單位向量上以計算相對的分量。已知 $F = <2, -2> N$，則有

$$proj_x F = \frac{F\cdot x}{\|x\|^2}x = \frac{2}{1^2}<1,0> = <2,0> N$$

$$proj_y F = \frac{F\cdot y}{\|y\|^2}y = \frac{-2}{1^2}<0,1> = <0,-2> N$$

### 例 4.4

求 $\mathbf{v} = 4\mathbf{i} - \mathbf{j} + 2\mathbf{k}$ 映射至 $\mathbf{u} = \mathbf{i} - \mathbf{j} + 2\mathbf{k}$ 的投影。

利用式 (4.6)，計算

$$\mathbf{u}\cdot\mathbf{v} = 9 \text{ 且 } \|\mathbf{u}\|^2 = 6$$

因此

$$\text{proj}_{\mathbf{u}}\mathbf{v} = \frac{9}{6}\mathbf{u} = \frac{3}{2}(\mathbf{i} - \mathbf{j} + 2\mathbf{k})$$

## 4.2 習題

習題 1–3，計算向量的點積和它們之間夾角的餘弦，並判斷向量是否正交。

1. $\mathbf{i}, 2\mathbf{i} - 3\mathbf{j} + \mathbf{k}$
2. $-4\mathbf{i} - 2\mathbf{j} + 3\mathbf{k}, 6\mathbf{i} - 2\mathbf{j} - \mathbf{k}$
3. $\mathbf{i} - 3\mathbf{k}, 2\mathbf{j} + 6\mathbf{k}$

習題 4–6，求包含已知點且以已知向量為法向量的平面方程式。

4. $(-1, 1, 2), 3\mathbf{i} - \mathbf{j} + 4\mathbf{k}$
5. $(2, -3, 4), 8\mathbf{i} - 6\mathbf{j} + 4\mathbf{k}$
6. $(0, -1, 4), 7\mathbf{i} + 6\mathbf{j} - 5\mathbf{k}$

習題 7–9，求 $\mathbf{v}$ 映射到 $\mathbf{u}$ 的投影。

7. $\mathbf{v} = \mathbf{i} - \mathbf{j} + 4\mathbf{k}, \mathbf{u} = -3\mathbf{i} + 2\mathbf{j} - \mathbf{k}$
8. $\mathbf{v} = -\mathbf{i} + 3\mathbf{j} + 6\mathbf{k}, \mathbf{u} = 2\mathbf{i} + 7\mathbf{j} - 3\mathbf{k}$
9. $\mathbf{v} = -6\mathbf{i} - 12\mathbf{j} + 3\mathbf{k}, \mathbf{u} = -9\mathbf{i} + 3\mathbf{j} + 4\mathbf{k}$

## 4.3 叉積

假定我們有已知的向量

$$\mathbf{F} = a_1\mathbf{i} + b_1\mathbf{j} + c_1\mathbf{k} \quad \text{和} \quad \mathbf{G} = a_2\mathbf{i} + b_2\mathbf{j} + c_2\mathbf{k}$$

$\mathbf{F}$ 與 $\mathbf{G}$ 的**叉積** (cross product) 是向量

$$\mathbf{F} \times \mathbf{G} = (b_1c_2 - b_2c_1)\mathbf{i} + (a_2c_1 - a_1c_2)\mathbf{j} + (a_1b_2 - a_2b_1)\mathbf{k}$$

有一個簡單的方法來記住和計算這些分量。形成一行列式

$$\begin{vmatrix} \mathbf{i} & \mathbf{j} & \mathbf{k} \\ a_1 & b_1 & c_1 \\ a_2 & b_2 & c_2 \end{vmatrix}$$

第一列是標準單位向量，第二列是 $\mathbf{F}$ 的分量，第三列是 $\mathbf{G}$ 的分量。如果這個行列式以第一列展開，我們得到

$$\begin{vmatrix} \mathbf{i} & \mathbf{j} & \mathbf{k} \\ a_1 & b_1 & c_1 \\ a_2 & b_2 & c_2 \end{vmatrix} = \begin{vmatrix} b_1 & c_1 \\ b_2 & c_2 \end{vmatrix}\mathbf{i} - \begin{vmatrix} a_1 & c_1 \\ a_2 & c_2 \end{vmatrix}\mathbf{j} + \begin{vmatrix} a_1 & b_1 \\ a_2 & b_2 \end{vmatrix}\mathbf{k}$$

$$= (b_1c_2 - b_2c_1)\mathbf{i} + (a_2c_1 - a_1c_2)\mathbf{j} + (a_1b_2 - a_2b_1)\mathbf{k}$$

$$= \mathbf{F} \times \mathbf{G}$$

以下是叉積的一些性質。

1. 反交換律
$$\mathbf{F} \times \mathbf{G} = -\mathbf{G} \times \mathbf{F}$$

2. $\mathbf{F} \times \mathbf{G}$ 同時與 $\mathbf{F}$ 和 $\mathbf{G}$ 正交。

3.
$$\| \mathbf{F} \times \mathbf{G} \| = \| \mathbf{F} \| \| \mathbf{G} \| \sin(\theta)$$

其中 $\theta$ 為 $\mathbf{F}$ 與 $\mathbf{G}$ 的夾角。

4. 若 $\mathbf{F}$ 與 $\mathbf{G}$ 為非零向量，若且唯若 $\mathbf{F}$ 與 $\mathbf{G}$ 平行（因此每一個向量都是另一個向量的純量倍數），則 $\mathbf{F} \times \mathbf{G} = \mathbf{O}$。

5. 分配律
$$\mathbf{F} \times (\mathbf{G} + \mathbf{H}) = \mathbf{F} \times \mathbf{G} + \mathbf{F} \times \mathbf{H}$$

6. 若 $\alpha$ 為一純量，則
$$\alpha(\mathbf{F} \times \mathbf{G}) = (\alpha \mathbf{F}) \times \mathbf{G} = \mathbf{F} \times (\alpha \mathbf{G})$$

### 數往知來——完成懸臂樑的靜力分析

讀者可以使用以下平衡方程式完成上述懸臂樑的靜力分析：

$$\sum F_{\text{net},x} = 0, \quad \sum F_{\text{net},y} = 0, \quad \sum M_{\text{net}} = 0$$

對於這個例子，使用 $F = <2, -2, 0>$ N，$W = <0, 2, 0>$ N，$d_1 = <1, 0, 0>$ m，$d_2 = <2, 0, 0>$ m。

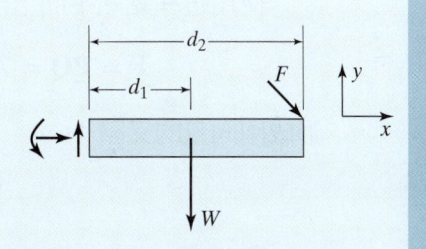

先前，我們求得 $F_x = <2, 0, 0>$ N 與 $F_y = <0, -2, 0>$ N。$W$ 只作用在 $y$ 方向，所以讀者可使用這些來解前兩個平衡方程式如下：

$$F_{R,\text{軸向}} + F_x = 0 \qquad F_{R,\text{剪切}} + W + F_y = 0$$

$$F_{R,\text{軸向}} = <-2, 0, 0> \text{ N} \qquad F_{R,\text{剪切}} = <0, 4, 0> \text{ N}$$

因此，最後欲求解的內部作用力是內部彎矩，為了求解由力引起的力矩，必須使用叉積。力矩以其最簡單的形式定義為力乘以力臂（力至力矩中心點的垂直距離）。在這裡，你可以對樑的左側取力矩，使用叉積並以向量形式運算，可以節省將力分解為 x 和 y 分量的麻煩，並解每個力作用的力矩。求力矩的方程式是

$$M = r \times F$$

使用這個方程式和最後剩下的平衡方程式，可以求解樑中的作用力矩。

$$M_R + W \times d_1 + F \times d_2 = 0$$

$$M_R = <0,0,2> + <0,0,4> = <0,0,6> \text{ N}\cdot\text{m}$$

請注意：力矩的方向是旋轉發生的軸。這就是為什麼力矩出現在離開頁面的軸上，即使這是一個平面問題。這個解還要滿足所得到的叉積向量必須垂直於兩個原始向量的條件。

### 例 4.5

求過點 $P:(-1, 4, 2)$、$Q:(6, -2, 8)$ 和 $R:(5, -1, -1)$ 的平面方程式。

使用這些點在平面上形成兩個向量：

$$\mathbf{F} = \mathbf{PQ} = 7\mathbf{i} - 6\mathbf{j} + 6\mathbf{k} \text{ 且 } \mathbf{G} = \mathbf{PR} = 6\mathbf{i} - 5\mathbf{j} - 3\mathbf{k}$$

形成兩向量的叉積：

$$\mathbf{N} = \mathbf{F} \times \mathbf{G} = 48\mathbf{i} + 57\mathbf{j} + \mathbf{k}$$

**N** 垂直於由 $F$ 與 $G$ 所形成的平面。我們要用平面上的一點（選擇 $P$、$Q$ 或 $R$ 的任何一個）。若選擇 $P$，則平面方程式為

$$48(x+1) + 57(y-4) + (z-2) = 0$$

或

$$48x + 57y + z = 182$$

我們可使用 $Q$ 或 $R$ 代替 $P$，而獲得相同的平面。

## 4.3 習題

習題 1 和 2，計算 $\mathbf{F} \times \mathbf{G}$ 和 $\mathbf{G} \times \mathbf{F}$。

1. $\mathbf{F} = -3\mathbf{i} + 6\mathbf{j} + \mathbf{k}, \mathbf{G} = -\mathbf{i} - 2\mathbf{j} + \mathbf{k}$
2. $\mathbf{F} = 2\mathbf{i} - 3\mathbf{j} + 4\mathbf{k}, \mathbf{G} = -3\mathbf{i} + 2\mathbf{j}$

習題 3–5，確定點是否共線，如果不共線，求包含這些點的平面方程式。

3. $(-1, 1, 6), (2, 0, 1), (3, 0, 0)$
4. $(1, 0, -2), (0, 0, 0), (5, 1, 1)$
5. $(-4, 2, -6), (1, 1, 3), (-2, 4, 5)$

習題 6，求與平面垂直的向量。每個平面有無窮多個法向量（全部相互平行）。

6. $x - y + 2z = 0$

## 4.4 $n$-向量和 $R^n$ 的代數結構

我們關於三維向量的大部分內容可以推廣到具有 $n$ 個分量的向量，或 $n$-向量，其具有外觀

$$<x_1, x_2, \cdots, x_n>$$

第 $j$ 個分量 $x_j$ 為一實數。

具有 $n$ 個分量的向量用於研究具有 $n$ 個變數的方程組。以 $R^n$ 表示所有 $n$-向量的集合，想像 $R^2$ 為平面，$R^3$ 為日常體驗的三維空間。

如果 $n > 3$，我們無法用 $n$ 個相互垂直的軸來想像 $n$ 維空間。儘管如此，我們可以用非常自然的方式來推廣向量的加法。純量乘以向量及 $n$-向量的點積。

$$<x_1, x_2, \cdots, x_n> + <y_1, y_2, \cdots, y_n> = <x_1 + y_1, x_2 + y_2, \cdots, x_n + y_n>$$

$$\alpha <x_1, x_2, \cdots, x_n> = <\alpha x_1, \alpha x_2, \cdots, \alpha x_n>$$

且

$$<x_1, x_2, \cdots, x_n> \cdot <y_1, y_2, \cdots, y_n> = x_1 y_1 + x_2 y_2 + \cdots + x_n y_n$$

這些運算具有與三維向量相同的性質。

$n$-向量

$$\mathbf{F} = <x_1, x_2, \cdots, x_n>$$

的**範數** (norm) 或**大小** (magnitude) 為

$$\| \mathbf{F} \| = \sqrt{x_1^2 + x_2^2 + \cdots + x_n^2}$$

這是 $n$-空間中，由原點 $(0, 0, \cdots, 0)$ 至 $(x_1, x_2, \cdots, x_n)$ 的距離。此外，若

$$\mathbf{G} = <y_1, y_2, \cdots, y_n>$$

則非負的數

$$\| \mathbf{F} - \mathbf{G} \| = \sqrt{(x_1 - y_1)^2 + \cdots + (x_n - y_n)^2}$$

為 $R^n$ 中介於 $(x_1, \cdots, x_n)$ 與 $(y_1, \cdots, y_n)$ 之間的距離。

從平面中得到提示，若 $\mathbf{F}$ 和 $\mathbf{G}$ 為非零的兩個 $n$-向量，我們定義

$$\cos(\theta) = \frac{\mathbf{F} \cdot \mathbf{G}}{\| \mathbf{F} \| \| \mathbf{G} \|}$$

為兩個 $n$-向量 $\mathbf{F}$ 和 $\mathbf{G}$ 之間的角度 $\theta$。這導致我們說，當 $\mathbf{F}$ 與 $\mathbf{G}$ 的點積為零時，兩個非零 $n$-向量 $\mathbf{F}$ 與 $\mathbf{G}$ **正交** (orthogonal)，所以 $\theta = \pi/2$。零 $n$-向量

$$<0, 0, \cdots, 0>$$

與每個 $n$-向量正交。

$\mathbf{i}$、$\mathbf{j}$、$\mathbf{k}$ 的 $n$ 維**標準單位向量** (standard unit vectors) 為

$$\mathbf{e}_1 = <1, 0, 0, \cdots, 0, 0>$$
$$\mathbf{e}_2 = <0, 1, 0, \cdots, 0, 0>$$
$$\vdots$$
$$\mathbf{e}_n = <0, 0, 0, \cdots, 0, 1>$$

利用這些向量，我們可以將任何 $n$-向量寫成**標準式** (standard form)：

$$<x_1, x_2, \cdots, x_{n-1}, x_n> = x_1\mathbf{e}_1 + x_2\mathbf{e}_2 + \cdots + x_{n-1}\mathbf{e}_{n-1} + x_n\mathbf{e}_n$$

例如，

$$<-3, 1, 7, 0, 2> = -3\mathbf{e}_1 + \mathbf{e}_2 + 7\mathbf{e}_3 + 2\mathbf{e}_5$$

與點積不同，叉積只是對三維的向量而言。一般來說，我們無法定義具有 $R^3$ 中的叉積性質的 $n$-向量叉積。

$R^n$ 加上向量加法和純量乘法的運算，具有豐富的結構，可用於數學及其應用的許多領域。我們將開發這個結構的一部分。

若 $n$-向量的集合 $S$ 具有下列性質，則稱為 $R^n$ 的**子空間** (subspace)：

1. $\mathbf{O}$ 屬於 $S$。
2. $S$ 中的每個向量的和都屬於 $S$。
3. 以任意純量乘以 $S$ 中的任意向量所得的乘積屬於 $S$。

對於任意實數 $\alpha$、$\beta$ 及 $S$ 中的任意向量 $\mathbf{F}$、$\mathbf{G}$，我們可以要求 $\alpha\mathbf{F} + \beta\mathbf{G}$ 屬於 $S$，而將性質 2 和 3 合併。

$R^n$ 本身就是 $R^n$ 的子空間。在另一個極端，若 $S$ 只有零 $n$、向量 $\mathbf{O}$，則 $S$ 也是 $R^n$ 的子空間，稱為**當然子空間** (trivial subspace)。這是一個子空間，因為它包含零向量，且零向量的和及純量倍數都等於零向量。

---

**數往知來──靜力分析的應用**

天橋的建設與創新。

懸臂樑問題從結構工程到航空工程的各個領域都有真實的應用。例如，結構工程師將計算內部作用力，以確保結構能夠處理其自身重量的負載及其可能承受的任何附加負載。另一方向，航空工程師可以將飛機的機翼作為懸臂樑進行模擬。這個關鍵分析變得很複雜，因為必須考慮空氣動力，但是基本概念保持不變。工程師選擇的材料和設計必須能夠支持內部的作用力；否則會發生故障。

---

**例 4.6**

令 $S$ 由 $R^2$ 中的所有向量 $<x, 5x>$ 組成。

首先，$\mathbf{O} = <0, 0>$ 屬於 $S$（令 $x = 0$）。此外，$S$ 中的兩個向量的和屬於 $S$，因為對於任意數 $a$、$b$ 而言，

$$< a, 5a > + < b, 5b > = < a+b, 5a+5b > = < a+b, 5(a+b) >$$

屬於 $S$。且對於任意實數 $\alpha$，

$$\alpha < x, 5x > = < \alpha x, 5(\alpha x) >$$

屬於 $S$。

$S$ 可視為由原點沿著線 $y = 5x$ 以箭號表示的平面 $R^2$ 中的點集合。

### 例 4.7

令 $T$ 為 $R^3$ 中形如 $< x, y, 2y - 6x >$ 的所有向量組成，其中 $x$、$y$ 為獨立的任意實數。直接驗證 $T$ 是 $R^3$ 的子空間。

我們可以將 $T$ 中的向量設想為三維空間中的點 $(x, y, z)$，其中 $z = -6x + 2y$，這些都是通過原點的平面 $6x - 2y + z = 0$ 上的點。

### 例 4.8

令 $W$ 由 $R^n$ 中滿足 $\| \mathbf{F} \| > 0$ 的所有向量 $\mathbf{F}$ 組成，則 $W$ 不是 $R^n$ 的子空間，因為零 $n$-向量不屬於 $W$。

另一個不是子空間的例子。令 $H$ 由長度為 1 的所有 $n$-向量與零向量組成，雖然 $H$ 包含零向量，但是長度為 1 的向量和其長度不為 1，且若 $\alpha \neq \pm 1$，將 $\alpha$ 乘以 $H$ 中的向量所得的向量不具有長度 1，因此不屬於 $H$。$H$ 不是 $R^n$ 的子空間。

$R^n$ 中的向量 $\mathbf{F}_1, \cdots, \mathbf{F}_k$ 的**線性組合 (linear combination)** 為這些向量的純量倍數的和：

$$\alpha_1 \mathbf{F}_1 + \alpha_2 \mathbf{F}_2 + \cdots + \alpha_k \mathbf{F}_k$$

或以更簡潔的形式，

$$\sum_{j=1}^{k}\alpha_j\mathbf{F}_j$$

$\mathbf{F}_1, \cdots, \mathbf{F}_k$（所有的純量為 $\alpha_1, \cdots, \alpha_k$）的所有線性組合的集合，稱為這些向量的**織成**（span）。

### 例 4.9

令
$$\mathbf{F}_1 = <2, 1, -1, 0>, \mathbf{F}_2 = <4, 5, -3, -4>, \mathbf{F}_3 = <1, -1, 0, 2>$$
這些向量的織成由形式為
$$\alpha_1 \mathbf{F}_1 + \alpha_2 \mathbf{F}_2 + \alpha_3 \mathbf{F}_3$$
的 $R^4$ 中的所有向量組成。這種形式的向量和以及純量倍數仍然是這種形式（只有係數可能改變），零向量在這個織成內（選擇每個係數等於零）。

由定義的直接結果可知，$R^n$ 中向量集合的織成是 $R^n$ 的子空間。

$R^n$ 的子空間可以有許多不同的織成集合。例如，令 $S$ 為 $R^2$ 中所有向量 $\alpha<1, 1>$ 的集合。因為 $\alpha$ 可以是包括零的任何實數，取 $<2, 2>$ 或 $<\pi, \pi>$，或一般來說，$<k, k>$，$k \neq 0$ 的所有純量倍數可獲得相同的織成。在此例中，$S$ 由平面上沿直線 $y = x$ 的所有向量組成。

### 例 4.10

向量 $\mathbf{i}$、$\mathbf{j}$ 和 $\mathbf{k}$ 織成所有 $R^3$，但是 $3\mathbf{i}$、$2\mathbf{j}$、$-\mathbf{k}$ 也是如此。

實際上，織成 $R^3$ 的三個三維向量的集合有無限多個。例如，令
$$\mathbf{F}_1 = \mathbf{i} + \mathbf{k}, \mathbf{F}_2 = \mathbf{i} + \mathbf{j}, \mathbf{F}_3 = \mathbf{j} + \mathbf{k}$$
則這些向量也織成 $R^3$，雖然這可能不是很明顯。為了驗證這種情況，我們可以將任何三維向量 $\mathbf{V} = a\mathbf{i} + b\mathbf{j} + c\mathbf{k}$ 寫成
$$\mathbf{V} = \frac{a+c-b}{2}\mathbf{F}_1 + \frac{b+a-c}{2}\mathbf{F}_2 + \frac{b+c-a}{2}\mathbf{F}_3$$

如果沒有一個向量是其他向量的線性組合，則 $R^n$ 中的一組 $k$ 個向量為**線性獨立** (linearly independent)；否則，向量為**線性相依** (linearly dependent)。

在例 4.9 中，三個所予向量為線性相依，因為

$$\mathbf{F}_2 = 3\mathbf{F}_1 - 2\mathbf{F}_3$$

而在例 4.10 中，三個織成集合的每一個都是線性獨立。

在資訊冗餘方面考慮獨立和相依。在例 4.9 中，三個向量織成 $R^4$ 的子空間 $W$，這些向量完全描述了這個子空間，但是它們實際上提供比需要的更多資訊，因為 $\mathbf{F}_1$ 和 $\mathbf{F}_3$ 本身織成相同的子空間——$\mathbf{F}_1$、$\mathbf{F}_2$ 和 $\mathbf{F}_3$ 的任何線性組合都可以寫成只有 $\mathbf{F}_1$ 和 $\mathbf{F}_3$ 的線性組合：

$$\begin{aligned} & a\mathbf{F}_1 + b\mathbf{F}_2 + c\mathbf{F}_3 \\ &= a\mathbf{F}_1 + b(3\mathbf{F}_1 - 2\mathbf{F}_3) + c\mathbf{F}_3 \\ &= (a + 3b)\mathbf{F}_1 + (c - 2b)\mathbf{F}_3 \end{aligned}$$

通常，如果一組向量是線性相依，則可以省略這些向量中的一個或多個，而不改變向量的織成。若集合中的任何向量是其他向量的線性組合，則在描述這個織成時，不需要這個向量。

有一個線性獨立和相依的重要敘述常常被使用。

### 定理 4.1

令 $\mathbf{F}_1, \cdots, \mathbf{F}_k$ 為 $R^n$ 中的向量，則

1. $\mathbf{F}_1, \cdots, \mathbf{F}_k$ 為線性相依，若且唯若存在不全為零的實數 $\alpha_1, \cdots, \alpha_k$，使得

$$\alpha_1 \mathbf{F}_1 + \cdots + \alpha_k \mathbf{F}_k = \mathbf{O}$$

2. $\mathbf{F}_1, \cdots, \mathbf{F}_k$ 為線性獨立，若且唯若方程式

$$\alpha_1 \mathbf{F}_1 + \cdots + \alpha_k \mathbf{F}_k = \mathbf{O}$$

能成立唯若所有係數均為零：$\alpha_1 = \cdots = \alpha_k = 0$。

### 例 4.11

因為

$$\mathbf{F}_2 = 3\mathbf{F}_1 - 2\mathbf{F}_3$$

所以，例 4.9 的向量 $\mathbf{F}_1$、$\mathbf{F}_2$ 和 $\mathbf{F}_3$ 為線性相依。這使我們可以寫出線性組合

$$3\mathbf{F}_1 - \mathbf{F}_2 - 2\mathbf{F}_3 = \mathbf{O}$$

這是等於零向量的三個向量的線性組合，並且具有至少一個非零係數。

$R^n$ 的子空間 $S$ 的**基底 (basis)** 為織成 $S$ 的 $S$ 中的線性獨立向量。

因此，基底向量有兩個性質。若

$$\mathbf{V}_1, \cdots, \mathbf{V}_k$$

形成 $S$ 的基底，則

(1) $S$ 中的每個向量是基底向量的線性組合

$$c_1\mathbf{V}_1 + \cdots + c_k\mathbf{V}_k$$

(2) 沒有一個 $\mathbf{V}_j$ 是基底中其他向量的線性組合。

這表示，如果省略了向量 $\mathbf{V}_1, \cdots, \mathbf{V}_k$ 中的一個，則剩餘的向量不能織成 $S$。假設 $\mathbf{V}_2, \cdots, \mathbf{V}_k$ 織成 $S$，但 $\mathbf{V}_1$ 在 $S$ 中，這表示對某些 $c_2, \cdots, c_k$，

$$\mathbf{V}_1 = c_2\mathbf{V}_2 + \cdots + c_k\mathbf{V}_k$$

這使得向量 $\mathbf{V}_1, \cdots, \mathbf{V}_k$ 為線性相依，而它們不能成為基底。

在這個意義上，子空間的基底是該子空間的最小（數量）織成集合，省略任何基底向量將產生不能織成 $S$ 的一組向量。

## 例 4.12

令 $S$ 是由形如 $<x, 0, z, 0>$ 的所有向量組成的 $R^4$ 的子空間。

$S$ 中的每個向量可以表示為

$$<x, 0, z, 0> = x<1, 0, 0, 0> + z<0, 0, 1, 0>$$

這意味著 $<1, 0, 0, 0>$ 和 $<0, 0, 1, 0>$ 織成 $S$。

此外，$<1, 0, 0, 0>$ 和 $<0, 0, 1, 0>$ 為線性獨立，因為其中一個不是另一個的純量倍數。這兩個向量形成了 $S$ 的基底。

### 例 4.13

標準向量 **i**、**j** 和 **k** 形成 $R^3$ 的基底，但是還有無數個其他基底。例如，對於任意非零的數 $a$、$b$、$c$，向量

$$a\mathbf{i}, b\mathbf{j}, c\mathbf{k}$$

也是 $R^3$ 的基底。

向量

$$\mathbf{i}+\mathbf{k}, \mathbf{i}+\mathbf{j}, \mathbf{j}+\mathbf{k}$$

織成 $R^3$ 且為線性獨立，因此形成 $R^3$ 的另一個基底。

### 例 4.14

求 $R^3$ 的子空間 $M$ 的基底，其中 $M$ 是由平面 $x+y+z=0$ 上的所有三維向量組成。

當點具有 $(x, y, -x-y)$ 的形式時，這個點正好在這個平面上，所以 $M$ 中的每個向量都是

$$<x, y, -x-y>$$

的形式。現在每一個這樣的向量都可以寫成

$$<x, y, -x-y> = x<1, 0, -1> + y<0, 1, -1>$$

向量 $<1, 0, -1>$ 和 $<0, 1, -1>$ 因此織成 $M$。這些向量也是線性獨立，因此它們形成 $M$ 的基底。

雖然 $R^n$ 的子空間 $S$ 可以有許多不同的基底，但是可以證明所予子空間的每個基底均具有相同數目的向量，這個數目稱為子空間的**維數** (dimension)。例如，$R^n$ 的維數為 $n$，例 4.12 的子空間有維數 2。

## 4.4 習題

習題 1–3，判斷 $S$ 是否為 $R^n$ 的子空間。

1. $S$ 由 $R^4$ 中 $<-2, 1, -1, 4>$ 的所有純量倍數組成。
2. $S$ 由 $R^5$ 中第四分量等於 1 的所有向量組成。
3. $S$ 由 $R^4$ 中至少一個分量等於 0 的所有向量組成。

習題 4–8，判斷向量在適當的 $R^n$ 中是線性獨立或相依。

4. $3\mathbf{i} + 2\mathbf{j}$、$\mathbf{i} - \mathbf{j}$ 在 $R^3$ 中
5. $<8, 0, 2, 0, 0, 0, 0>$、$<0, 0, 0, 0, 1, -1, 0>$ 在 $R^7$ 中
6. $<1, 2, -3, 1>$、$<4, 0, 0, 2>$、$<6, 4, -6, 4>$ 在 $R^4$ 中
7. $<1, -2>$、$<4, 1>$、$<6, 6>$ 在 $R^2$ 中
8. $<-2, 0, 0, 1, 1>$、$<1, 0, 0, 0, 0>$、$<0, 0, 0, 0, 2>$、$<1, -1, 3, 3, 1>$ 在 $R^5$ 中

習題 9–11，證明集合 $S$ 是適當的 $R^n$ 中的子空間，並求該子空間的基底和維數。

9. $S$ 由 $R^4$ 中的所有向量 $<x, y, -y, -x>$ 組成。
10. $S$ 由 $R^n$ 中的第二分量為零的所有向量組成。
11. $S$ 由 $R^7$ 中的所有向量 $<0, x, 0, 2x, 0, 3x, 0>$ 組成。

習題 12 和 13，驗證所予向量構成它們織成的 $R^n$ 的子空間 $S$ 的基底。將所予向量 $\mathbf{X}$ 寫成這些基底向量的線性組合來證明所予向量 $\mathbf{X}$ 在 $S$ 中。

12. $\mathbf{X} = <-5, -3, -3>$，基底向量 $<1, 1, 1>$、$<0, 1, 1>$
13. $\mathbf{X} = <-4, 0, 10, -7>$，基底向量 $<1, 0, -3, 2>$、$<1, 0, -1, 1>$
14. 假設 $\mathbf{V}_1, \cdots, \mathbf{V}_k$ 形成 $R^n$ 的子空間 $S$ 的基底。令 $\mathbf{U}$ 在 $S$ 中，證明向量 $\mathbf{V}_1, \cdots, \mathbf{V}_k$，$\mathbf{U}$ 為線性相依。
15. 假設在 $R^n$ 中給予一有限的向量集合，其中一向量為零向量。證明這個向量集合是線性相依。

# CHAPTER 5

# 矩陣、行列式與線性方程組

## 5.1 矩陣與矩陣代數

$n \times m$ 矩陣是將物件以 $n$ 列和 $m$ 行的長方形格子排列。對於我們而言，這些物件是數或函數。

我們使用粗體字來表示矩陣，例如，

$$\mathbf{A} = \begin{pmatrix} 2 & 1 & \pi \\ 1 & \sqrt{2} & e^{-x} \end{pmatrix}$$

為 $2 \times 3$ 矩陣（2 列，3 行）。

矩陣 $\mathbf{A}$ 的第 $i$ 列和第 $j$ 行物件稱為它的 $i$、$j$ 元素 (element)，以 $\mathbf{A}_{ij}$ 表示。若 $i$、$j$ 元素為 $a_{ij}$，我們也常寫成 $\mathbf{A} = [a_{ij}]$。在此例中，$a_{11} = 2$，$a_{22} = \sqrt{2}$，$a_{23} = e^{-x}$。

因為 $a_{ij}$ 是在第 $i$ 列和第 $j$ 行，如果我們固定第 $i$ 列，則橫過第 $i$ 列的元素為

$$a_{i1}, a_{i2}, \cdots, a_{im}$$

我們可以將第 $i$ 列視為一個 $m$-向量

$$<a_{i1}, a_{i2}, \cdots, a_{im}>$$

若每一分量為實數，則此列向量在 $R^m$ 中。

如果我們固定第 $j$ 行，則第 $j$ 行，

$$\begin{pmatrix} a_{1j} \\ a_{2j} \\ \vdots \\ a_{nj} \end{pmatrix}$$

可視為具有 $n$ 分量

$$<a_{1j}, a_{2j}, \cdots, a_{nj}>$$

的向量。若所有分量均為實數，則此行向量在 $R^n$ 中。

以數字和函數為元素的矩陣 $\mathbf{A}$，其列向量可表示為

$$< 2,1,\pi >, < 1,\sqrt{2}, e^{-x} >$$

出現在矩陣垂直方向上的行向量為

$$< 2,1 >, < 1,\sqrt{2} >, < \pi, e^{-x} >$$

在此情況下，$\mathbf{A}$ 的所有元素為數字，$\mathbf{A}$ 的列向量織成 (span) $R^m$ 的子空間稱為 $\mathbf{A}$ 的**列空間** (row space)，而行向量織成 $R^n$ 的子空間稱為 $\mathbf{A}$ 的**行空間** (column space)。

對於 $i = 1, \cdots, n$ 和 $j = 1, \cdots, m$。若

$$a_{ij} = b_{ij}$$

則兩個 $n \times m$ 矩陣 $\mathbf{A} = [a_{ij}]$ 和 $\mathbf{B} = [b_{ij}]$ **相等** (equal)。

相等矩陣必須有相同的列數與相同的行數，且在矩陣的相同位置上有相同的元素。

**矩陣的加法**　若 $\mathbf{A}$ 和 $\mathbf{B}$ 有相同的列數和行數，則

$$\mathbf{A} + \mathbf{B} = [a_{ij} + b_{ij}]$$

兩個矩陣相加是將其對應元素相加。

### 例 5.1

$$\begin{pmatrix} 1 & 2 & -3 \\ 4 & \sin(x) & 2 \end{pmatrix} + \begin{pmatrix} -1 & 6 & e^{-5x} \\ 8 & 12 & 14 \end{pmatrix} = \begin{pmatrix} 0 & 8 & -3 + e^{-5x} \\ 12 & 12 + \sin(x) & 16 \end{pmatrix}$$

**純量乘法**　以數字或函數 $\alpha$ 乘以矩陣 $\mathbf{A}$ 就是以 $\alpha$ 乘以 $\mathbf{A}$ 的每一個元素：

$$\alpha \mathbf{A} = [\alpha a_{ij}]$$

### 例 5.2

$$4 \begin{pmatrix} -3 & 6 \\ 1 & 1 \\ 2x & 3 \\ \sin(x) & -6 \end{pmatrix} = \begin{pmatrix} -12 & 24 \\ 4 & 4 \\ 8x & 12 \\ 4\sin(x) & -24 \end{pmatrix}$$

而且
$$\sin(x)\begin{pmatrix} 4 \\ e^{-x} \\ -\pi \\ x^2 \end{pmatrix} = \begin{pmatrix} 4\sin(x) \\ e^{-x}\sin(x) \\ -\pi\sin(x) \\ x^2\sin(x) \end{pmatrix}$$

**矩陣的乘法** 矩陣 **A** 與 **B** 的乘積 **AB** 僅當 **A** 的行數等於 **B** 的列數才有定義。若 **A** 為 $n \times k$ 矩陣，**B** 為 $k \times m$ 矩陣，則 **AB** 為 $n \times m$ 矩陣，且

$$AB \text{ 的 } i \cdot j \text{ 元素} = \sum_{s=1}^{k} a_{is}b_{sj}$$

上式可視為 **A** 的第 $i$ 列向量與 **B** 的第 $j$ 行向量的點積：

$$\mathbf{AB}_{ij} = (\mathbf{A} \text{ 的第 } i \text{ 列}) \cdot (\mathbf{B} \text{ 的第 } j \text{ 行})$$

**例 5.3**

令

$$\mathbf{A} = \begin{pmatrix} 1 & 3 \\ 2 & 5 \end{pmatrix} \text{ 且 } \mathbf{B} = \begin{pmatrix} 1 & 1 & 3 \\ 2 & 1 & 4 \end{pmatrix}$$

**A** 為 $2 \times 2$ 矩陣，**B** 為 $2 \times 3$ 矩陣。因為 **A** 的行數等於 **B** 的列數，所以乘積 **AB** 有定義且為 $2 \times 3$ 矩陣（**A** 的列數 $\times$ **B** 的行數）：

$$\mathbf{AB} = \begin{pmatrix} 1 & 3 \\ 2 & 5 \end{pmatrix}\begin{pmatrix} 1 & 1 & 3 \\ 2 & 1 & 4 \end{pmatrix}$$

$$= \begin{pmatrix} <1,3> \cdot <1,2> & <1,3> \cdot <1,1> & <1,3> \cdot <3,4> \\ <2,5> \cdot <1,2> & <2,5> \cdot <1,1> & <2,5> \cdot <3,4> \end{pmatrix}$$

$$= \begin{pmatrix} 7 & 4 & 15 \\ 12 & 7 & 26 \end{pmatrix}$$

在此例中，**BA** 無定義，因為 **B** 的行數不等於 **A** 的列數。

例 5.4

令

$$\mathbf{A} = \begin{pmatrix} 1 & 1 & 2 & 1 \\ 4 & 1 & 6 & 2 \end{pmatrix} \text{ 且 } \mathbf{B} = \begin{pmatrix} -1 & 8 \\ 2 & 1 \\ 1 & 1 \\ 12 & 6 \end{pmatrix}$$

因為 **A** 為 $2 \times 4$ 矩陣且 **B** 為 $4 \times 2$ 矩陣，**AB** 有定義且為 $2 \times 2$ 矩陣：

$$\mathbf{AB} = \begin{pmatrix} <1,1,2,1> \cdot <-1,2,1,12> & <1,1,2,1> \cdot <8,1,1,6> \\ <4,1,6,2> \cdot <-1,2,1,12> & <4,1,6,2> \cdot <8,1,1,6> \end{pmatrix}$$

$$= \begin{pmatrix} 15 & 17 \\ 28 & 51 \end{pmatrix}$$

在此例中，**BA** 亦有定義且為 $4 \times 4$ 矩陣：

$$\mathbf{BA} = \begin{pmatrix} -1 & 8 \\ 2 & 1 \\ 1 & 1 \\ 12 & 6 \end{pmatrix} \begin{pmatrix} 1 & 1 & 2 & 1 \\ 4 & 1 & 6 & 2 \end{pmatrix} = \begin{pmatrix} 31 & 7 & 46 & 15 \\ 6 & 3 & 10 & 4 \\ 5 & 2 & 8 & 3 \\ 36 & 18 & 60 & 24 \end{pmatrix}$$

如例 5.4 所示，即使 **AB** 與 **BA** 有定義，這些矩陣未必相等，甚至未必有相同的維數。

這些矩陣運算的一些性質與數的運算類似。

**定理 5.1**

令 **A**、**B**、**C** 為矩陣，且當指定的運算有定義，則

1. $\mathbf{A} + \mathbf{B} = \mathbf{B} + \mathbf{A}$
2. $\mathbf{A}(\mathbf{B} + \mathbf{C}) = \mathbf{AB} + \mathbf{AC}$
3. $(\mathbf{A} + \mathbf{B})\mathbf{C} = \mathbf{AC} + \mathbf{BC}$
4. $\mathbf{A}(\mathbf{BC}) = (\mathbf{AB})\mathbf{C}$
5. $\alpha(\mathbf{AB}) = (\alpha\mathbf{A})\mathbf{B} = \mathbf{A}(\alpha\mathbf{B})$

應用這些規則而涉及乘積時，不可改變因數的順序，因為矩陣乘法不可交換。

**例 5.5**

即使 **AB** 與 **BA** 兩者均有定義且有相同的維數，也可能 $\mathbf{AB} \neq \mathbf{BA}$：

$$\begin{pmatrix} 1 & 0 \\ 2 & -4 \end{pmatrix} \begin{pmatrix} -2 & 6 \\ 1 & 3 \end{pmatrix} = \begin{pmatrix} -2 & 6 \\ -8 & 0 \end{pmatrix}$$

但

$$\begin{pmatrix} -2 & 6 \\ 1 & 3 \end{pmatrix} \begin{pmatrix} 1 & 0 \\ 2 & -4 \end{pmatrix} = \begin{pmatrix} 10 & -24 \\ 7 & -12 \end{pmatrix}$$

以下兩個例子顯示矩陣乘法的其他性質，它與實數的算術不同。

**例 5.6**

$\mathbf{AB} = \mathbf{AC}$，但 $\mathbf{B} \neq \mathbf{C}$ 是可能發生的，即使這些矩陣為非零矩陣。矩陣乘法不可以消去相同的因數。例如，

$$\begin{pmatrix} 1 & 1 \\ 3 & 3 \end{pmatrix} \begin{pmatrix} 4 & 2 \\ 3 & 16 \end{pmatrix} = \begin{pmatrix} 1 & 1 \\ 3 & 3 \end{pmatrix} \begin{pmatrix} 2 & 7 \\ 5 & 11 \end{pmatrix} = \begin{pmatrix} 7 & 18 \\ 21 & 54 \end{pmatrix}$$

但是

$$\begin{pmatrix} 4 & 2 \\ 3 & 16 \end{pmatrix} \neq \begin{pmatrix} 2 & 7 \\ 5 & 11 \end{pmatrix}$$

**例 5.7**

兩個非零矩陣的乘積可能是零矩陣（所有元素為零）：

$$\begin{pmatrix} 1 & 2 \\ 3 & 6 \end{pmatrix} \begin{pmatrix} 6 & 4 \\ -3 & -2 \end{pmatrix} = \begin{pmatrix} 0 & 0 \\ 0 & 0 \end{pmatrix}$$

### 5.1.1 術語與特殊矩陣

$n \times m$ **零矩陣** (zero matrix) $\mathbf{O}_{nm}$ 為所有元素均等於零的 $n \times m$ 矩陣。例如：

$$\mathbf{O}_{24} = \begin{pmatrix} 0 & 0 & 0 & 0 \\ 0 & 0 & 0 & 0 \end{pmatrix}$$

對於任意 $n \times m$ 矩陣 $\mathbf{A}$，

$$\mathbf{A} + \mathbf{O}_{nm} = \mathbf{O}_{nm} + \mathbf{A} = \mathbf{A}$$

矩陣為**方陣** (square)，如果它的列數與行數相同。若 $\mathbf{A}$ 為 $n \times m$ 矩陣，$\mathbf{A}$ 的**主對角** (main diagonal) 元素為 $a_{11}, a_{22}, \cdots, a_{nn}$，亦即由矩陣的左上至右下的元素。

$n \times n$ **單位矩陣** (identity matrix) $\mathbf{I}_n$ 為每一個 $a_{ii} = 1$，而其他所有元素均等於零。例如：

$$\mathbf{I}_3 = \begin{pmatrix} 1 & 0 & 0 \\ 0 & 1 & 0 \\ 0 & 0 & 1 \end{pmatrix}$$

單位矩陣的主對角元素為 1（左上至右下），而所有其他元素為零。

當 $\mathbf{AI}_n$ 與 $\mathbf{I}_n\mathbf{B}$ 這些乘積有定義時，則 $\mathbf{AI}_n = \mathbf{A}$ 且 $\mathbf{I}_n\mathbf{B} = \mathbf{B}$。

#### 例 5.8

$$\begin{pmatrix} 1 & 0 & 0 \\ 0 & 1 & 0 \\ 0 & 0 & 1 \end{pmatrix} \begin{pmatrix} 1 & 0 \\ 2 & 1 \\ -1 & 8 \end{pmatrix} = \begin{pmatrix} 1 & 0 \\ 2 & 1 \\ -1 & 8 \end{pmatrix}$$

且

$$\begin{pmatrix} 1 & 0 \\ 2 & 1 \\ -1 & 8 \end{pmatrix} \begin{pmatrix} 1 & 0 \\ 0 & 1 \end{pmatrix} = \begin{pmatrix} 1 & 0 \\ 2 & 1 \\ -1 & 8 \end{pmatrix}$$

若 $\mathbf{A} = [a_{ij}]$ 為 $n \times m$ 矩陣，則 $\mathbf{A}$ 的**轉置** (transpose) 為 $m \times n$ 矩陣 $\mathbf{A}^t$，是將 $\mathbf{A}$ 的列與行互換形成的 $m \times n$ 矩陣。例如：

$$\mathbf{A} = \begin{pmatrix} -1 & 6 & 3 & -4 \\ 0 & \pi & 12 & -5 \end{pmatrix}$$

轉置為

$$\mathbf{A}^t = \begin{pmatrix} -1 & 0 \\ 6 & \pi \\ 3 & 12 \\ -4 & -5 \end{pmatrix}$$

其中 $\mathbf{A}$ 為 $2 \times 4$ 矩陣，而 $\mathbf{A}^t$ 為 $4 \times 2$ 矩陣。

轉置矩陣有下列性質：

1. $(\mathbf{I}_n)^t = \mathbf{I}_n$
2. 對任意矩陣 $\mathbf{A}$，

$$(\mathbf{A}^t)^t = \mathbf{A}$$

3. 若 $\mathbf{AB}$ 有定義，則

$$(\mathbf{AB})^t = \mathbf{B}^t \mathbf{A}^t$$

假設 $\mathbf{A} = [a_{ij}]$ 為 $n \times m$ 矩陣，令 $\mathbf{A}$ 的第 $j$ 行為 $n \times 1$ 矩陣

$$\mathbf{A}_j = \begin{pmatrix} a_{1j} \\ a_{2j} \\ \vdots \\ a_{nj} \end{pmatrix}$$

且令 $\mathbf{X}$ 為 $m \times 1$ 行矩陣

$$\mathbf{X} = \begin{pmatrix} x_1 \\ x_2 \\ \vdots \\ x_m \end{pmatrix}$$

則 $\mathbf{AX}$ 可寫成 $\mathbf{A}$ 的行向量的線性組合：

$$\mathbf{AX} = x_1 \mathbf{A}_1 + x_2 \mathbf{A}_2 + \cdots + x_m \mathbf{A}_m \tag{5.1}$$

要知道這為什麼是真，可計算乘積：

$$\mathbf{AX} = \begin{pmatrix} a_{11} & a_{12} & \cdots & a_{1m} \\ a_{21} & a_{22} & \cdots & a_{2m} \\ \vdots & \vdots & \vdots & \vdots \\ a_{n1} & a_{n2} & \cdots & a_{nm} \end{pmatrix} \begin{pmatrix} x_1 \\ x_2 \\ \vdots \\ x_m \end{pmatrix}$$

$$= \begin{pmatrix} a_{11}x_1 + a_{12}x_2 + \cdots + a_{1m}x_m \\ a_{21}x_1 + a_{22}x_2 + \cdots + a_{2m}x_m \\ \vdots \\ a_{n1}x_1 + a_{n2}x_2 + \cdots + a_{nm}x_m \end{pmatrix}$$

$$= x_1 \begin{pmatrix} a_{11} \\ a_{21} \\ \vdots \\ a_{n1} \end{pmatrix} + x_2 \begin{pmatrix} a_{12} \\ a_{22} \\ \vdots \\ a_{2m} \end{pmatrix} + \cdots + x_m \begin{pmatrix} a_{1m} \\ a_{2m} \\ \vdots \\ a_{nm} \end{pmatrix}$$

$$= x_1 \mathbf{A}_1 + x_2 \mathbf{A}_2 + \cdots + x_m \mathbf{A}_m$$

例如，令

$$\mathbf{A} = \begin{pmatrix} 4 & 1 & 3 \\ 8 & 6 & 2 \end{pmatrix} \text{ 且 } \mathbf{X} = \begin{pmatrix} x_1 \\ x_2 \\ x_3 \end{pmatrix}$$

則

$$\mathbf{AX} = \begin{pmatrix} 4 & 1 & 3 \\ 8 & 6 & 2 \end{pmatrix} \begin{pmatrix} x_1 \\ x_2 \\ x_3 \end{pmatrix}$$

$$= \begin{pmatrix} 4x_1 + x_2 + 3x_3 \\ 8x_1 + 6x_2 + 2x_3 \end{pmatrix} = x_1 \begin{pmatrix} 4 \\ 8 \end{pmatrix} + x_2 \begin{pmatrix} 1 \\ 6 \end{pmatrix} + x_3 \begin{pmatrix} 3 \\ 2 \end{pmatrix}$$

## 5.1 習題

習題 1–3，執行指定的運算。

1. $\mathbf{A} = \begin{pmatrix} 1 & -1 & 3 \\ 2 & -4 & 6 \\ -1 & 1 & 2 \end{pmatrix}$,

   $\mathbf{B} = \begin{pmatrix} -4 & 0 & 0 \\ -2 & -1 & 6 \\ 8 & 15 & 4 \end{pmatrix}$; $2\mathbf{A} - 3\mathbf{B}$

2. $\mathbf{A} = \begin{pmatrix} x & 1-x \\ 2 & e^x \end{pmatrix}, \mathbf{B} = \begin{pmatrix} 1 & -6 \\ x & \cos(x) \end{pmatrix}$;

   $\mathbf{A}^2 + 2\mathbf{AB}$

3. $\mathbf{A} = \begin{pmatrix} 1 & -2 & 1 & 7 & -9 \\ 8 & 2 & -5 & 0 & 0 \end{pmatrix}$,

   $\mathbf{B} = \begin{pmatrix} -5 & 1 & 8 & 21 & 7 \\ 12 & -6 & -2 & -1 & 9 \end{pmatrix}$; $4\mathbf{A} + 5\mathbf{B}$

習題 4–8，判斷 **AB**、**BA** 或兩者是否有定義。計算所有具有定義的乘積。

4. $\mathbf{A} = \begin{pmatrix} -4 & 6 & 2 \\ -2 & -2 & 3 \\ 1 & 1 & 8 \end{pmatrix}$,

   $\mathbf{B} = \begin{pmatrix} -2 & 4 & 6 & 12 & 5 \\ -3 & -3 & 1 & 1 & 4 \\ 0 & 0 & 1 & 6 & -9 \end{pmatrix}$

5. $\mathbf{A} = \begin{pmatrix} -1 & 6 & 2 & 14 & -22 \end{pmatrix}, \mathbf{B} = \begin{pmatrix} -3 \\ 2 \\ 6 \\ 0 \\ -4 \end{pmatrix}$

6. $\mathbf{A} = \begin{pmatrix} -21 & 4 & 8 & -3 \\ 12 & 1 & 0 & 14 \\ 1 & 16 & 0 & -8 \\ 13 & 4 & 8 & 0 \end{pmatrix}$,

   $\mathbf{B} = \begin{pmatrix} -9 & 16 & 3 & 2 \\ 5 & 9 & 14 & 0 \end{pmatrix}$

7. $\mathbf{A} = \begin{pmatrix} -4 & -2 & 0 \\ 0 & 5 & 3 \\ -3 & 1 & 1 \end{pmatrix}, \mathbf{B} = \begin{pmatrix} 1 & -3 & 4 \end{pmatrix}$

8. $\mathbf{A} = \begin{pmatrix} 7 & -8 \\ 1 & 6 \end{pmatrix}, \mathbf{B} = \begin{pmatrix} 1 & -4 & 3 \\ -4 & 7 & 0 \end{pmatrix}$

習題 9–11，判斷 **AB** 且／或 **BA** 是否有定義。當乘積有定義時，求矩陣乘積的維數。

9. **A** 為 $14 \times 21$，**B** 為 $21 \times 14$
10. **A** 為 $6 \times 2$，**B** 為 $4 \times 6$
11. **A** 為 $7 \times 6$，**B** 為 $7 \times 7$

## 5.2　列運算與簡化矩陣

在使用矩陣時，通常使用三個**基本列運算** (elementary row operations)。給予一個 $n \times m$ 矩陣 **A**，這些是

1. 第 I 類型運算：**A** 的兩列互換。
2. 第 II 類型運算：以非零常數乘以 **A** 的某一列。
3. 第 III 類型運算：將 **A** 的某一列的純量倍數加到另一列。

對於所予的 **A**，我們可以直接對 **A** 的列執行任何列運算。但是，也可以將對應的列運算應用於 $I_n$ 後，再將所形成的矩陣左乘 **A** 來執行每個列運算。

**例 5.9**

令 **A** 為 $4 \times 3$ 矩陣

$$\mathbf{A} = \begin{pmatrix} -2 & 1 & 6 \\ 1 & 1 & 2 \\ 0 & 9 & 3 \\ 2 & -3 & 4 \end{pmatrix}$$

第 I 類型運算的例子，將 **A** 的第 2 列和第 3 列交換，可得

$$\begin{pmatrix} -2 & 1 & 6 \\ 0 & 9 & 3 \\ 1 & 1 & 2 \\ 2 & -3 & 4 \end{pmatrix}$$

此運算亦可由 $I_4$ 的第 2 列和第 3 列交換後的矩陣左乘 **A**：

$$\begin{pmatrix} 1 & 0 & 0 & 0 \\ 0 & 0 & 1 & 0 \\ 0 & 1 & 0 & 0 \\ 0 & 0 & 0 & 1 \end{pmatrix} \begin{pmatrix} -2 & 1 & 6 \\ 1 & 1 & 2 \\ 0 & 9 & 3 \\ 2 & -3 & 4 \end{pmatrix} = \begin{pmatrix} -2 & 1 & 6 \\ 0 & 9 & 3 \\ 1 & 1 & 2 \\ 2 & -3 & 4 \end{pmatrix}$$

對於第 II 類型運算，以 $\pi$ 乘以 **A** 的第 3 列，可得

$$\begin{pmatrix} -2 & 1 & 6 \\ 1 & 1 & 2 \\ 0 & 9\pi & 3\pi \\ 2 & -3 & 4 \end{pmatrix}$$

我們執行這個運算可將 $I_4$ 的第 3 列乘以 $\pi$ 所得的矩陣左乘 **A**：

$$\begin{pmatrix} 1 & 0 & 0 & 0 \\ 0 & 1 & 0 & 0 \\ 0 & 0 & \pi & 0 \\ 0 & 0 & 0 & 1 \end{pmatrix} \begin{pmatrix} -2 & 1 & 6 \\ 1 & 1 & 2 \\ 0 & 9 & 3 \\ 2 & -3 & 4 \end{pmatrix} = \begin{pmatrix} -2 & 1 & 6 \\ 1 & 1 & 2 \\ 0 & 9\pi & 3\pi \\ 2 & -3 & 4 \end{pmatrix}$$

第 III 類型運算的例子，將 **A** 的第 1 列乘以 $-6$ 加到第 3 列，可得

$$\begin{pmatrix} -2 & 1 & 6 \\ 1 & 1 & 2 \\ 12 & 3 & -33 \\ 2 & -3 & 4 \end{pmatrix}$$

此結果可將 $I_4$ 的第 1 列乘以 −6 加到第 3 列所得的矩陣左乘 **A** 而得

$$\begin{pmatrix} 1 & 0 & 0 & 0 \\ 0 & 1 & 0 & 0 \\ -6 & 0 & 1 & 0 \\ 0 & 0 & 0 & 1 \end{pmatrix} \begin{pmatrix} -2 & 1 & 6 \\ 1 & 1 & 2 \\ 0 & 9 & 3 \\ 2 & -3 & 4 \end{pmatrix} = \begin{pmatrix} -2 & 1 & 6 \\ 1 & 1 & 2 \\ 12 & 3 & -33 \\ 2 & -3 & 4 \end{pmatrix}$$

$I_n$ 經基本列運算後所得的矩陣稱為**基本矩陣**(elementary matrix)。例 5.9 說明了如何對矩陣 **A** 執行每一個基本列運算，亦即對單位矩陣執行對應的基本列運算後，將所得的矩陣左乘 **A**。

我們可以用基本矩陣的乘積來執行一系列的基本列運算，假設我們對矩陣 **A** 依序執行基本列運算 $\mathcal{O}_1, \cdots, \mathcal{O}_k$ 而形成矩陣 **B**，令 $E_j$ 為對單位矩陣執行基本列運算 $\mathcal{O}_j$ 後得到的基本矩陣，則有

$$B = E_k E_{k-1} \cdots E_2 E_1 A$$

因為 $E_1 A$ 為對 **A** 執行基本列運算 $\mathcal{O}_1$ 得到的結果，$E_2(E_1 A)$ 為對 $(E_1 A)$ 執行基本列運算 $\mathcal{O}_2$ 所得的結果等。

### 例 5.10

令 **A** 為例 5.9 的矩陣，以三種運算由 **A** 形成 **B**：首先將第 1 列與第 4 列交換（運算 $\mathcal{O}_1$）；其次將第 3 列乘以 2（運算 $\mathcal{O}_2$）；最後以 −5 乘以第 4 列加到第 1 列（運算 $\mathcal{O}_3$）。亦即：

$$A = \begin{pmatrix} -2 & 1 & 6 \\ 1 & 1 & 2 \\ 0 & 9 & 3 \\ 2 & -3 & 4 \end{pmatrix} \xrightarrow{\mathcal{O}_1} \begin{pmatrix} 2 & -3 & 4 \\ 1 & 1 & 2 \\ 0 & 9 & 3 \\ -2 & 1 & 6 \end{pmatrix}$$

$$\xrightarrow{\mathcal{O}_2} \begin{pmatrix} 2 & -3 & 4 \\ 1 & 1 & 2 \\ 0 & 18 & 6 \\ -2 & 1 & 6 \end{pmatrix} \xrightarrow{\mathcal{O}_3} \begin{pmatrix} 12 & -8 & -26 \\ 1 & 1 & 2 \\ 0 & 18 & 6 \\ -2 & 1 & 6 \end{pmatrix} = B$$

令 $\mathbf{E}_j$ 為對單位矩陣執行基本列運算 $O_j$ 所得的基本矩陣，則

$$\mathbf{E}_1 = \begin{pmatrix} 0 & 0 & 0 & 1 \\ 0 & 1 & 0 & 0 \\ 0 & 0 & 1 & 0 \\ 1 & 0 & 0 & 0 \end{pmatrix}, \quad \mathbf{E}_2 = \begin{pmatrix} 1 & 0 & 0 & 0 \\ 0 & 1 & 0 & 0 \\ 0 & 0 & 2 & 0 \\ 0 & 0 & 0 & 1 \end{pmatrix} \text{ 且 } \mathbf{E}_3 = \begin{pmatrix} 1 & 0 & 0 & -5 \\ 0 & 1 & 0 & 0 \\ 0 & 0 & 1 & 0 \\ 0 & 0 & 0 & 1 \end{pmatrix}$$

因此

$$\mathbf{E}_3\mathbf{E}_2\mathbf{E}_1 = \begin{pmatrix} -5 & 0 & 0 & 1 \\ 0 & 1 & 0 & 0 \\ 0 & 0 & 2 & 0 \\ 1 & 0 & 0 & 0 \end{pmatrix}$$

且

$$\mathbf{E}_3\mathbf{E}_2\mathbf{E}_1\mathbf{A} = \mathbf{B}$$

執行運算時，保持矩陣乘積的順序至關重要，以不同順序執行基本運算通常會導致不同的矩陣。

若可以用有限序列的基本列運算從 $\mathbf{A}$ 獲得 $\mathbf{B}$，則 $\mathbf{B}$ **列等價** (row equivalent) 於 $\mathbf{A}$。在最後一個例子中，$\mathbf{B}$ 列等價於 $\mathbf{A}$。

每個基本列運算可以用相同類型的列運算來反轉。如果我們交換 $\mathbf{A}$ 的第 $i$ 列和第 $j$ 列而獲得 $\mathbf{B}$，則交換 $\mathbf{B}$ 的這些列將返回 $\mathbf{A}$。

如果我們以非零數 $\alpha$ 乘以 $\mathbf{A}$ 的一列得到 $\mathbf{C}$，則以 $1/\alpha$ 乘以 $\mathbf{C}$ 的該列可得 $\mathbf{A}$。

如果將 $\mathbf{A}$ 的第 $i$ 列乘以 $\alpha$ 加到第 $j$ 列來獲得 $\mathbf{D}$，則將 $\mathbf{D}$ 的第 $i$ 列乘以 $-\alpha$ 加到第 $j$ 列可得 $\mathbf{A}$。

基本列運算有很多用途。首先將它們應用於求解代數方程式的線性方程組。這個想法是使用列運算將方程組的係數矩陣轉換為特殊形式，使我們能夠非常有效地求解方程組。

要定義這個特殊形式，首先定義矩陣列的**領導元素** (leading entry)，由左到右讀取該列，領導元素為該列的第一個非零元素。零列沒有領導元素。

現在將矩陣 $\mathbf{A}$ 定義為**簡化列梯形式** (reduced row echelon form) 或**簡化式** (reduced form)，如果它滿足以下條件：

1. 每一非零列的領導元素為 1。

2. 若任意列的領導元素在第 $j$ 行，則第 $j$ 行的所有其他元素均為 0。
3. 若第 $i$ 列為非零列，第 $k$ 列為零列，則 $i < k$。
4. 若第 $r_1$ 列的領導元素在第 $c_1$ 行，而第 $r_2$ 列的領導元素在第 $c_2$ 行，且 $r_1 < r_2$，則 $c_1 < c_2$。

條件 1 表示，任一非零列由左到右看過來，第一個元素為 1。

根據條件 2，如果我們站在一些列的領導元素的位置，並且直視這行的上下，我們只看到零。

條件 3 表示，矩陣的每個零列位於每個非零列的下方，零列（如果有的話）位於矩陣的底部。

條件 4 表示，當我們看矩陣時，**簡化矩陣** (reduced matrix) 的領導元素位置是由左上至右下排列。

### 例 5.11

這些矩陣都是簡化的形式：

$$\begin{pmatrix} 1 & -4 & 1 & 0 \\ 0 & 0 & 0 & 1 \end{pmatrix}, \begin{pmatrix} 0 & 1 & 3 & 0 \\ 0 & 0 & 0 & 1 \\ 0 & 0 & 0 & 0 \end{pmatrix},$$

$$\begin{pmatrix} 0 & 1 & 2 & 0 & 0 \\ 0 & 0 & 0 & 1 & 0 \\ 0 & 0 & 0 & 0 & 0 \\ 0 & 0 & 0 & 0 & 0 \end{pmatrix}, \begin{pmatrix} 1 & 0 & 0 & 2 & 1 \\ 0 & 1 & 0 & -2 & 4 \\ 0 & 0 & 1 & 0 & 1 \end{pmatrix}$$

每個矩陣可以用列運算轉換為簡化矩陣。

### 定理 5.2

令 $\mathbf{A}$ 為 $n \times m$ 矩陣，則 $\mathbf{A}$ 列等價於簡化矩陣 $\mathbf{A}_R$。此外，存在 $n \times n$ 矩陣 $\mathbf{\Omega}_R$，它是基本矩陣的乘積，使得

$$\mathbf{\Omega}_R \mathbf{A} = \mathbf{A}_R$$

將 $\mathbf{A} = \begin{pmatrix} -3 & 1 & 0 \\ 4 & -2 & 1 \end{pmatrix}$ 轉換成簡化矩陣，這裡 $\mathbf{A}$ 是 $2 \times 3$ 矩陣，所以將 $\mathbf{I}_2$ 附加到

**A** 的右邊以形成 2 × 5 矩陣

$$[\mathbf{A} \vdots \mathbf{I}_2] = \begin{pmatrix} -3 & 1 & 0 & \vdots & 1 & 0 \\ 4 & -2 & 1 & \vdots & 0 & 1 \end{pmatrix}$$

垂直點將原始矩陣與附加矩陣分開，只是作為提醒，也可以將垂直點省略。$[\mathbf{A} \vdots \mathbf{I}_2]$ 稱為**增廣矩陣** (augmented matrix)，因為將額外的矩陣附加在右邊。

現在簡化 **A**，但對增廣矩陣的整個列執行列運算：

$$[\mathbf{A} \vdots \mathbf{I}_2] \rightarrow$$

（第 1 列乘以 $-1/3$）$\rightarrow \begin{pmatrix} 1 & -1/3 & 0 & \vdots & -1/3 & 0 \\ 4 & -2 & 1 & \vdots & 0 & 1 \end{pmatrix}$

（第 1 列乘以 $-4$ 加到第 2 列）$\rightarrow \begin{pmatrix} 1 & -1/3 & 0 & \vdots & -1/3 & 0 \\ 0 & -2/3 & 1 & \vdots & 4/3 & 1 \end{pmatrix}$

（第 2 列乘以 $-3/2$）$\rightarrow \begin{pmatrix} 1 & -1/3 & 0 & \vdots & -1/3 & 0 \\ 0 & 1 & -3/2 & \vdots & -2 & -3/2 \end{pmatrix}$

（第 2 列乘以 $1/3$ 加到第 1 列）$\rightarrow \begin{pmatrix} 1 & 0 & -1/2 & \vdots & -1 & -1/2 \\ 0 & 1 & -3/2 & \vdots & -2 & -3/2 \end{pmatrix} = [\mathbf{A}_R \vdots \mathbf{\Omega}_R]$

當簡化矩陣 $\mathbf{A}_R$ 呈現在左側時，形成在右側（增廣部分）的矩陣為 $\mathbf{\Omega}_R$。這是從放置在 **A** 右側的 $\mathbf{I}_2$ 開始，執行列運算後產生的矩陣。

### 例 5.12

化簡

$$\mathbf{A} = \begin{pmatrix} 0 & 0 & 0 & 0 \\ 0 & 0 & 2 & 0 & 0 \\ 0 & 1 & 0 & 1 & 1 \\ 0 & 0 & 3 & 0 & -4 \end{pmatrix}$$

產生矩陣 $\mathbf{\Omega}_R$ 使得 $\mathbf{\Omega}_R \mathbf{A} = \mathbf{A}_R$。

要立即做這兩件事情，使用增廣矩陣 $[\mathbf{A} \vdots \mathbf{I}_4]$ 並且化簡 $\mathbf{A}$，同時對於 $\mathbf{I}_4$ 執行相同的運算：

$$[\mathbf{A} \vdots \mathbf{I}_4] = \begin{pmatrix} 0 & 0 & 0 & 0 & 0 & \vdots & 1 & 0 & 0 & 0 \\ 0 & 0 & 2 & 0 & 0 & \vdots & 0 & 1 & 0 & 0 \\ 0 & 1 & 0 & 1 & 1 & \vdots & 0 & 0 & 1 & 0 \\ 0 & 0 & 3 & 0 & -4 & \vdots & 0 & 0 & 0 & 1 \end{pmatrix}$$

將 $\mathbf{A}$ 的零列移到矩陣的底部：

$$\begin{pmatrix} 0 & 0 & 2 & 0 & 0 & \vdots & 0 & 1 & 0 & 0 \\ 0 & 1 & 0 & 1 & 1 & \vdots & 0 & 0 & 1 & 0 \\ 0 & 0 & 3 & 0 & -4 & \vdots & 0 & 0 & 0 & 1 \\ 0 & 0 & 0 & 0 & 0 & \vdots & 1 & 0 & 0 & 0 \end{pmatrix}$$

交換第 1 列與第 2 列使得領導元素 1 在最上列：

$$\begin{pmatrix} 0 & 1 & 0 & 1 & 1 & \vdots & 0 & 0 & 1 & 0 \\ 0 & 0 & 2 & 0 & 0 & \vdots & 0 & 1 & 0 & 0 \\ 0 & 0 & 3 & 0 & -4 & \vdots & 0 & 0 & 0 & 1 \\ 0 & 0 & 0 & 0 & 0 & \vdots & 1 & 0 & 0 & 0 \end{pmatrix}$$

第 2 列乘以 1/2：

$$\begin{pmatrix} 0 & 1 & 0 & 1 & 1 & \vdots & 0 & 0 & 1 & 0 \\ 0 & 0 & 1 & 0 & 0 & \vdots & 0 & 1/2 & 0 & 0 \\ 0 & 0 & 3 & 0 & -4 & \vdots & 0 & 0 & 0 & 1 \\ 0 & 0 & 0 & 0 & 0 & \vdots & 1 & 0 & 0 & 0 \end{pmatrix}$$

第 2 列乘以 −3 加到第 3 列：

$$\begin{pmatrix} 0 & 1 & 0 & 1 & 1 & \vdots & 0 & 0 & 1 & 0 \\ 0 & 0 & 1 & 0 & 0 & \vdots & 0 & 1/2 & 0 & 0 \\ 0 & 0 & 0 & 0 & -4 & \vdots & 0 & -3/2 & 0 & 1 \\ 0 & 0 & 0 & 0 & 0 & \vdots & 1 & 0 & 0 & 0 \end{pmatrix}$$

第 3 列乘以 $-1/4$：

$$\begin{pmatrix} 0 & 1 & 0 & 1 & 1 & \vdots & 0 & 0 & 1 & 0 \\ 0 & 0 & 1 & 0 & 0 & \vdots & 0 & 1/2 & 0 & 0 \\ 0 & 0 & 0 & 0 & 1 & \vdots & 0 & 3/8 & 0 & -1/4 \\ 0 & 0 & 0 & 0 & 0 & \vdots & 1 & 0 & 0 & 0 \end{pmatrix}$$

第 3 列乘以 $-1$ 加到第 1 列：

$$\begin{pmatrix} 0 & 1 & 0 & 1 & 0 & \vdots & 0 & -3/8 & 1 & 1/4 \\ 0 & 0 & 1 & 0 & 0 & \vdots & 0 & 1/2 & 0 & 0 \\ 0 & 0 & 0 & 0 & 1 & \vdots & 0 & 3/8 & 0 & -1/4 \\ 0 & 0 & 0 & 0 & 0 & \vdots & 1 & 0 & 0 & 0 \end{pmatrix}$$

左邊五行是 $\mathbf{A}$ 的簡化式。增廣矩陣中剩下的是 $\mathbf{\Omega}_R$。結果為

$$\mathbf{\Omega}_R \mathbf{A} = \begin{pmatrix} 0 & -3/8 & 1 & 1/4 \\ 0 & 1/2 & 0 & 0 \\ 0 & 3/8 & 0 & -1/4 \\ 1 & 0 & 0 & 0 \end{pmatrix} \begin{pmatrix} 0 & 0 & 0 & 0 & 0 \\ 0 & 0 & 2 & 0 & 0 \\ 0 & 1 & 0 & 1 & 1 \\ 0 & 0 & 3 & 0 & -4 \end{pmatrix}$$

$$= \begin{pmatrix} 0 & 1 & 0 & 1 & 0 \\ 0 & 0 & 1 & 0 & 0 \\ 0 & 0 & 0 & 0 & 1 \\ 0 & 0 & 0 & 0 & 0 \end{pmatrix} = \mathbf{A}_R$$

## 5.2 習題

習題 1–4，對 $\mathbf{A}$ 執行基本列運算形成 $\mathbf{B}$，然後產生矩陣 $\mathbf{\Omega}$，使得 $\mathbf{\Omega A} = \mathbf{B}$。

1. $\mathbf{A} = \begin{pmatrix} -2 & 1 & 4 & 2 \\ 0 & 1 & 16 & 3 \\ 1 & -2 & 4 & 8 \end{pmatrix}$。

   第 2 列乘以 $\sqrt{3}$。

2. $\mathbf{A} = \begin{pmatrix} -2 & 14 & 6 \\ 8 & 1 & -3 \\ 2 & 9 & 5 \end{pmatrix}$。

   第 3 列乘以 $\sqrt{13}$ 加到第 1 列，然後第 2 列與第 1 列交換，第 1 列乘以 5。

3. $\mathbf{A} = \begin{pmatrix} -3 & 15 \\ 2 & 8 \end{pmatrix}$。

   第 2 列乘以 $\sqrt{3}$ 加到第 1 列，然後第 2 列乘以 15，第 1 列與第 2 列交換。

4. $\mathbf{A} = \begin{pmatrix} -1 & 0 & 3 & 0 \\ 1 & 3 & 2 & 9 \\ -9 & 7 & -5 & 7 \end{pmatrix}$。

   第 3 列乘以 4，然後第 1 列乘以 14 加到第 2 列，第 3 列與第 2 列交換。

習題 5–9，求 $\mathbf{A}_R$ 且產生矩陣 $\mathbf{\Omega}_R$ 使得 $\mathbf{\Omega}_R \mathbf{A} = \mathbf{A}_R$。

5. $\mathbf{A} = \begin{pmatrix} 1 & 0 & 1 & 1 & -1 \\ 0 & 1 & 0 & 0 & 2 \end{pmatrix}$

6. $\mathbf{A} = \begin{pmatrix} 2 & 2 \\ 1 & 1 \end{pmatrix}$

7. $\mathbf{A} = \begin{pmatrix} -3 & 4 & 4 \\ 0 & 0 & 0 \end{pmatrix}$

8. $\mathbf{A} = \begin{pmatrix} 8 & 2 & 1 & 0 \\ 0 & 1 & 1 & 3 \\ 4 & 0 & 0 & -3 \end{pmatrix}$

9. $\mathbf{A} = \begin{pmatrix} 0 \\ -3 \\ 1 \\ 1 \end{pmatrix}$

## 5.3 齊次線性方程組的解

$n \times m$ 齊次線性方程組（$n$ 個方程式，$m$ 個未知數）具有下列的形式：

$$a_{11}x_1 + a_{12}x_2 + \cdots + a_{1m}x_m = 0$$
$$a_{21}x_1 + a_{22}x_2 + \cdots + a_{2m}x_m = 0$$
$$\vdots$$
$$a_{n1}x_1 + a_{n2}x_2 + \cdots + a_{nm}x_m = 0$$

其中 $a_{ij}$ 為方程式 $i$ 的 $x_j$ 的係數且為一實數（雖然複數也適合討論）。

攜帶有關方程組所有資訊的係數，儲存在 $n \times m$ 矩陣 $\mathbf{A} = [a_{ij}]$ 中。令

$$\mathbf{X} = \begin{pmatrix} x_1 \\ x_2 \\ \vdots \\ x_m \end{pmatrix}$$

且

$$\mathbf{O} = \begin{pmatrix} 0 \\ 0 \\ \vdots \\ 0 \end{pmatrix}$$

為 $n \times 1$ 零矩陣，則方程組可用矩陣方程式

$$\mathbf{AX} = \mathbf{O}$$

表示，允許我們使用矩陣代數來解方程組。

首先，做一些約定和觀察，這個矩陣方程式的解為 $m \times 1$ 矩陣

$$\mathbf{S} = \begin{pmatrix} c_1 \\ c_2 \\ \vdots \\ c_m \end{pmatrix}$$

使得 $\mathbf{AS} = \mathbf{O}$，我們也可以將 $\mathbf{S}$ 視為 $R^m$ 中的向量。解的和以及純量積仍然是解且 $m \times 1$ 零矩陣是一解，這表示解形成 $R^m$ 的子空間，稱為方程組的**解空間** (solution space)。

考慮對 $\mathbf{A}$ 的基本列運算可作為方程組中方程式的運算。第 I 類型的運算對應於交換兩個方程式，第 II 類型的運算是以非零的實數乘以方程式，第 III 類型的運算是將一個方程式的非零倍數加到方程組的另一個方程式中。

檢查這些運算不會改變方程組的解，這表示我們可以對 $\mathbf{A}$ 執行基本列運算來獲得具有與原方程組相同的解的新方程組 $\mathbf{A}^*\mathbf{X} = \mathbf{O}$。特別地，我們可以藉由解簡化方程組

$$\mathbf{A}_R \mathbf{X} = \mathbf{O}$$

來解原方程組。處理簡化後的方程組的優點是可以立即從其中讀取通解及解空間的基底，這些也是原方程組的通解及解空間的基底。

### 例 5.13

從一個簡單的方程組開始

$$x_1 - 3x_2 + 2x_3 = 0$$
$$-2x_1 + x_2 - 3x_3 = 0$$

以矩陣表示，$\mathbf{AX} = \mathbf{O}$，其中

$$\mathbf{A} = \begin{pmatrix} 1 & -3 & 2 \\ -2 & 1 & -3 \end{pmatrix}, \mathbf{X} = \begin{pmatrix} x_1 \\ x_2 \\ x_3 \end{pmatrix} \text{ 且 } \mathbf{O} = \begin{pmatrix} 0 \\ 0 \end{pmatrix}$$

直接將 $\mathbf{A}$ 化簡，得到

$$\mathbf{A}_R = \begin{pmatrix} 1 & 0 & 7/5 \\ 0 & 1 & -1/5 \end{pmatrix}$$

**簡化的方程組** (reduced system) $\mathbf{A}_R\mathbf{X} = \mathbf{O}$ 為

$$x_1 + \frac{7}{5}x_3 = 0$$
$$x_2 - \frac{1}{5}x_3 = 0$$

此方程組具有解

$$x_1 = -\frac{7}{5}x_3, x_2 = \frac{1}{5}x_3, x_3 \text{ 為任意數}$$

這是**通解** (general solution)，包含所有化簡後的方程組的解，因為 $x_3$ 可以在所有實數上改變。以矩陣形式，這個通解為

$$\mathbf{X} = \alpha \begin{pmatrix} -7/5 \\ 1/5 \\ 1 \end{pmatrix}$$

其中 $\alpha$（對於 $x_3$）為任意實數。這也是原方程組的通解，因為用於簡化係數矩陣的運算，當應用於方程組時，不會改變解。

因為 $\alpha$ 可以是任意數,所以我們可將矩陣解中的 1/5 提出,並將其納入 $\alpha$ 寫成

$$\mathbf{X} = \alpha \begin{pmatrix} -7 \\ 1 \\ 5 \end{pmatrix}$$

我們也可以將方程組的解空間描述成具有基底向量 < −7, 1, 5 > 的 $R^3$ 的子空間。這個解空間具有維數 1,這是可以指定任意值的未知數的數目(在此情況下,僅為 $x_3$)。

$\mathbf{A}_R$ 的每一非零列可產生簡化方程組的一個方程式,其中未知數可以用假設為任意值的其他未知數來表示。因此,我們觀察到,至少在這個例子中,

解空間的維數
= 可以任意指定的未知數的數目
= 未知數的數目減去 $\mathbf{A}_R$ 的非零列數
= $m - \mathbf{A}_R$ 的非零列數

$\mathbf{A}_R$ 的非零列數稱為 $\mathbf{A}$ 的**秩 (rank)**,以 rank($\mathbf{A}$) 表示。一般來說,對於齊次線性方程組而言,剛才的觀察是正確的。

### 例 5.14

考慮 3 × 5 方程組

$$x_1 - 3x_2 + x_3 - 7x_4 + 4x_5 = 0$$
$$x_1 + 2x_2 - 3x_3 = 0$$
$$x_2 - 4x_3 + x_5 = 0$$

這是 $\mathbf{AX} = \mathbf{O}$,其中

$$\mathbf{A} = \begin{pmatrix} 1 & -3 & 1 & -7 & 4 \\ 1 & 2 & -3 & 0 & 0 \\ 0 & 1 & -4 & 0 & 1 \end{pmatrix}$$

$\mathbf{A}$ 為 3 × 5 矩陣,$\mathbf{X}$ 為 5 × 1 矩陣,$\mathbf{O}$ 為 3 × 1 矩陣。將 $\mathbf{A}$ 化簡,得到

$$\mathbf{A}_R = \begin{pmatrix} 1 & 0 & 0 & -35/16 & 13/16 \\ 0 & 1 & 0 & 28/16 & -20/16 \\ 0 & 0 & 1 & 7/16 & -9/16 \end{pmatrix}$$

此處

$$m - \mathbf{A}_R \text{ 的非零列數} = 5 - 3 = 2$$

所以解空間是 2 維，這表示有兩個未知數其值為任意數，而另外三個未知數可以用這兩個未知數表示。這可以用簡化後的方程組來證明：

$$x_1 - \frac{35}{16}x_4 + \frac{13}{16}x_5 = 0$$
$$x_2 + \frac{28}{16}x_4 - \frac{20}{16}x_5 = 0$$
$$x_3 + \frac{7}{16}x_4 - \frac{9}{16}x_5 = 0$$

上式可以很容易解出：

$$x_1 = \frac{35}{16}x_4 - \frac{13}{16}x_5$$
$$x_2 = -\frac{28}{16}x_4 + \frac{20}{16}x_5$$
$$x_3 = -\frac{7}{16}x_4 + \frac{9}{16}x_5$$

其中 $x_4$ 和 $x_5$ 為任意數。為了使這個解看起來更簡潔，令 $x_4 = 16\alpha$ 且 $x_5 = 16\beta$。這些仍然是任意數，因為 $\alpha$ 和 $\beta$ 為任意數。如今

$$\mathbf{X} = \begin{pmatrix} 35\alpha - 13\beta \\ -28\alpha + 20\beta \\ -7\alpha + 9\beta \\ 16\alpha \\ 16\beta \end{pmatrix} = \alpha \begin{pmatrix} 35 \\ -28 \\ -7 \\ 16 \\ 0 \end{pmatrix} + \beta \begin{pmatrix} -13 \\ 20 \\ 9 \\ 0 \\ 16 \end{pmatrix}$$

這是方程組的通解，且解空間只有維數 2，因為 $x_4$ 和 $x_5$ 為任意數。我們還可以讀取解空間的基底向量：

$$< 35, -28, -7, 16, 0 >, < -13, 20, 9, 0, 16 >$$

這是求解方程組 $\mathbf{AX} = \mathbf{O}$ 的方法的概要。

1. 簡化 $\mathbf{A}$ 得到 $\mathbf{A}_R$。
2. 解簡化後的方程組 $\mathbf{A}_R\mathbf{X} = \mathbf{O}$。
3. 根據可以指定任意值的未知數寫出通解，此未知數個數等於 $m$ 減去 $\mathbf{A}_R$ 的非零列數。
4. 步驟 3 也可以產生解空間的基底向量。

**例 5.15**

求

$$2x_1 - 4x_2 + x_3 + x_4 + 6x_5 + 4x_6 - 2x_7 = 0$$
$$-4x_1 + x_2 + 6x_3 + 3x_4 + 10x_5 - 3x_6 + 6x_7 = 0$$
$$3x_1 + x_2 - 4x_3 + 2x_4 + 5x_5 + x_6 + 3x_7 = 0$$

的通解。

係數矩陣為

$$\mathbf{A} = \begin{pmatrix} 2 & -4 & 1 & 1 & 6 & 4 & -2 \\ -4 & 1 & 6 & 3 & 10 & -3 & 6 \\ 3 & 1 & -4 & 2 & 5 & 1 & 3 \end{pmatrix}$$

求出簡化後的矩陣

$$\mathbf{A}_R = \begin{pmatrix} 1 & 0 & 0 & 3 & 67/7 & 4/7 & 29/7 \\ 0 & 1 & 0 & 9/5 & 178/35 & -5/7 & 118/35 \\ 0 & 0 & 1 & 11/5 & 36/5 & 0 & 16/5 \end{pmatrix}$$

此處 $m = 7$ 且 $\mathbf{A}_R$ 有三個非零列，所以解空間具有維數 4。有四個未知數（$x_4$、$x_5$、$x_6$ 和 $x_7$）可以指定任意值，三個未知數（$x_1$、$x_2$ 和 $x_3$）是根據 $x_4$、$x_5$、$x_6$ 和 $x_7$ 給出的。通解為

$$\mathbf{X} = \alpha \begin{pmatrix} -3 \\ -9/5 \\ -11/5 \\ 1 \\ 0 \\ 0 \\ 0 \end{pmatrix} + \beta \begin{pmatrix} -67/7 \\ -178/35 \\ -36/5 \\ 0 \\ 1 \\ 0 \\ 0 \end{pmatrix} + \gamma \begin{pmatrix} -4/7 \\ 5/7 \\ 0 \\ 0 \\ 0 \\ 1 \\ 0 \end{pmatrix} + \delta \begin{pmatrix} -29/7 \\ -118/35 \\ -16/5 \\ 0 \\ 0 \\ 0 \\ 1 \end{pmatrix}$$

齊次線性方程組總是有一解（零解），這可能是唯一的解。

### 例 5.16

方程組

$$-4x_1 + x_2 - 7x_3 = 0$$
$$2x_1 + 9x_2 - 13x_3 = 0$$
$$x_1 + x_2 + 10x_3 = 0$$

的係數矩陣為

$$\mathbf{A} = \begin{pmatrix} -4 & 1 & -7 \\ 2 & 9 & -13 \\ 1 & 1 & 10 \end{pmatrix}$$

求出 $\mathbf{A}_R = \mathbf{I}_3$。在此例中，$\mathbf{A}$ 的行數減去簡化後的矩陣的非零列個數等於零，因此解空間的維數為零，僅含有零向量。簡化後的方程組為

$$\begin{pmatrix} 1 & 0 & 0 \\ 0 & 1 & 0 \\ 0 & 0 & 1 \end{pmatrix} \mathbf{X} = \begin{pmatrix} 0 \\ 0 \\ 0 \end{pmatrix}$$

它只有零解。因此，原方程組僅有零解

$$\mathbf{X} = \begin{pmatrix} 0 \\ 0 \\ 0 \end{pmatrix}$$

## 5.3 習題

習題 1–6，利用簡化係數矩陣根據一個或多個行矩陣寫出通解，並求解空間的維數及基底。

**1.** $x_1 + 2x_2 - x_3 + x_4 = 0$
　　$x_2 - x_3 + x_4 = 0$

2. $-2x_1 + x_2 + 2x_3 = 0$
$x_1 - x_2 = 0$
$x_1 + x_2 = 0$

3. $x_1 - x_2 + 3x_3 - x_4 + 4x_5 = 0$
$2x_1 - 2x_2 + x_3 + x_4 = 0$
$x_1 - 2x_3 + x_5 = 0$
$x_3 + x_4 - x_5 = 0$

4. $-10x_1 - x_2 + 4x_3 - x_4 + x_5 - x_6 = 0$
$x_2 - x_3 + 3x_4 = 0$
$2x_1 - x_2 + x_5 = 0$
$x_2 - x_4 + x_6 = 0$

5. $x_2 - 3x_4 + x_5 = 0$
$2x_1 - x_2 + x_4 = 0$
$2x_1 - 3x_2 + 4x_5 = 0$

6. $x_1 - 2x_2 + x_5 - x_6 + x_7 = 0$
$x_3 - x_4 + x_5 - 2x_6 + 3x_7 = 0$
$x_1 - x_5 + 2x_6 = 0$
$2x_1 - 3x_4 + x_5 = 0$

## 5.4 非齊次線性方程組的解

考慮 $m$ 個未知數的 $n$ 個方程式的方程組

$$a_{11}x_1 + a_{12}x_2 + \cdots + a_{1m}x_m = b_1$$
$$a_{21}x_1 + a_{22}x_2 + \cdots + a_{2m}x_m = b_2$$
$$\vdots$$
$$a_{n1}x_1 + a_{n2}x_2 + \cdots + a_{nm}x_m = b_n$$

以矩陣形式，這是

$$\mathbf{AX} = \mathbf{B}$$

其中 **A** 為未知數的係數矩陣，

$$\mathbf{X} = \begin{pmatrix} x_1 \\ x_2 \\ \vdots \\ x_m \end{pmatrix} \text{ 且 } \mathbf{B} = \begin{pmatrix} b_1 \\ b_2 \\ \vdots \\ b_n \end{pmatrix}$$

若至少有一個 $b_j \neq 0$，則此方程組為**非齊次** (nonhomogeneous)。

非齊次方程組與齊次方程組有顯著差異。由於解的線性組合不是一個解且零向量不是一個解，因此對於非齊次方程組並沒有解空間。此外，非齊次方程組可能根本沒有任何解。例如，

$$2x_1 - 3x_2 = 6$$
$$4x_1 - 6x_2 = 8$$

無解。若 $2x_1 - 3x_2 = 6$，則 $2(2x_1 - 3x_2) = 4x_1 - 6x_2 = 12$，不等於 8。具有解的非齊次方程組稱為 相容 (consistent)；若無解，則方程組為 不相容 (inconsistent)。

因此，我們可以確定兩個目標。給予一非齊次方程組 $\mathbf{AX} = \mathbf{B}$：

1. 判斷這個方程組是否為相容。
2. 如果是相容，求出所有解。

執行這個程式的策略，可以在齊次方程組之後進行模擬。然而，現在有常數 $b_1$, $\cdots$, $b_n$ 以及係數 $a_{ij}$，我們可以使用增廣矩陣 $[\mathbf{A} \vdots \mathbf{B}]$ 將所有這些資訊放入一個組件中，$[\mathbf{A} \vdots \mathbf{B}]$ 是將行 $\mathbf{B}$ 附加到 $\mathbf{A}$ 而形成的 $n \times (m+1)$ 矩陣。

例如，對於方程組

$$2x_1 - x_2 + 7x_3 = 4$$
$$8x_1 + 3x_2 - 4x_3 = 17$$

增廣矩陣為

$$[\mathbf{A} \vdots \mathbf{B}] = \begin{pmatrix} 2 & -1 & 7 & \vdots & 4 \\ 8 & 3 & -4 & \vdots & 17 \end{pmatrix}$$

如果我們對這個矩陣執行基本列運算後，形成一個新的增廣矩陣 $[\mathbf{A}^* \vdots \mathbf{B}^*]$，則方程組 $\mathbf{AX} = \mathbf{B}$ 與 $\mathbf{A}^*\mathbf{X} = \mathbf{B}^*$ 有相同的解。這很容易檢查每個運算，其中 $b_j$ 項包括在所執行的運算中。例如，如果我們將方程組的第二個方程式乘以 3，則新方程組為

$$2x_1 - x_2 + 7x_3 = 4$$
$$24x_1 + 9x_2 - 12x_3 = 51$$

與原方程組具有相同的解。

現在的想法是簡化 $[\mathbf{A} \vdots \mathbf{B}]$，產生一個 $n \times (m+1)$ 的矩陣 $[\mathbf{A}_R \vdots \mathbf{C}]$。

方程組 $\mathbf{AX} = \mathbf{B}$ 和 $\mathbf{A}_R\mathbf{X} = \mathbf{C}$ 有相同的解。

現在有兩種可能。

(1) $\mathbf{A}_R$ 有零列。例如第 $k$ 列，但 $c_k \neq 0$。現在簡化後的方程組的第 $k$ 個方程式為

$$0x_1 + 0x_2 + \cdots + 0x_m = c_k$$

如果 $c_k \neq 0$，則上式不成立。這個簡化方程組為不相容，因此原方程組為不相容。

(2) 如果不發生情況 (1)，則 $\mathbf{A}_R\mathbf{X} = \mathbf{C}$ 為相容，並且所有解都可以從這個簡化方程組中讀取。這產生了 $\mathbf{AX} = \mathbf{B}$ 的通解。

這些結論可概括如下。請記住，簡化增廣矩陣的前 $m$ 行是 $\mathbf{A}$ 的簡化形式：

$$[\mathbf{A}\vdots\mathbf{B}]_R = [\mathbf{A}_R\vdots\mathbf{C}]$$

若 $\mathbf{A}_R$ 的非零列數等於 $[\mathbf{A}_R\vdots\mathbf{C}]$ 的非零列數，則非齊次方程組 $\mathbf{AX} = \mathbf{B}$ 為相容（有解）。這兩個數都可以從簡化的增廣矩陣中讀出，首先只計算左邊 $n \times m$ 區塊中的非零列數，然後計算整個簡化增廣矩陣中的非零列數。

當這些數不相等時，方程組為不相容。

以下是這些想法的一些例子。

### 例 5.17

我們已經觀察到方程組

$$2x_1 - 3x_2 = 6$$
$$4x_1 - 6x_2 = 8$$

無解。嘗試剛才概述的程序。係數矩陣為

$$\mathbf{A} = \begin{pmatrix} 2 & -3 \\ 4 & -6 \end{pmatrix}$$

而增廣矩陣為

$$[\mathbf{A}\vdots\mathbf{B}] = \begin{pmatrix} 2 & -3 & \vdots & 6 \\ 4 & -6 & \vdots & 8 \end{pmatrix}$$

將此矩陣簡化為

$$[\mathbf{A}\vdots\mathbf{B}]_R = \begin{pmatrix} 1 & -3/2 & \vdots & 2 \\ 0 & 0 & \vdots & -4 \end{pmatrix}$$

前兩行為 $\mathbf{A}_R$，這個簡化後的方程組的第二個方程式為

$$0x_1 + 0x_2 = -4$$

這是無解。簡化的方程組與原方程組均為不相容。注意：$\mathbf{A}_R$ 的非零列數為 1，而簡化增廣矩陣的非零列數為 2。

**例 5.18**

解方程組

$$\begin{pmatrix} -3 & 2 & 2 \\ 1 & 4 & -6 \\ 0 & -2 & 2 \end{pmatrix} \mathbf{X} = \begin{pmatrix} 8 \\ 1 \\ -2 \end{pmatrix}$$

或證明它不相容。

將 $\mathbf{B}$ 加到 $\mathbf{A}$ 的右側形成增廣矩陣

$$[\mathbf{A}\vdots\mathbf{B}] = \begin{pmatrix} -3 & 2 & 2 & \vdots & 8 \\ 1 & 4 & -6 & \vdots & 1 \\ 0 & -2 & 2 & \vdots & -2 \end{pmatrix}$$

簡化這個矩陣，得到

$$[\mathbf{A}\vdots\mathbf{B}]_R = \begin{pmatrix} 1 & 0 & 0 & \vdots & 0 \\ 0 & 1 & 0 & \vdots & 5/3 \\ 0 & 0 & 1 & \vdots & 3/2 \end{pmatrix} = [\mathbf{A}_R\vdots\mathbf{C}]$$

$\mathbf{C}$ 是當我們簡化 $A$，亦即簡化 $[\mathbf{A}\vdots\mathbf{B}]$ 的前三列和前三行得到的。因為 $\mathbf{A}_R$（簡化增廣矩陣的前三行）有三個非零列，與簡化增廣矩陣的列數相同，此方程組為相容。

簡化增廣矩陣 $[\mathbf{A}_R \vdots \mathbf{C}]$ 代表簡化方程組

$$x_1 = 0$$
$$x_2 = \frac{5}{3}$$
$$x_3 = \frac{3}{2}$$

以矩陣的符號，

$$\mathbf{X} = \begin{pmatrix} 0 \\ 5/2 \\ 3/2 \end{pmatrix}$$

這個方程組有唯一解，因此原方程組有唯一解。

**例 5.19**

解方程組

$$x_1 - x_2 + 2x_4 + x_5 = -3$$
$$x_2 + x_3 + 3x_4 + 2x_5 = 1$$
$$x_1 - 4x_2 + 3x_3 + x_4 - 7x_5 = 0$$

或證明此方程組無解。

係數矩陣為

$$\mathbf{A} = \begin{pmatrix} 1 & -1 & 0 & 2 & 1 \\ 0 & 1 & 1 & 3 & 2 \\ 1 & -4 & 3 & 1 & -7 \end{pmatrix}$$

增廣矩陣（將 $\mathbf{B}$ 附加到 $\mathbf{A}$ 的右側）為

$$[\mathbf{A} \vdots \mathbf{B}] = \begin{pmatrix} 1 & -1 & 0 & 2 & 1 & \vdots & -3 \\ 0 & 1 & 1 & 3 & 2 & \vdots & 1 \\ 1 & -4 & 3 & 1 & -7 & \vdots & 0 \end{pmatrix}$$

簡化這個矩陣。簡化前五行（包括 $\mathbf{A}$），同時對第 6 行執行相同的運算，得到

$$[\mathbf{A} \vdots \mathbf{B}]_R = \begin{pmatrix} 1 & 0 & 0 & 11/3 & 10/3 & \vdots & -3 \\ 0 & 1 & 0 & 5/3 & 7/3 & \vdots & 0 \\ 0 & 0 & 1 & 4/3 & -1/3 & \vdots & 1 \end{pmatrix} = [\mathbf{A}_R \vdots \mathbf{C}]$$

$\mathbf{A}_R$（這個矩陣的前五行）有三個非零列，與簡化增廣矩陣的列數相同，因此這個方程組為相容。

簡化的方程組為

$$x_1 + \frac{11}{3}x_4 + \frac{10}{3}x_5 = -3$$

$$x_2 + \frac{5}{3}x_4 + \frac{7}{3}x_5 = 0$$

$$x_3 + \frac{4}{3}x_4 - \frac{1}{3}x_5 = 1$$

因此

$$x_1 = -3 - \frac{11}{3}x_4 - \frac{10}{3}x_5$$

$$x_2 = 0 - \frac{5}{3}x_4 - \frac{7}{3}x_5$$

$$x_3 = 1 - \frac{4}{3}x_4 + \frac{1}{3}x_5$$

這是通解，其中 $x_4$ 和 $x_5$ 為任意數，而 $x_1$、$x_2$ 和 $x_3$ 是以 $x_4$ 和 $x_5$ 表示。

以矩陣的形式表示，通解為

$$\mathbf{X} = \begin{pmatrix} x_1 \\ x_2 \\ x_3 \\ x_4 \\ x_5 \end{pmatrix} = \begin{pmatrix} -3 \\ 0 \\ 1 \\ 0 \\ 0 \end{pmatrix} + x_4 \begin{pmatrix} -11/3 \\ -5/3 \\ -4/3 \\ 1 \\ 0 \end{pmatrix} + x_5 \begin{pmatrix} -10/3 \\ -7/3 \\ 1/3 \\ 0 \\ 1 \end{pmatrix}$$

其中 $x_4$ 和 $x_5$ 為任意數。

## 5.4 習題

習題 1–7，求方程組的通解或證明它是不相容。

1. $3x_1 - 2x_2 + x_3 = 6$
   $x_1 + 10x_2 - x_3 = 2$
   $-3x_1 - 2x_2 + x_3 = 0$

2. $2x_1 - 3x_2 + x_4 - x_6 = 0$
   $3x_1 - 2x_2 + x_5 = 1$
   $x_1 - x_4 + 6x_6 = 3$

3. $3x_2 - 4x_4 = 10$
   $x_1 - 3x_2 + 4x_3 - x_6 = 8$
   $x_2 + x_3 - 6x_4 + x_6 = -9$
   $x_1 - x_2 + x_6 = 0$

4. $8x_1 - 4x_2 + 10x_5 = 1$
   $x_2 + x_4 - x_5 = 2$
   $x_3 - 3x_4 + 2x_5 = 0$

5. $14x_3 - 3x_5 + x_7 = 2$
   $x_1 + x_2 + x_3 - x_4 + x_6 = -4$

6. $7x_1 - 3x_2 + 4x_3 = -7$
   $2x_1 + x_2 - x_3 + 4x_4 = 6$
   $x_2 - 3x_4 = -5$

7. $4x_1 - x_2 + 4x_3 = 1$
   $x_1 + x_2 - 5x_3 = 0$
   $-2x_1 + x_2 + 7x_3 = 4$

## 5.5 反矩陣

**A** 為 $n \times n$ 矩陣，若

$$\mathbf{AB} = \mathbf{BA} = \mathbf{I}_n$$

則 $n \times n$ 矩陣 **B** 為 **A** 的反 (inverse) 矩陣。若 **A** 有反矩陣，則它只能有一個反矩陣。假設

$$\mathbf{AB} = \mathbf{BA} = \mathbf{I}_n \text{ 且 } \mathbf{AC} = \mathbf{CA} = \mathbf{I}_n$$

則

$$\mathbf{C} = \mathbf{CI}_n = \mathbf{C(AB)}$$
$$= \mathbf{(CA)B} = \mathbf{I}_n\mathbf{B} = \mathbf{B}$$

由此可知，若 **A** 有反矩陣，則反矩陣為唯一，且以 $\mathbf{A}^{-1}$ 表示。

很容易找到無反矩陣的方陣的例子。

### 例 5.20

令
$$\mathbf{A} = \begin{pmatrix} 1 & 3 \\ 2 & 6 \end{pmatrix}$$

如果這個矩陣有反矩陣，
$$\mathbf{A}^{-1} = \begin{pmatrix} a & b \\ c & d \end{pmatrix}$$

我們就會有
$$\mathbf{A}\mathbf{A}^{-1} = \begin{pmatrix} 1 & 3 \\ 2 & 6 \end{pmatrix}\begin{pmatrix} a & b \\ c & d \end{pmatrix} = \begin{pmatrix} a+3c & b+3d \\ 2a+6c & 2b+6d \end{pmatrix} = \begin{pmatrix} 1 & 0 \\ 0 & 1 \end{pmatrix}$$

因此 $a + 3c = 1$ 但 $2a + 6c = 2$，這是一個矛盾。這個矩陣無反矩陣。

因此，有兩個問題：給予一方陣，矩陣是否有反矩陣？如果有的話，我們如何找到它？

如果 $\mathbf{A}$ 是 $n \times n$ 矩陣，則簡化的形式 $\mathbf{A}_R$ 將會解決這兩個問題。這個想法是產生矩陣 $\mathbf{\Omega}_R$ 使得
$$\mathbf{\Omega}_R \mathbf{A} = \mathbf{A}_R$$

若 $\mathbf{A}_R = \mathbf{I}_n$，則
$$\mathbf{\Omega}_R \mathbf{A} = \mathbf{I}_n$$

且 $\mathbf{\Omega}_R = \mathbf{A}^{-1}$，這是我們尋求的反矩陣。

但若 $\mathbf{A}_R \neq \mathbf{I}_n$，則 $\mathbf{A}$ 無反矩陣。

### 例 5.21

令
$$\mathbf{A} = \begin{pmatrix} 5 & -1 \\ 6 & 8 \end{pmatrix}$$

將 $\mathbf{I}_2$ 附加到 $\mathbf{A}$ 的右側形成 $2 \times 4$ 增廣矩陣

$$[\mathbf{A} \vdots \mathbf{I}_2] = \begin{pmatrix} 5 & -1 & \vdots & 1 & 0 \\ 6 & 8 & \vdots & 0 & 1 \end{pmatrix}$$

利用列運算將 $\mathbf{A}$ 簡化，對 $\mathbf{I}_2$ 執行與簡化 $\mathbf{A}$ 相同的運算。首先，第 1 列乘以 1/5：

$$\begin{pmatrix} 1 & -1/5 & \vdots & 1/5 & 0 \\ 6 & 8 & \vdots & 0 & 1 \end{pmatrix}$$

第 1 列乘以 −6 加到第 2 列：

$$\begin{pmatrix} 1 & -1/5 & \vdots & 1/5 & 0 \\ 0 & 46/5 & \vdots & -6/5 & 1 \end{pmatrix}$$

第 2 列乘以 5/46：

$$\begin{pmatrix} 1 & -1/5 & \vdots & 1/5 & 0 \\ 0 & 1 & \vdots & -6/46 & 5/46 \end{pmatrix}$$

第 2 列乘以 1/5 加到第 1 列：

$$\begin{pmatrix} 1 & 0 & \vdots & 8/46 & 1/46 \\ 0 & 1 & \vdots & -6/46 & 5/46 \end{pmatrix}$$

左側為 $\mathbf{A}$ 的簡化式，即 $\mathbf{I}_2$；右側為矩陣 $\mathbf{\Omega}_R$ 使得

$$\mathbf{\Omega}_R \mathbf{A} = \mathbf{A}_R = \mathbf{I}_2$$

因此

$$\mathbf{A}^{-1} = \mathbf{\Omega}_R = \begin{pmatrix} 8/46 & 1/46 \\ -6/46 & 5/46 \end{pmatrix}$$

---

如果我們對例 5.20 中的矩陣 $\mathbf{A}$ 使用這種方法，則簡化增廣矩陣

$$\begin{pmatrix} 1 & 3 & \vdots & 1 & 0 \\ 2 & 6 & \vdots & 0 & 1 \end{pmatrix}$$

可得

$$\begin{pmatrix} 1 & 3 & \vdots & 1 & 0 \\ 0 & 0 & \vdots & -2 & 1 \end{pmatrix}$$

因此

$$\mathbf{A}_R = \begin{pmatrix} 1 & 3 \\ 0 & 0 \end{pmatrix} \neq \mathbf{I}_2$$

**A** 沒有反矩陣。

有反矩陣的方陣稱為**非奇異** (nonsingular)；若矩陣無反矩陣，則為**奇異** (singular)。例 5.20 的矩陣為奇異。

以下是有關反矩陣的一些事實。

### 定理 5.3

1. $(\mathbf{I}_n)^{-1} = \mathbf{I}_n$。
2. 若 **A**、**B** 為 $n \times n$ 非奇異矩陣，則 **AB** 也是如此。此外，

$$(\mathbf{AB})^{-1} = \mathbf{B}^{-1}\mathbf{A}^{-1}$$

矩陣乘積的反矩陣為次序相反的反矩陣的乘積。

3. 若 **A** 為非奇異，則 $\mathbf{A}^{-1}$ 也是如此，且

$$(\mathbf{A}^{-1})^{-1} = \mathbf{A}$$

反矩陣的反矩陣為原矩陣。

4. 若 **A** 為非奇異，則 $\mathbf{A}^t$ 也是如此，且

$$(\mathbf{A}^t)^{-1} = (\mathbf{A}^{-1})^t$$

轉置矩陣的反矩陣為反矩陣的轉置。

5. $\mathbf{A}$ 為非奇異若且唯若 $\mathbf{A}_R = \mathbf{I}_n$。
6. 若 $\mathbf{AB}$ 為非奇異，則 $\mathbf{A}$ 與 $\mathbf{B}$ 也是如此。

   若兩矩陣的乘積為非奇異，則每一矩陣必須為非奇異。一個非奇異矩陣不可能是含有奇異矩陣的乘積。
7. 若 $\mathbf{A}$ 和 $\mathbf{B}$ 為 $n \times n$ 矩陣，並且是奇異，則 $\mathbf{AB}$ 也是。
8. 每一個基本矩陣都是非奇異的，其反矩陣是相同類型的基本矩陣。

這些敘述有許多可以用直接計算導出。例如，對於 (2)，

$$(\mathbf{AB})(\mathbf{B}^{-1}\mathbf{A}^{-1}) = \mathbf{A}(\mathbf{BB}^{-1})\mathbf{A}^{-1}$$
$$= \mathbf{AA}^{-1} = \mathbf{I}_n$$

故 $\mathbf{AB}$ 的反矩陣為 $\mathbf{B}^{-1}\mathbf{A}^{-1}$，其中因數的順序相反。

對於 (4)，

$$\mathbf{I}_n = (\mathbf{I}_n)^t = (\mathbf{AA}^{-1})^t = (\mathbf{A}^{-1})^t \mathbf{A}^t$$

這表示 $\mathbf{A}^t$ 的反矩陣為 $(\mathbf{A}^{-1})^t$。

存在 $\mathbf{A}$ 的反矩陣對於 $n$ 個未知數和係數矩陣 $\mathbf{A}$ 的 $n$ 個方程式的線性方程組有重要結果。

### 定理 5.4

令 $\mathbf{A}$ 為 $n \times n$ 矩陣，則

1. 齊次方程組 $\mathbf{AX} = \mathbf{O}$ 有非零解若且唯若 $\mathbf{A}$ 為奇異。
2. 非齊次方程組 $\mathbf{AX} = \mathbf{B}$ 有唯一解若且唯若 $\mathbf{A}$ 為非奇異。

要了解為何 (1) 為真，齊次方程組 $\mathbf{AX} = \mathbf{O}$ 有非零解若且唯若 $n$ 減去 $\mathbf{A}$ 的非零列數為正（因此解空間具有正維數並且具有非零向量）。在這種情況下，$\mathbf{A}_R$ 具有零列，所以 $\mathbf{A}$ 無反矩陣。

若 $\mathbf{A}$ 為奇異，則 $\mathbf{A}_R$ 具有零列，因此解空間具有正維數並且存在非零解。

對於 (2)，若 $\mathbf{A}$ 為非奇異，則我們可以將 $\mathbf{A}^{-1}$ 左乘 $\mathbf{AX} = \mathbf{B}$ 以獲得唯一解

$$\mathbf{X} = \mathbf{A}^{-1}\mathbf{B}$$

## 例 5.22

解方程組

$$2x_1 - x_2 + x_3 = 4$$
$$x_1 - 5x_2 - 2x_3 = 6$$
$$5x_1 - 2x_2 + x_3 = 1$$

係數矩陣為

$$\mathbf{A} = \begin{pmatrix} 2 & -1 & 1 \\ 1 & -5 & -2 \\ 5 & -2 & 1 \end{pmatrix}$$

簡化增廣矩陣 $[\mathbf{A} \vdots \mathbf{I}_3]$，我們發現 $\mathbf{A}$ 為非奇異且

$$\mathbf{A}^{-1} = \frac{1}{16}\begin{pmatrix} -9 & -1 & 7 \\ -11 & -3 & 5 \\ 23 & -1 & -9 \end{pmatrix}$$

方程組恰有一解，即

$$\mathbf{X} = \mathbf{A}^{-1}\mathbf{B} = \frac{1}{16}\begin{pmatrix} -9 & -1 & 7 \\ -11 & -3 & 5 \\ 23 & -1 & -9 \end{pmatrix}\begin{pmatrix} 4 \\ 6 \\ 1 \end{pmatrix} = \frac{1}{16}\begin{pmatrix} -35 \\ -57 \\ 77 \end{pmatrix}$$

在此例中，齊次方程組 $\mathbf{AX} = \mathbf{O}$ 僅有零解，因為 $\mathbf{A}$ 為非奇異。另外，觀察到 $\mathbf{A}$ 為 $3 \times 3$ 矩陣，$\mathbf{A}_R$ 的非零列數為 3，因此 $\mathbf{AX} = \mathbf{O}$ 的解空間的維數為 $3 - 3$，為零，因此解空間僅由零向量組成。

## 5.5 習題

習題 1–5，求反矩陣或證明矩陣為奇異。

1. $\begin{pmatrix} -1 & 2 \\ 2 & 1 \end{pmatrix}$

2. $\begin{pmatrix} -5 & 2 \\ 1 & 2 \end{pmatrix}$

3. $\begin{pmatrix} 6 & 2 \\ 3 & 3 \end{pmatrix}$

4. $\begin{pmatrix} -3 & 4 & 1 \\ 1 & 2 & 0 \\ 1 & 1 & 3 \end{pmatrix}$

5. $\begin{pmatrix} -2 & 1 & 1 \\ 0 & 1 & 1 \\ -3 & 0 & 6 \end{pmatrix}$

習題 6–8，利用反矩陣求方程組的唯一解。

6. $x_1 - x_2 + 3x_3 - x_4 = 1$
$x_2 - 3x_3 + 5x_4 = 2$
$x_1 - x_3 + x_4 = 0$
$x_1 + 2x_3 - x_4 = -5$

7. $2x_1 - 6x_2 + 3x_3 = -4$
$-x_1 + x_2 + x_3 = 5$
$2x_1 + 6x_2 - 5x_3 = 8$

8. $4x_1 + 6x_2 - 3x_3 = 0$
$2x_1 + 3x_2 - 4x_3 = 0$
$x_1 - x_2 + 3x_3 = -7$

## 5.6 行列式

令 $\mathbf{A}$ 為 $n \times n$ 矩陣，元素可以是數字或函數。$\mathbf{A}$ 的 **行列式** (determinant)，以 $\det(\mathbf{A})$ 或 $|\mathbf{A}|$ 表示，是 $\mathbf{A}$ 的列和行元素的乘積的和，這是根據非正式描述的規則。

對於 $1 \times 1$ 矩陣 $\mathbf{A} = [a_{11}]$，行列式定義為

$$|\mathbf{A}| = a_{11}$$

單獨的矩陣元素。

若 $n = 2$ 且

$$\mathbf{A} = \begin{pmatrix} a_{11} & a_{12} \\ a_{21} & a_{22} \end{pmatrix}$$

則

$$|\mathbf{A}| = a_{11}a_{22} - a_{12}a_{21}$$

現在進行歸納。假設 $n \geq 3$，已經定義了 $n-1 \times n-1$ 矩陣的行列式。

若 $\mathbf{A}$ 為 $n \times n$ 矩陣，令 $M_{ij}$ 為刪除 $\mathbf{A}$ 的第 $i$ 列和第 $j$ 行所形成的 $n-1 \times n-1$ 矩陣的行列式，$(-1)^{i+j}M_{ij}$ 稱為 $\mathbf{A}$ 的 $i$、$j$ **餘因子** (cofactor)。

選擇 $\mathbf{A}$ 的任意列 $i$。$|\mathbf{A}|$ 以第 $i$ 列的餘因子展開 (cofactor expansion of $|\mathbf{A}|$ by row $i$) 是以第 $i$ 列元素 $a_{ij}$ 乘以其 $i$、$j$ 餘因子之和。

$$|\mathbf{A}| = (-1)^{i+1}a_{i1}M_{i1} + (-1)^{i+2}a_{i2}M_{i2} + \cdots + (-1)^{i+n}a_{in}M_{in}$$
$$= \sum_{j=1}^{n}(-1)^{i+j}a_{ij}M_{ij} \tag{5.2}$$

我們可以證明這個和對於每一列 $i$ 都是相同的。式 (5.2) 的和是 $\mathbf{A}$ 的行列式，它給出 $n \times n$ 行列式為列元素乘以 $n-1 \times n-1$ 行列式的和。

我們也可以固定特定的第 $j$ 行，沿著此行由上而下。對 $i$ 求 $(-1)^{i+j}a_{ij}M_{ij}$ 的和，這是 **|A| 以第 $j$ 行的餘因子展開** (cofactor expansion of |A| by column $j$)：

$$|\mathbf{A}| = (-1)^{1+j}a_{1j}M_{1j} + (-1)^{2+j}a_{2j}M_{2j} + \cdots + (-1)^{n+j}a_{nj}M_{nj}$$
$$= \sum_{i=1}^{n}(-1)^{i+j}a_{ij}M_{ij} \tag{5.3}$$

我們也可以證明以矩陣的任一行所作的餘因子展開都是相等的，且它們等於以列的餘因子展開。

### 例 5.23

計算幾個 $3 \times 3$ 矩陣的餘因子展開

$$\mathbf{A} = \begin{pmatrix} -6 & 3 & 7 \\ 12 & -5 & -9 \\ 2 & 4 & -6 \end{pmatrix}$$

如果我們沿著第 1 列以餘因子展開，可得

$$|\mathbf{A}| = \sum_{j=1}^{3}(-1)^{1+j}a_{1j}M_{1j}$$
$$= (-1)^{1+1}a_{11}M_{11} + (-1)^{1+2}a_{12}M_{12} + (-1)^{1+3}a_{13}M_{13}$$
$$= (-1)^2(-6)\begin{vmatrix} -5 & -9 \\ 4 & -6 \end{vmatrix} + (-1)^3(3)\begin{vmatrix} 12 & -9 \\ 2 & -6 \end{vmatrix} + (-1)^4(7)\begin{vmatrix} 12 & -5 \\ 2 & 4 \end{vmatrix}$$
$$= (-6)(30+36) - 3(-72+18) + 7(-48+10) = 172$$

沿著第 3 列以餘因子展開，可得

$$|\mathbf{A}| = \sum_{j=1}^{3}(-1)^{3+j}a_{3j}M_{3j}$$
$$= (-1)^{3+1}a_{31}M_{31} + (-1)^{3+2}a_{32}M_{32} + (-1)^{3+3}a_{33}M_{33}$$
$$= (2)\begin{vmatrix} 3 & 7 \\ -5 & -9 \end{vmatrix} + (-1)(4)\begin{vmatrix} -6 & 7 \\ 12 & -9 \end{vmatrix} + (-6)\begin{vmatrix} -6 & 3 \\ 12 & -5 \end{vmatrix}$$
$$= (2)(-27+35) - 4(54-84) - 6(30-36) = 172$$

以第 1 行作餘因子展開：

$$|\mathbf{A}| = \sum_{i=1}^{3}(-1)^{i+1}a_{i1}M_{i1}$$
$$= (-1)^{1+1}a_{11}M_{11} + (-1)^{2+1}a_{21}M_{21} + (-1)^{3+1}a_{31}M_{31}$$
$$= (-1)^{2}(-6)\begin{vmatrix} -5 & -9 \\ 4 & -6 \end{vmatrix} + (-1)^{3}(12)\begin{vmatrix} 3 & 7 \\ 4 & -6 \end{vmatrix} + (-1)^{4}(2)\begin{vmatrix} 3 & 7 \\ -5 & -9 \end{vmatrix}$$
$$= (-6)(30+36) - 12(-18-28) + 2(-27+35) = 172$$

以第 2 行作餘因子展開：

$$|\mathbf{A}| = \sum_{i=1}^{3}(-1)^{i+2}a_{i2}M_{i2}$$
$$= (-1)^{3}(3)\begin{vmatrix} 12 & -9 \\ 2 & -6 \end{vmatrix} + (-1)^{4}(-5)\begin{vmatrix} -6 & 7 \\ 2 & -6 \end{vmatrix} + (-1)^{5}(4)\begin{vmatrix} -6 & 7 \\ 12 & -9 \end{vmatrix}$$
$$= (-3)(-72+18) - 5(36-14) - 4(54-84) = 172$$

以任何列或行作餘因子展開所得 $|\mathbf{A}|$ 均相等的事實，使我們可以選擇特殊的列或行來計算 $\mathbf{A}$ 的行列式。5.6.1 節給予一些這方面的例子。

行列式的性質，聯合基本列和行運算，可以幫助計算行列式。

### 定理 5.5

令 $\mathbf{A}$ 為 $n \times n$ 矩陣，則

1. $|\mathbf{A}| = |\mathbf{A}^t|$。
2. 若 $\mathbf{A}$ 有零列或零行，則 $|\mathbf{A}| = 0$。
3. 若 $\mathbf{B}$ 是由 $\mathbf{A}$ 交換兩列或兩行而得，則

$$|\mathbf{B}| = -|\mathbf{A}|$$

4. 若 $\mathbf{A}$ 有一列（或行）與另一列（或行）相等，則 $|\mathbf{A}| = 0$。
5. 若 $\mathbf{B}$ 是以 $\alpha$ 乘以 $\mathbf{A}$ 的一列或一行而得，則

$$|\mathbf{B}| = \alpha |\mathbf{A}|$$

以 $\alpha$ 乘以 $\mathbf{A}$ 的一列或一行所得的矩陣其行列式是以 $\alpha$ 乘以 $\mathbf{A}$ 的行列式。

6. 若 $\mathbf{B}$ 是將 $\mathbf{A}$ 的某一列（或行）的恆定倍數加到另一列（或行）而得，則行列式不變：

$$|\mathbf{B}| = |\mathbf{A}|$$

7. $\mathbf{A}$ 為非奇異矩陣若且唯若 $|\mathbf{A}| \neq 0$。
8. 若 $\mathbf{A}$ 與 $\mathbf{B}$ 均為 $n \times n$ 矩陣，則

$$|\mathbf{AB}| = |\mathbf{A}||\mathbf{B}|$$

## 5.6.1 以列或行運算計算

$\mathbf{A}$ 的列或行中的每一個零，可使得 $|\mathbf{A}|$ 沿著該列或行的餘因子展開產生較少的項數。因此我們可以用簡化的方法來求行列式，亦即使用列或行運算使某列或某行盡可能產生很多零，然後沿著該列或行展開。在此過程中，我們必須保持由這些運算所引入的常數因數。

### 例 5.24

計算

$$\mathbf{A} = \begin{pmatrix} 4 & 2 & -3 \\ 3 & 4 & 6 \\ 2 & -6 & 8 \end{pmatrix}$$

的行列式。

以第 1 列乘以 −2 加到第 2 列，然後以第 1 列乘以 3 加到第 3 列，使第 2 行產生零，形成

$$\mathbf{B} = \begin{pmatrix} 4 & 2 & -2 \\ -5 & 0 & 12 \\ 14 & 0 & -1 \end{pmatrix}$$

這些列運算不會改變行列式的值。|**B**| 以第 2 行展開可得

$$|\mathbf{A}| = |\mathbf{B}|$$

$$= (-1)^{1+2}(2) \begin{vmatrix} -5 & 12 \\ 14 & -1 \end{vmatrix}$$

$$= -2(5 - 168) = 326$$

### 例 5.25

令

$$\mathbf{A} = \begin{pmatrix} -6 & 0 & 1 & 3 & 2 \\ -1 & 5 & 0 & 1 & 7 \\ 8 & 3 & 2 & 1 & 7 \\ 0 & 1 & 5 & -3 & 2 \\ 1 & 15 & -3 & 9 & 4 \end{pmatrix}$$

計算 |**A**|。有許多種求法，這裡只是其中的一種。首先使第 3 行的 1, 3 位置為 1，其他位置的元素為 0：第 1 列乘以 −2 加到第 3 列，第 1 列乘以 −5 加到第 4 列，第 1 列乘以 3 加到第 5 列：

$$\mathbf{B} = \begin{pmatrix} -6 & 0 & 1 & 3 & 2 \\ -1 & 5 & 0 & 1 & 7 \\ 20 & 3 & 0 & -5 & 3 \\ 30 & 1 & 0 & -18 & -8 \\ -17 & 15 & 0 & 18 & 10 \end{pmatrix}$$

這些運算不會改變行列式的值，所以

$$|\mathbf{A}| = |\mathbf{B}|$$

沿著第 3 行以餘因子展開，

$$|\mathbf{B}| = (-1)^{1+3}(1)|\mathbf{C}| = |\mathbf{C}|$$

其中 **C** 是刪去 **B** 的第 1 列和第 3 行形成的：

$$\mathbf{C} = \begin{pmatrix} -1 & 5 & 1 & 7 \\ 20 & 3 & -5 & 3 \\ 30 & 1 & -18 & -8 \\ -17 & 15 & 18 & 10 \end{pmatrix}$$

現在對 **C** 執行運算。一種方法是利用第 1 列的 1, 1 位置的 −1 產生零。第 1 行乘以 5 加到第 2 行，第 1 行加到第 3 行，第 1 行乘以 7 加到第 4 行，得到

$$\mathbf{D} = \begin{pmatrix} -1 & 0 & 0 & 0 \\ 30 & 103 & 15 & 143 \\ 30 & 151 & 12 & 202 \\ -17 & 70 & 1 & -109 \end{pmatrix}$$

因此 |**C**| = |**D**|，沿著第 1 列展開 |**D**|，獲得

$$|\mathbf{D}| = (-1)^{1+1}(-1)|\mathbf{E}| = -|\mathbf{E}|$$

其中 **E** 是刪去 **D** 的第 1 列和第 1 行形成的：

$$\mathbf{E} = \begin{pmatrix} 103 & 15 & 143 \\ 151 & 12 & 202 \\ -70 & 1 & -109 \end{pmatrix}$$

將 **E** 的第 3 列乘以 −15 加到第 1 列，且將第 3 列乘以 −12 加到第 2 列，可得

$$\mathbf{F} = \begin{pmatrix} 1153 & 0 & 1778 \\ 991 & 0 & 1510 \\ -70 & 1 & -109 \end{pmatrix}$$

因此

$$|\mathbf{E}| = |\mathbf{F}| = (-1)^{3+2}(1)|\mathbf{G}| = -|\mathbf{G}|$$

其中

$$G = \begin{pmatrix} 1153 & 1778 \\ 991 & 1510 \end{pmatrix}$$

|**G**| 為 2 × 2 行列式,很容易計算:

$$|G| = (1153)(1510) - (1778)(991) = -20{,}968$$

綜上所述可知,

$$|A| = |B| = |C| = |D|$$
$$= -|E| = -|F| = |G| = -20{,}968$$

## 5.6 習題

習題 1–7,計算行列式,可使用列與行運算且/或使用列或行餘因子展開。

1. $\begin{vmatrix} -2 & 4 & 1 \\ 1 & 6 & 3 \\ 7 & 0 & 4 \end{vmatrix}$

2. $\begin{vmatrix} -4 & 5 & 6 \\ -2 & 3 & 5 \\ 2 & -2 & 6 \end{vmatrix}$

3. $\begin{vmatrix} 17 & -2 & 5 \\ 1 & 12 & 0 \\ 14 & 7 & -7 \end{vmatrix}$

4. $\begin{vmatrix} 0 & 1 & 1 & -4 \\ 6 & -3 & 2 & 2 \\ 1 & -5 & 1 & -2 \\ 4 & 8 & 2 & 2 \end{vmatrix}$

5. $\begin{vmatrix} 10 & 1 & -6 & 2 \\ 0 & -3 & 3 & 9 \\ 0 & 1 & 1 & 7 \\ -2 & 6 & 8 & 8 \end{vmatrix}$

6. $\begin{vmatrix} 14 & 13 & -2 & 5 \\ 7 & 1 & 1 & 7 \\ 0 & 2 & 12 & 3 \\ 1 & -6 & 5 & 23 \end{vmatrix}$

7. $\begin{vmatrix} -8 & 5 & 1 & 7 & 2 \\ 0 & 1 & 3 & 5 & -6 \\ 2 & 2 & 1 & 5 & 3 \\ 0 & 4 & 3 & 7 & 2 \\ 1 & 1 & -7 & -6 & 5 \end{vmatrix}$

## 5.7 克蘭姆法則

若 $\mathbf{A}$ 為實數,非奇異 $n \times n$ 矩陣,則非齊次方程組 $\mathbf{AX} = \mathbf{B}$ 有唯一解 $\mathbf{X} = \mathbf{A}^{-1}\mathbf{B}$。

克蘭姆法則是解這個方程組的另一種方法。它對於解的每一個分量 $x_k$ 給出一個行列式公式:

$$x_k = \frac{1}{|\mathbf{A}|} |\mathbf{A}(k; \mathbf{B})| \tag{5.4}$$

$k = 1, 2, \cdots, n$,其中 $\mathbf{A}(k; \mathbf{B})$ 為 $\mathbf{A}$ 的第 $k$ 行被行矩陣 $\mathbf{B}$ 取代而形成的 $n \times n$ 矩陣。

這裡是簡短非正式的討論,說明為何此為真。令

$$\mathbf{B} = \begin{pmatrix} b_1 \\ b_2 \\ \vdots \\ b_n \end{pmatrix}$$

以 $x_k$ 乘以 $\mathbf{A}$ 的第 $k$ 行。其行列式等於以 $x_k$ 乘以 $\mathbf{A}$ 的行列式:

$$x_k |\mathbf{A}| = \begin{vmatrix} a_{11} & a_{12} & \cdots & a_{1k}x_k & \cdots & a_{1n} \\ a_{21} & a_{22} & \cdots & a_{2k}x_k & \cdots & a_{2n} \\ \vdots & \vdots & \vdots & \vdots & \vdots & \vdots \\ a_{n1} & a_{n2} & \cdots & a_{nk}x_k & \cdots & a_{nn} \end{vmatrix}$$

對於每一個 $j \neq k$,在此行列式中,將第 $j$ 行乘以 $x_j$ 加到第 $k$ 行,這個運算不會改變行列式的值,因此

$$x_k |\mathbf{A}| = \begin{vmatrix} a_{11} & a_{12} & \cdots & a_{11}x_1 + \cdots + a_{1n}x_n & \cdots & a_{1n} \\ a_{21} & a_{22} & \cdots & a_{21}x_1 + \cdots + a_{2n}x_n & \cdots & a_{2n} \\ \vdots & \vdots & \vdots & & \vdots & \vdots \\ a_{n1} & a_{n2} & \cdots & a_{n1}x_1 + \cdots + a_{nn}x_n & \cdots & a_{nn} \end{vmatrix}$$

$$= \begin{vmatrix} a_{11} & a_{12} & \cdots & b_1 & \cdots & a_{1n} \\ a_{21} & a_{22} & \cdots & b_2 & \cdots & a_{2n} \\ \vdots & \vdots & \vdots & \vdots & \vdots & \vdots \\ a_{n1} & a_{n2} & \cdots & b_n & \cdots & a_{nn} \end{vmatrix}$$

$$= |\mathbf{A}(k; \mathbf{B})|$$

由此式可求出式 (5.5) 的 $x_k$，在這裡 **A** 為非奇異，而 $|\mathbf{A}| \neq 0$ 是很重要的。

#### 例 5.26

解方程組

$$x_1 - 3x_2 - 4x_3 = 1$$
$$-x_1 + x_2 - 3x_3 = 14$$
$$x_2 - 3x_3 = 5$$

係數矩陣為

$$\mathbf{A} = \begin{pmatrix} 1 & -3 & -4 \\ -1 & 1 & -3 \\ 0 & 1 & -3 \end{pmatrix}$$

且 $|\mathbf{A}| = 13$，因此這個方程組有唯一解。由克蘭姆法則，

$$x_1 = \frac{1}{13} \begin{vmatrix} 1 & -3 & -4 \\ 14 & 1 & -3 \\ 5 & 1 & -3 \end{vmatrix} = -\frac{117}{13} = -9$$

$$x_2 = \frac{1}{13} \begin{vmatrix} 1 & 1 & -4 \\ -1 & 14 & -3 \\ 0 & 5 & -3 \end{vmatrix} = -\frac{10}{13}$$

且

$$x_3 = \frac{1}{13} \begin{vmatrix} 1 & -3 & 1 \\ -1 & 1 & 14 \\ 0 & 1 & 5 \end{vmatrix} = -\frac{25}{13}$$

## 5.7 習題

習題 1–5，使用克蘭姆法則解方程組，或 克蘭姆法則。
證明因為係數矩陣為奇異，所以無法使用

1. $15x_1 - 4x_2 = 5$
   $8x_1 + x_2 = -4$
2. $8x_1 - 4x_2 + 3x_3 = 0$
   $x_1 + 5x_2 - x_3 = -5$
   $-2x_1 + 6x_2 + x_3 = -4$
3. $x_1 + x_2 - 3x_3 = 0$
   $x_2 - 4x_3 = 0$
   $x_1 - x_2 - x_3 = 5$
4. $2x_1 - 4x_2 + x_3 - x_4 = 6$
   $x_1 - 3x_3 = 10$
   $x_1 - 4x_3 = 0$
   $x_2 - x_3 + 2x_4 = 4$
5. $14x_1 - 3x_3 = 5$
   $2x_1 - 4x_3 + x_4 = 2$
   $x_1 - x_2 + x_3 - 3x_4 = 1$
   $x_3 - 4x_4 = -5$

# CHAPTER 6

# 特徵值、對角化與特殊矩陣

## 6.1 特徵值與特徵向量

本章主要討論具有實數或複數單元的方陣。

令 $\mathbf{A}$ 為 $n \times n$ 矩陣,若有一個非零的 $n \times 1$ 矩陣 $\mathbf{E}$,使得

$$\mathbf{AE} = \lambda \mathbf{E}$$

則 $\lambda$ 稱為 $\mathbf{A}$ 的**特徵值** (eigenvalue),$\mathbf{E}$ 稱為 $\mathbf{A}$ 的**特徵向量** (eigenvector),有時我們稱 $\mathbf{E}$ 為**對應於** (corresponding to) 特徵值 $\lambda$ 的特徵向量,或與特徵值 $\lambda$ **相關聯** (associated with) 的特徵向量。

特徵向量的任何非零純量倍數也是相同特徵值的特徵向量。這是因為若 $\mathbf{AE} = \lambda \mathbf{E}$,$\alpha$ 為任意數,則

$$\mathbf{A}(\alpha \mathbf{E}) = \alpha \mathbf{AE} = \alpha(\lambda \mathbf{E}) = \lambda(\alpha \mathbf{E})$$

我們經常令一個特徵向量

$$\mathbf{E} = \begin{pmatrix} e_1 \\ e_2 \\ \vdots \\ e_n \end{pmatrix}$$

恆等於 $n$-向量

$$< e_1, e_2, \cdots, e_n >$$

### 例 6.1

令

$$\mathbf{A} = \begin{pmatrix} 1 & -1 & 0 \\ 0 & 1 & 1 \\ 0 & 0 & -1 \end{pmatrix}$$

1 為 **A** 的特徵值，特徵向量為

$$\mathbf{E} = \begin{pmatrix} 6 \\ 0 \\ 0 \end{pmatrix}$$

因為

$$\mathbf{AE} = \begin{pmatrix} 1 & -1 & 0 \\ 0 & 1 & 1 \\ 0 & 0 & -1 \end{pmatrix} \begin{pmatrix} 6 \\ 0 \\ 0 \end{pmatrix} = \begin{pmatrix} 6 \\ 0 \\ 0 \end{pmatrix} = \mathbf{E}$$

若 $\alpha \neq 0$，則

$$\begin{pmatrix} \alpha \\ 0 \\ 0 \end{pmatrix}$$

也是對應於特徵值 1 的 **A** 的特徵向量。

**A** 的另一個特徵值為 $-1$，特徵向量為

$$\begin{pmatrix} 1 \\ 2 \\ -4 \end{pmatrix}$$

因為

$$\begin{pmatrix} 1 & -1 & 0 \\ 0 & 1 & 1 \\ 0 & 0 & -1 \end{pmatrix} \begin{pmatrix} 1 \\ 2 \\ -4 \end{pmatrix} = \begin{pmatrix} -1 \\ -2 \\ 4 \end{pmatrix} = (-1) \begin{pmatrix} 1 \\ 2 \\ -4 \end{pmatrix}$$

### 例 6.2

令

$$\mathbf{B} = \begin{pmatrix} 1 & 0 \\ 0 & 0 \end{pmatrix}$$

則

$$\mathbf{B}\begin{pmatrix} 0 \\ 4 \end{pmatrix} = \begin{pmatrix} 0 \\ 0 \end{pmatrix} = 0\begin{pmatrix} 0 \\ 4 \end{pmatrix}$$

因此 0 為 **B** 的特徵值，特徵向量為

$$\begin{pmatrix} 0 \\ 4 \end{pmatrix}$$

0 可以為特徵值，但零向量不可以為特徵向量。

特徵值與特徵向量具有重要的用途，例如，作為發生在機械系統的振動模式，以及指出流體流動的穩定性或不穩定性。下列說明如何求矩陣的所有特徵值與特徵向量。

若 $\lambda$ 為特徵值，**E** 為特徵向量，則 $\mathbf{AE} = \lambda\mathbf{E}$，故

$$\lambda\mathbf{E} - \mathbf{AE} = \mathbf{O}$$

$n \times 1$ 零矩陣。從這個方程式左側提出因數 **E**，結果剩下純量 $\lambda$ 減去一個矩陣，這沒有任何意義。然而，要提出因數，我們可以先將上式改寫成

$$\lambda\mathbf{I}_n\mathbf{E} - \mathbf{AE} = \mathbf{O}$$

亦即

$$(\lambda\mathbf{I}_n - \mathbf{A})\mathbf{E} = \mathbf{O}$$

這表示特徵向量 **E** 為 $n \times n$ 齊次線性方程組

$$(\lambda\mathbf{I}_n - \mathbf{A})\mathbf{X} = \mathbf{O}$$

的**非當然** (nontrivial) 解。當係數矩陣為奇異 (singular)，亦即其行列式為零：

$$|\lambda\mathbf{I}_n - \mathbf{A}| = 0$$

則此 $n \times n$ 方程組有非當然解。將此行列式展開可得 $\lambda$ 的 $n$ 次多項式，稱為 **A** 的**特徵多項式** (characteristic polynomial)，以 $p_\mathbf{A}(\lambda)$ 表示：

$$p_{\mathbf{A}}(\lambda) = |\lambda \mathbf{I}_n - \mathbf{A}|$$

$\lambda$ 是 $\mathbf{A}$ 的特徵值的條件為

$$p_{\mathbf{A}}(\lambda) = |\lambda \mathbf{I}_n - \mathbf{A}| = 0 \tag{6.1}$$

$\mathbf{A}$ 的特徵值是這個特徵方程式的根,這表示有 $n$ 個特徵值,雖然某些特徵值可能重複。

當列出矩陣的特徵值時,每個特徵值為特徵方程式的根且依其重數列出,如果根具有重數 $k$,則特徵值出現 $k$ 次。

一旦我們有了特徵值 $\lambda$,對應的特徵向量可由解下列的 $n \times n$ 方程組

$$\mathbf{AX} = \lambda \mathbf{X}$$

求得。亦即,$\lambda$ 的特徵向量為齊次方程組

$$(\lambda \mathbf{I}_n - \mathbf{A})\mathbf{X} = \mathbf{O} \tag{6.2}$$

的解。

### 例 6.3

令

$$\mathbf{A} = \begin{pmatrix} 1 & -1 & 0 \\ 0 & 1 & 1 \\ 0 & 0 & -1 \end{pmatrix}$$

求 $\mathbf{A}$ 的特徵值和特徵向量。

$\mathbf{A}$ 的特徵多項式為

$$p_{\mathbf{A}}(\lambda) = |\lambda \mathbf{I}_3 - \mathbf{A}| = \begin{vmatrix} \lambda - 1 & 1 & 0 \\ 0 & \lambda - 1 & -1 \\ 0 & 0 & \lambda + 1 \end{vmatrix}$$

$$= (\lambda - 1)^2 (\lambda + 1)$$

根為 1、1、−1,其中 1 的重數為 2,因此特徵值為

$$1, 1, -1$$

順序並不重要,對於 $3 \times 3$ 矩陣必須列出三個特徵值。

現在我們要找這些特徵值所對應的特徵向量。首先將 λ = 1 代入式 (6.2)，得到方程組 $(\mathbf{I}_3 - \mathbf{A})\mathbf{X} = \mathbf{O}$，亦即

$$\begin{pmatrix} 0 & 1 & 0 \\ 0 & 0 & -1 \\ 0 & 0 & 2 \end{pmatrix} \begin{pmatrix} x_1 \\ x_2 \\ x_3 \end{pmatrix} = \begin{pmatrix} 0 \\ 0 \\ 0 \end{pmatrix}$$

這是方程組

$$x_2 = 0, x_3 = 0, 2x_3 = 0$$

其通解為 $x_1 = \alpha$（任意數），$x_2 = x_3 = 0$。對應於特徵值 1 的特徵向量為

$$\mathbf{E}_1 = \begin{pmatrix} 1 \\ 0 \\ 0 \end{pmatrix}$$

的所有非零恆定倍數。

對於特徵值 λ = −1，式 (6.2) 為方程組 $(-\mathbf{I}_3 - \mathbf{A})\mathbf{X} = \mathbf{O}$，亦即

$$\begin{pmatrix} -2 & 1 & 0 \\ 0 & -2 & -1 \\ 0 & 0 & 0 \end{pmatrix} \begin{pmatrix} x_1 \\ x_2 \\ x_3 \end{pmatrix} = \begin{pmatrix} 0 \\ 0 \\ 0 \end{pmatrix}$$

這是方程組

$$-2x_1 + x_2 = 0$$
$$-2x_2 - x_3 = 0$$

通解為

$$x_2 = 2x_1, x_3 = -2x_2 = -4x_1, x_1 \text{ 為任意數}$$

特徵值 −1 對應的特徵向量為

$$\mathbf{E}_2 = \begin{pmatrix} 1 \\ 2 \\ -4 \end{pmatrix}$$

的所有非零恆定倍數。

### 例 6.4

令
$$\mathbf{B} = \begin{pmatrix} 1 & -2 \\ 2 & 0 \end{pmatrix}$$

**B** 的特徵多項式為

$$p_{\mathbf{B}}(\lambda) = |\lambda \mathbf{I}_2 - \mathbf{B}| = \left| \begin{pmatrix} \lambda & 0 \\ 0 & \lambda \end{pmatrix} - \begin{pmatrix} 1 & -2 \\ 2 & 0 \end{pmatrix} \right| = \begin{vmatrix} \lambda - 1 & 2 \\ -2 & \lambda \end{vmatrix} = \lambda^2 - \lambda + 4$$

特徵方程式為

$$\lambda^2 - \lambda + 4 = 0$$

**B** 的特徵值為特徵方程式的根：

$$\lambda_1 = \frac{1 + \sqrt{15}i}{2}, \lambda_2 = \frac{1 - \sqrt{15}i}{2}$$

欲求對應於 $\lambda_1$ 的特徵向量，解方程組

$$(\lambda_1 \mathbf{I}_2 - \mathbf{B})\mathbf{X} = \mathbf{O}$$

這是方程組

$$(\lambda_1 \mathbf{I}_2 - \mathbf{B})\mathbf{X} = \begin{pmatrix} (-1 + \sqrt{15}i)/2 & 2 \\ -2 & (1 + \sqrt{15}i)/2 \end{pmatrix} \mathbf{X} = \begin{pmatrix} 0 \\ 0 \end{pmatrix}$$

亦即

$$\frac{-1 + \sqrt{15}i}{2} x_1 + 2x_2 = 0$$

$$-2x_1 + \frac{1 + \sqrt{15}i}{2} x_2 = 0$$

這個方程組有解

$$\mathbf{E}_1 = \alpha \begin{pmatrix} 1 \\ (1 - \sqrt{15}i)/4 \end{pmatrix}$$

若 $\alpha \neq 0$，則 $\mathbf{E}_1$ 為對應於 $\lambda_1$ 的特徵向量。

對應於 $\lambda_2$ 的特徵向量，解

$$(\lambda_2 \mathbf{I}_2 - \mathbf{B})\mathbf{X} = \mathbf{O}$$

得到

$$\mathbf{E}_2 = \beta \begin{pmatrix} 1 \\ (1 + \sqrt{15}i)/4 \end{pmatrix}$$

若 $\beta \neq 0$，則 $\mathbf{E}_2$ 為特徵向量。

在此例中，特徵值為共軛複數，特徵向量也是。若 $\mathbf{A}$ 的元素為實數，則 $p_\mathbf{A}(\lambda)$ 為實係數，故若 $a + ib$ 為一根，則其共軛 $a - ib$ 也是一根。實矩陣的複數特徵值以共軛對出現。

此外，如果 $\lambda$ 是具有特徵向量 $\mathbf{E}$ 的複特徵值，則 $\mathbf{E}$ 的每個元素的共軛形成共軛 $\overline{\mathbf{E}}$，而 $\overline{\mathbf{E}}$ 是與 $\overline{\lambda}$ 相關聯的特徵向量。這是因為若 $\mathbf{AE} = \lambda \mathbf{E}$，則

$$\overline{\mathbf{AE}} = \overline{\mathbf{A}}\,\overline{\mathbf{E}} = \overline{\lambda \mathbf{E}} = \overline{\lambda}\,\overline{\mathbf{E}}$$

但 $\overline{\mathbf{A}} = \mathbf{A}$，若 $\mathbf{A}$ 的所有元素均為實數，故

$$\mathbf{A}\overline{\mathbf{E}} = \overline{\lambda}\,\overline{\mathbf{E}}$$

當矩陣為實數時，可以省掉一些計算，因為若 $\lambda$ 為複特徵值其所對應的特徵向量為 $\mathbf{E}$，則 $\overline{\lambda}$ 為另一特徵值其所對應的特徵向量為 $\overline{\mathbf{E}}$，這可由例 6.4 得知。

因為矩陣的特徵向量有複元素，因此將 $R^n$（所有分量為實數）的 $n$-向量的概念推廣，使具有 $n$ 個分量的向量，一部分或全部分量可為複數。我們將複 $n$-向量相加，以常數乘複 $n$-向量，如同我們對實 $n$-向量的運算一樣，而且要了解這些常數可以是複數。具體而言，定理 4.1 適用於具有複分量的 $n$-向量。

### 6.1.1 特徵向量的線性獨立

**定理 6.1** 相異特徵值的特徵向量之獨立性

令 $\mathbf{V}_1, \cdots, \mathbf{V}_k$ 為 $\mathbf{A}$ 的特徵向量，分別對應於 $k$ 個相異的特徵值 $\lambda_1, \cdots, \lambda_k$，則 $\mathbf{V}_1, \cdots, \mathbf{V}_k$ 為線性獨立。

**證明**：可以用歸納法來證明這個定理。若 $k = 1$，則無須證明。假設這個結果對於對應於 $k - 1$ 個相異特徵值的任意 $k - 1$ 個特徵向量成立，且假設我們有對應於 $k$ 個相

異特徵值的 $k$ 個特徵向量。

若這些特徵向量為線性相依，則有不全為 0 的數 $c_1, c_2, \cdots, c_k$，使得

$$c_1\mathbf{V}_1 + c_2\mathbf{V}_2 + \cdots + c_k\mathbf{V}_k = \mathbf{O} \tag{6.3}$$

若有必要可重新標示，為了便利，假設 $c_1 \neq 0$，將 $\lambda_1\mathbf{I}_n - \mathbf{A}$ 乘以式 (6.3)，可得

$$\begin{aligned}
\mathbf{O} &= (\lambda_1\mathbf{I}_n - \mathbf{A})(c_1\mathbf{V}_1 + c_2\mathbf{V}_2 + \cdots + c_k\mathbf{V}_k) \\
&= c_1(\lambda_1\mathbf{I}_n - \mathbf{A})\mathbf{V}_1 + c_2(\lambda_1\mathbf{I}_n - \mathbf{A})\mathbf{V}_2 + \cdots + c_k(\lambda_1\mathbf{I}_n - \mathbf{A})\mathbf{V}_k \\
&= c_1(\lambda_1\mathbf{V}_1 - \lambda_1\mathbf{V}_1) + c_2(\lambda_1\mathbf{V}_2 - \lambda_2\mathbf{V}_2) + \cdots + c_k(\lambda_1\mathbf{V}_k - \lambda_k\mathbf{V}_k) \\
&= c_2(\lambda_1 - \lambda_2)\mathbf{V}_2 + \cdots + c_k(\lambda_1 - \lambda_k)\mathbf{V}_k
\end{aligned}$$

現在 $\mathbf{V}_2, \cdots, \mathbf{V}_k$ 為線性獨立，所以上式的所有係數必須為零：

$$c_2(\lambda_1 - \lambda_2) = c_3(\lambda_1 - \lambda_3) = \cdots = c_k(\lambda_1 - \lambda_k) = 0$$

但是，假設 $\lambda_1 \neq \lambda_j$，$j = 2, \cdots, k$，因此

$$c_2 = c_3 = \cdots = c_k = 0$$

式 (6.3) 簡化為 $c_1\mathbf{V}_1 = \mathbf{O}$。因為特徵向量不為零向量，所以 $c_1 = 0$。因此，式 (6.3) 的所有係數 $c_j$ 必須為零，故 $\mathbf{V}_1, \cdots, \mathbf{V}_k$ 為線性獨立。

---

由定理 6.1 可知，若 $\mathbf{A}$ 為 $n \times n$ 矩陣且有 $n$ 個相異特徵值，則 $\mathbf{A}$ 有 $n$ 個獨立特徵向量。當特徵值的**重數 (multiplicity)** 大於 1 時，會有什麼現象發生？在例 6.3 中，矩陣有特徵值 1、1、$-1$，其中 1 的重數為 2。對於該例中的矩陣，所有對應 1 的特徵向量為

$$\begin{pmatrix} 1 \\ 0 \\ 0 \end{pmatrix}$$

的恆定倍數。這個 $3 \times 3$ 矩陣僅有兩個獨立特徵向量，一個對應於 $-1$，而另一個對應於重數為 2 的特徵值 1。

但是，有可能發生重複的特徵值產生多於一個的線性獨立向量。

## 例 6.5

$3 \times 3$ 矩陣

$$\mathbf{C} = \begin{pmatrix} 5 & -4 & 4 \\ 12 & -11 & 12 \\ 4 & -4 & 5 \end{pmatrix}$$

有特徵值 −3、1、1。對於特徵值 −3 的特徵向量為

$$\begin{pmatrix} 1 \\ 3 \\ 1 \end{pmatrix}$$

對於重複特徵值 1 對應的特徵向量，解

$$(\mathbf{I}_2 - \mathbf{C})\mathbf{X} = \begin{pmatrix} -4 & 4 & -4 \\ -12 & 12 & -12 \\ -4 & 4 & -4 \end{pmatrix} \begin{pmatrix} x_1 \\ x_2 \\ x_3 \end{pmatrix} = \begin{pmatrix} 0 \\ 0 \\ 0 \end{pmatrix}$$

這個方程組有通解

$$\alpha \begin{pmatrix} 1 \\ 0 \\ -1 \end{pmatrix} + \beta \begin{pmatrix} 0 \\ 1 \\ 1 \end{pmatrix}$$

取 $\alpha = 1$，$\beta = 0$ 可得特徵向量

$$\begin{pmatrix} 1 \\ 0 \\ -1 \end{pmatrix}$$

取 $\alpha = 0$，$\beta = 1$ 可得第二個線性獨立特徵向量

$$\begin{pmatrix} 0 \\ 1 \\ 1 \end{pmatrix}$$

在此例中，即使有重複的特徵值，仍然可能找到 $n = 3$ 個線性獨立特徵向量（兩個獨立特徵向量對應一個特徵值）。

我們可以對這些例子作一個總結。令 **A** 為一個 $n \times n$ 數字（實數或複數）矩陣。

1. 若 **A** 有 $n$ 個相異特徵值，則 **A** 有 $n$ 個獨立特徵向量。

2. 重數為 $m > 1$ 的特徵值具有 1 至 $m$ 個獨立特徵向量。若 **A** 有 $n$ 個獨立特徵向量，我們必能夠由每一個特徵值得到與該特徵值的重數相同個數的獨立特徵向量。

3. 若重數為 $m$ 的任何特徵值，僅有 $r < m$ 個獨立特徵向量，則 **A** 不具有 $n$ 個獨立特徵向量。

**數往知來──離散動力系統**

離散動力系統是線性系統的特例，它描述了隨時間變化的數量，其中每個時間階段代表所討論數量的快照。例如，考慮與捕食者／獵物之間的關係的相關數量變化。時間階段可以是任何長度，一天甚至一年，但必須明確離散。為了求解這些系統，讀者需要使用特徵值和特徵向量來找到一個方程式，以便能夠在已知一些初始條件，以及在任何時間階段求解數量。

假設兩個函數 $L(t)$ 和 $Z(t)$ 分別代表獅子和斑馬的數量，其中這兩個物種之間的關係可以建立模式如下：

$$L(t+1) = L(t) + Z(t)$$
$$Z(t+1) = -0.75L(t) + 3Z(t)$$

解此方程組，在任何時間階段，對於三組不同初始條件，求數量的通解。

令 $\begin{bmatrix} L(0) \\ Z(0) \end{bmatrix} = \begin{bmatrix} 1000 \\ 500 \end{bmatrix}$ 是我們的第一組初始條件。用矩陣形式描述方程組，$A = \begin{bmatrix} 1 & 1 \\ -0.75 & 3 \end{bmatrix}$。欲求通解，首先用疊代法。

$$\begin{bmatrix} L(1) \\ Z(1) \end{bmatrix} = \begin{bmatrix} 1 & 1 \\ -0.75 & 3 \end{bmatrix} \begin{bmatrix} 1000 \\ 500 \end{bmatrix} = \begin{bmatrix} 1500 \\ 750 \end{bmatrix} = 1.5 \begin{bmatrix} 1000 \\ 500 \end{bmatrix}$$

$$\begin{bmatrix} L(2) \\ Z(2) \end{bmatrix} = \begin{bmatrix} 1 & 1 \\ -0.75 & 3 \end{bmatrix} \left( 1.5 \begin{bmatrix} 1000 \\ 500 \end{bmatrix} \right) = 1.5 \left( \begin{bmatrix} 1 & 1 \\ -0.75 & 3 \end{bmatrix} \begin{bmatrix} 1000 \\ 500 \end{bmatrix} \right) = 1.5^2 \begin{bmatrix} 1000 \\ 500 \end{bmatrix}$$

由上式可知，方程式的通式為

$$\begin{bmatrix} L(t) \\ Z(t) \end{bmatrix} = 1.5^t \begin{bmatrix} 1000 \\ 500 \end{bmatrix}$$

令 $\begin{bmatrix} L(0) \\ Z(0) \end{bmatrix} = \begin{bmatrix} 600 \\ 900 \end{bmatrix}$ 為第二組初始條件，再用疊代法。

$$\begin{bmatrix} L(1) \\ Z(1) \end{bmatrix} = \begin{bmatrix} 1 & 1 \\ -0.75 & 3 \end{bmatrix} \begin{bmatrix} 600 \\ 900 \end{bmatrix} = \begin{bmatrix} 1500 \\ 2250 \end{bmatrix} = 2.5 \begin{bmatrix} 600 \\ 900 \end{bmatrix}$$

$$\begin{bmatrix} L(2) \\ Z(2) \end{bmatrix} = \begin{bmatrix} 1 & 1 \\ -0.75 & 3 \end{bmatrix} \left( 2.5 \begin{bmatrix} 600 \\ 900 \end{bmatrix} \right) = 2.5 \left( \begin{bmatrix} 1 & 1 \\ -0.75 & 3 \end{bmatrix} \begin{bmatrix} 600 \\ 900 \end{bmatrix} \right) = 2.5^2 \begin{bmatrix} 600 \\ 900 \end{bmatrix}$$

由上式可知，方程式的通式為

$$\begin{bmatrix} L(t) \\ Z(t) \end{bmatrix} = 2.5^t \begin{bmatrix} 600 \\ 900 \end{bmatrix}$$

對於前兩個情況，讀者可以很容易地產生描述數量成長的方程式。現在，令 $\begin{bmatrix} L(0) \\ Z(0) \end{bmatrix} = \begin{bmatrix} 1400 \\ 1600 \end{bmatrix}$ 為最後一組初始條件。

$$\begin{bmatrix} L(1) \\ Z(1) \end{bmatrix} = \begin{bmatrix} 1 & 1 \\ -0.75 & 3 \end{bmatrix} \begin{bmatrix} 1400 \\ 1600 \end{bmatrix} = \begin{bmatrix} 3000 \\ 3750 \end{bmatrix}$$

從這裡，沒有一個明顯的遞迴模式，而要使用矩陣乘法的分配性質來將初始條件分解為前兩個的線性組合，亦即 $\begin{bmatrix} 1400 \\ 1600 \end{bmatrix} = 0.5 \begin{bmatrix} 1000 \\ 500 \end{bmatrix} + 1.5 \begin{bmatrix} 600 \\ 900 \end{bmatrix}$。現在，如前兩個例子，使用遞迴模式，重複上述的方法。

$$\begin{bmatrix} L(1) \\ Z(1) \end{bmatrix} = \begin{bmatrix} 1 & 1 \\ -0.75 & 3 \end{bmatrix} \left( 0.5 \begin{bmatrix} 1000 \\ 500 \end{bmatrix} + 1.5 \begin{bmatrix} 600 \\ 900 \end{bmatrix} \right)$$

$$= (0.5)(1.5) \begin{bmatrix} 1000 \\ 500 \end{bmatrix} + (1.5)(2.5) \begin{bmatrix} 600 \\ 900 \end{bmatrix}$$

通過這個巧妙的技巧來重寫初始條件，就先前具有遞迴模式的初始條件而言，讀者可以將問題分解成另一種遞迴模式。則對於第二個時間階段：

$$\begin{bmatrix} L(2) \\ Z(2) \end{bmatrix} = \begin{bmatrix} 1 & 1 \\ -0.75 & 3 \end{bmatrix} \left( (0.5)(1.5) \begin{bmatrix} 1000 \\ 500 \end{bmatrix} + (1.5)(2.5) \begin{bmatrix} 600 \\ 900 \end{bmatrix} \right)$$

$$\begin{bmatrix} L(2) \\ Z(2) \end{bmatrix} = (0.5)(1.5)^2 \begin{bmatrix} 1000 \\ 500 \end{bmatrix} + (1.5)(2.5)^2 \begin{bmatrix} 600 \\ 900 \end{bmatrix}$$

由此可知，通式為

$$\begin{bmatrix} L(t) \\ Z(t) \end{bmatrix} = (0.5)(1.5)^t \begin{bmatrix} 1000 \\ 500 \end{bmatrix} + (1.5)(2.5)^t \begin{bmatrix} 600 \\ 900 \end{bmatrix}$$

請注意：這個問題中的前兩個初始條件如何清楚地被選取，使得它們能夠立刻產生遞迴模式，從而設置第三組初始條件，寫成前兩個的線性組合。如果讀者沒有完成前兩組初始條件，則如何求解這個問題？在本章之後，讀者將會知道答案在於 **A** 的特徵值和特徵向量。

## 6.1 習題

習題 1–8，求矩陣的特徵值。對於每一個特徵值，求特徵向量。

1. $\begin{pmatrix} 1 & 3 \\ 2 & 1 \end{pmatrix}$

2. $\begin{pmatrix} -5 & 0 \\ 1 & 2 \end{pmatrix}$

3. $\begin{pmatrix} 1 & -6 \\ 2 & 2 \end{pmatrix}$

4. $\begin{pmatrix} 2 & 0 & 0 \\ 1 & 0 & 2 \\ 0 & 0 & 3 \end{pmatrix}$

5. $\begin{pmatrix} -3 & 1 & 1 \\ 0 & 0 & 0 \\ 0 & 1 & 0 \end{pmatrix}$

6. $\begin{pmatrix} -14 & 1 & 0 \\ 0 & 2 & 0 \\ 1 & 0 & 2 \end{pmatrix}$

7. $\begin{pmatrix} 1 & -2 & 0 \\ 0 & 0 & 0 \\ -5 & 0 & 7 \end{pmatrix}$

8. $\begin{pmatrix} -4 & 1 & 0 & 1 \\ 0 & 1 & 0 & 0 \\ 0 & 0 & 2 & 0 \\ 1 & 0 & 0 & 3 \end{pmatrix}$

## 6.2 對角化

設 **A** 為 $n \times n$ 矩陣，$a_{jj}$ 構成 **A** 的**主對角** (main diagonal) 元素，所有其他元素 $a_{ij}$，$j \neq j$ 稱為**非對角元素** (off-diagonal element)。

方陣 $\mathbf{D} = [d_{ij}]$ 稱為**對角矩陣** (diagonal matrix)，若 **D** 中每一個非對角元素為零：

$$\mathbf{D} = \begin{pmatrix} d_1 & 0 & 0 & \cdots & 0 & 0 \\ 0 & d_2 & 0 & \cdots & 0 & 0 \\ 0 & 0 & d_3 & \cdots & 0 & 0 \\ \vdots & \vdots & \vdots & \vdots & \vdots & \vdots \\ 0 & 0 & 0 & \cdots & 0 & d_n \end{pmatrix}$$

對角矩陣有非常令人愉快的計算性質。若 $\mathbf{A} = [a_{ij}]$ 與 $\mathbf{B} = [b_{ij}]$ 為 $n \times n$ 對角矩陣，則：

1. $\mathbf{A} + \mathbf{B}$ 為對角，其對角元素為 $a_{jj} + b_{jj}$。
2. $\mathbf{AB}$ 為對角，其對角元素為 $a_{jj}b_{jj}$。
3. $|\mathbf{A}| = a_{11}a_{22}\cdots a_{nn}$
   對角矩陣的行列式等於其主對角元素的積。
4. $\mathbf{A}$ 為非奇異，當每一個對角元素均不為零。在此情況下，$\mathbf{A}^{-1}$ 為以 $1/a_{jj}$ 為對角元素的對角矩陣。
5. $\mathbf{A}$ 的特徵值為其對角元素。
6. 與特徵值 $a_{jj}$ 相關聯的特徵向量為 $n \times 1$ 矩陣

$$\begin{pmatrix} 0 \\ 0 \\ \vdots \\ 1 \\ 0 \\ \vdots \\ 0 \end{pmatrix}$$

其中 $j$、1 位置為 1，所有其他元素為零。

大多數矩陣不是對角矩陣。然而，有時可以如下將方陣 $\mathbf{A}$ 變換成對角矩陣。若存在 $n \times n$ 矩陣 $\mathbf{P}$ 使得

$$\mathbf{P}^{-1}\mathbf{AP}$$

是對角矩陣，則稱 $\mathbf{A}$ 可對角化 (diagonalizable)。在此情況下，我們稱 $\mathbf{P}$ **對角化 (diagonalize)** $\mathbf{A}$。

不是每個矩陣都是可對角化。以下定理不僅能夠準確地告訴我們哪些矩陣是可對角化的，而且給予一可對角化的矩陣 $\mathbf{A}$，如何找到一個可將 $\mathbf{A}$ 對角化的矩陣。

定理 6.2 矩陣的對角化

令 $\mathbf{A}$ 為 $n \times n$ 矩陣，則 $\mathbf{A}$ 可對角化若且唯若 $\mathbf{A}$ 有 $n$ 個線性獨立特徵向量。

此外，若 $\mathbf{P}$ 是以 $n$ 個獨立特徵向量為行的矩陣，則 $\mathbf{P}$ 對角化 $\mathbf{A}$。$\mathbf{P}^{-1}\mathbf{A}\mathbf{P}$ 是以 $\mathbf{A}$ 的特徵值沿主對角線排列而成的對角矩陣，特徵值的排列順序依其所對應的特徵向量在 $\mathbf{P}$ 中的行的排列順序而定。

這是一個非常強大的結果，但還有更多要說明。由 $\mathbf{A}$ 的特徵向量形成的矩陣可對角化 $\mathbf{A}$。這表示，若

$$\mathbf{Q}^{-1}\mathbf{A}\mathbf{Q}$$

為對角矩陣，則 $\mathbf{Q}$ 以 $\mathbf{A}$ 的特徵向量為其行，$\mathbf{Q}^{-1}\mathbf{A}\mathbf{Q}$ 的主對角線是由 $\mathbf{A}$ 的特徵值組成，其順序依形成 $\mathbf{Q}$ 的特徵向量在 $\mathbf{Q}$ 中的行的排列順序而定。

### 數往知來──在離散動力系統中使用特徵值和特徵向量

重新討論本章前述的離散動力系統，首先解 $\mathbf{A}$ 的特徵值並且與之前的解作一比較。

$$A = \begin{bmatrix} 1 & 1 \\ -0.75 & 3 \end{bmatrix}$$

$$A - I\lambda = \begin{bmatrix} 1-\lambda & 1 \\ -0.75 & 3-\lambda \end{bmatrix}$$

$$\det(A - I\lambda) = (1-\lambda)(3-\lambda) + 0.75 = 0$$

$$\lambda^2 - 4\lambda + 3.75 = 0$$

$$\lambda_1 = 1.5 \quad \lambda_2 = 2.5$$

讀者可以看到這些特徵值出現在通解。現在求對應的特徵向量 $v_1$ 和 $v_2$。

$$A - I(1.5) = \begin{bmatrix} 1-1.5 & 1 \\ -0.75 & 3-1.5 \end{bmatrix} = \begin{bmatrix} -0.5 & 1 \\ -0.75 & 1.5 \end{bmatrix}$$

$$v_1 = \begin{bmatrix} 2 \\ 1 \end{bmatrix}$$

$$A - I(2.5) = \begin{bmatrix} 1-2.5 & 1 \\ -0.75 & 3-2.5 \end{bmatrix} = \begin{bmatrix} -1.5 & 1 \\ -0.75 & 0.5 \end{bmatrix}$$

$$v_2 = \begin{bmatrix} 2 \\ 3 \end{bmatrix}$$

特徵值 1.5 所對應的特徵向量為 $\begin{bmatrix} 2 \\ 1 \end{bmatrix}$，特徵值 2.5 對應 $\begin{bmatrix} 2 \\ 3 \end{bmatrix}$。注意：這些特徵向量織成 $\mathbb{R}^2$，因此形成一基底。現在讀者可以看到前兩組初始條件為特徵向量的純量倍數。這就是為什麼它們可以很容易地轉換成遞迴模式，因為 $Av = \lambda v$，其中 $\lambda$ 為它們各自的特徵值。

**例 6.6**

令

$$A = \begin{pmatrix} -1 & 4 \\ 0 & 3 \end{pmatrix}$$

$A$ 有特徵值 $-1$、$3$ 且對應特徵向量為

$$\begin{pmatrix} 1 \\ 0 \end{pmatrix} \text{ 和 } \begin{pmatrix} 1 \\ 1 \end{pmatrix}$$

由

$$P = \begin{pmatrix} 1 & 1 \\ 0 & 1 \end{pmatrix}$$

其中以特徵向量為其行。我們求得

$$P^{-1} = \begin{pmatrix} 1 & -1 \\ 0 & 1 \end{pmatrix}$$

由計算可知

$$P^{-1}AP = \begin{pmatrix} -1 & 0 \\ 0 & 3 \end{pmatrix}$$

欲求此值不需要將這些矩陣相乘，因為定理告訴我們特徵值會出現在 $P^{-1}AP$ 的主對角線上，其順序依形成 $P$ 的特徵向量在 $P$ 中的行的排列順序而定。

如果特徵向量以其他順序排列，亦即

$$Q = \begin{pmatrix} 1 & 1 \\ 1 & 0 \end{pmatrix}$$

則

$$\mathbf{Q}^{-1}\mathbf{A}\mathbf{Q} = \begin{pmatrix} 3 & 0 \\ 0 & -1 \end{pmatrix}$$

**例 6.7**

令

$$\mathbf{M} = \begin{pmatrix} -5 & 0 & 1 \\ 0 & 1 & 2 \\ 1 & 0 & -3 \end{pmatrix}$$

特徵值為 $1$、$1+\sqrt{17}$ 與 $1-\sqrt{17}$。對應特徵向量分別為

$$\begin{pmatrix} 0 \\ 1 \\ 0 \end{pmatrix} 、 \begin{pmatrix} 17+4\sqrt{17} \\ 2 \\ \sqrt{17} \end{pmatrix} 與 \begin{pmatrix} 17-4\sqrt{17} \\ 2 \\ -\sqrt{17} \end{pmatrix}$$

令

$$\mathbf{P} = \begin{pmatrix} 0 & 17+4\sqrt{17} & 17-4\sqrt{17} \\ 1 & 2 & 2 \\ 0 & \sqrt{17} & -\sqrt{17} \end{pmatrix}$$

不需要計算 $\mathbf{P}^{-1}$，因為定理告訴我們，利用獨立特徵向量形成 $\mathbf{P}$ 的行，因此

$$\mathbf{P}^{-1}\mathbf{A}\mathbf{P} = \begin{pmatrix} 1 & 0 & 0 \\ 0 & 1+\sqrt{17} & 0 \\ 0 & 0 & 1-\sqrt{17} \end{pmatrix}$$

**例 6.8**

矩陣可對角化並不需要相異特徵值。所需要的是矩陣必須有 $n$ 個獨立特徵向量，即使特徵值是特徵方程式的重根也可能產生線性獨立特徵向量。例如，令

$$\mathbf{C} = \begin{pmatrix} 5 & -4 & 4 \\ 12 & -11 & 12 \\ 4 & -4 & 5 \end{pmatrix}$$

如例 6.7 所示，**C** 有特徵值 $-3$、$1$、$1$，具有重複的特徵值。然而，我們發現有三個獨立的特徵向量 **V**，不管重複的特徵值如何，因為重數為 2 的特徵值產生兩個獨立特徵向量。利用這些特徵向量使其成為 **P** 的行：

$$\mathbf{P} = \begin{pmatrix} 1 & 1 & 0 \\ 3 & 0 & 1 \\ 1 & -1 & 1 \end{pmatrix}$$

則

$$\mathbf{P}^{-1}\mathbf{CP} = \begin{pmatrix} -3 & 0 & 0 \\ 0 & 1 & 0 \\ 0 & 0 & 1 \end{pmatrix}$$

定理 6.2 的結論可以用直接計算予以部分證明。假設 $\lambda_1, \cdots, \lambda_n$ 為 **A** 的特徵值（不需相異）且有對應獨立特徵向量 $\mathbf{V}_1, \cdots, \mathbf{V}_n$。以這些特徵向量形成 **P** 的行：

$$\mathbf{P} = \begin{pmatrix} | & | & \cdots & | \\ \mathbf{V}_1 & \mathbf{V}_2 & \cdots & \mathbf{V}_n \\ | & | & \cdots & | \end{pmatrix}$$

**P** 為非奇異，因為 **P** 的行是獨立。我們聲稱 $\mathbf{P}^{-1}\mathbf{AP} = \mathbf{D}$，其中

$$\mathbf{D} = \begin{pmatrix} \lambda_1 & 0 & \cdots & 0 \\ 0 & \lambda_2 & \cdots & 0 \\ \vdots & \vdots & \vdots & \vdots \\ 0 & 0 & \cdots & \lambda_n \end{pmatrix}$$

證明 $\mathbf{AP} = \mathbf{PD}$ 就足夠了。我們可以將矩陣 **AP** 的行視為 $n$ 個 $\mathbf{AV}_j$ 行。利用 $\mathbf{AV}_j = \lambda_j \mathbf{V}_j$ 的事實，計算 **AP** 如下：

$$\mathbf{AP} = \begin{pmatrix} | & | & \cdots & | \\ \mathbf{AV}_1 & \mathbf{AV}_2 & \cdots & \mathbf{AV}_n \\ | & | & \cdots & | \end{pmatrix} = \begin{pmatrix} | & | & \cdots & \vdots \\ \lambda_1\mathbf{V}_1 & \lambda_2\mathbf{V}_2 & \cdots & \lambda_n\mathbf{V}_n \\ | & | & \cdots & | \end{pmatrix}$$

對於 **PD**，對所予 $j$，將 $\mathbf{V}_j$ 以 $\mathbf{V}_j = [v_{ij}]$ 表示，故

$$\mathbf{V}_j = \begin{pmatrix} v_{1j} \\ v_{2j} \\ \vdots \\ v_{nj} \end{pmatrix}$$

因此

$$\mathbf{PD} = \begin{pmatrix} v_{11} & v_{12} & \cdots & v_{1n} \\ v_{21} & v_{22} & \cdots & v_{2n} \\ \vdots & \vdots & \cdots & \vdots \\ v_{n1} & v_{n2} & \cdots & v_{nn} \end{pmatrix} \begin{pmatrix} \lambda_1 & 0 & \cdots & 0 \\ 0 & \lambda_2 & \cdots & 0 \\ \vdots & \vdots & \cdots & \vdots \\ 0 & 0 & \cdots & \lambda_n \end{pmatrix}$$

$$= \begin{pmatrix} \lambda_1 v_{11} & \lambda_2 v_{12} & \cdots & \lambda_n v_{1n} \\ \lambda_1 v_{21} & \lambda_2 v_{22} & \cdots & \lambda_n v_{2n} \\ \vdots & \vdots & \cdots & \vdots \\ \lambda_1 v_{n1} & \lambda_2 v_{n2} & \cdots & \lambda_n v_{nn} \end{pmatrix} = \begin{pmatrix} | & | & \cdots & \vdots \\ \lambda_1 \mathbf{V}_1 & \lambda_2 \mathbf{V}_2 & \cdots & \lambda_n \mathbf{V}_n \\ | & | & \cdots & | \end{pmatrix}$$

$$= \mathbf{AP}$$

以類似的計算可以證明。若 **Q** 為可將 **A** 對角化的任意矩陣，則 **Q** 的行是 **A** 的特徵向量，且 $\mathbf{Q}^{-1}\mathbf{AQ}$ 以 **A** 的特徵值為其主對角線元素。

有時我們不需要計算出特徵向量來對角化一矩陣。

### 例 6.9

令

$$\mathbf{A} = \begin{pmatrix} -2 & 0 & 0 & 5 \\ 1 & 3 & 0 & 0 \\ 0 & 4 & 4 & 0 \\ 2 & 0 & 0 & -3 \end{pmatrix}$$

特徵值為

$$3, 4, \frac{-5+\sqrt{41}}{2}, \frac{-5-\sqrt{41}}{2}$$

因為特徵值相異，所以 **A** 有四個線性獨立特徵向量。若用這些特徵向量作為 **P** 的行，則

$$\mathbf{P}^{-1}\mathbf{AP} = \begin{pmatrix} 3 & 0 & 0 & 0 \\ 0 & 4 & 0 & 0 \\ 0 & 0 & (-5+\sqrt{41})/2 & 0 \\ 0 & 0 & 0 & (-5-\sqrt{41})/2 \end{pmatrix}$$

不需要算出 $\mathbf{P}$ 或 $\mathbf{P}^{-1}$，即可知道 $\mathbf{P}^{-1}\mathbf{AP}$。

## 6.2 習題

習題 1–5，求一矩陣 $\mathbf{P}$ 將所予矩陣對角化，或證明此矩陣不可對角化。

1. $\begin{pmatrix} 0 & -1 \\ 4 & 3 \end{pmatrix}$

2. $\begin{pmatrix} 1 & 0 \\ -4 & 1 \end{pmatrix}$

3. $\begin{pmatrix} 5 & 0 & 0 \\ 1 & 0 & 3 \\ 0 & 0 & -2 \end{pmatrix}$

4. $\begin{pmatrix} -2 & 0 & 1 \\ 1 & 1 & 0 \\ 0 & 0 & -2 \end{pmatrix}$

5. $\begin{pmatrix} 1 & 0 & 0 & 0 \\ 0 & 4 & 1 & 0 \\ 0 & 0 & -3 & 1 \\ 0 & 0 & 1 & -2 \end{pmatrix}$

習題 6 和 7，設 $\mathbf{A}$ 有特徵值 $\lambda_1, \cdots, \lambda_n$，且假設 $\mathbf{P}$ 對角化 $\mathbf{A}$，對任意正整數 $k$，$\mathbf{P}$ 對角化 $\mathbf{A}^k$，則 $\mathbf{P}^{-1}\mathbf{A}^k\mathbf{P}$，計算矩陣的指定冪次。

6. $\mathbf{A} = \begin{pmatrix} -1 & 0 \\ 1 & -5 \end{pmatrix}, \mathbf{A}^6$

7. $\mathbf{A} = \begin{pmatrix} 0 & 2 \\ 1 & 0 \end{pmatrix}, \mathbf{A}^6$

## 6.3 特殊矩陣及其特徵值和特徵向量

### 6.3.1 正交矩陣

實 $n \times n$ 矩陣 $\mathbf{A}$ 為**正交** (orthogonal)，如果它的轉置矩陣等於它的反矩陣：

$$\mathbf{A}^t = \mathbf{A}^{-1}$$

例如，

$$\mathbf{A} = \begin{pmatrix} 0 & 1/\sqrt{5} & 2/\sqrt{5} \\ 1 & 0 & 0 \\ 0 & 2/\sqrt{5} & -1/\sqrt{5} \end{pmatrix}$$

為正交矩陣，我們可以利用檢查 $\mathbf{AA}^t = \mathbf{I}_3$ 來驗證。

因為 $(\mathbf{A}^t)^t = \mathbf{A}$，所以矩陣是正交，當其轉置為正交。

很容易證明正交矩陣的行列式等於 1 或 −1。

### 定理 6.3

若 $\mathbf{A}$ 為正交矩陣，則 $|\mathbf{A}| = \pm 1$。

**證明**：觀察

$$|\mathbf{I}_n| = 1 = |\mathbf{AA}^t| = |\mathbf{A}||\mathbf{A}^t| = |\mathbf{A}|^2$$

因為矩陣與其轉置具有相同的行列式。

### 定理 6.4

令 $\mathbf{A}$ 為實 $n \times n$ 矩陣，則

1. $\mathbf{A}$ 為正交若且唯若 $\mathbf{A}$ 的列向量為相互正交單位向量。
2. $\mathbf{A}$ 為正交若且唯若 $\mathbf{A}$ 的行向量為相互正交單位向量。

結論 1 可以證明如下：$\mathbf{I}_n = \mathbf{AA}^t$ 的 $i$、$j$ 元素為 $\mathbf{A}$ 的第 $i$ 列與 $\mathbf{A}^t$ 的第 $j$ 行的點積，亦即 $\mathbf{A}$ 的第 $i$ 列和第 $j$ 列的點積。

我們現在有許多關於正交矩陣的資訊。舉例而言，我們將確定所有 $2 \times 2$ 正交矩陣。假設

$$\mathbf{Q} = \begin{pmatrix} a & b \\ c & d \end{pmatrix}$$

為正交。因為列（行）向量為相互正交單位向量，我們有

$$ac + bd = 0$$
$$ab + cd = 0$$
$$a^2 + b^2 = 1$$
$$c^2 + d^2 = 1$$

此外，$|\mathbf{Q}| = \pm 1$，故

$$ad - bc = 1 \text{ 或 } ad - bc = -1$$

在所有情況下分析這些方程式，顯然必須有一些 $\theta$ 使得 $a = \cos(\theta)$、$b = \sin(\theta)$ 和 $\mathbf{Q}$ 必須具有形式

$$\begin{pmatrix} \cos(\theta) & \sin(\theta) \\ -\sin(\theta) & \cos(\theta) \end{pmatrix} \text{ 或 } \begin{pmatrix} \cos(\theta) & \sin(\theta) \\ \sin(\theta) & -\cos(\theta) \end{pmatrix}$$

這取決於行列式是 1 或 −1。

例如，若 $\theta = \pi/6$，我們得到正交矩陣

$$\begin{pmatrix} \sqrt{3}/2 & 1/2 \\ -1/2 & \sqrt{3}/2 \end{pmatrix} \text{ 和 } \begin{pmatrix} \sqrt{3}/2 & 1/2 \\ 1/2 & -\sqrt{3}/2 \end{pmatrix}$$

假設 $\mathbf{S}$ 為具有 $n$ 個相異特徵值的實對稱 $n \times n$ 矩陣，我們知道相關聯的特徵向量為正交。此外，若有必要，將每個特徵向量除以其長度，我們可以使每一個特徵向量成為單位向量。這表示以這些單位特徵向量為行的矩陣 $\mathbf{Q}$ 不但可以將 $\mathbf{S}$ 對角化，並且是一個正交矩陣。這證明了下面的定理。

### 定理 6.5

具有 $n$ 個相異特徵值的 $n \times n$ 實對稱矩陣可以用正交矩陣對角化。

### 例 6.10

對稱矩陣

$$\mathbf{S} = \begin{pmatrix} 3 & 0 & -2 \\ 0 & 2 & 0 \\ -2 & 0 & 0 \end{pmatrix}$$

具有特徵值 2、−1、4，其所對應的單位特徵向量為

$$\begin{pmatrix} 0 \\ 1 \\ 0 \end{pmatrix}、\begin{pmatrix} 1/\sqrt{5} \\ 0 \\ 2/\sqrt{5} \end{pmatrix} 和 \begin{pmatrix} 2/\sqrt{5} \\ 0 \\ -1/\sqrt{5} \end{pmatrix}$$

因此

$$\mathbf{Q} = \begin{pmatrix} 0 & 1/\sqrt{5} & 2/\sqrt{5} \\ 1 & 0 & 0 \\ 0 & 2/\sqrt{5} & -1/\sqrt{5} \end{pmatrix}$$

為可將 **S** 對角化的正交矩陣。

### 6.3.2 單式矩陣

複方陣 **U** 為**單式 (unitary)**，若其反矩陣等於其轉置的共軛：

$$\mathbf{U}^{-1} = \overline{\mathbf{U}}^t$$

例如，

$$\mathbf{U} = \begin{pmatrix} i/\sqrt{2} & 1/\sqrt{2} \\ -i/\sqrt{2} & 1/\sqrt{2} \end{pmatrix}$$

為單式矩陣。

若單式矩陣 **U** 的所有元素均為實數，則 $\mathbf{U} = \overline{\mathbf{U}}$ 且 **U** 為正交矩陣。這個意思是，單式矩陣將正交矩陣的概念推廣到複矩陣。正交矩陣具有相互正交的單位向量作為列（行）的特性，但是因為我們尚未定義複 $n$-向量的點積，所以無法將正交矩陣與單式矩陣作一類比。

定義複 $n$-向量的點積如下，若

$$\mathbf{Z} = \begin{pmatrix} z_1 \\ z_2 \\ \vdots \\ z_n \end{pmatrix} \text{ 且 } \mathbf{W} = \begin{pmatrix} w_1 \\ w_2 \\ \vdots \\ w_n \end{pmatrix}$$

為複 $n$-向量，我們可以定義它們的點積為

$$\mathbf{Z} \cdot \mathbf{W} = \overline{\mathbf{Z}}^t \mathbf{W}$$

亦即

$$\mathbf{Z} \cdot \mathbf{W} = \overline{z_1} w_1 + \cdots + \overline{z_n} w_n$$

以此定義，我們有

$$\mathbf{Z} \cdot \mathbf{Z} = \overline{z_1} z_1 + \cdots + \overline{z_n} z_n = \sum_{j=1}^{n} |z_j|^2$$

此為一實數，允許複向量與其本身的點積與長度相關聯。

現在定義複 $n$-向量（$n \times 1$ 複矩陣）的集合形成一個 **單式系統** (unitary system)，如果這些向量的長度為 1 且相互正交（一向量與另一向量的複點積等於零）。我們可以證明一矩陣為單式，若且唯若其列（行）形成一單式系統。這是定理的複數類比，矩陣為正交若且唯若其列（行）形成相互正交的單位向量。

我們已經知道正交矩陣的行列式等於 1 或 $-1$，類似的結果對單式矩陣也成立。

### 定理 6.6

令 $\mathbf{U}$ 為單式矩陣，則 $|\mathbf{U}| = \pm 1$。

利用式 (6.4)，我們可以證明單式矩陣的特徵值為 1，這表示它們位於複數平面上關於原點的單位圓上。

### 6.3.3　賀米特與反賀米特矩陣

$n \times n$ 複矩陣 $\mathbf{H}$ 為**賀米特** (hermitian)。若其共軛等於其轉置：

$$\overline{\mathbf{H}} = \mathbf{H}^t$$

例如，

$$\mathbf{H} = \begin{pmatrix} 15 & 8i & 6-2i \\ -8i & 0 & -4+i \\ 6+2i & -4-i & -3 \end{pmatrix}$$

為賀米特。

$n \times n$ 複矩陣 $\mathbf{S}$ 為**反賀米特** (skew-hermitian)。若其共軛等於其轉置的負值：

$$\overline{\mathbf{S}} = -\mathbf{S}^t$$

矩陣

$$\mathbf{S} = \begin{pmatrix} 0 & 8i & 2i \\ 8i & 0 & 4i \\ 2i & 4i & 0 \end{pmatrix}$$

為反賀米特。

下列結果告訴我們大量有關賀米特和反賀米特矩陣的特徵值。

### 定理 6.7

令

$$\mathbf{Z} = \begin{pmatrix} z_1 \\ z_2 \\ \vdots \\ z_n \end{pmatrix}$$

為複 $n \times 1$ 矩陣，則

1. 若 $\mathbf{H}$ 為 $n \times n$ 賀米特，則 $\overline{\mathbf{Z}}^t \mathbf{H} \mathbf{Z}$ 為實數。
2. 若 $\mathbf{S}$ 為 $n \times n$ 反賀米特矩陣，則 $\overline{\mathbf{Z}}^t \mathbf{S} \mathbf{Z}$ 為純虛數。

這些結論遵循 $\overline{\mathbf{Z}}^t \mathbf{H} \mathbf{Z}$ 和 $\overline{\mathbf{Z}}^t \mathbf{S} \mathbf{Z}$ 的操作，並使用這些矩陣的定義。

利用這個定理及式 (6.4)，我們可以證明下列定理。

### 定理 6.8

1. 賀米特矩陣的特徵值為實數。
2. 反賀米特矩陣的特徵值為純虛數。

在複數平面，賀米特矩陣的特徵值在水平（實）軸，而反賀米特矩陣的特徵值在垂直（虛）軸。這在圖 6.1 中示出，圖中包括單式矩陣的特徵值的大小為 1 的事實。

**圖 6.1** 複數平面上，特殊矩陣的特徵值的分布

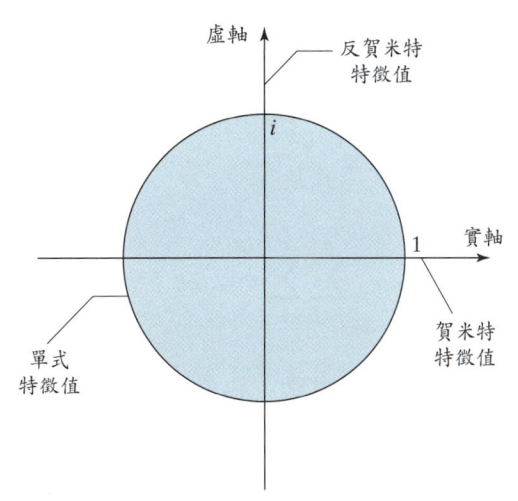

## 6.3 習題

習題 1–4，求所予對稱矩陣的特徵值和對應特徵向量。證明對應於相異特徵值的特徵向量為正交。若所有特徵值為相異，求使矩陣對角化的正交矩陣。

1. $\begin{pmatrix} 4 & -2 \\ -2 & 1 \end{pmatrix}$

2. $\begin{pmatrix} 6 & 1 \\ 1 & 4 \end{pmatrix}$

3. $\begin{pmatrix} 0 & 1 & 0 \\ 1 & -2 & 0 \\ 0 & 0 & 3 \end{pmatrix}$

4. $\begin{pmatrix} 5 & 0 & 2 \\ 0 & 7 & 0 \\ 2 & 0 & 0 \end{pmatrix}$

習題 5–7，判斷矩陣為單式、賀米特、反賀米特或以上皆非。求特徵值。

5. $\begin{pmatrix} 0 & 2i \\ 2i & 4 \end{pmatrix}$

6. $\begin{pmatrix} 0 & 1 & 0 \\ -1 & 0 & 1-i \\ 0 & -1-i & 0 \end{pmatrix}$

7. $\begin{pmatrix} 2 & 0 & 0 \\ 2 & 0 & i \\ 0 & i & 0 \end{pmatrix}$

## 6.4 二次式

**二次式** (quadratic form) 的表達式為

$$\sum_{j=1}^{n}\sum_{k=1}^{n}a_{jk}\overline{z_j}z_k$$

其中 $a_{jk}$ 和 $z_j$ 為複數。若這些量均為實數，這個表達式是指**實二次式** (real quadratic form)。在此情況下，定義中的複共軛無作用。例如，當 $n = 2$，實二次式的形式為

$$\sum_{j=1}^{2}\sum_{k=1}^{2}a_{jk}x_j x_k = a_{11}x_1^2 + (a_{12}+a_{21})x_1 x_2 + a_{22}x_2^2$$

將上式寫成如 $\mathbf{X}^t\mathbf{AX}$ 的 $1\times 1$ 矩陣，其中

$$\mathbf{X} = \begin{pmatrix} x_1 \\ x_2 \end{pmatrix}$$

且

$$\mathbf{X}^t\mathbf{AX} = \begin{pmatrix} x_1 & x_2 \end{pmatrix}\begin{pmatrix} a_{11} & a_{12} \\ a_{21} & a_{22} \end{pmatrix}\begin{pmatrix} x_1 \\ x_2 \end{pmatrix}$$

如平常一樣，$1 \times 1$ 矩陣 $\mathbf{X}^t\mathbf{AX}$ 等於其單一元素。

這個符號可推廣到較高的 $n$ 值，也適用於複數的情況，我們可以寫成

$$\sum_{j=1}^{n}\sum_{k=1}^{n}a_{jk}\overline{z_j}z_k = \overline{\mathbf{Z}}^t\mathbf{AZ}$$

其中

$$\mathbf{Z} = \begin{pmatrix} z_1 \\ z_2 \\ \vdots \\ z_n \end{pmatrix}$$

### 數往知來——特徵值和特徵向量的應用

首先，特徵值和特徵向量似乎是非常抽象的數學方法。在現實中，它們在許多工程領域都非常有用。在控制理論中，特徵值可以揭示關於系統的穩定性和響應的資訊。例如，在我們前面關於獅子和斑馬的例子中，我們的特徵值大於 1，這意味隨著時間的推移，數量將接近無窮大。這是一個不穩定的系統，因為不會達到穩態值。

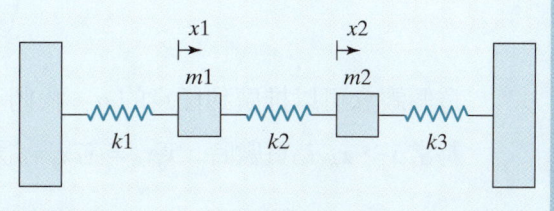

振動分析為特徵值和特徵向量提供了另一個實際應用。例如，考慮一個如圖所示的集總參數系統。雖然這個系統的求解不在本書的範圍，但可用以下方式來寫：

$$\begin{bmatrix} a & b \\ c & d \end{bmatrix} x = -\omega^2 x$$

這是一個特徵值問題，就像本章的其餘部分一樣。

這些例子只是表示特徵值和特徵向量可以是多麼有用。它們出現在金融、資料探勘、動力學和量子力學等領域。

### 例 6.11

考慮實 $2 \times 2$ 二次式

$$\begin{pmatrix} x_1 & x_2 \end{pmatrix} \begin{pmatrix} 1 & 4 \\ 3 & 2 \end{pmatrix} \begin{pmatrix} x_1 \\ x_2 \end{pmatrix} = x_1^2 + 3x_1x_2 + 4x_2x_1 + 2x_2^2$$

這是

$$\mathbf{X}^t \mathbf{A} \mathbf{X} = x_1^2 + 7x_1x_2 + 2x_2^2$$

其中

$$\mathbf{A} = \begin{pmatrix} 1 & 4 \\ 3 & 2 \end{pmatrix}$$

如果我們願意，也可以將此二次式表示成 $\mathbf{X}^t \mathbf{C} \mathbf{X}$，其中 $\mathbf{C}$ 為對稱矩陣：

$$\mathbf{C} = \begin{pmatrix} 1 & 7/2 \\ 7/2 & 2 \end{pmatrix}$$

這個觀念可以推廣到任意的 $n$。我們可以用一個對稱矩陣來寫出實二次式，因為當 $x_j$、$x_k$ 為實數時，$\overline{x_j}x_k = \overline{x_k}x_j$。這不適用於複二次式，因為通常

$$\overline{z_j}z_k \neq \overline{z_k}z_j$$

$x_jx_k$ 項，$j \neq k$，稱為實二次式 $\mathbf{X}^t\mathbf{AX}$ 的 **交叉乘積項** (cross product term)。在某些情況下，可以更改變數以將此二次式轉換為不具有交叉乘積項的形式。

**定理 6.9** 主軸定理

令 $\mathbf{A}$ 為具有相異特徵值 $\lambda_1, \cdots, \lambda_n$ 的實對稱 $n \times n$ 矩陣，則存在正交矩陣 $\mathbf{Q}$，使得變數的改變 $\mathbf{X} = \mathbf{QY}$ 將 $\mathbf{X}^t\mathbf{AX}$ 轉換為沒有交叉乘積項的

$$\sum_{j=1}^{n} \lambda_j y_j^2$$

**證明**：由定理 6.5，存在使 $\mathbf{A}$ 對角化的正交矩陣 $\mathbf{Q}$。因此

$$\sum_{j=1}^{n}\sum_{k=1}^{n} a_{jk}x_jx_k = \mathbf{X}^t\mathbf{AX}$$
$$= (\mathbf{QY})^t\mathbf{AQY} = (\mathbf{Y}^t\mathbf{Q}^t)\mathbf{AQY}$$
$$= \mathbf{Y}^t(\mathbf{Q}^{-1}\mathbf{AQ})\mathbf{Y}$$
$$= \begin{pmatrix} y_1 & y_2 & \cdots & y_n \end{pmatrix} \begin{pmatrix} \lambda_1 & 0 & \cdots & 0 \\ 0 & \lambda_2 & \cdots & 0 \\ \vdots & \vdots & \vdots & \vdots \\ 0 & 0 & \cdots & \lambda_n \end{pmatrix} \begin{pmatrix} y_1 \\ y_2 \\ \vdots \\ y_n \end{pmatrix}$$
$$= \lambda_1 y_1^2 + \lambda_2 y_2^2 + \cdots + \lambda_n y_n^2$$

表達式 $\sum_{j=1}^{n} \lambda_j y_j^2$ 是 $\mathbf{X}^t\mathbf{AX}$ 的 **標準式** (standard form)。

### 例 6.12

求
$$x_1^2 - 7x_1x_2 + x_2^2$$
的標準式。首先將此式寫成 $\mathbf{X}^t\mathbf{AX}$，其中 $\mathbf{A}$ 為實對稱矩陣

$$\mathbf{A} = \begin{pmatrix} 1 & -7/2 \\ -7/2 & 1 \end{pmatrix}$$

$\mathbf{A}$ 有特徵值 $\lambda_1 = -5/2$、$\lambda_2 = 9/2$。對應特徵向量分別為

$$\begin{pmatrix} 1 \\ 1 \end{pmatrix} \text{和} \begin{pmatrix} -1 \\ 1 \end{pmatrix}$$

將它們用作將 $\mathbf{A}$ 對角化的矩陣的行。然而，對於使 $\mathbf{A}$ 對角化的正交矩陣是將每個特徵向量除以其長度，並使用這些單位向量來形成

$$\mathbf{Q} = \begin{pmatrix} 1/\sqrt{2} & -1/\sqrt{2} \\ 1/\sqrt{2} & 1/\sqrt{2} \end{pmatrix}$$

$\mathbf{X} = \mathbf{QY}$ 等於下列變數的變化：

$$x_1 = \frac{1}{\sqrt{2}}(y_1 - y_2)$$
$$x_2 = \frac{1}{\sqrt{2}}(y_1 + y_2)$$

這將二次式轉換為 $\lambda_1 y_1^2 + \lambda_2 y_2^2$，或

$$-\frac{5}{2}y_1^2 + \frac{9}{2}y_2^2$$

## 6.4 習題

習題 1-4，求出矩陣 **A**，將二次式寫成 $\mathbf{X}^t\mathbf{A}\mathbf{X}$，並求此二次式的標準式。

1. $-5x_1^2 + 4x_1x_2 + 3x_2^2$
2. $-3x_1^2 + 4x_1x_2 + 7x_2^2$
3. $-6x_1x_2 + x_2^2$
4. $-2x_1x_2 + 2x_2^2$

# CHAPTER 7
# 線性微分方程組

常微分方程組用於分析具有多種成分（電機、機械、生物、化學、金融或其他）的系統。

本章使用矩陣法來求解線性方程組。

## 7.1 線性方程組

假設我們有 $n$ 個未知數的 $n$ 個線性微分方程式的方程組：

$$x'_1(t) = a_{11}(t)x_1(t) + a_{12}(t)x_2(t) + \cdots + a_{1n}(t)x_n(t) + g_1(t)$$
$$x'_2(t) = a_{21}(t)x_1(t) + a_{22}(t)x_2(t) + \cdots + a_{2n}(t)x_n(t) + g_2(t)$$
$$\vdots$$
$$x'_n(t) = a_{n1}(t)x_1(t) + a_{n2}(t)x_2(t) + \cdots + a_{nn}(t)x_n(t) + g_n(t)$$

其中係數 $a_{ij}(t)$ 與函數 $g_j(t)$ 為已知。

令 $\mathbf{A}(t) = [a_{ij}(t)]$ 為方程組的 $n \times n$ 係數矩陣，且

$$\mathbf{X} = \begin{pmatrix} x_1 \\ x_2 \\ \vdots \\ x_n \end{pmatrix}, \mathbf{G}(t) = \begin{pmatrix} g_1(t) \\ g_2(t) \\ \vdots \\ g_n(t) \end{pmatrix}$$

如今方程組為

$$\mathbf{X}'(t) = \mathbf{A}(t)\mathbf{X}(t) + \mathbf{G}(t) \tag{7.1}$$

在這個方程式中，矩陣的微分，就是微分矩陣的每一個元素。

如果每一個 $g_j(t)$ 等於零（或許在一區間），則方程組 (7.1) 為**齊次** (homogeneous)，否則為**非齊次** (nonhomogeneous)。齊次方程組為

$$\mathbf{X}' = \mathbf{AX}$$

方程組 (7.1) 的**初始條件** (initial condition) 具有下列形式：

$$\mathbf{X}(t_0) = \mathbf{X}^0$$

其中 $t_0$ 為已知數且 $\mathbf{X}^0$ 為指定的實數 $n \times 1$ 矩陣。在初始條件下，我們有一個**初值問題** (initial value problem)。

$$\mathbf{X}' = \mathbf{AX} + \mathbf{G}; \, \mathbf{X}(t_0) = \mathbf{X}^0 \tag{7.2}$$

在某些情況下，這個初值問題有唯一解。

**定理 7.1** 初值問題的解的存在與唯一性

假設每一個 $a_{ij}(t)$ 和 $g_j(t)$ 在 $I = (a, b)$ 為連續。令 $\mathbf{X}^0$ 在 $R^n$ 中，且令 $t_0$ 為一數，$a < t_0 < b$，則初值問題 (7.2) 有定義於 $(a, b)$ 的唯一解。

**例 7.1**

$2 \times 2$ 方程組

$$x_1' = 3x_1 + 3x_2 + 8$$
$$x_2' = x_1 + 5x_2 + 4e^{3t}$$

具有矩陣形式

$$\mathbf{X}' = \begin{pmatrix} x_1 \\ x_2 \end{pmatrix} = \begin{pmatrix} 3 & 3 \\ 1 & 5 \end{pmatrix} \begin{pmatrix} x_1 \\ x_2 \end{pmatrix} + \begin{pmatrix} 8 \\ 4e^{3t} \end{pmatrix} = \mathbf{AX} + \mathbf{G}$$

經由稍後討論的方法，我們得到

$$\mathbf{X} = c_1 \begin{pmatrix} 1 \\ 1 \end{pmatrix} e^{6t} + c_2 \begin{pmatrix} -3 \\ 1 \end{pmatrix} e^{2t} + \begin{pmatrix} -10/3 & -(1/2)e^{4t} & -3e^{3t} \\ 2/3 & -(1/2)e^{4t} & +e^{3t} \end{pmatrix}$$

為一解，其中常數 $c_1$ 和 $c_2$ 為任意選取的常數。

以分量表示，這個解為

$$x_1(t) = c_1 e^{6t} - 3c_2 e^{2t} - \frac{10}{3} - \frac{1}{2} e^{4t} - 3e^{3t}$$

$$x_2(t) = c_1 e^{6t} + c_2 e^{2t} + \frac{2}{3} - \frac{1}{2} e^{4t} + e^{3t}$$

這個方程組有無限多解。但是，假設我們指定初值，即

$$\mathbf{X}(0) = \begin{pmatrix} 1 \\ -2 \end{pmatrix} = \mathbf{X}^0$$

我們可以由解出滿足這個條件的常數來解初值問題。亦即

$$\mathbf{X}(0) = c_1 \begin{pmatrix} 1 \\ 1 \end{pmatrix} + c_2 \begin{pmatrix} -3 \\ 1 \end{pmatrix} + \begin{pmatrix} -10/3 - 1/2 - 3 \\ 2/3 - 1/2 + 1 \end{pmatrix} = \mathbf{X}^0 = \begin{pmatrix} 1 \\ -2 \end{pmatrix}$$

這是 $2 \times 2$ 方程組

$$\begin{pmatrix} 1 & -3 \\ 1 & 1 \end{pmatrix} \begin{pmatrix} c_1 \\ c_2 \end{pmatrix} = \begin{pmatrix} 1 + 10/3 + 1/2 + 3 \\ -2 - 2/3 + 1/2 - 1 \end{pmatrix} = \begin{pmatrix} 47/6 \\ -19/6 \end{pmatrix}$$

因此

$$\begin{pmatrix} c_1 \\ c_2 \end{pmatrix} = \begin{pmatrix} 1 & -3 \\ 1 & 1 \end{pmatrix}^{-1} \begin{pmatrix} 47/6 \\ -19/6 \end{pmatrix} = \begin{pmatrix} 1/4 & 3/4 \\ -1/4 & 1/4 \end{pmatrix} \begin{pmatrix} 47/6 \\ -19/6 \end{pmatrix} = \begin{pmatrix} -5/12 \\ -11/4 \end{pmatrix}$$

取 $c_1 = -5/12$，$c_2 = -11/4$ 可得初值問題的唯一解。

我們想在適當的條件下開發求解線性方程組的方法，但是首先要檢查在齊次和非齊次的情況下解的結構。這與我們現在正在作的 $n = 1$ 的單一線性微分方程式

$$y' + p(x)y = q(x)$$

的理論非常相似。

## 7.1.1　$\mathbf{X}' = \mathbf{A}\mathbf{X}$ 的解的結構

假設 $\mathbf{\Phi}_1(t), \cdots, \mathbf{\Phi}_k(t)$ 為

$$\mathbf{X}' = \mathbf{AX} \tag{7.3}$$

的解,其中 $t$ 在某開區間 $I = (a, b)$ 中,$I$ 可以是整個實線。

這些解的**線性組合** (linear combination) 為解的恆定倍數的和:

$$c_1\boldsymbol{\Phi}_1 + c_2\boldsymbol{\Phi}_2 + \cdots + c_k\boldsymbol{\Phi}_k$$

將上式代入式 (7.3) 可證明齊次方程組的解的線性組合仍然是一個解。

我們稱 $\boldsymbol{\Phi}_1(t), \cdots, \boldsymbol{\Phi}_k(t)$ 在 $I$ 為**線性相依** (linearly dependent),如果對於 $I$ 中所有的 $t$,這些解的其中一個是其他解的線性組合。這相當於宣稱,對於 $I$ 中所有的 $t$,存在不全為零的 $c_1, \cdots, c_k$,使得

$$c_1\boldsymbol{\Phi}_1(t) + c_2\boldsymbol{\Phi}_2(t) + \cdots + c_k\boldsymbol{\Phi}_k(t) = \mathbf{O}$$

若這些解不是線性相依,則它們是**線性獨立** (linearly independent)。這表示,對於 $I$ 中所有的 $t$,沒有一個解是其他解的線性組合。這也表示,對於 $I$ 中所有的 $t$,若

$$c_1\boldsymbol{\Phi}_1(t) + c_2\boldsymbol{\Phi}_2(t) + \cdots + c_k\boldsymbol{\Phi}_k(t) = \mathbf{O}$$

成立,則

$$c_1 = c_2 = \cdots = c_k = 0$$

### 例 7.2

方程組

$$\mathbf{X}' = \begin{pmatrix} 1 & -4 \\ 1 & 5 \end{pmatrix} \mathbf{X}$$

有很多解,其中三個解為

$$\boldsymbol{\Phi}_1(t) = \begin{pmatrix} -2e^{3t} \\ e^{3t} \end{pmatrix}, \; \boldsymbol{\Phi}_2(t) = \begin{pmatrix} (1-2t)e^{3t} \\ te^{3t} \end{pmatrix} \text{ 與 } \boldsymbol{\Phi}_3(t) = \begin{pmatrix} (11-6t)e^{3t} \\ (-4+3t)e^{3t} \end{pmatrix}$$

這些是線性相依。因為對於所有的 $t$,

$$\boldsymbol{\Phi}_3(t) = -4\boldsymbol{\Phi}_1(t) + 3\boldsymbol{\Phi}_2(t)$$

我們也可以將上式寫成

$$-4\boldsymbol{\Phi}_1(t) + 3\boldsymbol{\Phi}_2(t) - \boldsymbol{\Phi}_3(t) = \mathbf{O}$$

亦即對於所有的實數 $t$，令這些解的線性組合等於零函數，其中至少有一個係數不為零，這相當於這些解為線性相依。

我們可以用資訊組件的效率來思考線性相依和獨立。在這個例子中，由於 $\mathbf{\Phi}_3(t)$ 由 $\mathbf{\Phi}_1(t)$ 和 $\mathbf{\Phi}_2(t)$ 決定，所以 $\mathbf{\Phi}_1(t)$ 和 $\mathbf{\Phi}_2(t)$ 完全傳達所有三個解的資訊。

有一個行列式測試告訴我們，在何種情況下，$n \times n$ 齊次方程組 $\mathbf{X}' = \mathbf{AX}$ 的 $n$ 個解在區間 $I$ 為獨立。

**定理 7.2** 解的獨立

假設 $\mathbf{\Phi}_1, \mathbf{\Phi}_2, \cdots, \mathbf{\Phi}_n$ 為 $\mathbf{X}' = \mathbf{AX}$ 在開區間 $I$ 的解，令 $t_0$ 為 $I$ 中的任意數，則 $\mathbf{\Phi}_1, \mathbf{\Phi}_2, \cdots, \mathbf{\Phi}_n$ 為 $I$ 中的獨立解，若且唯若 $R^n$ 中的 $n$-向量

$$\mathbf{\Phi}_1(t_0), \mathbf{\Phi}_2(t_0), \cdots, \mathbf{\Phi}_n(t_0)$$

為線性獨立。以這些向量作為行的矩陣的行列式不等於零時，就會發生這種情況。

這使我們能夠以查看 $n$-向量的獨立性來測試解（矩陣函數）的獨立性，這可以用計算行列式來確定。

**例 7.3**

考慮例 7.2 的方程組，以及兩個解 $\mathbf{\Phi}_1(t)$ 與 $\mathbf{\Phi}_2(t)$。令 $I$ 為整個實數線且令 $t_0 = 0$。現在

$$\mathbf{\Phi}_1(0) = \begin{pmatrix} -2 \\ 1 \end{pmatrix} \text{ 且 } \mathbf{\Phi}_2(0) = \begin{pmatrix} 1 \\ 0 \end{pmatrix}$$

以這 2-向量作為行形成矩陣：

$$\begin{pmatrix} -2 & 1 \\ 1 & 0 \end{pmatrix}$$

這個矩陣的行列式不等於零，因此這兩個解為線性獨立。

對任意 $t_0$，我們置 $\mathbf{\Phi}_1(t_0)$ 與 $\mathbf{\Phi}_2(t_0)$ 為 $2 \times 2$ 矩陣的行，則行列式將不為零。

以此作為背景，我們有辦法寫一個包含齊次方程組 $\mathbf{X}' = \mathbf{AX}$ 的所有解的表達式。

### 定理 7.3　$\mathbf{X}' = \mathbf{AX}$ 的解的結構

令 $\mathbf{A}(t) = [a_{ij}(t)]$ 且假設每一個 $a_{ij}(t)$ 在一個開區間 $I$ 為連續，則存在 $\mathbf{X}' = \mathbf{AX}$ 定義於 $I$ 的 $n$ 個獨立解。

此外，若 $\mathbf{\Phi}_1(t), \cdots, \mathbf{\Phi}_n(t)$ 為定義於 $I$ 的獨立解，則每一個解為這 $n$ 個解的線性組合。

出於這樣的原因，線性組合

$$c_1\mathbf{\Phi}_1 + c_2\mathbf{\Phi}_2 + \cdots + c_n\mathbf{\Phi}_n$$

稱為 $\mathbf{X}' = \mathbf{AX}$ 在 $I$ 的 **通解** (general solution)，如果這 $n$ 個解為線性獨立。選擇不同的係數，這個表達式包含定義在區間的方程組的所有可能的解。

我們現在知道在解 $n \times n$ 齊次方程組 $\mathbf{X}' = \mathbf{AX}$ 時要尋找什麼。在該區間上尋找 $n$ 個線性獨立解

$$\mathbf{\Phi}_1(t), \cdots, \mathbf{\Phi}_n(t)$$

通解由這些 $n$ 個解的所有線性組合組成：

$$\mathbf{X}(t) = c_1\mathbf{\Phi}_1(t) + \cdots + c_n\mathbf{\Phi}_n(t)$$

其中 $c_1, \cdots, c_n$ 是任意常數。

解初值問題的一種方法是找到通解，然後使用初始條件選擇常數來滿足初始條件。

### 例 7.4

為了說明定理，寫出方程組

$$\mathbf{X}' = \begin{pmatrix} x_1 \\ x_2 \end{pmatrix}' = \begin{pmatrix} 2 & 1 \\ 1 & -2 \end{pmatrix} \mathbf{X}$$

的通解。兩個獨立解為

$$\mathbf{\Phi}_1(t) = \begin{pmatrix} 2+\sqrt{5} \\ 1 \end{pmatrix} e^{\sqrt{5}t} \quad \text{與} \quad \mathbf{\Phi}_2(t) = \begin{pmatrix} 2-\sqrt{5} \\ 1 \end{pmatrix} e^{-\sqrt{5}t}$$

這些解如何求得將於下一節描述。利用上式，我們可以寫出通解

$$\mathbf{X}(t) = c_1 \mathbf{\Phi}_2(t) + c_2 \mathbf{\Phi}_2(t)$$
$$= c_1 \begin{pmatrix} 2+\sqrt{5} \\ 1 \end{pmatrix} e^{\sqrt{5}t} + c_2 \begin{pmatrix} 2-\sqrt{5} \\ 1 \end{pmatrix} e^{-\sqrt{5}t}$$

這個式子包含方程組的所有解。

還有另一種方法可寫出經常使用的 $\mathbf{X}' = \mathbf{AX}$ 的通解。假設我們有 $n$ 個獨立解。利用這些解作為 $n \times n$ 矩陣 $\mathbf{\Omega}(t)$ 的行，且令 $\mathbf{C}$ 為任意常數的 $n \times 1$ 矩陣：

$$\mathbf{\Omega}(t) = \begin{pmatrix} | & | & \cdots & | \\ \mathbf{\Phi}_1(t) & \mathbf{\Phi}_2(t) & \cdots & \mathbf{\Phi}_n(t) \\ | & | & \cdots & | \end{pmatrix}$$

且

$$\mathbf{C} = \begin{pmatrix} c_1 \\ c_2 \\ \vdots \\ c_n \end{pmatrix}$$

則

$$\mathbf{X}(t) = c_1 \mathbf{\Phi}_1(t) + c_2 \mathbf{\Phi}_2(t) + \cdots + c_n \mathbf{\Phi}_n(t)$$

因此我們可以非常簡明地寫出方程組的通解，如

$$\mathbf{X} = \mathbf{\Omega}(t)\mathbf{C}$$

用獨立解作為行形成的 $n \times n$ 矩陣 $\mathbf{\Omega}$，稱為方程組的**基本矩陣** (fundamental matrix)。當然，正如有許多不同的 $n$ 個獨立解，有許多不同的基本矩陣可以用來寫出一個通解。

我們將用例 7.4 的方程組說明這些概念。有兩個獨立解

$$\mathbf{\Phi}_1(t) = \begin{pmatrix} 2+\sqrt{5} \\ 1 \end{pmatrix} e^{\sqrt{5}t}$$

與

$$\Phi_2(t) = \begin{pmatrix} 2 - \sqrt{5} \\ 1 \end{pmatrix} e^{-\sqrt{5}t}$$

使用它們作為 $2 \times 2$ 矩陣的行

$$\Omega(t) = \begin{pmatrix} (2+\sqrt{5})e^{\sqrt{5}t} & (2-\sqrt{5})e^{-\sqrt{5}t} \\ e^{\sqrt{5}t} & e^{-\sqrt{5}t} \end{pmatrix}$$

而我們可以將通解寫成

$$\mathbf{X}(t) = \Omega(t)\mathbf{C}$$

其中 $\mathbf{C}$ 為任意常數的 $n \times 1$ 矩陣。

僅在這個例子中,我們將進行計算,以證明 $\Omega(t)\mathbf{C}$ 確實代表一個通解:

$$\Omega(t)\mathbf{C} = \begin{pmatrix} (2+\sqrt{5})e^{\sqrt{5}t} & (2-\sqrt{5})e^{-\sqrt{5}t} \\ e^{\sqrt{5}t} & e^{-\sqrt{5}t} \end{pmatrix} \begin{pmatrix} c_1 \\ c_2 \end{pmatrix}$$

$$= \begin{pmatrix} c_1(2-\sqrt{5})e^{\sqrt{5}t} + c_2(2-\sqrt{5})e^{-\sqrt{5}t} \\ c_1 e^{\sqrt{5}t} + c_2 e^{-\sqrt{5}t} \end{pmatrix}$$

$$= c_1 \begin{pmatrix} (2+\sqrt{5})e^{\sqrt{5}t} \\ e^{\sqrt{5}t} \end{pmatrix} + c_2 \begin{pmatrix} (2-\sqrt{5})e^{-\sqrt{5}t} \\ e^{\sqrt{5}t} \end{pmatrix}$$

$$= c_1 \Phi_1(t) + c_2 \Phi_2(t)$$

利用基本矩陣將齊次方程組的通解寫成

$$\mathbf{X} = \Omega\mathbf{C}$$

可以很容易找到滿足初始條件

$$\mathbf{X}(t_0) = \mathbf{X}^0$$

的特解,其中 $\mathbf{X}^0$ 為已知。我們需要選擇 $\mathbf{C}$ 使得

$$\mathbf{X}(t_0) = \Omega(t_0)\mathbf{C} = \mathbf{X}^0$$

由此產生 $\mathbf{C}$ 的公式:

$$\mathbf{C} = (\Omega(t_0))^{-1}\mathbf{X}^0$$

### 7.1.2　$X' = AX + G$ 的解的結構

本節描述尋找非齊次方程組

$$X' = AX + G \tag{7.4}$$

的所有解。

不同於齊次線性方程組 (7.3)，非齊次線性方程組 (7.4) 的解的線性組合不是解，要驗證這一點，可將 $c_1\mathbf{U}(t) + c_2\mathbf{V}(t)$ 代入方程組 (7.4)。

但是，我們可作出以下關鍵性的觀察，其中方程組 $\mathbf{X}' = \mathbf{AX}$ 是指非齊次線性方程組 (7.4) 的相關聯的**齊次方程組** (associated homogeneous system)。

#### 定理 7.4

令 $\mathbf{U}$ 和 $\mathbf{V}$ 為非齊次線性方程組 (7.4) 的解，則 $\mathbf{U} - \mathbf{V}$ 為相關聯的齊次方程組的解。

**定理的證明**：定理可用代入法證明，由假設知，

$$\mathbf{U}' = \mathbf{AU} + \mathbf{G} \text{ 且 } \mathbf{V}' = \mathbf{AV} + \mathbf{G}$$

因此

$$(\mathbf{U} - \mathbf{V})' = \mathbf{U}' - \mathbf{V}'$$
$$= (\mathbf{AU} + \mathbf{G}) - (\mathbf{AV} + \mathbf{G})$$
$$= \mathbf{A}(\mathbf{U} - \mathbf{V})$$

這有很重要的結果，假設我們知道齊次方程組的通解 $\mathbf{\Omega}(t)\mathbf{C}$，其中 $\mathbf{\Omega}(t)$ 為基本矩陣，假設我們也可以找到非齊次方程組 (7.4) 的任意一解 $\mathbf{U}_p$，則

$$\mathbf{X}(t) = \mathbf{\Omega}(t)\mathbf{C} + \mathbf{U}_p \tag{7.5}$$

為非齊次方程組 (7.4) 的通解，此通解包含所有的解，而 $\mathbf{C}$ 在所有 $n \times 1$ 常數矩陣中變化。

原因是這樣的，若 $\mathbf{V}$ 為式 (7.4) 的任意解，則 $\mathbf{V} - \mathbf{U}_p$ 為齊次方程組 (7.3) 的解，因此具有 $\mathbf{\Omega}(t)\mathbf{K}$ 的形式，其中 $\mathbf{K}$ 為 $n \times 1$ 常數矩陣，得到

$$\mathbf{V} = \mathbf{\Omega}\mathbf{K} + \mathbf{U}_p$$

$\mathbf{V}$ 這個解因此包含於式 (7.5)。

這個討論概述如下。

### 定理 7.5　$\mathbf{X}' = \mathbf{A}\mathbf{X} + \mathbf{G}$ 的通解

方程組 (7.4) 具有通解 (7.5)，其中 $\mathbf{\Omega}$ 為齊次方程組 (7.3) 的任意基本矩陣，而 $\mathbf{U}_p$ 為非齊次方程組 (7.4) 的任意特解。

---

這意味著要找到 $\mathbf{X}' = \mathbf{A}\mathbf{X} + \mathbf{G}$ 的通解，需要兩件事情：

1. 相關齊次方程組的基本矩陣 $\mathbf{\Omega}(t)$。
2. 非齊次方程組的一個特解 $\mathbf{U}_p$。

有了這些，式 (7.5) 為非齊次方程組的通解。

如果我們能夠找到齊次方程組的基本矩陣，以及非齊次方程組的一個特解，則我們現在有策略來寫出齊次和非齊次線性方程組的所有解。接下來的兩節專注於討論在常係數方程組的情況下產生這種解的方法。

#### 例 7.5

說明定理 7.5，考慮方程組

$$\mathbf{X}' = \begin{pmatrix} -1 & 4 \\ 0 & 3 \end{pmatrix} \mathbf{X} + \begin{pmatrix} t \\ 1 \end{pmatrix}$$

矩陣

$$\mathbf{\Omega}(t) = \begin{pmatrix} e^{-t} & e^{3t} \\ 0 & e^{3t} \end{pmatrix}$$

為線性方程組 $\mathbf{X}' = \mathbf{A}\mathbf{X}$ 的基本矩陣。$2 \times 1$ 矩陣

$$\mathbf{U}_p(t) = \begin{pmatrix} t - 7/3 \\ -1/3 \end{pmatrix}$$

為所予非齊次方程組的特解。一旦有了這些，我們就知道這個方程組的通解：

$$\begin{aligned}
\mathbf{X}(t) &= \mathbf{\Omega}(t)\mathbf{C} + \mathbf{U}_p(t) \\
&= \begin{pmatrix} e^{-t} & e^{3t} \\ 0 & e^{3t} \end{pmatrix} \begin{pmatrix} c_1 \\ c_2 \end{pmatrix} + \begin{pmatrix} t - 7/3 \\ -1/3 \end{pmatrix} \\
&= \begin{pmatrix} c_1 e^{-t} + c_2 e^{3t} + t - 1/3 \\ c_2 e^{3t} - 1/3 \end{pmatrix}
\end{aligned}$$

## 7.1 習題

習題 1–3，已知齊次線性微分方程組的兩個解。證明這些解為線性獨立，且使用它們寫出基本矩陣及方程組的通解，然後求滿足初始條件的解。

1. $x_1' = 5x_1 + 3x_2, x_2' = x_1 + 3x_2$

$$\Phi_1(t) = e^{2t}\begin{pmatrix} -1 \\ 1 \end{pmatrix}, \Phi_2(t) = e^{6t}\begin{pmatrix} 3 \\ 1 \end{pmatrix}$$

$$x_1(0) = 0, x_2(0) = 4$$

2. $x_1' = 3x_1 + 8x_2, x_2' = x_1 - x_2$

$$\Phi_1(t) = e^{(1+2\sqrt{3})t}\begin{pmatrix} 2+2\sqrt{3} \\ 1 \end{pmatrix} + \Phi_2(t)$$

$$= e^{(1-2\sqrt{3})t}\begin{pmatrix} 2-2\sqrt{3} \\ 1 \end{pmatrix}$$

$$x_1(0) = 2, x_2(0) = 2$$

3. $x_1' = 5x_1 - 4x_2 + 4x_3$
   $x_2' = 12x_1 - 11x_2 + 12x_3$
   $x_3' = 4x_1 - 4x_2 + 5x_3$

$$\Phi_1(t) = e^t \begin{pmatrix} -1 \\ 0 \\ 1 \end{pmatrix}, \Phi_2(t) = e^t \begin{pmatrix} 1 \\ 1 \\ 0 \end{pmatrix},$$

$$\Phi_3(t) = e^{-3t} \begin{pmatrix} 1 \\ 3 \\ 1 \end{pmatrix}$$

$$x_1(0) = 1, x_2(0) = -3, x_3(0) = 5$$

## 7.2 當 A 為常數的 X′ = AX 的解

**A** 為 $n \times n$ 實矩陣，利用 **A** 的特徵值和特徵向量得到

$$\mathbf{X}' = \mathbf{AX} \tag{7.6}$$

的通解。

回顧一階線性微分方程式 $y'(x) = ay(x)$ 具有指數解 $y = ce^{ax}$，類似的想法通用於式 (7.6)，嘗試一解

$$\mathbf{X}(t) = \mathbf{E}e^{\lambda t}$$

其中 **E** 為一個非零 $n \times 1$ 常數矩陣且 $\lambda$ 為常數。為了滿足方程組，我們需要

$$\mathbf{X}' = \lambda \mathbf{E}e^{\lambda t} = \mathbf{AX} = \mathbf{AE}e^{\lambda t}$$

因為 $e^{\lambda t}$ 不等於零，上式成立，當

$$\mathbf{AE} = \lambda \mathbf{E}$$

這表示 $\lambda$ 必須是 $\mathbf{A}$ 的特徵值，$\mathbf{E}$ 為特徵向量。

這個論點也可以從另一個方向來看——若 $\lambda$ 為 $\mathbf{A}$ 的一個特徵值，$\mathbf{E}$ 為特徵向量，則任意的 $\mathbf{E}e^{\lambda t}$ 是一解。

### 定理 7.6

令 $\mathbf{E}$ 為數字的 $n \times 1$ 矩陣，$\lambda$ 為一數，則 $\mathbf{E}e^{\lambda t}$ 為方程組 (7.6) 的一解，若且唯若 $\lambda$ 為 $\mathbf{A}$ 的特徵值，$\mathbf{E}$ 為特徵向量。

$\mathbf{A}$ 具有 $n$ 個獨立的特徵向量是有通解的關鍵。

### 定理 7.7

令 $\mathbf{A}$ 有特徵值 $\lambda_1, \cdots, \lambda_n$（不必相異），假設這些特徵值分別對應於 $n$ 個獨立特徵向量 $\mathbf{E}_1, \mathbf{E}_2, \cdots, \mathbf{E}_n$，則

$$\mathbf{\Phi}_1(t) = \mathbf{E}_1 e^{\lambda_1 t}, \cdots, \mathbf{\Phi}_n(t) = \mathbf{E}_n e^{\lambda_n t}$$

為 $n$ 個獨立解且對所有的 $t$，

$$\mathbf{X}(t) = c_1 \mathbf{\Phi}_1(t) + \cdots + c_n \mathbf{\Phi}_n(t)$$

為通解。

我們也可以將通解寫成

$$\mathbf{X}(t) = \mathbf{\Omega}(t) \mathbf{C}$$

其中 $\mathbf{\Omega}(t)$ 以 $\mathbf{\Phi}_j(t)$ 作為 $j$ 行。

如果 $\mathbf{A}$ 有 $n$ 個線性獨立向量，我們可以用特徵向量和特徵值寫出通解。我們看以下這個例子，然後處理 $\mathbf{A}$ 沒有 $n$ 個獨立的特徵向量的情況。

### 例 7.6

方程組

$$\mathbf{X}' = \begin{pmatrix} 4 & 2 \\ 3 & 3 \end{pmatrix} \mathbf{X}$$

的係數矩陣有特徵值 1 和 6，對應的特徵向量為

$$\begin{pmatrix} 2 \\ -3 \end{pmatrix} \text{和} \begin{pmatrix} 1 \\ 1 \end{pmatrix}$$

我們立刻得到通解

$$\mathbf{X} = c_1 \begin{pmatrix} 2 \\ -3 \end{pmatrix} e^t + c_2 \begin{pmatrix} 1 \\ 1 \end{pmatrix} e^{6t}$$

我們也可以利用基本矩陣

$$\mathbf{\Omega}(t) = \begin{pmatrix} 2e^t & e^{6t} \\ -3e^t & e^{6t} \end{pmatrix}$$

將通解寫成 $\mathbf{X} = \mathbf{\Omega}\mathbf{C}$。

### 例 7.7

解方程組

$$\mathbf{X}' = \begin{pmatrix} 5 & -4 & 4 \\ 12 & -11 & 12 \\ 4 & -4 & 5 \end{pmatrix} \mathbf{X}$$

係數矩陣 $\mathbf{A}$ 有特徵值 $-3$、$1$、$1$，其中 1 為重數為 2 的特徵值。特徵向量

$$\begin{pmatrix} 1 \\ 3 \\ 1 \end{pmatrix}$$

對應特徵值 $-3$。在此例中，重複特徵值 1 對應兩個獨立特徵向量

$$\begin{pmatrix} 1 \\ 1 \\ 0 \end{pmatrix} \text{和} \begin{pmatrix} -1 \\ 0 \\ 1 \end{pmatrix}$$

通解為

$$\mathbf{X}(t) = c_1 \begin{pmatrix} 1 \\ 3 \\ 1 \end{pmatrix} e^{-3t} + c_2 \begin{pmatrix} 1 \\ 1 \\ 0 \end{pmatrix} e^t + c_3 \begin{pmatrix} -1 \\ 0 \\ 1 \end{pmatrix} e^t$$

我們有 $\mathbf{X} = \mathbf{\Omega C}$，其中

$$\mathbf{\Omega} = \begin{pmatrix} e^{-3t} & e^t & -e^t \\ 3e^{-3t} & e^t & 0 \\ e^{-3t} & 0 & e^t \end{pmatrix}$$

現在考慮 $\mathbf{A}$ 不具有 $n$ 個獨立特徵向量的可能性。在這種情況下，以下例子將提出產生 $n$ 個獨立解的策略。

### 例 7.8

解 $\mathbf{X}' = \mathbf{AX}$，其中

$$\mathbf{A} = \begin{pmatrix} 1 & 3 \\ -3 & 7 \end{pmatrix}$$

$\mathbf{A}$ 有重數為 2 的特徵值 4，所有特徵向量為

$$\mathbf{E} = \begin{pmatrix} 1 \\ 1 \end{pmatrix}$$

的純量倍數。一解為

$$\mathbf{\Phi}_1(t) = \mathbf{E}e^{4t} = \begin{pmatrix} 1 \\ 1 \end{pmatrix} e^{4t}$$

我們需要第二個線性獨立解。嘗試第二個解其形式為

$$\mathbf{\Phi}_2(t) = \mathbf{E}te^{4t} + \mathbf{K}e^{4t} \tag{7.7}$$

為了選取 $\mathbf{K}$ 使得上式為一解，將上式代入方程組。我們需要滿足

$$\mathbf{\Phi}'_2(t) = \mathbf{A}\mathbf{\Phi}_2(t)$$

記住 $\mathbf{E}$ 和 $\mathbf{K}$ 為常數矩陣，上式變成

$$4\mathbf{E}te^{4t} + \mathbf{E}e^{4t} + 4\mathbf{K}e^{4t} = \mathbf{AE}te^{4t} + \mathbf{AK}e^{4t}$$

因為 $e^{4t}$ 不等於零，所以

$$4t\mathbf{E} + \mathbf{E} + 4\mathbf{K} = \mathbf{AE}t + \mathbf{AK} \tag{7.8}$$

現在 $\mathbf{AE} = 4\mathbf{E}$，因為 $\mathbf{E}$ 為 $\mathbf{A}$ 的特徵向量，特徵值為 4，因此 $4t\mathbf{E} = \mathbf{AE}t$，方程式 (7.8) 中含有 $t$ 的項互相抵消，剩下

$$\mathbf{E} + 4\mathbf{K} = \mathbf{AK}$$

引入 $\mathbf{I}_2$，將上式寫成

$$(\mathbf{A} - 4\mathbf{I}_2)\mathbf{K} = \mathbf{E}$$

因為 $\mathbf{E}$ 為已知，這是兩個未知數（$\mathbf{K}$ 的分量）的兩個方程式的非齊次線性方程組。令

$$\mathbf{K} = \begin{pmatrix} a \\ b \end{pmatrix}$$

則

$$\begin{pmatrix} -3 & 3 \\ -3 & 3 \end{pmatrix} \begin{pmatrix} a \\ b \end{pmatrix} = \begin{pmatrix} 1 \\ 1 \end{pmatrix}$$

這個方程組簡化為單一方程式 $-3a + 3b = 1$，因此

$$b = \frac{1 + 3a}{3}$$

$a$ 為任意數，選擇 $a = 1$，得到

$$\mathbf{K} = \begin{pmatrix} 1 \\ 4/3 \end{pmatrix}$$

$\mathbf{K}$ 不是 $\mathbf{A}$ 的特徵向量。然而，它已被選擇產生第二個解

$$\mathbf{\Phi}_2(t) = \mathbf{E}te^{4t} + \mathbf{K}e^{4t} = \begin{pmatrix} 1 \\ 1 \end{pmatrix} te^{4t} + \begin{pmatrix} 1 \\ 4/3 \end{pmatrix} e^{4t} = \begin{pmatrix} 1 + t \\ \frac{4}{3} + t \end{pmatrix} e^{4t}$$

這個解 $\mathbf{\Phi}_2$ 因為含有 $t$ 項，所以 $\mathbf{\Phi}_2$ 與 $\mathbf{\Phi}_1$ 為線性獨立。

使用這兩個解寫出基本矩陣

$$\Omega(t) = \begin{pmatrix} 1 & t+1 \\ 1 & t+\frac{4}{3} \end{pmatrix} e^{4t}$$

$\Omega(t)\mathbf{C}$ 為通解。

## 例 7.9

考慮 $3 \times 3$ 線性齊次方程組 $\mathbf{X}' = \mathbf{AX}$，其中

$$\mathbf{A} = \begin{pmatrix} -2 & -1 & -5 \\ 25 & -7 & 0 \\ 0 & 1 & 3 \end{pmatrix}$$

$\mathbf{A}$ 有重數為 3 的特徵值 $-2$。每一個特徵向量為

$$\mathbf{E} = \begin{pmatrix} -1 \\ -5 \\ 1 \end{pmatrix}$$

的純量倍數。方程組的一解為

$$\mathbf{\Phi}_1(t) = \mathbf{E}e^{-2t} = \begin{pmatrix} -1 \\ -5 \\ 1 \end{pmatrix} e^{-2t}$$

我們還需要兩個獨立的解。嘗試一個在前面的例子中有效的想法。令

$$\mathbf{\Phi}_2(t) = \mathbf{E}te^{-2t} + \mathbf{K}e^{-2t}$$

如例 7.8，將上式代入 $\mathbf{X}' = \mathbf{AX}$，利用 $\mathbf{AE} = -2\mathbf{E}$，得到

$$(\mathbf{A} + 2\mathbf{I}_3)\mathbf{K} = \mathbf{E}$$

這是方程組

$$\begin{pmatrix} 0 & -1 & -5 \\ 25 & -5 & 0 \\ 0 & 1 & 5 \end{pmatrix} \begin{pmatrix} a \\ b \\ c \end{pmatrix} = \begin{pmatrix} -1 \\ -5 \\ 1 \end{pmatrix}$$

其中
$$\mathbf{K} = \begin{pmatrix} a \\ b \\ c \end{pmatrix}$$

解此方程組可得
$$\mathbf{K} = \begin{pmatrix} -\alpha \\ 1 - 5\alpha \\ \alpha \end{pmatrix}$$

其中 $\alpha$ 為任意數。選擇 $\alpha = 1$，得到
$$\mathbf{K} = \begin{pmatrix} -1 \\ -4 \\ 1 \end{pmatrix}$$

第二個解為
$$\mathbf{\Phi}_2(t) = \mathbf{E}te^{-2t} + \mathbf{K}e^{-2t} = \begin{pmatrix} -1 - t \\ -4 - 5t \\ 1 + t \end{pmatrix} e^{-2t}$$

我們還需要一個解。引入 $t^2$ 項且嘗試
$$\mathbf{\Phi}_3(t) = \frac{1}{2}\mathbf{E}t^2 e^{-2t} + \mathbf{K}te^{-2t} + \mathbf{M}e^{-2t}$$

欲求 $\mathbf{M}$ 使 $\mathbf{\Phi}_3(t)$ 成為一解，將 $\mathbf{\Phi}_3(t)$ 代入方程組 $\mathbf{X}' = \mathbf{A}\mathbf{X}$，得到
$$\mathbf{E}\left(te^{-2t} - t^2 e^{-2t}\right) + \mathbf{K}\left(e^{-2t} - 2te^{-2t}\right) + \mathbf{M}\left(-2e^{-2t}\right)$$
$$= \frac{1}{2}\mathbf{A}\mathbf{E}t^2 e^{-2t} + \mathbf{A}\mathbf{K}te^{-2t} + \mathbf{A}\mathbf{M}e^{-2t}$$

將共同因數 $e^{-2t}$ 除去，並且利用 $\mathbf{A}\mathbf{E} = -2\mathbf{E}$ 和
$$\mathbf{A}\mathbf{K} = \begin{pmatrix} 1 \\ 3 \\ -1 \end{pmatrix}$$

的事實，獲得

$$\mathbf{E}t - \mathbf{E}t^2 + \mathbf{K} - 2\mathbf{K}t - 2\mathbf{M} = -\mathbf{E}t^2 + \begin{pmatrix} 1 \\ 3 \\ -1 \end{pmatrix} t + \mathbf{A}\mathbf{M}$$

如今

$$\mathbf{E}t - 2\mathbf{K}t = \left[ \begin{pmatrix} -1 \\ -5 \\ 1 \end{pmatrix} - 2 \begin{pmatrix} -1 \\ -4 \\ 1 \end{pmatrix} \right] t$$

$$= \begin{pmatrix} 1 \\ 3 \\ -1 \end{pmatrix} t$$

因此這個方程式簡化為

$$\mathbf{K} - 2\mathbf{M} = \mathbf{A}\mathbf{M}$$

將它寫成

$$(\mathbf{A} + 2\mathbf{I}_3)\mathbf{M} = \mathbf{K}$$

亦即方程組

$$\begin{pmatrix} 0 & -1 & -5 \\ 25 & -5 & 0 \\ 0 & 1 & 5 \end{pmatrix} \mathbf{M} = \begin{pmatrix} -1 \\ -4 \\ 1 \end{pmatrix}$$

$\mathbf{M}$ 的一個解為

$$\mathbf{M} = \begin{pmatrix} -24/25 \\ -4 \\ 1 \end{pmatrix}$$

這不是 $\mathbf{A}$ 的特徵向量。微分方程組的第三個解為

$$\boldsymbol{\Phi}_3(t) = \frac{1}{2} \begin{pmatrix} -1 \\ -5 \\ 1 \end{pmatrix} t^2 e^{-2t} + \begin{pmatrix} -1 \\ -4 \\ 1 \end{pmatrix} t e^{-2t} + \begin{pmatrix} -24/25 \\ -4 \\ 1 \end{pmatrix} e^{-2t}$$

這個解 $\boldsymbol{\Phi}_3$ 因為有 $t^2$ 項，所以 $\boldsymbol{\Phi}_3$ 與 $\boldsymbol{\Phi}_1$、$\boldsymbol{\Phi}_2$ 為線性獨立。用這三個解作為基本矩陣

$$\mathbf{\Omega}(t) = \begin{pmatrix} -e^{-2t} & (-1-t)e^{-2t} & \left(-\frac{24}{25}-t-\frac{1}{2}t^2\right)e^{-2t} \\ -5e^{-2t} & (-4-5t)e^{-2t} & \left(-4-4t-\frac{5}{2}t^2\right)e^{-2t} \\ e^{-2t} & (1+t)e^{-2t} & \left(1+t+\frac{1}{2}t^2\right)e^{-2t} \end{pmatrix}$$

的行。

當 $\mathbf{A}$ 沒有 $n$ 個獨立的特徵向量時，上述例子提供了一種方法。若 $\lambda$ 為特徵值，其重數為 $m > 1$，但 $\lambda$ 沒有相關聯的 $m$ 個獨立特徵向量，則由 $\lambda$ 可產生 $m$ 個獨立解如下。

一解為

$$\mathbf{\Psi}_1(t) = \mathbf{E}e^{\lambda t}$$

其中 $\mathbf{E}$ 為對應於 $\lambda$ 的特徵向量。

令

$$\mathbf{\Psi}_2(t) = \mathbf{E}te^{\lambda t} + \mathbf{K}e^{\lambda t}$$

為與 $\lambda$ 相關聯的第二解且解出 $\mathbf{K}$ 產生一解。

若 $m > 2$，令

$$\mathbf{\Psi}_3(t) = \frac{1}{2}\mathbf{E}t^2 e^{\lambda t} + \mathbf{K}te^{\lambda t} + \mathbf{M}e^{\lambda t}$$

將此式代入方程組，解出 $\mathbf{M}$ 使其成為一解。

若 $m > 3$，嘗試第四解

$$\mathbf{\Psi}_4(t) = \frac{1}{3!}\mathbf{E}t^3 e^{\lambda t} + \frac{1}{2}\mathbf{K}t^2 e^{\lambda t} + \mathbf{M}te^{\lambda t} + \mathbf{W}e^{\lambda t}$$

將此式代入方程組，解出 $\mathbf{W}$。

持續這種方法，直至求得對應於重數為 $m$ 的特徵值 $\lambda$ 的 $m$ 個獨立解。

對於重數大於 1 的每個特徵值，重複此過程，最後可以產生 $n$ 個獨立解。

### 7.2.1 複數特徵值的情況

$\mathbf{A}$ 有複數特徵值。若 $\lambda = a + ib$ 為特徵值，$\mathbf{E}$ 為特徵向量，則共軛 $\bar{\lambda}$ 也是特徵

值，$\overline{\mathbf{E}}$ 為特徵向量，$\overline{\mathbf{E}}$ 是 $\mathbf{E}$ 的每個元素取共軛複數形成的。

這樣的特徵值和特徵向量將生成 $\mathbf{X}' = \mathbf{A}\mathbf{X}$ 的兩個獨立解：

$$\mathbf{E}e^{(a+ib)t} \text{ 和 } \overline{\mathbf{E}}e^{(a-ib)t}$$

這是可作為通解的 $n$ 個獨立解中的兩個。

但是，有時候我們希望用不含複數的實數解來寫出通解。這可以藉由任意 $n$ 個獨立解可用來寫出一個通解的事實來實現。這種想法是將兩個複數解分解化簡為兩個實數解。請注意以下例子中的想法。

### 例 7.10

解 $\mathbf{X}' = \mathbf{A}\mathbf{X}$，其中

$$\mathbf{A} = \begin{pmatrix} 2 & 0 & 1 \\ 0 & -2 & -2 \\ 0 & 2 & 0 \end{pmatrix}$$

特徵值為 $2$、$-1+\sqrt{3}i$、$-1-\sqrt{3}i$，特徵向量分別為

$$\mathbf{E}_1 = \begin{pmatrix} 1 \\ 0 \\ 0 \end{pmatrix}, \mathbf{E}_2 = \begin{pmatrix} 1 \\ -2\sqrt{3}i \\ -3+\sqrt{3}i \end{pmatrix}, \mathbf{E}_3 = \begin{pmatrix} 1 \\ 2\sqrt{3}i \\ -3-\sqrt{3}i \end{pmatrix}$$

此處 $\mathbf{E}_3 = \overline{\mathbf{E}_2}$。

我們可以用

$$\mathbf{\Phi}_1(t) = \mathbf{E}_1 e^{2t}$$

$$\mathbf{\Phi}_2(t) = \mathbf{E}_2 e^{(-1+\sqrt{3}i)t}$$

$$\mathbf{\Phi}_3(t) = \mathbf{E}_3 e^{(-1-\sqrt{3}i)t}$$

作為三個獨立解，且用這些解作為形成基本矩陣的行。

然而，假設我們要一個僅含實數的基本矩陣，因為 $\mathbf{\Phi}_1(t)$ 已經是實數，所以焦點應集中在兩個複數解 $\mathbf{\Phi}_2(t)$ 與 $\mathbf{\Phi}_3(t)$。首先將特徵向量分成實部和虛部

$$\mathbf{E}_2 = \mathbf{U} + i\mathbf{V} = \begin{pmatrix} 1 \\ 0 \\ -3 \end{pmatrix} + i\begin{pmatrix} 0 \\ -2\sqrt{3} \\ \sqrt{3} \end{pmatrix}$$

且
$$\mathbf{E}_3 = \mathbf{U} - i\mathbf{V} = \begin{pmatrix} 1 \\ 0 \\ -3 \end{pmatrix} - i \begin{pmatrix} 0 \\ -2\sqrt{3} \\ \sqrt{3} \end{pmatrix}$$

現在
$$\mathbf{\Phi}_2(t) = (\mathbf{U} + i\mathbf{V})e^{(a+ib)t} \text{ 且 } \mathbf{\Phi}_3(t) = (\mathbf{U} - i\mathbf{V})e^{(a-ib)t}$$

利用歐勒公式
$$e^{(a+ib)t} = e^{at}(\cos(bt) + i\sin(bt))$$

將這些複數解表示成
$$\begin{aligned}\mathbf{\Phi}_2(t) &= (\mathbf{U} + i\mathbf{V})e^{(-1+\sqrt{3}i)t} \\ &= (\mathbf{U} + i\mathbf{V})e^{-t}[\cos(\sqrt{3}t) + i\sin(\sqrt{3}t)] \\ &= e^{-t}[\mathbf{U}\cos(\sqrt{3}t) - \mathbf{V}\sin(\sqrt{3}t)] \\ &\quad + ie^{-t}[\mathbf{V}\cos(\sqrt{3}t) + \mathbf{U}\sin(\sqrt{3}t)]\end{aligned}$$

且
$$\begin{aligned}\mathbf{\Phi}_3(t) &= (\mathbf{U} - i\mathbf{V})e^{(-1-\sqrt{3}i)t} \\ &= (\mathbf{U} - i\mathbf{V})e^{-t}[\cos(\sqrt{3}t) - i\sin(\sqrt{3}t)] \\ &= e^{-t}[\mathbf{U}\cos(\sqrt{3}t) - \mathbf{V}\sin(\sqrt{3}t)] \\ &\quad - ie^{-t}[\mathbf{V}\cos(\sqrt{3}t) + \mathbf{U}\sin(\sqrt{3}t)]\end{aligned}$$

這些解的任意線性組合仍是一解。若我們將 $\mathbf{\Phi}_2(t)$ 與 $\mathbf{\Phi}_3(t)$ 相加且乘以 1/2，得到實數解

$$\begin{aligned}\mathbf{\Phi}_4(t) &= \frac{1}{2}(\mathbf{\Phi}_2(t) + \mathbf{\Phi}_3(t)) \\ &= e^{-t}[\mathbf{U}\cos(\sqrt{3}t) - \mathbf{V}\sin(\sqrt{3}t)] \\ &= \begin{pmatrix} e^{-t}\cos(\sqrt{3}t) \\ 2\sqrt{3}e^{-t}\sin(\sqrt{3}t) \\ e^{-t}[-3\cos(\sqrt{3}t) - \sqrt{3}\sin(\sqrt{3}t)] \end{pmatrix}\end{aligned}$$

同理，若我們將 $\Phi_2(t)$ 減去 $\Phi_3(t)$ 再除以 $2i$，可得另一實數解

$$\Phi_5(t) = e^{-t}[\mathbf{V}\cos(\sqrt{3}t) + \mathbf{U}\sin(\sqrt{3}t)]$$

$$= \begin{pmatrix} e^{-t}\sin(\sqrt{3}t) \\ -2\sqrt{3}e^{-t}\cos(\sqrt{3}t) \\ e^{t}[\sqrt{3}\cos(\sqrt{3}t) - 3\sin(\sqrt{3}t)] \end{pmatrix}$$

我們現在有三個獨立實數解，$\Phi_1(t)$、$\Phi_4(t)$ 和 $\Phi_5(t)$，可用這些作實基本矩陣

$$\mathbf{\Omega}(t) = \begin{pmatrix} e^{2t} & e^{-t}\cos(\sqrt{3}t) & e^{-t}\sin(\sqrt{3}t) \\ 0 & 2\sqrt{3}e^{-t}\sin(\sqrt{3}t) & -2\sqrt{3}e^{-t}\cos(\sqrt{3}t) \\ 0 & e^{-t}[-3\cos(\sqrt{3}t) - \sqrt{3}\sin(\sqrt{3}t)] & e^{-t}[\sqrt{3}\cos(\sqrt{3}t) - 3\sin(\sqrt{3}t)] \end{pmatrix}$$

不必重複本例中所示的所有推導階段。下面是獲得對應於每個複特徵值及其共軛的兩個實數解的過程的總結。

**定理 7.8**

令 $\mathbf{A}$ 為 $n \times n$ 實矩陣。令 $a + ib$ 為複特徵值，$\mathbf{U} + i\mathbf{V}$ 為特徵向量，其中 $\mathbf{U}$ 與 $\mathbf{V}$ 為實 $n \times 1$ 矩陣，則

$$e^{at}[\mathbf{U}\cos(bt) - \mathbf{V}\sin(bt)]$$

與

$$e^{at}[\mathbf{V}\cos(bt) + \mathbf{U}\sin(bt)]$$

為 $\mathbf{X}' = \mathbf{AX}$ 的線性獨立實數解。

## 7.2 習題

習題 1–11，已知矩陣 $\mathbf{A}$，求方程組 $\mathbf{X}' = \mathbf{AX}$ 的實基本矩陣。

1. $\mathbf{A} = \begin{pmatrix} 3 & 0 \\ 5 & -4 \end{pmatrix}$

2. $\mathbf{A} = \begin{pmatrix} 1 & 1 \\ 1 & 1 \end{pmatrix}$

3. $\mathbf{A} = \begin{pmatrix} 1 & 2 & 1 \\ 6 & -1 & 0 \\ -1 & -2 & -1 \end{pmatrix}$

4. $\mathbf{A} = \begin{pmatrix} 2 & -4 \\ 1 & 6 \end{pmatrix}$

5. $\mathbf{A} = \begin{pmatrix} 2 & 5 & 6 \\ 0 & 8 & 9 \\ 0 & -1 & 2 \end{pmatrix}$

6. $\mathbf{A} = \begin{pmatrix} 2 & -4 \\ 1 & 2 \end{pmatrix}$

7. $\mathbf{A} = \begin{pmatrix} 3 & -5 \\ 1 & -1 \end{pmatrix}$

8. $\mathbf{A} = \begin{pmatrix} -1 & 4 & -1 \\ 5 & 3 & -1 \\ -4 & -1 & 6 \end{pmatrix}$

9. $\mathbf{A} = \begin{pmatrix} 3 & 2 \\ 0 & 3 \end{pmatrix}$

10. $\mathbf{A} = \begin{pmatrix} 6 & 11 \\ -3 & 2 \end{pmatrix}$

11. $\mathbf{A} = \begin{pmatrix} 1 & 5 & -2 & 6 \\ 0 & 3 & 0 & 4 \\ 0 & 3 & 0 & 4 \\ 0 & 0 & 0 & 1 \end{pmatrix}$

## 7.3 指數矩陣解

對任意實數 $a$，

$$e^{at} = 1 + at + \frac{1}{2!}(at)^2 + \frac{1}{3!}(at)^3 + \cdots = \sum_{n=0}^{\infty} \frac{1}{n!}(at)^n$$

對於所有實數 $t$，此級數收斂。

與上式類似，我們可以嘗試定義數字的 $n \times n$ 矩陣的**指數矩陣** (exponential matrix)

$$e^{\mathbf{A}t} = \mathbf{I}_n + \mathbf{A}t + \frac{1}{2!}\mathbf{A}^2 t^2 + \frac{1}{3!}\mathbf{A}^3 t^3 + \cdots = \sum_{n=0}^{\infty} \frac{1}{n!} \mathbf{A}^n t^n \tag{7.9}$$

要做到這一點，我們必須給矩陣的無窮級數賦予意義，這可以如下完成。若 $\mathbf{A} = [a_{ij}]$，定義 $\mathbf{A}$ 的**範數** (norm) 為

$$\| \mathbf{A} \| = \max_{i,j} |a_{ij}|$$

矩陣的範數是其最大元素的絕對值。這個範數的行為非常像數字的絕對值和向量的範

數,尤其是

1. $\|\mathbf{A}\| \geq 0$。
2. $\|\mathbf{A}\| = 0$ 若且唯若 $\mathbf{A}$ 為零矩陣(每一個 $a_{ij} = 0$)。
3. $\|c\mathbf{A}\| = |c| \|\mathbf{A}\|$,$c$ 為任意數。
4. $\|\mathbf{A} + \mathbf{B}\| \leq \|\mathbf{A}\| + \|\mathbf{B}\|$。

範數允許我們定義兩個 $n \times n$ 矩陣之間的**距離 (distance)** 的概念:

$$\mathbf{A} \text{ 與 } \mathbf{B} \text{ 之間的距離} = \|\mathbf{A} - \mathbf{B}\|$$

這種方法直觀地吸引人,因為這個數是兩個矩陣中相同位置的元素之間的差 $|a_{ij} - b_{ij}|$ 的最大值。這個值越小,元素越接近相等,而且兩個矩陣之間的距離越小。

一旦我們有了矩陣之間的距離的概念,就可以定義對於矩陣的無窮級數收斂的意義,當 $N$ 增加時,若 $N$ 項部分和與 $\mathbf{B}$ 之間的距離趨近於零,則稱級數收斂於 $\mathbf{B}$。

若 $\mathbf{AB} = \mathbf{BA}$,則可證明

$$e^{(\mathbf{A}+\mathbf{B})t} = e^{\mathbf{A}t} e^{\mathbf{B}t}$$

此外,

$$\begin{aligned}
\frac{d}{dt} e^{\mathbf{A}t} &= \frac{d}{dt} \left[ \mathbf{I}_n + \mathbf{A}t + \frac{1}{2!}\mathbf{A}^2 t^2 + \frac{1}{3!}\mathbf{A}^3 t^3 + \cdots \right] \\
&= \mathbf{A} + \mathbf{A}^2 t + \frac{1}{2!}\mathbf{A}^3 t^2 + \frac{1}{3!}\mathbf{A}^4 t^3 + \cdots \\
&= \mathbf{A} \left[ \mathbf{I}_n + \mathbf{A}t + \frac{1}{2!}\mathbf{A}^2 t^2 + \frac{1}{3!}\mathbf{A}^3 t^3 + \cdots \right] \\
&= \mathbf{A} e^{\mathbf{A}t}
\end{aligned}$$

這具有下列重要結果。

## 定理 7.9

$\mathbf{\Omega}(t) = e^{\mathbf{A}t}$ 是 $\mathbf{X}' = \mathbf{AX}$ 的基本矩陣。

---

要知道這一點,對於任意 $n \times 1$ 常數矩陣,令 $\mathbf{X}(t) = \mathbf{\Omega}(t)\mathbf{C}$,則

$$\begin{aligned}
\mathbf{X}'(t) &= \frac{d}{dt} \mathbf{\Omega}(t)\mathbf{C} = \frac{d}{dt} e^{\mathbf{A}t} \mathbf{C} \\
&= \mathbf{A} e^{\mathbf{A}t} \mathbf{C} = \mathbf{A}\mathbf{\Omega}(t)\mathbf{C} = \mathbf{A}\mathbf{X}(t)
\end{aligned}$$

此外，由定理 7.3 知，$\boldsymbol{\Omega}(t)$ 具有線性獨立的行，因為若我們令 $t = 0$，可得

$$\boldsymbol{\Omega}(0) = e^{\mathbf{A}0} = \mathbf{I}_n$$

而這個矩陣具有非零的行列式。

基本矩陣 $\boldsymbol{\Omega}(t) = e^{\mathbf{A}t}$ 具有 $\boldsymbol{\Omega}(0) = \mathbf{I}_n$ 的特殊性質，並不是每一個基本矩陣都享有這個性質，而它在解初值問題上特別方便

$$\mathbf{X}' = \mathbf{A}\mathbf{X}; \mathbf{X}(0) = \mathbf{X}^0$$

若 $\boldsymbol{\Omega}(t)$ 為基本矩陣，解出 $\mathbf{C}$ 使得

$$\mathbf{X}(0) = \boldsymbol{\Omega}(0)\mathbf{C} = \mathbf{X}^0$$

故我們必須選擇

$$\mathbf{C} = (\boldsymbol{\Omega}(0))^{-1}\mathbf{X}^0$$

這需要計算反矩陣。然而，若我們使用 $\boldsymbol{\Omega}(t) = e^{\mathbf{A}t}$，則 $\boldsymbol{\Omega}(0) = \mathbf{I}_n$，故

$$\mathbf{C} = \mathbf{X}^0$$

在此情況下，初值問題的解為

$$\mathbf{X}(t) = e^{\mathbf{A}t}\mathbf{X}^0$$

因為當 $t = 0$ 時，$e^{\mathbf{A}t}$ 等於 $\mathbf{I}_n$，特殊基本矩陣 $e^{\mathbf{A}t}$ 稱為方程組 $\mathbf{X}' = \mathbf{A}\mathbf{X}$ 的**轉移矩陣** (transition matrix)。

一些軟體組件可以產生 $e^{\mathbf{A}t}$。對於「小的」$n$ 值，我們也可以使用 **Putzer 演算法** (Putzer algorithm)。

## 定理 7.10 指數矩陣的 Putzer 演算法

令 $\mathbf{A}$ 的特徵值為 $\lambda_1, \cdots, \lambda_n$。

令 $f_1(t), \cdots, f_n(t)$ 為初值問題

$$f_1'(t) = \lambda_1 f_1(t); f_1(0) = 1$$

與

$$f_j'(t) = f_{j-1}(t) + \lambda_j f_j(t); f_j(0) = 0, \ j = 2, \cdots, n$$

的唯一解。以

$$\mathbf{F}_0 = \mathbf{I}_n$$

與

$$\mathbf{F}_j = (\mathbf{A} - \lambda_1 \mathbf{I}_n) \cdots (\mathbf{A} - \lambda_j \mathbf{I}_n),\ j = 1, \cdots, n-1$$

定義 $n$ 個矩陣 $\mathbf{F}_0, \cdots, \mathbf{F}_{n-1}$，則

$$e^{\mathbf{A}t} = \sum_{j=0}^{n-1} f_{j+1}(t) \mathbf{F}_j$$

在 Putzer 演算法中，特徵值不必相異，而且它們列出的順序並沒有什麼區別。但是，該列表必須包含所有 $n$ 個特徵值，包括重數。$f_j(t)$ 的微分方程式均為線性一階方程式，可以用積分因子求解。

### 例 7.11

令

$$\mathbf{A} = \begin{pmatrix} 5 & -4 & 4 \\ 12 & -11 & 12 \\ 4 & -4 & 5 \end{pmatrix}$$

求 $e^{\mathbf{A}t}$，$\mathbf{A}$ 的特徵值為

$$\lambda_1 = -3, \lambda_2 = 1, \lambda_3 = 1$$

對於 $j = 1$、$2$、$3$，計算函數 $f_j(t)$。對於 $j = 1$，

$$f_1' = \lambda_1 f_1 = -3 f_1;\ f_1(0) = 1$$

具有解

$$f_1(t) = e^{-3t}$$

其次，

$$f_2' = f_1 + \lambda_2 f_2 = e^{-3t} + f_2;\ f_2(0) = 0$$

其解為

$$f_2(t) = -\frac{1}{4} e^{-3t} + \frac{1}{4} e^t$$

最後，

$$f_3' = f_2 + \lambda_3 f_3 = -\frac{1}{4}e^{-3t} + \frac{1}{4}e^t + f_3; f_3(0) = 0$$

解為

$$f_3(t) = \frac{1}{16}e^{-3t} + \frac{1}{4}te^t - \frac{1}{16}e^t$$

其次求矩陣 $\mathbf{F}_0$、$\mathbf{F}_1$ 與 $\mathbf{F}_2$。這些是

$$\mathbf{F}_0 = \mathbf{I}_3$$

$$\mathbf{F}_1 = \mathbf{A} - (-3)\mathbf{I}_3 = \begin{pmatrix} 8 & -4 & 4 \\ 12 & -8 & 12 \\ 4 & -4 & 8 \end{pmatrix}$$

與

$$\mathbf{F}_2 = (\mathbf{A} - (-3)\mathbf{I}_3)(\mathbf{A} - \mathbf{I}_3)$$

$$= \begin{pmatrix} 8 & -4 & 4 \\ 12 & -8 & 12 \\ 4 & -4 & 8 \end{pmatrix} \begin{pmatrix} 4 & -4 & 4 \\ 12 & -12 & 12 \\ 4 & -4 & 4 \end{pmatrix}$$

$$= \begin{pmatrix} 0 & 0 & 0 \\ 0 & 0 & 0 \\ 0 & 0 & 0 \end{pmatrix}$$

$\mathbf{A}$ 的指數矩陣為

$$e^{\mathbf{A}t} = f_1(t)\mathbf{F}_0 + f_2(t)\mathbf{F}_1$$

$$= e^{-3t} \begin{pmatrix} 1 & 0 & 0 \\ 0 & 1 & 0 \\ 0 & 0 & 1 \end{pmatrix} + \frac{1}{4}\left(e^t - e^{-3t}\right) \begin{pmatrix} 8 & -4 & 4 \\ 12 & -8 & 12 \\ 4 & -4 & 8 \end{pmatrix}$$

$$= \begin{pmatrix} 2e^t - e^{-3t} & e^{-3t} - e^t & e^t - e^{-3t} \\ 3e^t - 3e^{-3t} & -2e^t + 3e^{-3t} & 3e^t - 3e^{-3t} \\ e^t - e^{-3t} & e^{-3t} - e^t & -e^{-3t} + 2e^t \end{pmatrix}$$

因此

$$\mathbf{X}(t) = e^{\mathbf{A}t}\mathbf{C}$$

為 $\mathbf{X}' = \mathbf{A}\mathbf{X}$ 的通解。

滿足初始條件

$$\mathbf{X}(0) = \begin{pmatrix} -5 \\ 2 \\ 15 \end{pmatrix}$$

的解為

$$\mathbf{X}(t) = e^{\mathbf{A}t} \begin{pmatrix} -5 \\ 2 \\ 15 \end{pmatrix}$$

當一個或多個特徵值為複數時，Putzer 演算法也適用。在這種情況下，執行演算法，然後使用歐勒公式：

$$e^{(a+bi)t} = e^{at}(\cos(bt) + i\sin(bt))$$

### 例 7.12

令

$$\mathbf{A} = \begin{pmatrix} 2 & -5 \\ 1 & 4 \end{pmatrix}$$

特徵值為 $\lambda_1 = 3 + 2i$，$\lambda_2 = 3 - 2i$。如今

$$f_1' = (3+2i)f_1; f_1(0) = 1$$

具有解

$$f_1(t) = e^{(3+2i)t} = e^{3t}(\cos(2t) + i\sin(2t))$$

且

$$f_2'(t) = e^{(3+2i)t} + (3-3i)f_2; f_2(0) = 0$$

具有解

$$f_2(t) = \frac{1}{4i}e^{(3+2i)t} - \frac{1}{4i}e^{(3-2i)t}$$

因此
$$f_2(t) = \frac{1}{4i}[\cos(2t) + i\sin(2t) - \cos(2t) + i\sin(2t)]$$
$$= \frac{1}{2}e^{3t}\sin(2t)$$

其次，
$$\mathbf{F}_0 = \mathbf{I}_2$$

且
$$\mathbf{F}_1 = \mathbf{A} - (3+2i)\mathbf{I}_2$$
$$= \begin{pmatrix} 2 & -5 \\ 1 & 4 \end{pmatrix} - (3-2i)\begin{pmatrix} 1 & 0 \\ 0 & 1 \end{pmatrix}$$
$$= \begin{pmatrix} -1-2i & -5 \\ 1 & 1-2i \end{pmatrix}$$

因此
$$e^{\mathbf{A}t} = f_1(t)\mathbf{F}_0 + f_2(t)\mathbf{F}_1$$
$$= e^{3t}(\cos(2t) + i\sin(2t))\begin{pmatrix} 1 & 0 \\ 0 & 1 \end{pmatrix} + \frac{1}{2}e^{3t}\sin(2t)\begin{pmatrix} -1-2i & -5 \\ 1 & 1-2i \end{pmatrix}$$

經過一些計算，結果為
$$e^{\mathbf{A}t} = e^{3t}\begin{pmatrix} \cos(2t) - \frac{1}{2}\sin(2t) & -\frac{5}{2}\sin(2t) \\ \frac{1}{2}\sin(2t) & \cos(2t) - \frac{1}{2}\sin(2t) \end{pmatrix}$$

## 7.3 習題

習題 1–4，求 $e^{\mathbf{A}t}$。

1. $\mathbf{A} = \begin{pmatrix} -1 & 1 \\ -5 & 1 \end{pmatrix}$

2. $\mathbf{A} = \begin{pmatrix} 5 & -2 \\ 4 & 8 \end{pmatrix}$

3. $\mathbf{A} = \begin{pmatrix} 1 & 4 \\ -1 & 1 \end{pmatrix}$

4. $\mathbf{A} = \begin{pmatrix} 1 & -3 \\ 3 & -2 \end{pmatrix}$

# CHAPTER 8

# 向量的微分

## 8.1 單變數的向量函數

單變數的**向量函數** (vector function) 為一個向量

$$\mathbf{F}(t) = x(t)\mathbf{i} + y(t)\mathbf{j} + z(t)\mathbf{k}$$

其中每一分量為單變數的函數。在向量函數的背景下，實值函數 $f(t)$ 通常是指**純量函數** (scalar function)。

若 $\mathbf{F}(t)$ 的每一個分量在 $t_0$ 為**連續** (continuous)，則 $\mathbf{F}(t)$ 在 $t_0$ 為連續，且若 $\mathbf{F}(t)$ 的每一個分量在 $t_0$ 為**可微分** (differentiable)，則 $\mathbf{F}(t)$ 在 $t_0$ 為可微分。微分一向量函數就是微分其每一分量：

$$\mathbf{F}'(t) = \frac{d}{dt}\mathbf{F}(t) = x'(t)\mathbf{i} + y'(t)\mathbf{j} + z'(t)\mathbf{k}$$

向量函數的各種組合的微分規則與對應的純量函數的規則具有相同的形式：

1. $$(\mathbf{F}(t) + \mathbf{G}(t))' = \mathbf{F}'(t) + \mathbf{G}'(t)$$

2. 若 $\alpha$ 為一實數，則

$$(\alpha \mathbf{F}(t))' = \alpha \mathbf{F}'(t)$$

3. $$[f(t)\mathbf{F}(t)]' = f'(t)\mathbf{F}(t) + f(t)\mathbf{F}'(t)$$

   其中 $f(t)$ 為一純量函數。

4. $$[\mathbf{F}(t) \cdot \mathbf{G}(t)]' = \mathbf{F}'(t) \cdot \mathbf{G}(t) + \mathbf{F}(t) \cdot \mathbf{G}'(t)$$

5. $$[\mathbf{F}(t) \times \mathbf{G}(t)]' = \mathbf{F}'(t) \times \mathbf{G}(t) + \mathbf{F}(t) \times \mathbf{G}'(t)$$

6. $$\frac{d}{dt}[\mathbf{F}(f(t))] = f'(t)\mathbf{F}'(f(t))$$

規則 3、4 及 5 與純量函數的乘積規則類似，而規則 6 是用純量函數組成的向量函數的連鎖律。

考慮曲線 $C$ 的**位置向量** (position vector) $\mathbf{F}(t) = x(t)\mathbf{i} + y(t)\mathbf{j} + z(t)\mathbf{k}$，其座標函數的參數式為

$$x = x(t), y = y(t), z = z(t)$$

例如，

$$\mathbf{F}(t) = \cos(4t)\mathbf{i} + t\mathbf{j} + \sin(4t)\mathbf{k}, \ -\frac{3}{2} \leq t \leq \frac{3}{2}$$

為三維空間中的曲線的位置向量，其參數式為

$$x = \cos(4t), y = t, z = \sin(4t), \ -\frac{3}{2} \leq t \leq \frac{3}{2}$$

圖 8.1 為這條曲線的圖形。

在沒有明確陳述的情況下，適當假定 $t$ 是所有的實數，使得向量的分量函數有定義，否則 $t$ 必須指定，例如，屬於一特定區間。

對於一純量函數，在一點的導數是圖形在該點的切線斜率。對於曲線的位置向量，$\mathbf{F}'(t_0)$ 是曲線的切線向量，此曲線以向量的分量為其參數函數。

欲了解為何此為真，我們可以寫出

$$\begin{aligned}\mathbf{F}'(t_0) &= x'(t_0)\mathbf{i} + y'(t_0)\mathbf{j} + z'(t_0)\mathbf{k} \\ &= \lim_{h \to 0}\left(\frac{x(t_0+h)-x(t_0)}{h}\right)\mathbf{i} + \lim_{h \to 0}\left(\frac{y(t_0+h)-y(t_0)}{h}\right)\mathbf{j} \\ &\quad + \lim_{h \to 0}\left(\frac{z(t_0+h)-z(t_0)}{h}\right)\mathbf{k} \\ &= \lim_{h \to 0}\frac{\mathbf{F}(t_0+h)-\mathbf{F}(t_0)}{h}\end{aligned}$$

圖 8.2 顯示一典型的曲線，以及向量 $\mathbf{F}(t_0)$、$\mathbf{F}(t_0+h)$ 與由平行四邊形定律得到的 $\mathbf{F}(t_0+h) - \mathbf{F}(t_0)$。當 $h \to 0$，$\mathbf{F}(t_0+h)$ 沿著 $C$ 滑向 $\mathbf{F}(t_0)$，且 $\mathbf{F}(t_0+h) - \mathbf{F}(t_0)$ 移向曲線在 $(x(t_0), y(t_0), z(t_0))$ 的切線的位置。

對於任意 $t$，$\mathbf{F}(t) = t\cos(t)\mathbf{i} + \sin(t)\mathbf{j} + t\sin(2t)\mathbf{k}$ 的切線向量為

$$\mathbf{F}'(t) = (\cos(t) - t\sin(t))\mathbf{i} + \cos(t)\mathbf{j} + (\sin(2t) + 2t\cos(2t))\mathbf{k}$$

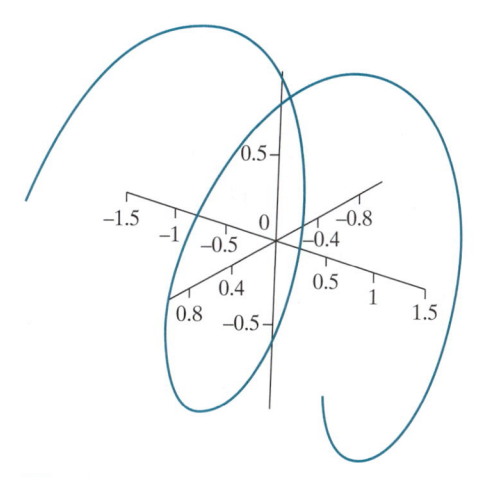

**圖 8.1** $x = \cos(4t)$，$y = t$，$z = \sin(4t)$ 的圖形，$-3/2 \leq t \leq 3/2$

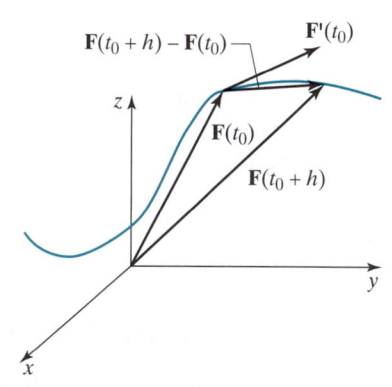

**圖 8.2** $\mathbf{F}'(t_0)$ 為曲線的切線向量

當 $t = 0$，則

$$\mathbf{F}'(0) = \mathbf{i} + \mathbf{j}$$

這是曲線在 $(0, 0, 0)$ 的切線。

若 $C$ 由位置向量 $\mathbf{F}(t)$ 指定，我們由微積分可知，對於 $a \leq t \leq b$，$C$ 的線段長度為

$$\text{長度} = \int_a^b \sqrt{(x'(t))^2 + (y'(t))^2 + (z'(t))^2}\, dt$$

我們認為這是

$$長度 = \int_a^b \| \mathbf{F}'(t) \| \, dt$$

這是在這條曲線的線段上,切線向量的長度的積分。

現在假設 $\mathbf{F}(t)$ 定義於 $a \leq t \leq b$,且當 $t$ 由 $a$ 增加至 $b$ 時,點 $P$ 由初始點 $(x(a), y(a), z(a))$ 沿著 $C$ 移向終點 $(x(b), y(b), z(b))$。$P$ 在時間 $t$ 在 $(x(t), y(t), z(t))$(圖 8.3),且沿著曲線移動一距離

$$s(t) = \int_a^t \| \mathbf{F}'(\xi) \| \, d\xi$$

這給了沿 $C$ 移動的距離,它是從初始點量測,且為時間的函數。

由微積分的基本定理,

$$s'(t) = \| \mathbf{F}'(t) \|$$

若 $\mathbf{F}'(t) \neq 0$(故曲線在該點有切線),上式為正,因此 $s(t)$ 為遞增函數。理論上我們可以用 $s$ 解出 $s = s(t)$ 中的 $t$,寫成 $t = t(s)$。將此式代入位置函數得到

$$\mathbf{G}(s) = \mathbf{F}(t(s))$$

$\mathbf{G}(s)$ 也是 $C$ 的位置函數,只是現在的變數為 $s$,它由 $0$(起點)變化到 $C$ 的長度(終點)。

曲線的任意位置向量的導數為該曲線的切線向量,因此特別的 $\mathbf{G}'(s)$ 是切線向量,但是這個切線向量(以弧長為參數)有一個特別性質。使用連鎖律進行計算:

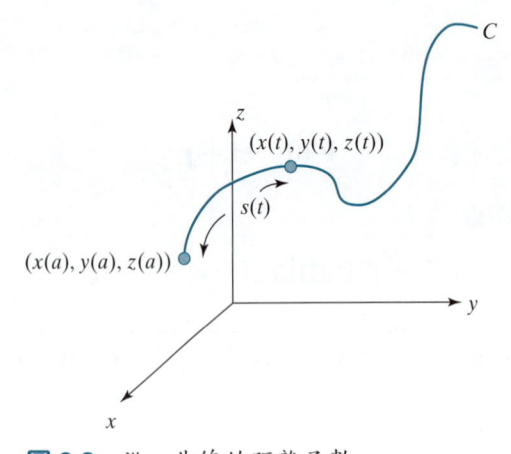

**圖 8.3** 沿一曲線的距離函數

$$\mathbf{G}'(s) = \frac{d}{ds}\mathbf{F}(t(s)) = \frac{d}{dt}\mathbf{F}(t)\frac{dt}{ds}$$
$$= \frac{1}{ds/dt}\mathbf{F}'(t) = \frac{1}{\|\mathbf{F}'(t)\|}\mathbf{F}'(t)$$

因此 $\mathbf{G}'(s)$ 的長度為 1。以沿著曲線的弧長作為參數，我們得到一個位置向量，此向量在可微分的每一點處具有單位切線。

### 例 8.1

令 $C$ 的參數方程式為

$$x(t) = \cos(t), y(t) = \sin(t), z(t) = \frac{1}{3}t, -2\pi \le t \le 2\pi$$

則

$$\mathbf{F}(t) = \cos(t)\mathbf{i} + \sin(t)\mathbf{j} + \frac{1}{3}t\mathbf{k}$$

為位置向量，且

$$\mathbf{F}'(t) = -\sin(t)\mathbf{i} + \cos(t)\mathbf{j} + \frac{1}{3}\mathbf{k}$$

為切線向量。在此例中，

$$\|\mathbf{F}'(t)\| = \frac{\sqrt{10}}{3}$$

沿著曲線的距離為

$$s(t) = \int_{-2\pi}^{t} \|\mathbf{F}'(\xi)\| d\xi = \int_{-2\pi}^{t} \frac{\sqrt{10}}{3} d\xi = \frac{1}{3}\sqrt{10}(t + 2\pi)$$

用 $s$ 來求解 $t$ 的這個方程式：

$$t = t(s) = \frac{3}{\sqrt{10}}s - 2\pi$$

將上式代入 $\mathbf{F}(t)$：

$$G(s) = F(t(s)) = F\left(\frac{3}{\sqrt{10}}s - 2\pi\right)$$
$$= \cos\left(\frac{3}{\sqrt{10}}s - 2\pi\right)\mathbf{i} + \sin\left(\frac{3}{\sqrt{10}}s - 2\pi\right)\mathbf{j} + \frac{1}{3}\left(\frac{3}{\sqrt{10}}s - 2\pi\right)\mathbf{k}$$
$$= \cos\left(\frac{3}{\sqrt{10}}s\right)\mathbf{i} + \sin\left(\frac{3}{\sqrt{10}}s\right)\mathbf{j} + \left(\frac{1}{\sqrt{10}}s - \frac{2\pi}{3}\right)\mathbf{k}$$

這也是 C 的位置向量，但以沿 C 的弧長作為其參數。切線向量為

$$\mathbf{G}'(s) = -\frac{3}{\sqrt{10}}\sin\left(\frac{3}{\sqrt{10}}s\right)\mathbf{i} + \frac{3}{\sqrt{10}}\cos\left(\frac{3}{\sqrt{10}}s\right)\mathbf{j} + \frac{1}{\sqrt{10}}\mathbf{k}$$

這是單位切線。

對弧長積分是相當複雜的，對於許多曲線，不可能以 s 明確地求解 t。儘管如此，在通常的討論和推導中選擇 s 作為位置向量的變數是有用的，以便沿著曲線具有單位切線向量。

## 8.1 習題

習題 1–4，使用微分公式計算所要求的微分。

1. $\mathbf{F}(t) = \mathbf{i} + 3t^2\mathbf{j} + 2t\mathbf{k}$
   $f(t) = 4\cos(3t), \dfrac{d}{dt}[f(t)\mathbf{F}(t)]$

2. $\mathbf{F}(t) = t\mathbf{i} + \mathbf{j} + 4\mathbf{k},$
   $\mathbf{G}(r) = \mathbf{i} - \cos(t)\mathbf{j} + t\mathbf{k}, \dfrac{d}{dt}[\mathbf{F}(t) \times \mathbf{G}(t)]$

3. $\mathbf{F}(t) = t\mathbf{i} - \cosh(t)\mathbf{j} + e^t\mathbf{k}$
   $f(t) = 1 - 2t^3, \dfrac{d}{dt}[f(t)\mathbf{F}(t)]$

4. $\mathbf{F}(t) = -9\mathbf{i} + t^2\mathbf{j} + t^2\mathbf{k}$
   $\mathbf{G}(t) = e^t\mathbf{i}, \dfrac{d}{dt}[\mathbf{F}(t) \times \mathbf{G}(t)]$

習題 5 和 6，(a) 已知曲線的參數方程式，寫出曲線的位置與切線向量；(b) 求沿著曲線的長度函數 $s(t)$；(c) 將曲線的位置向量寫成 s 的函數；(d) 驗證這個 s 的位置函數，產生一條曲線的單位切線。

5. $x = \sin(t), y = \cos(t), z = 45t;$
   $0 \leq t \leq 2\pi$

6. $x = 2t^2, y = 3t^2, z = 4t^2; 1 \le t \le 3$

7. 假設 $\mathbf{F}(t) = x(t)\mathbf{i} + y(t)\mathbf{j} + z(t)\mathbf{k}$ 是三維空間中沿著曲線移動的粒子的位置向量。假設 $\mathbf{F} \times \mathbf{F}' = \mathbf{O}$，證明粒子是沿著相同的方向移動。

## 8.2 速度、加速度與曲率

假設粒子沿著路徑 $C$ 移動，並且在時間 $t$ 處於由 $\mathbf{F}(t) = x(t)\mathbf{i} + y(t)\mathbf{j} + z(t)\mathbf{k}$ 指定的點，其中 $t$ 從 $a$ 變化到 $b$。我們想將 $\mathbf{F}$ 與粒子的運動聯繫起來。

在時間 $t$ 沿著路徑的粒子的**速度** (velocity) 為

$$\mathbf{v}(t) = \mathbf{F}'(t)$$

**速率** (speed) 為速度的大小：

$$v(t) = \|\mathbf{v}(t)\| = \|\mathbf{F}'(t)\|$$

速度是向量，具有大小和方向；而速率為純量，僅具有大小。曲線上任意點的速度沿著其上的路徑的切線定向，且

$$v(t) = \|\mathbf{F}'(t)\| = \frac{ds}{dt}$$

沿著曲線的距離相對於 $t$ 的變化率。

粒子的**加速度** (acceleration) 為

$$\mathbf{a}(t) = \mathbf{v}'(t) = \mathbf{F}''(t)$$

若 $\mathbf{F}'(t) \ne \mathbf{O}$，則 $\mathbf{F}'(t)$ 為 $C$ 的切線向量。將這個切線向量除以其長度來獲得單位切線 $\mathbf{T}(t)$。我們可以用 $t$ 將此向量寫成

$$\mathbf{T}(t) = \frac{1}{\|\mathbf{F}'(t)\|}\mathbf{F}'(t) = \frac{1}{v(t)}\mathbf{v}(t)$$

這是速度向量除以速率。

我們想要一些曲率的度量，就是曲線彎曲多少。圖 8.4 表明，曲線在某一點彎曲越多，切線向量改變方向越快。這導致在 $C$ 上的一點的**曲率** (curvature) $\kappa(s)$ 可定義為單位切線向量相對於沿著 $C$ 的弧長的變化率大小

**圖 8.4** 曲率作為單位切向量的變化率

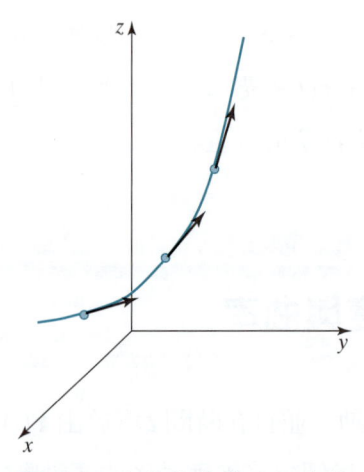

$$\kappa(s) = \left\| \frac{d\mathbf{T}}{ds} \right\|$$

這個定義具有直觀的吸引力，但是很難使用，因為我們通常以參數 $t$ 來表示單位切向量，且以弧長來寫曲率並不實用。因此，使用**連鎖律 (chain rule)**，並以與 $\mathbf{F}(t)$ 一起使用的參數 $t$ 來計算曲率：

$$\kappa(t) = \left\| \frac{d\mathbf{T}}{ds} \right\| = \left\| \frac{d\mathbf{T}}{dt} \frac{dt}{ds} \right\|$$
$$= \frac{1}{ds/dt} \| \mathbf{T}'(t) \| = \frac{1}{\| \mathbf{F}'(t) \|} \| \mathbf{T}'(t) \| \tag{8.1}$$

### 數往知來——Navier-Stokes (NS) 方程式

向量微積分是連體力學研究和設計的基礎工具，連體力學包括流體力學和固態力學。在流體力學領域，其中包括空氣動力學和流體動力學的子領域，最重要的方程式是 Navier-Stokes (NS) 方程式，它們是微分算子對向量變數運算形成的，用於描述流體速度。只有最簡單的 NS 方程式可以用解析法求解。事實上，NS 方程式的完整解析解有一個 100 萬美元的獎金。

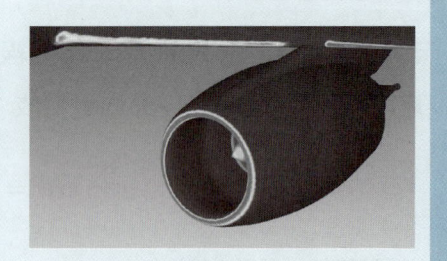

使用 Navier-Stokes 方程式對機翼進行 CFD 建模。
Copyright ANSYS, Inc. Reprinted with permission.

設計工程師通常使用計算流體力學 (Computational Fluid Dynamics, CFD) 軟體，以近似法求解 NS 方程式。在航空工程中發現了一個現實世界的應用，其中機翼設計傳統上以高昂的費用在風洞實驗中進行測試。現在，工程師可以使用 NS 方程式模擬對風洞環境建模，來評估機翼設計的初步可行性，然後可以對有希望的設計執行實際的風洞測試。

### 例 8.2

令 $C$ 的位置向量為

$$\mathbf{F}(t) = [\cos(t) + t\sin(t)]\mathbf{i} + [\sin(t) - t\cos(t)]\mathbf{j} + t^2\mathbf{k}$$

其中 $t \geq 0$。圖 8.5 為 $C$ 的部分圖形。

計算切線向量

$$\mathbf{F}'(t) = t\cos(t)\mathbf{i} + t\sin(t)\mathbf{j} + 2t\mathbf{k}$$

這是速度 $\mathbf{v}(t)$。這個切線向量具有長度

$$v(t) = \|\mathbf{F}(t)\| = \sqrt{5}\,t$$

這是速率。

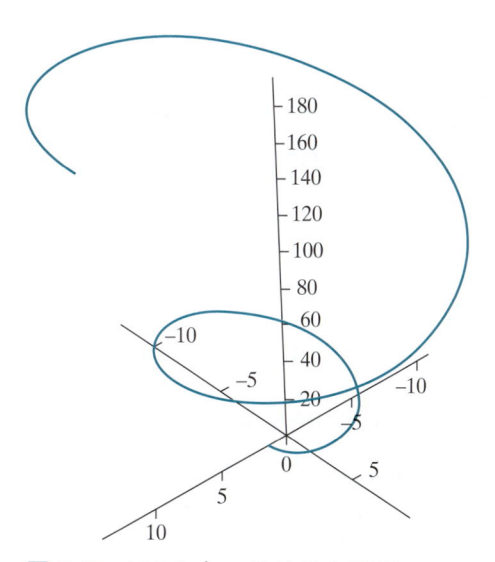

**圖 8.5** 例 8.2 中，$C$ 的部分圖形

以 $t$ 為變數的單位切線向量為

$$\mathbf{T}(t) = \frac{1}{\|\mathbf{F}'(t)\|}\mathbf{F}'(t) = \frac{1}{\sqrt{5}}[\cos(t)\mathbf{i} + \sin(t)\mathbf{j} + 2\mathbf{k}]$$

其次計算曲率。首先我們需要

$$\mathbf{T}'(t) = \frac{1}{\sqrt{5}}[-\sin(t)\mathbf{i} + \cos(t)\mathbf{j}]$$

由式 (8.1)，曲率為

$$\kappa(t) = \frac{1}{\|\mathbf{F}'(t)\|}\|\mathbf{T}'(t)\|$$

$$= \frac{1}{\sqrt{5}t}\sqrt{\frac{1}{5}[\sin^2(t) + \cos^2(t)]} = \frac{1}{5t}$$

其中 $t > 0$。

對於 $C$ 的任何點，其中 $\mathbf{F}'(t) \neq \mathbf{O}$，我們都有一個切線向量和一個單位切線向量。其次考慮向量

$$\mathbf{N}(s) = \frac{1}{\kappa(s)}\mathbf{T}'(s)$$

$\mathbf{N}(s)$ 是與 $C$ 的單位切線 $\mathbf{T}(s)$ 正交的單位向量。

首先，很明顯 $\mathbf{N}(s)$ 是單位向量，因為 $\kappa(s) = \|\mathbf{T}'(s)\|$。為了證明 $\mathbf{N}(s)$ 與 $\mathbf{T}(s)$ 正交，使用這個切線是單位向量的事實，亦即

$$\|\mathbf{T}(s)\|^2 = \mathbf{T}(s) \cdot \mathbf{T}(s) = 1$$

相對於 $s$，微分這個方程式，可得

$$\mathbf{T}'(s) \cdot \mathbf{T}(s) + \mathbf{T}(s) \cdot \mathbf{T}'(s) = 2\mathbf{T}'(s) \cdot \mathbf{T}(s) = 0$$

$\mathbf{T}(s)$ 與 $\mathbf{T}'(s)$ 正交，因為它們的點積為零。但 $\mathbf{N}(s)$ 是 $\mathbf{T}'(s)$ 的正純量倍數，故 $\mathbf{N}(s)$ 與 $\mathbf{T}'(s)$ 在相同的方向。因此 $\mathbf{T}(s)$ 與 $\mathbf{N}(s)$ 正交。

$\mathbf{N}(s)$ 稱為 $C$ 的單位法向量 (normal)。

在 $\mathbf{F}'(t) \neq \mathbf{O}$ 的任何點，我們現在可以放置單位正切和單位法向量。考慮到這些，加速度可以用切向量分量和法向量分量表示：

$$\mathbf{a}(t) = a_T \mathbf{T}(t) + a_N \mathbf{N}(t) \tag{8.2}$$

其中

$$a_T = \text{加速度的切線分量} = \frac{dv}{dt} \tag{8.3}$$

且

$$a_N = \text{加速度的法線分量} = v(t)^2 \kappa(t) \tag{8.4}$$

欲驗證這些，可由下式開始：

$$\mathbf{T}(t) = \frac{1}{\|\mathbf{F}'(t)\|} \mathbf{F}'(t) = \frac{1}{v(t)} \mathbf{v}(t)$$

則

$$\mathbf{v} = v\mathbf{T}$$

故

$$\mathbf{a} = \frac{d}{dt}\mathbf{v} = \frac{d}{dt}(v\mathbf{T}) = \frac{dv}{dt}\mathbf{T} + v\mathbf{T}'$$

$$= \frac{dv}{dt}\mathbf{T} + v\frac{ds}{dt}\frac{d\mathbf{T}}{ds}$$

$$= \frac{dv}{dt}\mathbf{T} + v^2 \mathbf{T}'$$

$$= \frac{dv}{dt}\mathbf{T} + v^2 \kappa \mathbf{N}$$

現在使用 $\mathbf{T}$ 與 $\mathbf{N}$ 為正交單位向量的事實，寫出

$$\|\mathbf{a}\|^2 = \mathbf{a} \cdot \mathbf{a} = (a_T \mathbf{T} + a_N \mathbf{N}) \cdot (a_T \mathbf{T} + a_N \mathbf{N})$$

$$= a_T^2 \mathbf{T} \cdot \mathbf{T} + 2 a_T a_N \mathbf{T} \cdot \mathbf{N} + a_N^2 \mathbf{N} \cdot \mathbf{N}$$

$$= a_T^2 + a_N^2$$

這樣做的價值在於，如果我們知道 $\|\mathbf{a}\|$，$a_T$ 和 $a_N$ 中的任何兩個，則我們可以知道第三個。特別地，用下式計算曲率有時很方便，

$$\kappa = \frac{a_N}{v^2} \tag{8.5}$$

對於例 8.2 中的 $\mathbf{F}(t)$，我們計算 $v(t) = \sqrt{5}t$，故

$$a_T = \frac{dv}{dt} = \sqrt{5}$$

加速度為

$$\mathbf{a} = \mathbf{F}''(t) = [\cos(t) - t\sin(t)]\mathbf{i} + [\sin(t) + t\cos(t)]\mathbf{j} + 2\mathbf{k}$$

因此

$$\|\mathbf{a}\| = \sqrt{5 + t^2}$$

且

$$a_N^2 = \|\mathbf{a}\|^2 - a_T^2 = t^2$$

因為 $t > 0$

$$a_N = t$$

因此加速度可表示成線性組合

$$\mathbf{a} = \sqrt{5}\mathbf{T} + t\mathbf{N}$$

使用式 (8.4) 來確定曲率：

$$\kappa = \frac{a_N}{v^2} = \frac{t}{5t^2} = \frac{1}{5t}$$

此值與先前以其他方式所求出的相同。

## 8.2 習題

習題 1–5，已知曲線的位置向量。求速度、速率、加速度、曲率及加速度的切線和法線分量。

1. $\mathbf{F}(t) = 3t\mathbf{i} - 2\mathbf{j} + t^2\mathbf{k}$
2. $\mathbf{F}(t) = 2t\mathbf{i} - 2t\mathbf{j} + t\mathbf{k}$
3. $\mathbf{F}(t) = 3e^{-t}(\mathbf{i} + \mathbf{j} - 2\mathbf{k})$
4. $\mathbf{F}(t) = 2\sinh(t)\mathbf{i} - 2\cosh(t)\mathbf{k}$
5. $\mathbf{F}(t) = \alpha t^2\mathbf{i} + \beta t^2\mathbf{j} + \gamma t^2\mathbf{k}$

## 8.3　梯度場

令 $\varphi(x, y, z)$ 是三個變數的實值函數，它定義在三維空間中的某些點上。$\varphi(x, y, z)$ 稱為**純量場 (scalar field)**，在空間某個區域的每個點附上數字 $\varphi(x, y, z)$。

$\varphi$ 的梯度 (gradient) 為向量

$$\nabla\varphi = \frac{\partial\varphi}{\partial x}\mathbf{i} + \frac{\partial\varphi}{\partial y}\mathbf{j} + \frac{\partial\varphi}{\partial z}\mathbf{k}$$

符號 $\nabla$ 稱為「del」或「nabla」（取自古代希伯來豎琴的符號），$\nabla\varphi$ 稱為「del phi」。$\nabla\varphi(x, y, z)$ 有時稱為**向量場 (vector field)**，因為如果我們由點 $(x, y, z)$ 畫一箭號表示向量 $\nabla\varphi(x, y, z)$，則 $\nabla\varphi(x, y, z)$ 可視為從三維空間中的點生長的箭號場。

$\nabla$ 也用於偏微分方程式中的 Dirichlet 問題。

在平面上，

$$\nabla\psi(x, y) = \frac{\partial\psi}{\partial x}\mathbf{i} + \frac{\partial\psi}{\partial y}\mathbf{j}$$

以三維為例，若 $\varphi(x, y, z) = x^2 y \cos(yz)$，則

$$\nabla\varphi(x, y, z) = 2xy\cos(yz)\mathbf{i} + [x^2\cos(yz) - x^2yz\sin(yz)]\mathbf{j} - x^2y^2\sin(yz)\mathbf{k}$$

取函數的梯度其運算是線性的，這意味著

$$\nabla(\varphi + \psi) = \nabla\varphi + \nabla\psi$$

且對於任意數 $c$，

$$\nabla(c\varphi) = c\nabla\varphi$$

$\varphi$ 的梯度與 $\varphi$ 的方向導數有關。令 $P_0:(x_0, y_0, z_0)$ 為一點且 $\mathbf{u} = a\mathbf{i} + b\mathbf{j} + c\mathbf{k}$ 為單位向量。方向導數 $D_{\mathbf{u}}\varphi(P_0)$ 是 $\varphi(x, y, z)$ 在 $P_0$ 點沿著 $\mathbf{u}$ 方向的變化率。為了計算這個變化率，想像站在 $P_0$，面向從 $P_0$ 出發的半線，方向為 $\mathbf{u}$。這個半線包含點

$$x = x_0 + at, y = y_0 + bt, z = z_0 + ct$$

其中 $t \geq 0$（圖 8.6）。沿著這條線，

$$\varphi(x, y, z) = \varphi(x_0 + at, y_0 + bt, z_0 + ct)$$

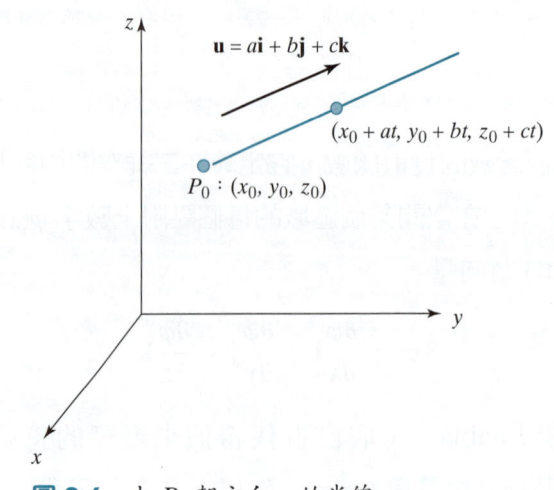

**圖 8.6** 由 $P_0$ 朝方向 **u** 的半線

在這個方向，$\varphi(x, y, z)$ 在 $P_0$ 的變化率為

$$D_{\mathbf{u}}\varphi(P_0) = \left[\frac{d}{dt}\varphi(x_0 + at, y_0 + bt, z_0 + ct)\right]_{t=0}$$
$$= a\frac{\partial \varphi}{\partial x}(P_0) + b\frac{\partial \varphi}{\partial y}(P_0) + c\frac{\partial \varphi}{\partial z}(P_0)$$

方向導數可視為點積：

$$D_{\mathbf{u}}\varphi(P_0) = \nabla\varphi(P_0) \cdot \mathbf{u} \tag{8.6}$$

這是 $\varphi$ 在 $P_0$ 的梯度沿著 **u** 方向的分量。

### 例 8.3

令 $\varphi(x, y, z) = x^2 y - xe^z$ 且 $P_0 = (2, -1, \pi)$，方向為

$$\mathbf{u} = \frac{1}{\sqrt{6}}(\mathbf{i} - 2\mathbf{j} + \mathbf{k})$$

求 $\varphi$ 在 $P_0$ 的方向導數。

$\varphi$ 的梯度為

$$\nabla\varphi(x, y, z) = (2xy - e^z)\mathbf{i} + x^2\mathbf{j} - xe^z\mathbf{k}$$

$\varphi$ 在 $P_0$ 的梯度為

$$\nabla\varphi(P_0) = \nabla\varphi(2, -1, \pi) = (-4 - e^\pi)\mathbf{i} + 4\mathbf{j} - 2e^\pi\mathbf{k}$$

方向導數為 $\varphi$ 在 $P_0$ 點的梯度與方向向量 **u** 的點積：

$$D_{\mathbf{u}}\varphi(P_0) = \nabla\varphi(2,-1,\pi) \cdot \mathbf{u} = ((-4-e^{\pi})\mathbf{i} + 4\mathbf{j} - 2e^{\pi}\mathbf{k}) \cdot \frac{1}{\sqrt{6}}(\mathbf{i} - 2\mathbf{j} + \mathbf{k})$$

$$= \frac{1}{\sqrt{6}}(-4 - e^{\pi} - 8 - 2e^{\pi})$$

$$= \frac{-3}{\sqrt{6}}(4 + e^{\pi})$$

如果方向由不具有長度 1 的向量指定，則在應用方程式 (8.6) 時，將該向量除以其長度。

$\nabla\varphi$ 顯示關於曲面 $\varphi(x, y, z) = c$ 的重要訊息，$c$ 為常數。如果我們站在這個曲面上的點 $P_0$ 處，則看到 $\varphi(x, y, z)$ 中變化率最大的方向是梯度向量的方向。

### 例 8.4

令 $\varphi(x, y, z) = xyz$ 且 $P_0 = (2, 1, 4)$。現在

$$\nabla\varphi(x, y, z) = yz\mathbf{i} + xz\mathbf{j} + xy\mathbf{k}$$

且

$$\nabla\varphi(P_0) = 4\mathbf{i} + 8\mathbf{j} + 2\mathbf{k}$$

$\varphi(x, y, z)$ 在 $P_0$ 的最大變化率為梯度的方向，且其大小為

$$\|\nabla\varphi(2, 1, 4)\| = \sqrt{16 + 64 + 4} = \sqrt{84}$$

## 8.3.1 等位面、切平面與法線

方程式 $\varphi(x, y, z) = k$，$k$ 為常數的圖形稱為 $\varphi$ 的**等位面** (level surface)。

例如，若 $\varphi(x, y, z) = x^2 + y^2 + z^2$，則 $\varphi(x, y, z) = 4$ 所定義的等位面是中心為原點，半徑為 2 的球。$\varphi(x, y, z) = 0$ 為退化的等位面，由唯一的原點組成。等位面 $\varphi(x, y, z) = -4$ 為空集合（沒有點滿足這個方程式）。

等位面 $\varphi(x, y, z) = z - \sin(xy) = 0$ 的部分圖形顯示於圖 8.7。

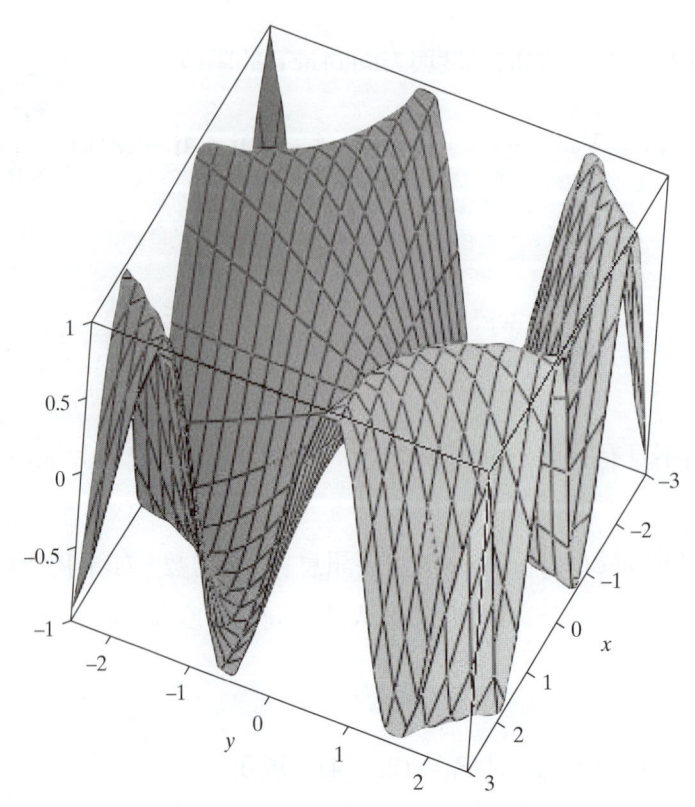

**圖 8.7** 曲面 $\varphi(x, y, z) = z - \sin(xy) = 0$ 的部分圖形

假設 $P_0:(x_0, y_0, z_0)$ 為曲面 $S:\varphi(x, y, z) = k$ 的一點。假設在 $S$ 上有通過 $P_0$ 的平滑曲線（有連續的切線向量），包含這些切線的平面，稱為 $S$ 在 $P_0$ 的**切平面** (tangent plane)。與 $S$ 在 $P_0$ 的切平面垂直的向量，稱為**法向量** (normal vector)，或垂直於 $S$ 於 $P_0$。沿著此法向量通過 $P_0$ 的直線，稱為 $S$ 在 $P_0$ 的**法線** (normal line)。

我們希望能夠在曲面 $S$ 上的點 $P_0$ 處確定切平面和法線，其中 $\nabla\varphi(P_0) \neq \mathbf{0}$。關鍵是梯度的以下性質。

### 定理 8.1 等位面的法向量

令 $\varphi(x, y, z)$ 為連續且具有連續的第一偏導數，則當 $\nabla\varphi(P) \neq \mathbf{0}$ 時，$\nabla\varphi(P)$ 是在該曲面上的任何點 $P$ 處的等位面 $\varphi(x, y, z) = k$ 的法向量。

這意味著在 $P_0$ 點的梯度向量指向與等位面上 $P_0$ 點的切平面垂直的方向，如圖 8.8 所示。

欲了解這個說法，令 $P_0$ 為等位面 $S$ 上的一點，且假設 $C$ 為曲面上通過 $P_0$ 的平滑曲線，如圖 8.9 所示。假設 $C$ 的參數式為

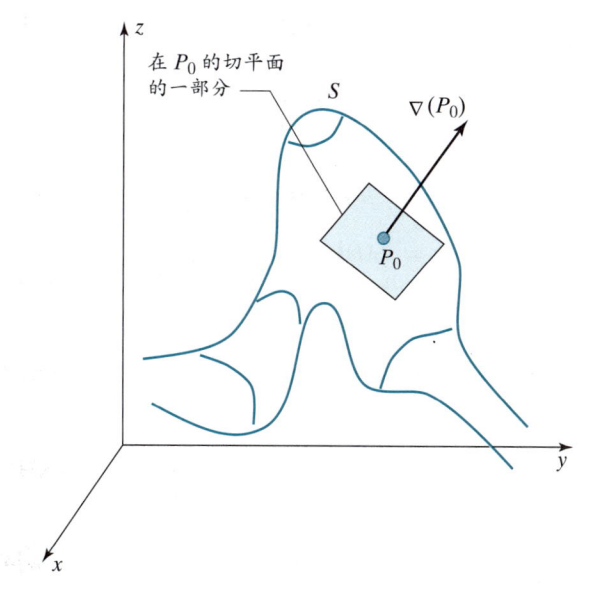

**圖 8.8** 在 $P_0$ 點與等位面正交的梯度向量

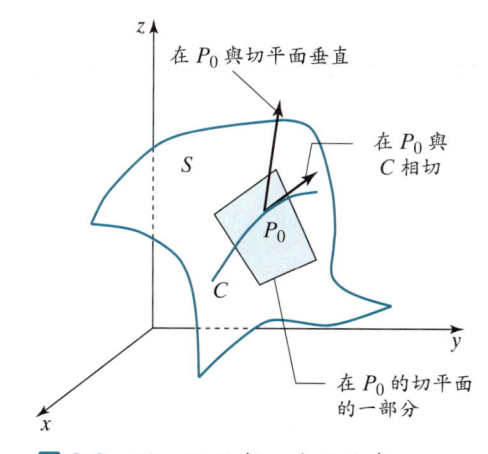

**圖 8.9** 過一點而與一曲面垂直

$$x = x(t), y = y(t), z = z(t),\ a < t < b$$

因為 $P_0$ 在 $C$ 上，則有一些 $t_0$ 使得

$$x(t_0) = x_0, y(t_0) = y_0, z(t_0) = z_0$$

此外，因為 $C$ 在曲面上，$C$ 上的所有點均滿足曲面方程式，

$$\varphi(x(t), y(t), z(t)) = k$$

其中 $a < t < b$。由連鎖律

$$\frac{d}{dt}\varphi(x(t),y(t),z(t)) = 0 = \frac{\partial \varphi}{\partial x}x'(t) + \frac{\partial \varphi}{\partial y}y'(t) + \frac{\partial \varphi}{\partial z}z'(t)$$
$$= \nabla \varphi \cdot [x'(t)\mathbf{i} + y'(t)\mathbf{j} + z'(t)\mathbf{k}] \tag{8.7}$$

如今

$$\mathbf{T}(t) = x'(t)\mathbf{i} + y'(t)\mathbf{j} + z'(t)\mathbf{k}$$

為 $C$ 的切線向量。特別地，$\mathbf{T}(t_0)$ 是在 $P_0$ 的切線向量，故式 (8.7) 告訴我們：

$$\nabla \varphi(P_0) \cdot \mathbf{T}(t_0) = 0$$

因此，$\varphi$ 在 $P_0$ 的梯度與 $C$ 在 $P_0$ 的切線正交。但是，$C$ 是通過 $P_0$ 的曲面上的任意曲線，所以 $\nabla \varphi(P_0)$ 與 $S$ 上經過 $P_0$ 的每一條曲線的切線正交。這使得 $\nabla \varphi(P_0)$ 與包含這些切線向量的平面正交，因此 $\nabla \varphi(P_0)$ 與 $S$ 正交。

我們現在要寫出 $S$ 在 $P_0$：$(x_0, y_0, z_0)$ 的切平面方程式 $\Pi$，一個平面完全由它上面的任意點和一個法向量決定。我們需要兩個：$\Pi$ 上的 $P_0$ 點，以及法向量 $\nabla \varphi(P_0)$。若 $(x, y, z)$ 為 $\Pi$ 上的任意其他點，則向量

$$(x - x_0)\mathbf{i} + (y - y_0)\mathbf{j} + (z - z_0)\mathbf{k} \tag{8.8}$$

位於 $\Pi$ 且因此與法向量正交：

$$\nabla(\varphi) \cdot [(x - x_0)\mathbf{i} + (y - y_0)\mathbf{j} + (z - z_0)\mathbf{k}] = 0$$

這個方程式完全描述了那些位於 $\Pi$ 上點 $(x, y, z)$，並且可以寫成

$$\frac{\partial \varphi}{\partial x}(P_0)(x - x_0) + \frac{\partial \varphi}{\partial y}(P_0)(y - y_0) + \frac{\partial \varphi}{\partial z}(P_0)(z - z_0) = 0 \tag{8.9}$$

這是在 $P_0$ 的曲面的切平面方程式。

在 $P_0$ 的 $S$ 的法線是通過 $P_0$ 點，並平行於法向量 $\nabla \varphi(P_0)$ 的直線。當向量

$$(x - x_0)\mathbf{i} + (y - y_0)\mathbf{j} + (z - z_0)\mathbf{k}$$

平行於法向量時，點 $(x, y, z)$ 正好在該直線上，因此是 $\nabla \varphi(P_0)$ 的 $t$（純量）倍，所以

$$x - x_0 = t\frac{\partial \varphi}{\partial x}(P_0), y - y_0 = t\frac{\partial \varphi}{\partial y}(P_0) \text{ 和 } z - z_0 = t\frac{\partial \varphi}{\partial z}(P_0)$$

由此可得 $P_0$ 的法線參數方程式：

$$x = x_0 + \frac{\partial \varphi}{\partial x}(P_0)t, y = y_0 + \frac{\partial \varphi}{\partial y}(P_0)t, z = z_0 + \frac{\partial \varphi}{\partial z}(P_0)t \tag{8.10}$$

### 例 8.5

等位面 $\varphi(x, y, z) = z - \sqrt{x^2 + y^2} = 0$ 是以原點為頂點的錐體（圖 8.10）。這不是平滑曲面，因為它在原點沒有切平面，而在其他各點都有切平面。

令 $P_0 = (1, 1, \sqrt{2})$，計算

$$\nabla \varphi(1, 1, \sqrt{2}) = -\frac{1}{\sqrt{2}}\mathbf{i} - \frac{1}{\sqrt{2}}\mathbf{j} + \mathbf{k}$$

錐體在 $(1, 1, \sqrt{2})$ 的切平面方程式為

$$-\frac{1}{\sqrt{2}}(x - 1) - \frac{1}{\sqrt{2}}(y - 1) + z - \sqrt{2} = 0$$

或

$$x + y - \sqrt{2}z = 0$$

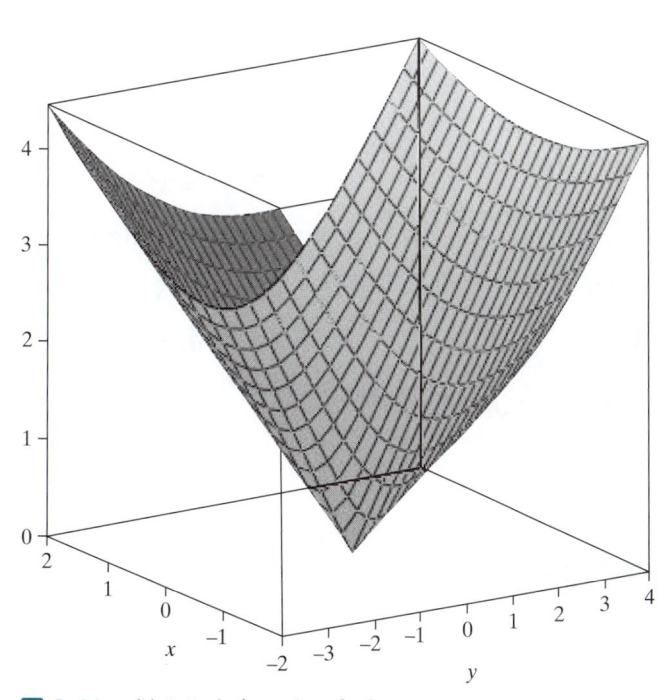

**圖 8.10** 例 8.5 的曲面的一部分

錐體在 $(1,1,\sqrt{2})$ 的法線具有參數方程式

$$x = 1 - \frac{1}{\sqrt{2}}t, y = 1 - \frac{1}{\sqrt{2}}t, z = \sqrt{2} + t$$

對於兩個變數的函數，梯度

$$\nabla\varphi(P_0) = \frac{\partial\varphi}{\partial x}(P_0)\mathbf{i} + \frac{\partial\varphi}{\partial y}(P_0)\mathbf{j}$$

與在點 $P_0$ 的等位線 $\varphi(x, y) = k$ 正交（垂直於切線）。

## 8.3　習題

習題 1–3，計算函數的梯度和已知點的梯度值，求函數在此點的最大和最小變化率。

**1.** $\varphi(x, y, z) = xyz, (1, 1, 1)$

**2.** $\varphi(x, y, z) = 2xy + xe^z, (-2, 1, 6)$

**3.** $\varphi(x, y, z) = \cosh(2xy) - \sinh(z), (0, 1, 1)$

習題 4 和 5，在向量指定的方向上，計算函數的方向導數。

**4.** $\varphi(x, y, z) = 8xy^2 - xz, \frac{1}{\sqrt{3}}(\mathbf{i} + \mathbf{j} + \mathbf{k})$

**5.** $\varphi(x, y, z) = x^2yz^3, 2\mathbf{j} + \mathbf{k}$

習題 6–8，求在已知點的等位面的切平面和法線方程式。

**6.** $x^2 + y^2 + z^2 = 4, (1, 1, \sqrt{2})$

**7.** $z^2 = x^2 - y^2, (1, 1, 0)$

**8.** $2x - \cos(xyz) = 3, (1, \pi, 1)$

**9.** 假設 $\nabla\varphi(x, y, z) = \mathbf{i} + \mathbf{k}$，對於 $\varphi$ 的等位面可以說什麼？

## 8.4　散度與旋度

梯度從純量函數產生一個向量場，還有另外兩個向量運算在向量分析中扮演重要的角色。散度從向量產生純量場，旋度從向量場產生向量。

令

$$\mathbf{F}(x,y,z) = f(x,y,z)\mathbf{i} + g(x,y,z)\mathbf{j} + h(x,y,z)\mathbf{k}$$

**F** 的**散度** (divergence) 為純量

$$\text{div } \mathbf{F} = \frac{\partial f}{\partial x} + \frac{\partial g}{\partial y} + \frac{\partial h}{\partial z}$$

**F** 的**旋度** (curl) 為向量場

$$\text{curl } \mathbf{F} = \left(\frac{\partial h}{\partial y} - \frac{\partial g}{\partial z}\right)\mathbf{i} + \left(\frac{\partial f}{\partial z} - \frac{\partial h}{\partial x}\right)\mathbf{j} + \left(\frac{\partial g}{\partial x} - \frac{\partial f}{\partial y}\right)\mathbf{k}$$

首先我們將開發一些散度和旋度的性質。

散度、旋度和梯度可以使用 **del 算子** (del operator) 來進行向量運算：

$$\nabla = \frac{\partial}{\partial x}\mathbf{i} + \frac{\partial}{\partial y}\mathbf{j} + \frac{\partial}{\partial z}\mathbf{k}$$

這個算子在執行計算時被視為一個向量。例如，$\partial/\partial y$ 與 $\varphi$ 的「乘積」被解釋為 $\partial \varphi/\partial y$。

現在觀察這個符號如何與我們定義的三個向量運算相互作用：

1. $\nabla$ 與純量函數 $\varphi(x,y,z)$ 的乘積為 $\varphi$ 的梯度：

$$\nabla \varphi = \left(\frac{\partial}{\partial x}\mathbf{i} + \frac{\partial}{\partial y}\mathbf{j} + \frac{\partial}{\partial z}\mathbf{k}\right)\varphi$$

$$= \frac{\partial \varphi}{\partial x}\mathbf{i} + \frac{\partial \varphi}{\partial y}\mathbf{j} + \frac{\partial \varphi}{\partial z}\mathbf{k} = \varphi \text{ 的梯度}$$

2. $\nabla$ 與向量 **F** 的點積為 **F** 的散度：

$$\nabla \cdot \mathbf{F} = \left(\frac{\partial}{\partial x}\mathbf{i} + \frac{\partial}{\partial y}\mathbf{j} + \frac{\partial}{\partial z}\mathbf{k}\right) \cdot (f\mathbf{i} + g\mathbf{j} + h\mathbf{k})$$

$$= \frac{\partial f}{\partial x} + \frac{\partial g}{\partial y} + \frac{\partial h}{\partial z} = \mathbf{F} \text{ 的散度}$$

3. $\nabla$ 與 **F** 的叉積為 **F** 的旋度：

$$\nabla \times \mathbf{F} = \left(\frac{\partial}{\partial x}\mathbf{i} + \frac{\partial}{\partial y}\mathbf{j} + \frac{\partial}{\partial z}\mathbf{k}\right) \times (f\mathbf{i} + g\mathbf{j} + h\mathbf{k})$$

$$= \begin{vmatrix} \mathbf{i} & \mathbf{j} & \mathbf{k} \\ \partial/\partial x & \partial/\partial y & \partial/\partial z \\ f & g & h \end{vmatrix}$$

$$= \left(\frac{\partial h}{\partial y} - \frac{\partial g}{\partial z}\right)\mathbf{i} + \left(\frac{\partial f}{\partial z} - \frac{\partial h}{\partial x}\right)\mathbf{j} + \left(\frac{\partial g}{\partial x} - \frac{\partial f}{\partial y}\right)\mathbf{k} = \mathbf{F}\text{ 的旋度}$$

梯度、散度和旋度之間有兩個關係，它們是向量分析的基礎：旋度的散度為零（數字零），以及梯度的旋度為零（零向量）。

### 定理 8.2

1. 若 $\mathbf{F}$ 為向量場，其分量為連續且具有連續的第一和第二偏導數，則

$$\nabla \cdot (\nabla \times \mathbf{F}) = 0$$

2. 若 $\varphi$ 是具有連續的第一和第二偏導數的連續純量場，則

$$\nabla \times (\nabla \varphi) = \mathbf{O}$$

在這個敘述中，$\nabla \cdot (\nabla \times \mathbf{F})$ 是 $\mathbf{F}$ 的旋度的散度其值為純量零，而 $\nabla \times (\nabla \varphi)$ 是 $\varphi$ 的梯度的旋度其值為零向量。

這些恆等式可由直接計算來驗證，例如，對於定理中的 (2)，

$$\nabla \times (\nabla \varphi) = \nabla \times \left(\frac{\partial \varphi}{\partial x}\mathbf{i} + \frac{\partial \varphi}{\partial y}\mathbf{j} + \frac{\partial \varphi}{\partial z}\mathbf{k}\right)$$

$$= \begin{vmatrix} \mathbf{i} & \mathbf{j} & \mathbf{k} \\ \partial/\partial x & \partial/\partial y & \partial/\partial z \\ \partial \varphi/\partial x & \partial \varphi/\partial y & \partial \varphi/\partial z \end{vmatrix}$$

$$= \left(\frac{\partial}{\partial y}\frac{\partial \varphi}{\partial z} - \frac{\partial}{\partial z}\frac{\partial \varphi}{\partial y}\right)\mathbf{i} + \left(\frac{\partial}{\partial z}\frac{\partial \varphi}{\partial x} - \frac{\partial}{\partial x}\frac{\partial \varphi}{\partial z}\right)\mathbf{j} + \left(\frac{\partial}{\partial x}\frac{\partial \varphi}{\partial y} - \frac{\partial}{\partial y}\frac{\partial \varphi}{\partial x}\right)\mathbf{k}$$

$$= \mathbf{O}$$

大括號中的混合偏導數相等，並在 $\nabla \times (\nabla \varphi)$ 的分量中成對消去。

使用 $\nabla$ 的運算子符號提供了一種簡化向量計算的方法。例如，可立即得到 $\nabla \times (\nabla \varphi) = \mathbf{O}$，因為 $\nabla \times \nabla$ 是「向量」與其自身的叉積，這是零向量。

同理，$\nabla \times \mathbf{F}$ 與 $\nabla$ 正交，故點積 $\nabla \cdot (\nabla \times \mathbf{F}) = 0$ 為正交「向量」的點積。

### 8.4.1 散度的物理解釋

將 $\mathbf{F}(x, y, z, t)$ 視為在點 $(x, y, z)$ 和時間 $t$ 的流體速度。時間在計算散度上沒有任何作用，但由於在一般情況下，流動與時間有關，因此將時間包含在內。我們將證明這個速度場在一點的散度是流體從該點向外流動的量測。

想像流體中的一個小矩形盒，如圖 8.11 所示。穿過盒的面 II 流出的通量是速度的垂直分量（$\mathbf{F}$ 與 $\mathbf{i}$ 的點積）乘以該面的面積：

$$\text{穿過面 II 的向外通量} = \mathbf{F}(x + \Delta x, y, z, t) \cdot \mathbf{i} \Delta y \Delta z$$
$$= f(x + \Delta x, y, z, t) \Delta y \Delta z$$

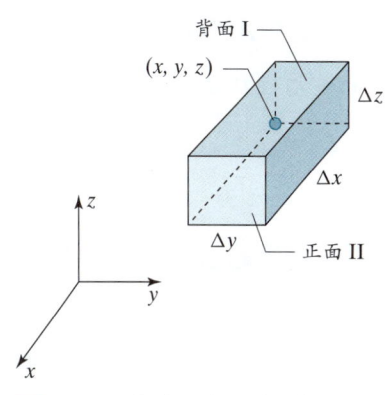

**圖 8.11** 散度的物理解釋

在面 I，單位向外法向量為 $-\mathbf{i}$，所以穿過面 I 的向外通量為 $-f(x, y, z, t) \Delta y \Delta z$。穿過面 I 和 II 的淨向外通量為

$$[f(x + \Delta x, y, z, t) - f(x, y, z, t)] \Delta y \Delta z$$

類似的計算適用於盒子的其他兩對平行面。流出盒子的流體總通量為

$$\text{總通量} = (f(x + \Delta x, y, z, t) - f(x, y, z, t)) \Delta y \Delta z$$
$$+ (g(x, y + \Delta y, z, t) - g(x, y, z, t)) \Delta x \Delta z$$
$$+ (h(x, y, z + \Delta z, t) - h(x, y, z, t)) \Delta x \Delta y$$

將上式除以盒子的體積

$$\Delta x \Delta y \Delta z$$

並取 $\Delta x$、$\Delta y$、$\Delta z$ 趨近於零的極限來獲得在 $(x, y, z)$ 從盒子流出的每單位體積的通量：

在 $(x, y, z)$ 的每單位體積的通量

$$= \lim_{(\Delta x, \Delta y, \Delta z) \to (0,0,0)} \left[ \frac{f(x + \Delta x, y, z, t) - f(x, y, z, t)}{\Delta x} \right.$$
$$\left. + \frac{g(x, y + \Delta y, z, t) - g(x, y, z, t)}{\Delta y} + \frac{h(x, y, z + \Delta z, t) - h(x, y, z, t)}{\Delta z} \right]$$
$$= \frac{\partial f}{\partial x} + \frac{\partial g}{\partial y} + \frac{\partial h}{\partial z}$$

> **數往知來──牛頓流體的不可壓縮流動**
>
> 針對牛頓流體（例如，水、薄機油）的不可壓縮流動情況，而建構的 Navier-Stokes 方程式是
>
> $$\rho\left(\frac{\partial \vec{v}}{\partial t}+\vec{v}\cdot\nabla\vec{v}\right)=-\nabla P+\mu\nabla^2\vec{v}+\rho\vec{g}$$
>
> 其中 $\rho$ 為流體密度，$\vec{v}$ 為流體速度向量，$P$ 為壓力，$\mu$ 為流體黏度，$g$ 為重力加速度。
>
> $\nabla P$ 項是壓力場上的梯度算子。壓力是純量，因為它是等向性的（即微量體積單元的所有方向相同）。
>
> $\nabla\vec{v}$ 項是速度向量的散度，而 $\nabla^2\vec{v}$ 是應用於速度向量的拉氏算子。
>
> 注意：上述方程式實際上是將三個單獨的方程式以緊緻向量符號表示（對於 x、y 和 z 座標各一個）。x 座標的個別方程式可以寫成如下的形式，下標表示向量的 x、y 或 z 分量：
>
> $$\rho\left(\frac{\partial v_x}{\partial t}+v_x\frac{\partial v_x}{\partial x}+v_y\frac{\partial v_x}{\partial y}+v_z\frac{\partial v_x}{\partial z}\right)=-\frac{\partial P}{\partial x}+\mu\left(\frac{\partial^2 v_x}{\partial x^2}+\frac{\partial^2 v_x}{\partial y^2}+\frac{\partial^2 v_x}{\partial z^2}\right)+\rho g_x$$

### 8.4.2　旋度的物理解釋

若向量場代表流體的速度，則旋度可以解釋為流體圍繞一個點的旋轉或漩渦的量度。因此，特別是在英國文學中，旋度通常稱為「rot」（旋轉）。

假設物體對通過原點的線 $L$ 以均勻角速度 $\omega$ 旋轉（圖 8.12）。角速度向量 $\boldsymbol{\Omega}$ 的大小為 $\omega$，方向為沿著 $L$ 的指向，因為如果給定與物體相同的旋轉，則是以右手螺旋進行。

對於旋轉物體的任何點 $(x, y, z)$，令 $\mathbf{R} = x\mathbf{i} + y\mathbf{j} + z\mathbf{k}$。令 $\mathbf{T}(x, y, z)$ 為切線速度且 $R = \|\mathbf{R}\|$，則

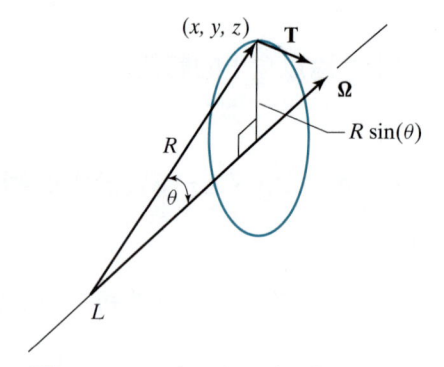

$$\|\mathbf{T}\| = \omega R\sin(\theta) = \|\boldsymbol{\Omega}\times\mathbf{R}\|$$

**圖 8.12**　旋度的物理解釋

其中 $\theta$ 為 **R** 與 **Ω** 之間的夾角。令

$$\mathbf{\Omega} = a\mathbf{i} + b\mathbf{j} + c\mathbf{k}$$

則

$$\mathbf{T} = \mathbf{\Omega} \times \mathbf{R} = (bz - cy)\mathbf{i} + (cx - az)\mathbf{j} + (ay - bx)\mathbf{k}$$

**T** 的旋度為

$$\nabla \times \mathbf{T} = \begin{vmatrix} \mathbf{i} & \mathbf{j} & \mathbf{k} \\ \partial/\partial x & \partial/\partial y & \partial/\partial z \\ bz - cy & cx - az & ay - bx \end{vmatrix} = 2a\mathbf{i} + 2b\mathbf{j} + 2c\mathbf{k} = 2\mathbf{\Omega}$$

故

$$\mathbf{\Omega} = \frac{1}{2}\nabla \times \mathbf{T}$$

均勻旋轉體的角動量為線性速度的旋度的一半。

在具有速度向量 **V** 的流體運動，如果 **V** 的旋度為零，則稱為**非旋轉** (irrotational) 的流動。我們將在下一章中看到，非旋轉向量場是守恆的（可從位勢推導出來）。

### 數往知來──簡化 NS 方程式

儘管對於大多數實際的工程問題，NS 方程式不能用徒手求解，但是為了適當地利用 CFD 軟體，工程師仍然需要向量微積分演算法提供的洞察力。下面提到了 NS 方程式的一些常見的工程簡化。然而，工程師可能經常遇到新的情況，他們需要熟悉微分算子來重新建構特定問題的 NS 方程式。

對於不可壓縮流體，$\nabla \vec{v} = 0$。這相當於說微分單元的體積／質量是守恆的。

對於穩態流動，$\frac{\partial \vec{v}}{\partial t} = 0$，例如，管中的流體，流入等於流出。

$\rho\left(\frac{\partial \vec{v}}{\partial t} + \vec{v} \cdot \nabla \vec{v}\right) \gg \mu \nabla^2 \vec{v}$ 意味著黏稠效應可以忽略不計。這通常表示 NS 方程式可以簡化為工程伯努利方程式（不要與第 1 章中的伯努利 ODE 混淆）。工程伯努利方程式是用於計算安裝在設施中的泵浦和管子的尺寸。

## 8.4 習題

習題 1–3，計算 $\nabla \cdot \mathbf{F}$ 與 $\nabla \times \mathbf{F}$。證明 $\nabla \cdot (\nabla \times \mathbf{F}) = 0$。

1. $\mathbf{F} = x\mathbf{i} + y\mathbf{j} + 2z\mathbf{k}$
2. $\mathbf{F} = 2xy\mathbf{i} + xe^y\mathbf{j} + 2z\mathbf{k}$
3. $\mathbf{F} = \sinh(x)\mathbf{i} + \cosh(xyz)\mathbf{j} - (x+y+z)\mathbf{k}$

習題 4–6，計算 $\nabla\varphi$ 且證明 $\nabla \times (\nabla\varphi) = \mathbf{0}$。

4. $\varphi(x,y,z) = x - y + 2z^2$
5. $\varphi(x,y,z) = -2x^3yz^2$
6. $\varphi(x,y,z) = x\cos(x+y+z)$

# CHAPTER 9

# 向量的積分

我們想將實值函數的積分推廣到平面或三維空間中的曲線，或曲面上的向量場積分。本章從曲線上的線積分開始。

## 9.1 線積分

線積分是曲線上的積分，因此首先回顧一下關於平面和三維空間曲線的一些事實和術語。

通常，$R^3$ 中的曲線 $C$ 由**參數方程式** (parametric equations)

$$x = \alpha(t), y = \beta(t), z = \gamma(t), \ a \leq t \leq b$$

指定。這些函數是 $C$ 的**座標函數** (coordinate functions)。雖然任何符號均可以用於參數，但通常使用 $t$，並將其視為時間。$(\alpha(a), \beta(a), \gamma(a))$ 稱為 $C$ 的**初始點** (initial point)，而 $(\alpha(b), \beta(b), \gamma(b))$ 稱為**終點** (terminal point)。隨著 $t$ 從 $a$ 增加到 $b$，點 $(\alpha(t), \beta(t), \gamma(t))$ 沿著圖形從初始點移動到終點。以這種方式，曲線不僅是幾何物體，而且具有方向感。我們可以在圖形上用箭號指向從初始點到終點的方向。

將

$$\mathbf{R}(t) = \alpha(t)\mathbf{i} + \beta(t)\mathbf{j} + \gamma(t)\mathbf{k}$$

寫為 $C$ 的位置向量。對於任何 $t$，向量 $\mathbf{R}(t)$ 是從原點到 $C$ 上的點 $(x(t), y(t), z(t))$ 的箭號。

曲線 $C$ 是：

連續 (continuous)，如果座標函數是連續；

可微分 (differentiable)，如果每一座標函數可微分；

封閉 (closed)，如果初始點和終點相同；

簡單 (simple)，如果 $a < t_1 < t_2 < b$ 表示

$$(\alpha(t_1), \beta(t_1), \gamma(t_1)) \neq (\alpha(t_2), \beta(t_2), \gamma(t_2))$$

這些術語涉及一些細微之處。在視覺上，如果圖形沒有中斷，$C$ 是連續的。若每一個座標函數可微分，則我們可以微分位置向量：

$$\mathbf{R}'(t) = \alpha'(t)\mathbf{i} + \beta'(t)\mathbf{j} + \gamma'(t)\mathbf{k}$$

其中 $a < t < b$。在任何 $t$，若 $\mathbf{R}'(t)$ 不是零向量，則 $\mathbf{R}'(t)$ 是 $C$ 的切線向量。

我們允許具有有限多個「尖點」的曲線，其中曲線是連續的，但沒有切線。圖 9.1 的圖形具有三個尖點且為片段平滑。我們還允許有限個跳躍不連續，其中曲線是不連續且圖形具有有限個間隙或跳躍。

本身無交叉的曲線稱為簡單曲線。圖 9.2 所示的圖形非簡單曲線，因為它在不同時間（$t$ 值）通過相同的點。簡單封閉曲線其初始點和終點相等，並且不會跨越或回溯其路徑。

這些概念適用於僅含有兩個座標函數的平面上的曲線和圖形。

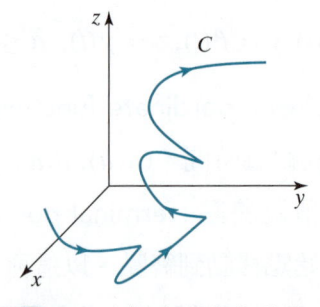

**圖 9.1** 典型的片段平滑曲線

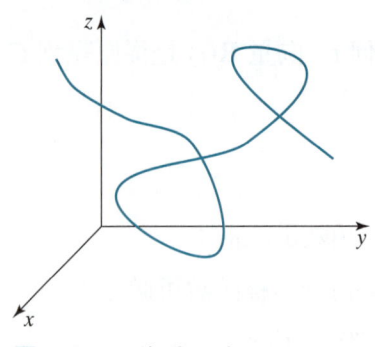

**圖 9.2** 非簡單曲線

如下例所示，儘管在非正式討論中，**曲線 (curve)** 和**圖形 (graph)**，通常可互換使用。但是曲線與其圖形之間仍存在重大差異。

### 例 9.1

令 $C$ 的座標函數為

$$x = \cos(t), y = \sin(t), z = 9,\ 0 \leq t \leq 2\pi$$

此處 $x^2 + y^2 = 1$，且 $C$ 的圖形在平面 $z = 9$ 上，圓心為原點，半徑為 1 的圓。這條曲線是連續、平滑、簡單且封閉，起始點與終點為 $(1, 0, 9)$。

然而，令 $K$ 為具有座標函數

$$x = \cos(t), y = \sin(t), z = 9,\ 0 \leq t \leq 4\pi$$

的曲線，$K$ 的圖形也是在平面 $z = 9$ 上，圓心為原點，半徑為 1 的圓，但 $K$ 非簡單曲線，因為當 $t$ 由 0 增加到 $4\pi$，點 $(x(t), y(t), z(t))$ 通過圓兩次。

這類似於循環跑道，無論跑步者跑多少次，它都是一樣的。點的軌跡對於 $C$ 和 $K$ 是相同的，但是物體沿 $C$ 和 $K$ 移動所消耗的能量是不同的。

但 $K$ 是封閉，因為 $(1, 0, 9)$ 是它的起始點和終點。

最後，令 $Q$ 為具有

$$x(t) = \cos(t), y(t) = \sin(t), z = 9,\ 0 \leq t \leq 3\pi$$

的曲線，$Q$ 的圖形與 $C$ 和 $K$ 相同，但 $Q$ 非封閉，因為它的起始點為 $(x(0), y(0), z(0)) = (1, 0, 9)$，而終點為 $(x(3\pi), y(3\pi), z(3\pi)) = (-1, 0, 9)$。點 $Q$ 從 $(1, 0, 9)$ 開始繞整個圓，然後繼續繞另一個半圓，因為 $t$ 從 0 增加到 $3\pi$。$Q$ 的終點不是它的起始點。$C$ 是簡單封閉曲線，$K$ 是封閉但非簡單曲線，$Q$ 非簡單且非封閉曲線。

如上一個例子所示，曲線圖可能會產生曲線為封閉的錯誤印象。我們現在可以定義函數在曲線上的線積分。

令 $C$ 為一平滑曲線，其座標函數為 $x = x(t)$、$y = y(t)$、$z = z(t)$，$a \leq t \leq b$。令 $f$、$g$、$h$ 為定義於圖 $C$ 上的點的連續函數，則**線積分 (line integral)** $\int_C f\,dx + g\,dy + h\,dz$ 定義為

$$\int_C f\,dx + g\,dy + h\,dz$$
$$= \int_a^b \left[ f(x(t),y(t),z(t))\frac{dx}{dt} + g(x(t),y(t),z(t))\frac{dy}{dt} + h(x(t),y(t),z(t))\frac{dz}{dt} \right] dt$$

欲求得 $\int_C f\,dx + g\,dy + h\,dz$ 可將 $f(x, y, z)$、$g(x, y, z)$ 和 $h(x, y, z)$ 中的 $x$、$y$、$z$ 以定義曲線的座標函數取代，亦即

$$dx = x'(t)\,dt, dy = y'(t)\,dt, dz = z'(t)\,dt$$

然後將形成的 $t$ 的函數由 $a$ 到 $b$ 積分。

### 例 9.2

在曲線上計算

$$\int_C x\,dx - yz\,dy + e^z\,dz$$

其中曲線的定義為

$$x = t^3, y = -t, z = t^2,\ 1 \le t \le 2$$

首先，

$$dx = 3t^2\,dt, dy = -dt, dz = 2t\,dt$$

將 $C$ 的座標函數代入線積分中的 $x$、$y$、$z$，可得

$$\int_C x\,dx - yz\,dy + e^z\,dz$$
$$= \int_1^2 \left[ t^3(3t^2) - (-t)(t^2)(-1) + e^{t^2}(2t) \right] dt$$
$$= \int_1^2 [3t^5 - t^3 + 2te^{t^2}]\,dt$$
$$= \frac{111}{4} + e^4 - e$$

## 例 9.3

在 $(1, 1, 1)$ 到 $(-2, 1, 3)$ 的線段上計算

$$\int_C xyz\, dx - \cos(yz)\, dy + xz\, dz$$

通過這兩點的直線，其參數式為

$$x = 1 - 3t, y = 1, z = 1 + 2t$$

對於 $(1, 1, 1)$ 至 $(-2, 1, 3)$ 的線段，可令 $t$ 由 $0$ 變化到 $1$。

線積分為

$$\int_C xyz\, dx - \cos(yz)\, dy + xz\, dz$$
$$= \int_0^1 [(1-3t)(1+2t)(-3) - \cos(1+2t)(0) + (1-3t)(1+2t)(2)]\, dt$$
$$= \int_0^1 (-1 + t + 6t^2)\, dt = \frac{3}{2}$$

## 例 9.4

計算平面上的線積分

$$\int_C xy\, dx - y\sin(x)\, dy$$

其中 $C$ 的定義為

$$x(t) = t^2, y(t) = t,\ -1 \le t \le 2$$

積分為

$$\int_C xy\, dx - y\sin(x)\, dy$$
$$= \int_{-1}^2 [t^2 t(2t) - t\sin(t^2)(1)]\, dt$$
$$= \int_{-1}^2 [2t^4 - t\sin(t^2)]\, dt$$
$$= \frac{66}{5} + \frac{1}{2}[\cos(4) - \cos(1)]$$

線積分具有預期的積分性質。

1. 和的積分等於積分的和：

$$\int_C (f+f^*)\,dx + (g+g^*)\,dy + (h+h^*)\,dz$$
$$= \int_C f\,dx + g\,dy + h\,dz + \int_C f^*\,dx + g^*\,dy + h^*\,dz$$

2. 常數可提出到線積分之外：

$$\int_C (kf)\,dx + (kg)\,dy + (kh)\,dz = k\int_C f\,dx + g\,dy + h\,dz$$

3. 對於微積分的黎曼積分 (Riemann integral)，切換積分的極限改變了積分符號

$$\int_a^b F(\xi)\,d\xi = -\int_b^a F(\xi)\,d\xi$$

線積分具有類似的性質——改變曲線的方向（位向）而反轉積分符號。

假設 $C$ 的參數式為

$$x = x(t), y = y(t), z = z(t),\ a \le t \le b$$

當 $t$ 由 $a$ 變化到 $b$，曲線上的一點由 $(x(a), y(a), z(a))$ 變化到 $(x(b), y(b), z(b))$。

定義一新曲線 $K$，其參數式為

$$\tilde{x}(t) = x(a+b-t), \tilde{y}(t) = y(a+b-t), \tilde{z}(t) = z(a+b-t),\ a \le t \le b$$

$K$ 有初始點

$$(\tilde{x}(a), \tilde{y}(a), \tilde{z}(a)) = (x(b), y(b), z(b))$$

及終點

$$(\tilde{x}(b), \tilde{y}(b), \tilde{z}(b)) = (x(a), y(a), z(a))$$

$C$ 和 $K$ 具有相同的圖形，但是方向相反，初始點和終點相反。$K$ 稱為 $C$ 的負值，以 $K = -C$ 表示，則

$$\int_{-C} f\,dx + g\,dy + h\,dz = -\int_C f\,dx + g\,dy + h\,dz$$

因此，如果我們希望在線積分上取反向，只需在原方向更改積分的符號，不需要以新的參數式代入曲線 $-C$。

4. 對於黎曼積分，

$$\int_a^b F(\xi)\,d\xi = \int_a^c F(\xi)\,d\xi + \int_c^b F(\xi)\,d\xi$$

對於線積分有一個類似的性質，它可以用圖形非正式地表示。圖 9.3 顯示一由 $P$ 至 $Q$ 的曲線 $C$，以及 $C$ 上的一中間點 $W$。令 $C_1$ 為 $C$ 的一部分，由 $P$ 至 $W$，而 $C_2$ 為由 $W$ 至 $Q$ 的一部分，則

$$\int_C f\,dx + g\,dy + h\,dz$$
$$= \int_{C_1} f\,dx + g\,dy + h\,dz + \int_{C_2} f\,dx + g\,dy + h\,dz$$

若我們將 $C$ 寫成 $C_1 \oplus C_2$，則

$$\int_{C_1 \oplus C_2} f\,dx + g\,dy + h\,dz$$
$$= \int_{C_1} f\,dx + g\,dy + h\,dz + \int_{C_2} f\,dx + g\,dy + h\,dz$$

將 $n$ 條曲線 $C_1, C_2, \cdots, C_n$ 串接在一起，如圖 9.4 所示，則

$$\int_{C_1 \oplus C_2 \oplus \cdots \oplus C_n} f\,dx + g\,dy + h\,dz = \sum_{j=1}^{n} \int_{C_j} f\,dx + g\,dy + h\,dz$$

保持一致的方向至關重要。對於 $j = 2, \cdots, n$ 而言，$C_{j-1}$ 的終點是 $C_j$ 的初始點。

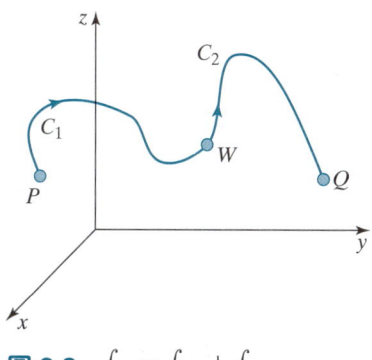

**圖 9.3** $\int_C = \int_{C_1} + \int_{C_2}$

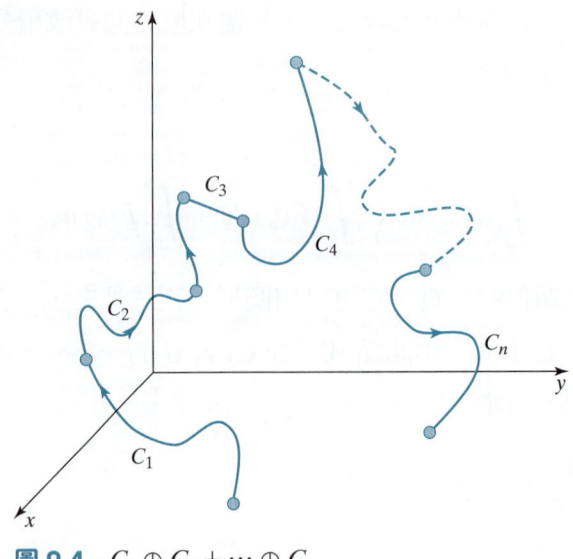

**圖 9.4** $C_1 \oplus C_2 + \cdots \oplus C_n$

### 例 9.5

令 $C$ 是 $x$、$y$ 平面上由 $(1, 0)$ 至 $(0, 1)$ 的 1/4 圓 $x^2 + y^2 = 1$ 以及由 $(0, 1)$ 至 $(2, 1)$ 的水平線段組成的曲線。計算

$$\int_C dx + y^2\, dy$$

令 $C = C_1 \oplus C_2$，其中 $C_1$ 為四分之一圓，而 $C_2$ 為線段。參數化

$$C_1 : x = \cos(t), y = \sin(t),\ 0 \leq t \leq \pi/2$$

且以 $P$ 為 $C_2$ 的參數，

$$C_2 : x = p, y = 1, 0 \leq p \leq 2$$

在 $C_1$ 上，

$$dx = -\sin(t)\, dt \ \text{且}\ dy = \cos(t)\, dt$$

故

$$\int_{C_1} dx + y^2\, dy = \int_0^{\pi/2}[-\sin(t) + \sin^2(t)\cos(t)]\, dt = -\frac{2}{3}$$

在 $C_2$ 上，

$$dx = dp \text{ 且 } dy = 0$$

故

$$\int_{C_2} dx + y^2\, dy = \int_0^2 dp = 2$$

因此

$$\int_C dx + y^2\, dy = -\frac{2}{3} + 2 = \frac{4}{3}$$

特別是在應用中，將線積分以向量符號表示有時是有用的。令 $\mathbf{F} = f\mathbf{i} + g\mathbf{j} + h\mathbf{k}$ 且令 $\mathbf{R}(t) = x(t)\mathbf{i} + y(t)\mathbf{j} + z(t)\mathbf{k}$ 為 $C$ 的位置向量，則

$$d\mathbf{R} = dx\mathbf{i} + dy\mathbf{j} + dz\mathbf{k}$$

且

$$\mathbf{F} \cdot d\mathbf{R} = f\, dx + g\, dy + h\, dz$$

促成符號

$$\int_C f\, dx + g\, dy + h\, dz = \int_C \mathbf{F} \cdot d\mathbf{R}$$

### 例 9.6

力 $\mathbf{F}(x, y, z) = x^2\mathbf{i} - zy\mathbf{j} + x\cos(z)\mathbf{k}$ 沿著具有參數式 $x = t^2$，$y = t$，$z = \pi t$，$0 \leq t \leq 3$ 的路徑 $C$ 移動一粒子。計算此力所作的功。

在 $C$ 上的任何點，粒子將沿著曲線的切線方向移動，從 $(x, y, z)$ 開始，以 $\mathbf{F}(x, y, z) \cdot d\mathbf{R}$ 來近似沿著曲線的一小段所作的功，此 $\mathbf{F}(x, y, z) \cdot d\mathbf{R}$ 具有力乘以距離的因次。沿著整個路徑移動粒子所作的功是沿著線段的這些近似值的總和。當線段長度趨近於零的極限時，我們得到

$$功 = \int_C \mathbf{F} \cdot d\mathbf{R} = \int_C x^2\, dx - zy\, dy + x\cos(z)\, dz$$
$$= \int_0^3 [t^4(2t) - (\pi t)(t) + t^2\cos(\pi t)(\pi)]\, dt$$
$$= \int_0^3 [2t^5 - \pi t^2 + \pi t^2 \cos(\pi t)]\, dt$$
$$= 243 - 9\pi - \frac{6}{\pi}$$

## 9.1 習題

習題 1–5，計算線積分。

1. $\int_C x\, dx - dy + z\, dz$，其中 $C: x = y = t$，$z = t^3$，$0 \le t \le 1$。

2. $\int_C (x+y)\, ds$，其中 $C: x = y = t$，$z = t^2$，$0 \le t \le 2$。

3. $\int_C \mathbf{F} \cdot d\mathbf{R}$，其中 $\mathbf{F} = \cos(x)\mathbf{i} + y\mathbf{j} + xz\mathbf{k}$ 且 $\mathbf{R} = t\mathbf{i} - t^2\mathbf{j} + \mathbf{k}$，$0 \le t \le 3$。

4. $\int_C \mathbf{F} \cdot d\mathbf{R}$，其中 $\mathbf{F} = x\mathbf{i} + y\mathbf{j} - z\mathbf{k}$ 且 $C$ 為圓 $x^2 + y^2 = 4$，$z = 0$，逆時針繞一周。

5. $\int_C -xyz\, dz$，其中 $C: x = 1$，$y = \sqrt{z}$，$4 \le z \le 9$。

6. 求力 $\mathbf{F} = x^2\mathbf{i} - 2yz\mathbf{j} + z\mathbf{k}$ 沿著 $(1, 1, 1)$ 至 $(4, 4, 4)$ 的線段移動一物體所作的功。

## 9.2 格林定理

　　格林定理 (Green's theorem) 是 $x$、$y$ 平面上的封閉曲線的線積分，與由曲線包圍的區域上的雙重積分之間的關係。由自學英國自然哲學家格林 (George Green, 1793–1841) 和烏克蘭數學家 Michel Ostrogradsky (1801–1862) 獨立發現。

　　如果曲線上的點隨著描述 $C$ 的參數的增加而逆時針移動，則 $x$、$y$ 平面上的封閉曲線 $C$ 是**正向的** (positively oriented)（圖 9.5）。順時針方向稱為**負向** (negative

**圖 9.5** 平面上的曲線的正方向

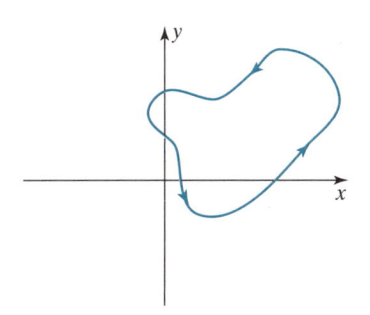

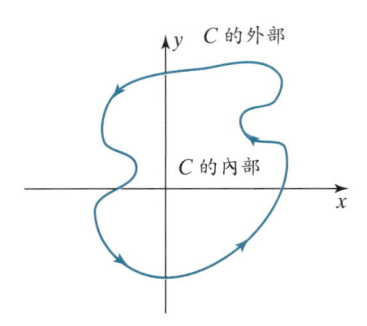

**圖 9.6** 由簡單封閉曲線所決定的內部和外部區域

orientation)。通常將封閉曲線 $C$ 上的線積分以 $\oint_C$ 表示，其中在積分符號上有一個小圓。

平面上連續簡單封閉曲線 $C$ 所包圍的區域，稱為 $C$ 的**內部** (interior)。如果曲線及其內部從平面上切除，剩餘的無界區域是 $C$ 的**外部** (exterior)（圖 9.6）。一個人沿著 $C$ 的正向走，將看到 $C$ 的內部在其左側。

對於片段平滑曲線，我們使用**路徑** (path) 一詞。這意味著除了有限個尖銳點或跳躍不連續點之外，曲線具有連續的切線。

### 定理 9.1 格林定理

令 $C$ 為平面上連續簡單封閉正向路徑。令 $D$ 為 $C$ 及其內部所有點組成。令 $f(x, y)$、$g(x, y)$、$\partial f/\partial y$ 與 $\partial g/\partial x$ 在 $D$ 為連續，則

$$\oint_C f(x,y)\,dx + g(x,y)\,dy = \iint_D \left( \frac{\partial g}{\partial x} - \frac{\partial f}{\partial y} \right) dA \tag{9.1}$$

格林定理用於位勢理論和偏微分方程式，並且有時也用於進行計算。

### 例 9.7

有時格林定理可以簡化積分。假設我們欲求 $\mathbf{F} = (y - x^2 e^x)\mathbf{i} + (\cos(2y^2) - x)\mathbf{j}$ 在具有頂點 $(0, 1)$、$(1, 1)$、$(1, 3)$、$(0, 3)$ 的矩形路徑 $C$ 的逆時針方向上移動一個粒子所作的功。

嘗試直接計算 $\int_C \mathbf{F} \cdot d\mathbf{R}$ 會產生不能用基本項計算的積分。然而，利用格林定理，其中 $D$ 是由 $C$ 包圍的實心矩形，

$$\text{功} = \oint_C \mathbf{F} \cdot d\mathbf{R} = \iint_D \left( \frac{\partial}{\partial x}(\cos(2y^2) - x) - \frac{\partial}{\partial y}(y - x^2 e^x) \right) dA$$

$$= \iint_D -2 \, dA = -2(D \text{ 的面積}) = -4$$

### 例 9.8

假設我們要計算

$$\oint_C 2x \cos(2y) \, dx - 2x^2 \sin(2y) \, dy$$

其中 $C$ 為平面上的連續封閉路徑。這裡有無數的路徑。然而，注意：

$$\frac{\partial}{\partial x}(-2x^2 \sin(2y)) - \frac{\partial}{\partial y}(2x \cos(2y))$$

$$= -4x \sin(2y) + 4x \sin(2y) = 0$$

由格林定理，

$$\oint_C 2x \cos(2y) \, dx - 2x^2 \sin(2y) \, dy = \iint_D 0 \, dA = 0$$

## 9.2 習題

1. 在力 $\mathbf{F} = xy\mathbf{i} + x\mathbf{j}$ 的影響下，粒子沿著頂點為 $(0, 0)$、$(4, 0)$、$(1, 6)$ 的三角形，逆時針移動一次。計算由此力所作的功。

2. 在

$$\mathbf{F} = (-\cosh(4x^4) + xy)\mathbf{i} + (e^{-y} + x)\mathbf{j}$$

的影響下，粒子沿著頂點為 $(1, 1)$、$(1, 7)$、$(3, 1)$、$(3, 7)$ 的矩形，逆時針移動一次。計算所作的功。

習題 3–6，利用格林定理計算 $\oint_C \mathbf{F} \cdot d\mathbf{R}$。所有封閉曲線均為正向。

3. $\mathbf{F} = x^2\mathbf{i} - 2xy\mathbf{j}$，$C$ 為頂點為 $(1, 1)$、$(4, 1)$、$(2, 6)$ 的三角形。

4. $\mathbf{F} = 8xy^2\mathbf{j}$，$C$ 為圓心為原點，半徑為 4 的圓。

5. $\mathbf{F} = e^x \cos(y)\mathbf{i} - e^x \sin(y)\mathbf{j}$，$C$ 為平面上任意封閉路徑。

6. $\mathbf{F} = xy\mathbf{i} + (xy^2 - e^{\cos(y)})\mathbf{j}$，$C$ 為頂點為 $(0, 0)$、$(3, 0)$、$(0, 5)$ 的三角形。

## 9.3 與路徑無關以及位勢理論

如果一個向量線是從**位勢函數** (potential function) 導出，則它是**保守** (conservative) 向量場。這意味著有一個實值函數 $\varphi(x, y, z)$，稱為 $\mathbf{F}$ 的位勢函數，使得 $\mathbf{F} = \nabla \varphi$。

因此保守向量場是一個梯度。

若 $\varphi$ 是 $\mathbf{F}$ 的位勢函數，則對於任何常數 $c$，$\varphi + c$ 也是。

向量場位勢函數的存在，對於計算該向量場在曲線上的線積分具有顯著的影響。

### 定理 9.2

令 $\mathbf{F}$ 為區域 $D$ 中的保守場，且令 $C$ 為 $D$ 中由 $P_0$ 至 $P_1$ 的路徑。令 $\varphi$ 為 $\mathbf{F}$ 的位勢函數，則

$$\int_C \mathbf{F} \cdot d\mathbf{R} = \varphi(P_1) - \varphi(P_0) \tag{9.2}$$

保守向量場在曲線上的線積分等於曲線終點和初始點的位勢函數的差值。這個數值與曲線本身無關——只與初始點和終點有關——並且可以被認為是微積分基本定理的線積分版本，即若 $G'(x) = g(x)$，則

$$\int_a^b g(x)\, dx = G(b) - G(a)$$

當位勢函數存在，有時可以用積分來找到它。

### 例 9.9

考慮向量場

$$\mathbf{F}(x, y, z) = 3x^2yz^2\mathbf{i} + (x^3z^2 + e^z)\mathbf{j} + (2x^3yz + ye^z)\mathbf{k}$$

若有一個位勢函數 $\varphi(x, y, z)$，則 $\mathbf{F} = \nabla\varphi$，且我們必須有

$$\frac{\partial \varphi}{\partial x} = 3x^2yz^2 \tag{9.3}$$

$$\frac{\partial \varphi}{\partial y} = x^3z^2 + e^z \tag{9.4}$$

以及

$$\frac{\partial \varphi}{\partial z} = 2x^3yz + ye^z \tag{9.5}$$

選擇其中之一。若我們從式 (9.3) 開始，將 $y$ 和 $z$ 視為常數，對 $x$ 積分，可得

$$\varphi(x, y, z) = \int (3x^2yz^2)\, dx = x^3yz^2 + k(y, z)$$

「積分常數」可能涉及 $y$ 和 $z$。

現在我們知道 $\varphi(x, y, z)$ 在 $y$ 和 $z$ 的函數內。選擇其他方程式 (9.4)，可得

$$\frac{\partial \varphi}{\partial y} = x^3z^2 + e^z$$

$$= \frac{\partial}{\partial y}(x^3yz^2 + k(y, z)) = x^3z^2 + \frac{\partial k}{\partial y}$$

因此

$$\frac{\partial k(y, z)}{\partial y} = e^z$$

上式對 $y$ 積分，可得

$$k(y, z) = ye^z + c(z)$$

其中 $c(z)$ 是對 $y$ 積分產生的常數，注意：$c(z)$ 與 $z$ 有關，而與 $x$ 或 $y$ 無關。

到目前為止，

$$\varphi(x,y,z) = x^3yz^2 + k(y,z) = x^3yz^2 + ye^z + c(z)$$

最後，由式 (9.5)，

$$\frac{\partial \varphi}{\partial z} = 2x^3yz + ye^z$$
$$= \frac{\partial}{\partial z}(x^3yz^2 + ye^z + c(z))$$
$$= 2x^3yz + ye^z + c'(z)$$

這迫使 $c'(z) = 0$，所以本例中的 $c(z)$ 是常數，亦即 $c(z) = \alpha$。因此，對於任意數 $\alpha$ 而言，

$$\varphi(x,y,z) = x^3yz^2 + ye^z + \alpha$$

是 **F** 的位勢函數。因為我們只需要一個位勢函數，我們可以選擇 $\alpha = 0$ 而使用

$$\varphi(x,y,z) = x^3yz^2 + ye^z$$

若 $C$ 為由 $(0,0,0)$ 至 $(-1,3,-2)$ 的任意路徑，則

$$\int_C \mathbf{F} \cdot d\mathbf{R} = \varphi(-1,3,-2) - \varphi(0,0,0) = -12 + 3e^{-2}$$

**例 9.10**

令 $\mathbf{F} = y\mathbf{i} + e^x\mathbf{j}$ 為平面上的向量場，嘗試以上述例子的方法來求位勢函數。

我們需要一個函數 $\varphi(x,y)$ 使得

$$\frac{\partial \varphi}{\partial x} = y \text{ 且 } \frac{\partial \varphi}{\partial y} = e^x$$

固定 $y$，將第一個方程式對 $x$ 積分：

$$\varphi(x,y) = \int y\, dx = xy + k(y)$$

由第二個方程式，我們必須有

$$\frac{\partial \varphi}{\partial y} = e^x = \frac{\partial}{\partial y}(xy + k(y)) = x + k'(y)$$

因此

$$k'(y) = e^x - x$$

如果 $k(y)$ 只是 $y$ 的函數，這是沒有意義的。這種矛盾證明了 $\mathbf{F}(x, y)$ 沒有位勢函數，因此不是保守場。

以下是保守向量場的一些進一步的結果。

**推論 9.1**

若 $\mathbf{F}$ 在區域 $D$ 為保守，則對 $D$ 中的每一封閉路徑，

$$\oint_C \mathbf{F} \cdot d\mathbf{R} = 0$$

因為初始點和終點相同，路徑為封閉，定理 9.2 中的 $P_0 = P_1$，則由定理 9.2 立即得知此結果。

定理 9.2 也提出了與路徑無關的概念。我們說 $\int_C \mathbf{F} \cdot d\mathbf{R}$ 在區域 $D$ **與路徑無關**(independent of path)，如果對於 $D$ 中的任何路徑，這個線積分的值僅與路徑的端點有關。這意味著，對於 $D$ 中的任何路徑 $C$ 和 $K$，

$$\int_C \mathbf{F} \cdot d\mathbf{R} = \int_K \mathbf{F} \cdot d\mathbf{R}$$

$C$ 和 $K$ 具有相同的初始點和相同的終點。這些點之間的曲線不影響積分的值。

保守向量場的線積分與路徑無關，因為由定理 9.2，積分值僅與路徑的端點有關。

**定理 9.3**

令 $\mathbf{F}$ 在 $D$ 中為保守，則 $\int_C \mathbf{F} \cdot d\mathbf{R}$ 在 $D$ 中與路徑無關。

與路徑無關實際上等於在封閉路徑上的線積分等於零。

## 定理 9.4

$\int_C \mathbf{F} \cdot d\mathbf{R}$ 在 $D$ 中與路徑無關，若且唯若對於 $D$ 中的每一封閉路徑

$$\int_C \mathbf{F} \cdot d\mathbf{R} = 0$$

當線積分在平面或三維空間的區域 $D$ 與路徑無關，$D$ 中由 $P$ 至 $Q$ 的任意路徑上的線積分通常表示為

$$\int_P^Q \mathbf{F} \cdot d\mathbf{R}$$

如果我們想知道向量場是否為保守的，那麼如例 9.9 所示，積分通常是效率低的。有更好的方法，首先專注於平面上的向量場，當我們有面積分時，再轉移到三維空間。

$\mathbf{F}$ 在區域 $D$ 是否為保守的問題不僅與 $\mathbf{F}$ 有關，而且與該區域有關。開始的情況是矩區域 $D$，其邊與軸平行，這種區域稱為**正則矩形 (regular rectangular)**。

## 定理 9.5

令 $\mathbf{F}(x, y) = f(x, y)\mathbf{i} + g(x, y)\mathbf{j}$，其中 $f(x, y)$、$g(x, y)$、$\partial f/\partial y$、$\partial g/\partial x$ 在平面（或在整個平面）的正則矩形區域 $D$ 為連續，則 $\mathbf{F}(x, y)$ 在 $D$ 為保守若且唯若

$$\frac{\partial g}{\partial x} = \frac{\partial f}{\partial y} \tag{9.6}$$

當然，若 $\mathbf{F} = \nabla \varphi$，則

$$f(x, y) = \frac{\partial \varphi}{\partial x} \quad \text{且} \quad g(x, y) = \frac{\partial \varphi}{\partial y}$$

因此

$$\frac{\partial g}{\partial x} = \frac{\partial^2 \varphi}{\partial x \partial y} = \frac{\partial^2 \varphi}{\partial y \partial x} = \frac{\partial f}{\partial y}$$

故 $f$ 與 $g$ 滿足方程式 (9.6)。

相反的證明，方程式 (9.6) 意味著 $\mathbf{F}$ 是保守的，並且利用該區域是正則矩形的事實。

### 例 9.10 的延續

對於例 9.10 的向量場，$f(x, y) = y$ 且 $g(x, y) = e^x$，如今

$$\frac{\partial g}{\partial x} = e^x \text{ 且 } \frac{\partial f}{\partial y} = 1$$

因此在任意矩形區域，方程式 (9.6) 不成立，所以 **F** 不是保守場。

---

向量場位勢的存在不僅與向量場有關，而且與向量場所定義的區域（平面或三維空間）有關。鑑於定理 9.3 和 9.4，這也對與路徑無關的線積分和封閉路徑上的線積分具有影響。以下的例子顯示其中的一些問題。

### 例 9.11

令

$$\mathbf{F}(x, y) = \frac{-y}{x^2 + y^2}\mathbf{i} + \frac{x}{x^2 + y^2}\mathbf{j}$$

其中 $(x, y) \neq (0, 0)$。如今

$$f(x, y) = -\frac{y}{x^2 + y^2} \text{ 且 } g(x, y) = \frac{x}{x^2 + y^2}$$

且

$$\frac{\partial f}{\partial y} = \frac{\partial g}{\partial x} = \frac{y^2 - x^2}{(x^2 + y^2)^2}$$

故 **F** 在不包含原點的任意正則矩形區域為保守。例如，在右 1/4 平面 $x > 0$，$y > 0$，

$$\varphi(x, y) = \arctan\left(\frac{y}{x}\right)$$

為位勢函數。對於此向量場，該區域對於 **F** 是否保守是至關重要的。

這會影響線積分，以及與路徑無關的評估。考慮平面上由 (1, 0) 至 (−1, 0) 的兩路徑：

$$C_1 : x = \cos(\theta), y = \sin(\theta), 0 \leq \theta \leq \pi$$

與

$$C_2 : x = \cos(\theta), y = -\sin(\theta),\ 0 \leq \theta \leq \pi$$

這些路徑如圖 9.7 所示。$C_1$ 是單位圓的上半部，$C_2$ 是下半部，具有指示的方向。

計算

$$\int_{C_1} \mathbf{F} \cdot d\mathbf{R} = \int_0^\pi [(-\sin(\theta))(-\sin(\theta)) + \cos(\theta)(\cos(\theta))]\, d\theta$$
$$= \int_0^\pi d\theta = \pi$$

且

$$\int_{C_2} \mathbf{F} \cdot d\mathbf{R} = \int_0^\pi [\sin(\theta)(-\sin(\theta)) + \cos(\theta)(-\cos(\theta))]\, d\theta$$
$$= -\int_0^\pi d\theta = -\pi$$

在此例中，$\int_C \mathbf{F} \cdot d\mathbf{R}$ 並非與路徑無關。

現在觀察單位圓為 $C_1 \oplus (-C_2)$，從 $(1, 0)$ 到 $(-1, 0)$ 沿著 $C_1$ 逆時針行走，然後從 $(-1, 0)$ 到 $(1, 0)$ 沿著 $C_2$ 的反向繼續行走。環繞單位圓的積分為

$$\int_{C_1 \oplus (-C_2)} \mathbf{F} \cdot d\mathbf{R} = \int_{C_1} \mathbf{F} \cdot d\mathbf{R} - \int_{C_2} \mathbf{F} \cdot d\mathbf{R}$$
$$= \pi - (-\pi) = 2\pi$$

這個線積分 $\int_C \mathbf{F} \cdot d\mathbf{R}$ 在封閉路徑上不為零。

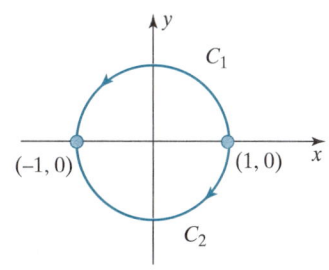

**圖 9.7** 例 9.11 中的積分路徑

這個例子證明，至少對於平面，即使式 (9.6) 成立，與路徑無關的線積分和封閉路徑上的線積分等於零都可能失效。這個問題在於定義向量場的區域。

為了解決這個問題，我們需要兩個定義，將我們的注意力侷限在平面上。

平面上的點集合 $D$ 是一個**域** (domain)，如果：

1. 對於 $D$ 中的每一個點 $P$，存在以 $P$ 為中心的圓，其僅包含 $D$ 中的點。
2. 在 $D$ 的任意兩點之間，有一條完全位於 $D$ 中的路徑。

例如，右 1/4 平面 $x > 0$，$y > 0$ 是一個域。然而，如果我們包括軸並考慮點 $(x, y)$，$x \geq 0$，$y \geq 0$，則此集合不是域。不可能繪製一個以 $(1, 0)$ 為圓心的圓，而此圓僅包含非負座標的點（圖 9.8）。此外，圖 9.9 的區域（其由兩個不相交的圓的內部組成）不是域，因為連接一個圓內的點和另一個圓內的點的路徑不完全位於兩個圓內。違反定義中的條件 (2)。

其次，如果 $D$ 中的每條簡單封閉路徑 $C$ 都可以連續收縮到 $D$ 中的一點，則將 $D$ 定義為**單連通** (simply connected)，其中收縮曲線僅通過 $D$ 中的點。這意味著我們必須能夠在不撕裂 $C$（連續變形）的情況下，將 $C$ 變形為單一點且不經過不在 $D$ 中的任何點。這要求 $D$ 在其中沒有孔，因為孔周圍的封閉曲線在其收縮時，會繞這個孔的邊界，防止其收縮到單一點。

圖 9.10 顯示兩個封閉曲線 $K_1$ 和 $K_2$ 之間的區域 $D$。這個區域不是單連通，因為所示的封閉曲線 $C$ 包圍不在 $D$ 中的點，亦即包圍 $K_2$ 內的點。如果我們嘗試將 $C$ 收

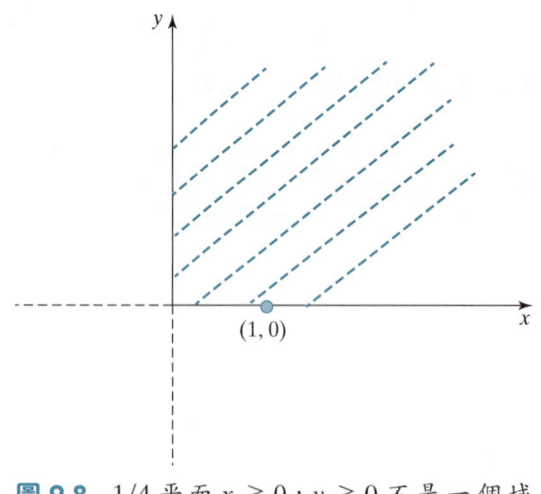

**圖 9.8** 1/4 平面 $x \geq 0$，$y \geq 0$ 不是一個域（不符合條件 (1)）

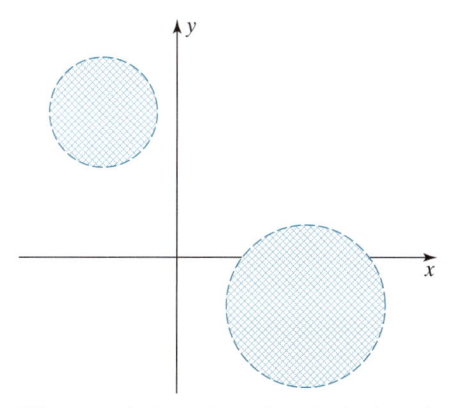

**圖 9.9** 陰影區域不是一個域（不符合條件 (2)）

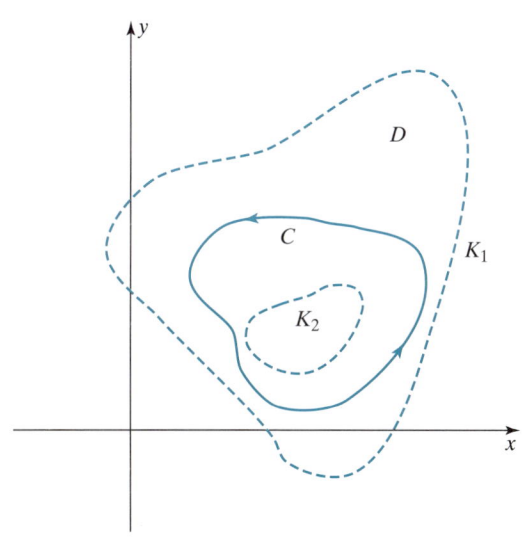

**圖 9.10** 兩個封閉曲線之間的區域不是單連通

縮到一點，那麼它會掛在內部曲線 $K_2$ 上，而不能進一步收縮到一個點。

類似地，除去原點的平面（穿孔平面）不是單連通。任何不包圍原點的曲線都可以連續縮小到穿孔平面內的一個點。但是，如果 $C$ 包圍原點或孔（原點已被去除），則 $C$ 不能縮小到穿孔平面中的單一點。

利用這些定義，方程式 (9.6) 是平面上的向量場為保守的必要和充分條件。

## 定理 9.6

令 $\mathbf{F}(x, y) = f(x, y)\mathbf{i} + g(x, y)\mathbf{j}$ 為定義於平面單連通域 $D$ 的向量場，則 $\mathbf{F}$ 在 $D$ 為

保守若且唯若

$$\frac{\partial g}{\partial x} = \frac{\partial f}{\partial y}$$

在 $D$ 成立。

回到例 9.11，在右 1/4 平面，$\varphi(x, y) = \arctan(y/x)$ 為 **F** 的位勢函數，此右 1/4 平面為單連通域，然而，如例中所顯示的，若 $D$ 為去除原點的整個平面，則 **F** 在 $D$ 為非保守，即使 $\partial g/\partial x = \partial f/\partial y$。在這個例子中，區域 $D$ 不是單連通，因為包圍原點的封閉曲線包圍了一個不在 $D$ 中的一點，因此不能收縮到完全位於 $D$ 內的一點。

在三維空間中，有一組類似於定理 9.6 的條件，但適用於三維空間中的向量場為保守的情況。

若 (1) 關於 $S$ 的每一點 $P$，存在一個以 $P$ 為中心，並且僅包含 $S$ 的點的球點，並且 (2) 在 $S$ 的任意兩點之間，有一條從一點到另一點的路徑，完全位於 $S$ 中，則 $R^3$ 中的點集合是一個**域** (domain)。

如在平面上，若 $S$ 中的每個簡單封閉路徑可以連續收縮到一點，每個收縮階段都保持在 $S$，則 $S$ 為**單連通** (simply connected)。

額外的維度使得這種方式比在平面上的集合的單連通更複雜。當然，例如，球體的內部是單連通。兩個同心球之間的區域也是單連通（不同於平面，兩個同心圓之間的區域不是單連通），因為在平面上不可用向上或向下的移動。在這個三維區域中的簡單封閉曲線可以在內球體的上方或下方被操縱，同時將其收縮到該區域內的點。對於三維空間中非單連通區域的例子，請觀察 $x^2 + y^2 > 1$ 的所有 $(x, y, z)$ 的集合，這是圍繞 $z$ 軸半徑為 1 的實心圓柱體被移除的三維空間。在該區域內圍繞該圓柱體的簡單封閉路徑不能縮小到該區域內的一點。圓柱的邊界用作防止這種收縮到一點的一個障礙物。

有了這些想法，我們可以陳述定理 9.6 的三維版本。

### 定理 9.7

令 **F** 定義於 $R^3$ 中的單連通域 $S$，則 **F** 在 $S$ 為保守若且唯若

$$\nabla \times \mathbf{F} = \mathbf{O}$$

三維空間的保守向量場其旋度為零。這是不旋轉的向量場。

二維測試是三維測試的特殊情況。若 $\mathbf{F}(x, y) = f(x, y)\mathbf{i} + g(x, y)\mathbf{j}$，定義

$$\mathbf{G}(x, y, z) = f(x, y)\mathbf{i} + g(x, y)\mathbf{j} + 0\mathbf{k}$$

我們可以將 **F** 視為三維空間的向量且計算

$$\nabla \times \mathbf{G} = \begin{vmatrix} \mathbf{i} & \mathbf{j} & \mathbf{k} \\ \partial/\partial x & \partial/\partial y & \partial/\partial z \\ f(x,y) & g(x,y) & 0 \end{vmatrix} = \left( \frac{\partial g}{\partial x} - \frac{\partial f}{\partial y} \right) \mathbf{k}$$

若向量場是二維的，則三維的結論可簡化為平面的條件。

當我們可以使用 9.7 節的史托克定理時，定理 9.7 有一個有效的證明。

## 數往知來——向量積分在靜電中

在這裡，我們將使用向量積分來檢查靜電問題。靜電領域可用於設計電容器、複印機和除煙、除塵單元。

在磁場不隨時間變化的特殊情況下產生純量位勢場。在此情況下，

$$\frac{\partial \mathbf{B}}{\partial t} = 0 \Rightarrow \nabla \times \mathbf{E} = 0$$

晶片電容器和電阻器安裝在印刷電路板上。

依據定理 10.7，因為 $\nabla \times \mathbf{E} = 0$，電場 **E** 是保守的，這意味著

$$\int_a^b \mathbf{E} \cdot d\mathbf{l} = V(b) - V(a) = \Delta V$$

這是跨越長度的電位差或電壓。

如果由求解拉氏方程式（第 16 章）得知電位函數 V，則這個計算也可以反向運算以確定 **E**。因為 **E** 是保守場，讀者可以選擇任何方便的路徑進行上述的積分，即使是一個非物理的，仍然會得到相同的答案。

## 9.3 習題

習題 1–5，判斷 **F** 在所予區域 $D$ 是否為保守。若未明確指定 $D$，則 $D$ 是由向量場有定義的所有點組成。

1. $\mathbf{F} = y^3\mathbf{i} + (3xy^2 - 4)\mathbf{j}$
2. $\mathbf{F} = 16x\mathbf{i} + (2 - y^2)\mathbf{j}$
3. $\mathbf{F} = \left(\dfrac{2x}{x^2 + y^2}\right)\mathbf{i} + \left(\dfrac{2y}{x^2 + y^2}\right)\mathbf{j}$

   $D$ 是去除原點的平面。
4. $\mathbf{F} = \mathbf{i} - 2\mathbf{j} + \mathbf{k}$
5. $\mathbf{F} = (x^2 - 2)\mathbf{i} + xyz\mathbf{j} - yz^2\mathbf{k}$

習題 6–10，求 **F** 的位勢函數，並利用它來求 $\int_Q^P \mathbf{F} \cdot d\mathbf{R}$，其中點 $Q$ 和 $P$（以此順序給出）為已知。

6. $\mathbf{F} = 3x^2(y^2 - 4y)\mathbf{i} + (2x^3y - 4x^3)\mathbf{j}$; $(-1, 1), (2, 3)$
7. $\mathbf{F} = 2xy\mathbf{i} + (x^2 - 1/y)\mathbf{j}$; $(1, 3), (2, 2)$
8. $\mathbf{F} = (3x^2y^2 - 6y^3)\mathbf{i} + (2x^3y - 18xy^2)\mathbf{j}$; $(0, 0), (1, 1)$
9. $\mathbf{F} = \mathbf{i} - 9y^2z\mathbf{j} - 3y^3\mathbf{k}$; $(1, 1, 1), (0, 3, 5)$
10. $\mathbf{F} = 6x^2e^{yz}\mathbf{i} + 2x^3ze^{yz}\mathbf{j} + 2x^3ye^{yz}\mathbf{k}$; $(0, 0, 0), (1, 2, -1)$

## 9.4 面積分

當曲線是單變數或單參數的函數時，其意義是指曲線是一維的。若曲面是二維的，則是兩個變數的函數。我們將定義曲面上的函數的積分。

與曲線一樣，三維空間中的曲面可以用各種方式指定。我們可以有已知的函數 $\psi(x, y)$，並且看到滿足 $z = \psi(x, y)$ 的點的軌跡。圖 9.11 是

$$z = \psi(x, y) = \frac{6\sin(x - y)}{\sqrt{1 + x^2 + y^2}}$$

的圖的一部分。

我們也可以有一個等位面，它是滿足 $\varphi(x, y, z) = c$ 的點 $(x, y, z)$ 的軌跡，其中 $\varphi$ 為所予的函數，而 $c$ 為常數。

曲面也可以用兩參數的座標函數表示，

$$x = x(u, v), y = y(u, v), z = z(u, v)$$

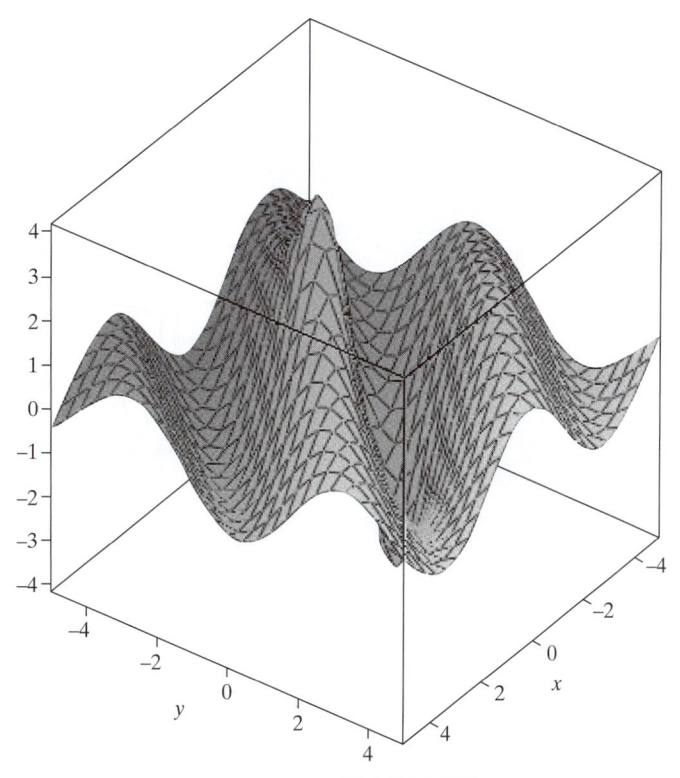

**圖 9.11** $z = 6\sin(x-y)/\sqrt{1+x^2+y^2}$ 的部分圖形

其中參數對 $(u, v)$ 定義於 $u$、$v$ 平面的某一區域。在此情況下，我們可以將位置向量寫成

$$\mathbf{R}(u,v) = x(u,v)\mathbf{i} + y(u,v)\mathbf{j} + z(u,v)\mathbf{k}$$

圖 9.12 是具有座標函數

$$x = u\cos(v), y = u\sin(v), z = \frac{1}{2}u^2\sin(2v)$$

的曲面的部分圖形。

## 9.4.1 曲面的法向量

現在是定義曲面的法向量的時候了。以前對於等位面 $\varphi(x, y, z) = c$，我們發現 $\nabla\varphi$ 與曲面正交。

假設曲面 $\Sigma$ 以座標函數

$$x = x(u,v), y = y(u,v), z = z(u,v)$$

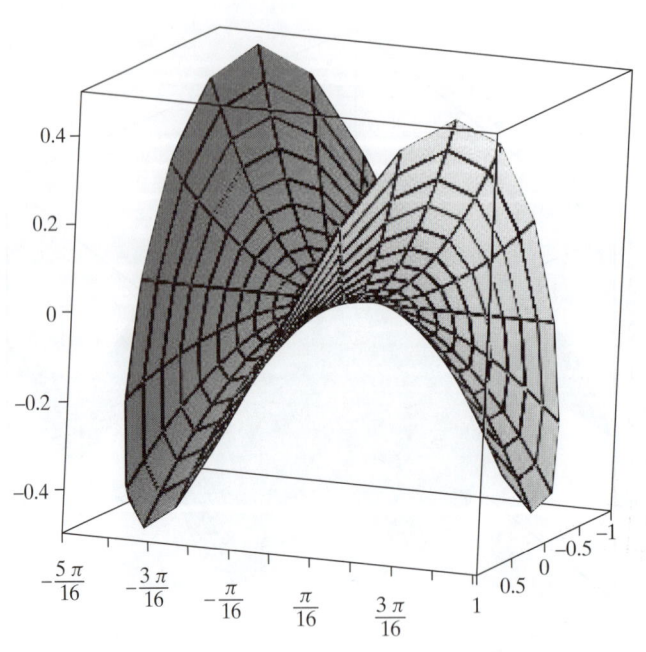

**圖 9.12** $x = u\cos(v)$，$y = u\sin(v)$，$z = \frac{1}{2}u^2\sin(2v)$ 的部分圖形

定義。令 $P_0 = (x(u_0, v_0), y(u_0, v_0), z(u_0, v_0))$ 為 $\Sigma$ 上的一點，若我們固定 $v = v_0$，則座標函數

$$x = x(u, v_0), y = y(u, v_0), z = z(u, v_0)$$

在 $\Sigma$ 上定義一曲線 $\Sigma_{v_0}$，此曲線當 $u = u_0$ 時通過 $P_0$。向量

$$\mathbf{T}_{v_0} = \frac{\partial x}{\partial u}(u_0, v_0)\mathbf{i} + \frac{\partial y}{\partial u}(u_0, v_0)\mathbf{j} + \frac{\partial z}{\partial u}(u_0, v_0)\mathbf{k}$$

是 $\Sigma_{v_0}$ 在 $P_0$ 的切線。

同理，固定 $u = u_0$，定義曲面上通過 $P_0$ 的曲線 $\Sigma_{u_0}$，其具有座標函數

$$x = x(u_0, v), y = y(u_0, v), z = z(u_0, v)$$

向量

$$\mathbf{T}_{u_0} = \frac{\partial x}{\partial v}(u_0, v_0)\mathbf{i} + \frac{\partial y}{\partial v}(u_0, v_0)\mathbf{j} + \frac{\partial z}{\partial v}(u_0, v_0)\mathbf{k}$$

是 $\Sigma_{u_0}$ 在 $P_0$ 的切線。圖 9.13 顯示這些曲線和切線向量。

假設這兩條切線向量都不是零向量，它們的叉積與該切平面垂直，此時叉積向量稱為在 $P_0$ 的 $\Sigma$ 的**法** (normal) 向量：

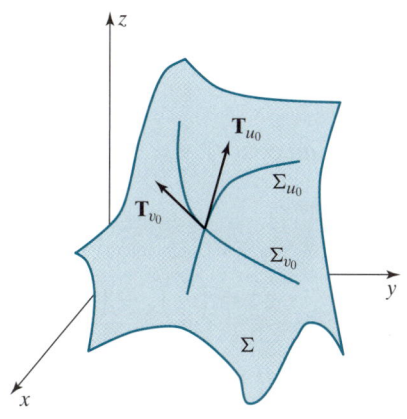

**圖 9.13** 曲線 $\Sigma_{u_0}$ 與 $\Sigma_{v_0}$ 以及切線 $\mathbf{T}_{u_0}$ 與 $\mathbf{T}_{v_0}$

$$\mathbf{N}(P_0) = \mathbf{T}_{v_0} \times \mathbf{T}_{u_0}$$

$$= \begin{vmatrix} \mathbf{i} & \mathbf{j} & \mathbf{k} \\ \frac{\partial x}{\partial u}(u_0, v_0) & \frac{\partial y}{\partial u}(u_0, v_0) & \frac{\partial z}{\partial u}(u_0, v_0) \\ \frac{\partial x}{\partial v}(u_0, v_0) & \frac{\partial y}{\partial v}(u_0, v_0) & \frac{\partial z}{\partial v}(u_0, v_0) \end{vmatrix}$$

$$= \left( \frac{\partial y}{\partial u} \frac{\partial z}{\partial v} - \frac{\partial z}{\partial u} \frac{\partial y}{\partial v} \right) \mathbf{i} + \left( \frac{\partial z}{\partial u} \frac{\partial x}{\partial v} - \frac{\partial x}{\partial u} \frac{\partial z}{\partial v} \right) \mathbf{j} + \left( \frac{\partial x}{\partial u} \frac{\partial y}{\partial v} - \frac{\partial y}{\partial u} \frac{\partial x}{\partial v} \right) \mathbf{k}$$

其中這些偏導數均在 $(u_0, v_0)$ 計值。

法向量通常以 Jacobian 的符號表示。兩函數 $f(u, v)$ 與 $g(u, v)$ 的 Jacobian 為

$$\frac{\partial(f, g)}{\partial(u, v)} = \begin{vmatrix} \partial f / \partial u & \partial f / \partial v \\ \partial g / \partial u & \partial g / \partial v \end{vmatrix} = \frac{\partial f}{\partial u} \frac{\partial g}{\partial v} - \frac{\partial g}{\partial u} \frac{\partial f}{\partial v}$$

使用這個符號，在 $P_0$ 的法向量為

$$\mathbf{N}(P_0) = \frac{\partial(y, z)}{\partial(u, v)}\bigg|_{P_0} \mathbf{i} + \frac{\partial(z, x)}{\partial(u, v)}\bigg|_{P_0} \mathbf{j} + \frac{\partial(x, y)}{\partial(u, v)}\bigg|_{P_0} \mathbf{k} \tag{9.7}$$

要使這些分量容易記住，請按順序寫入

$$x \cdot y \cdot z$$

對於 $N$ 的第一個分量，省略這個三元組中的第一個字母 $x$，依序將 $y$、$z$ 置入 Jacobian 的符號中。對於第二個分量，從 $x$、$y$、$z$ 中省略 $y$，並從 $z$ 開始，依序將 $z$、$x$ 置入 Jacobian 的符號中。最後，對於第三個分量，省略 $z$，在 Jacobian 的符號中依序置入 $x$、$y$。

### 例 9.12

橢圓錐具有座標函數

$$x = au\cos(v), y = bu\sin(v), z = u$$

其中 $a$、$b$ 為正的常數。我們有

$$z^2 = \left(\frac{x}{a}\right)^2 + \left(\frac{y}{b}\right)^2$$

這個曲面的部分圖形顯示於圖 9.14 中。

我們要找在 $P_0 = (a\sqrt{3}/4, b/4, 1/2)$ 的法向量 **N**，此 $P_0$ 是當 $u = u_0 = 1/2$ 且 $v = v_0 = \pi/6$ 求得的。分量為

$$\frac{\partial(y,z)}{\partial(u,v)} = \left[\frac{\partial y}{\partial u}\frac{\partial z}{\partial v} - \frac{\partial z}{\partial u}\frac{\partial y}{\partial v}\right]_{(1/2, \pi/6)}$$

$$= [b\sin(v)(0) - bu\cos(v)]_{(1/2, \pi/6)} = -\frac{b}{4}\sqrt{3}$$

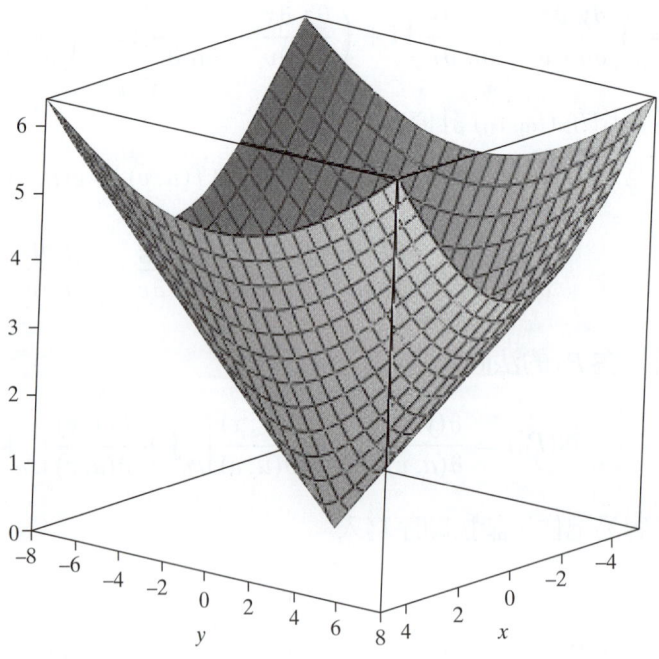

**圖 9.14**　$z^2 = (x/a)^2 + (y/b)^2, a = 1, b = 2$

同理，

$$\frac{\partial(z,x)}{\partial(u,v)} = \left[\frac{\partial z}{\partial u}\frac{\partial x}{\partial v} - \frac{\partial x}{\partial u}\frac{\partial z}{\partial v}\right]_{(1/2,\pi/6)}$$

$$= [-au\sin(v) - a\cos(v)(0)]_{(1/2,\pi/6)} = -\frac{a}{4}$$

且

$$\frac{\partial(x,y)}{\partial(u,v)} = \left[\frac{\partial x}{\partial u}\frac{\partial y}{\partial v} - \frac{\partial y}{\partial u}\frac{\partial x}{\partial v}\right]_{(1/2,\pi/6)}$$

$$= [a\cos(v)bu\cos(v) - b\sin(v)(-au\sin(v))]_{(1/2,\pi/6)} = \frac{1}{2}ab$$

因此

$$\mathbf{N}(P_0) = -\frac{b}{4}\sqrt{3}\mathbf{i} - \frac{a}{4}\mathbf{j} + \frac{1}{2}ab\mathbf{k}$$

若曲面為 $z = S(x,y)$，我們可以用座標函數

$$x = u, y = v, z = S(u,v) = S(x,y)$$

尋找法向量。法向量在點 $(x_0, y_0, S(x_0, y_0))$ 的分量為

$$\frac{\partial(y,z)}{\partial(u,v)} = \frac{\partial(y,z)}{\partial(x,y)} = \begin{vmatrix} 0 & 1 \\ \partial S/\partial x & \partial S/\partial y \end{vmatrix} = -\frac{\partial S}{\partial x}$$

$$\frac{\partial(z,x)}{\partial(u,v)} = \frac{\partial(z,x)}{\partial(x,y)} = \begin{vmatrix} \partial S/\partial x & \partial S/\partial y \\ 1 & 0 \end{vmatrix} = -\frac{\partial S}{\partial y}$$

且

$$\frac{\partial(x,y)}{\partial(u,v)} = \frac{\partial(x,y)}{\partial(x,y)} = \begin{vmatrix} 1 & 0 \\ 0 & 1 \end{vmatrix} = 1$$

所有偏導數均在 $(x_0, y_0)$ 計值。在這個表述中，

$$\mathbf{N}(P_0) = -\frac{\partial S}{\partial x}(x_0, y_0)\mathbf{i} - \frac{\partial S}{\partial y}(x_0, y_0)\mathbf{j} + \mathbf{k}$$

### 例 9.13

令 Σ 定義為

$$z = S(x, y) = x^2 \cos(y)$$

的圖形，$0 \leq x \leq 2$，$0 \leq y \leq 3\pi$。求在點 $P_0：(1, \pi/4, \sqrt{2}/2)$ 的法向量。

計算

$$\frac{\partial S}{\partial x}(1, \pi/4) = [2x \cos(y)]_{(1,\pi/4)} = \sqrt{2}$$

且

$$\frac{\partial S}{\partial y}(1, \pi/4) = \left[-x^2 \sin(y)\right]_{(1,\pi/4)} = -\frac{1}{2}\sqrt{2}$$

法向量為

$$\mathbf{N}(1, \pi/4, \sqrt{2}/2) = -\sqrt{2}\mathbf{i} + \frac{1}{2}\sqrt{2}\mathbf{j} + \mathbf{k}$$

---

如果在所有點都具有連續的法向量，曲面是**平滑 (smooth)** 的。如果由有限個平滑片組成，則 Σ 是**片段平滑 (piecewise smooth)** 的。例如，立方體是片段平滑，由六個平面組成，每個平面具有連續（實際上是恆定的）法向量，但立方體在面之間的邊緣處沒有法向量。

在微積分，顯示對於 $D$ 中的 $(x, y)$，由 $z = S(x, y)$ 給出的平滑曲面 Σ 的表面積為

$$\text{面積} = \iint_D \sqrt{1 + \left(\frac{\partial S}{\partial x}\right)^2 + \left(\frac{\partial S}{\partial y}\right)^2}\, dA$$

這是法向量長度的積分

$$\text{面積} = \iint_D \| \mathbf{N}(x, y) \|\, dA$$

一般來說，對於 $u$、$v$ 平面的一些集合 $D$ 中的 $(u, v)$，當曲面是以座標函數 $x = x(u, v)$, $y = y(u, v)$, $z = z(u, v)$ 表示時，這個公式可寫成

$$\text{面積} = \iint_D \| \mathbf{N}(u, v) \|\, dA$$

## 9.4.2 純量場的面積分

對於 $u$、$v$ 平面的一些區域 $D$ 中的 $(u, v)$ 而言,假設 $\Sigma$ 為具有座標函數

$$x = x(u,v), y = y(u,v), z = z(u,v)$$

的平滑曲面。令 $f(x, y, z)$ 為定義於 $\Sigma$ 上的點的實值函數,$f$ 在 $\Sigma$ 的**面積分 (surface integral)** 以 $\iint_\Sigma f(x,y,z)\, d\sigma$ 表示,且定義為

$$\iint_\Sigma f(x,y,z)\, d\sigma = \iint_D f(x(u,v), y(u,v), z(u,v))\, \|\mathbf{N}(u,v)\|\, du\, dv$$

其中 $\mathbf{N}(u,v)$ 是由式 (9.7) 指定的法向量。

對於 $D$ 中的 $(x, y)$,$\Sigma$ 由 $z = S(x, y)$ 指定的情況下,亦即

$$\iint_D f(x,y,z)\, d\sigma = \iint_D f(x,y,S(x,y))\sqrt{1 + \left(\frac{\partial S}{\partial x}\right)^2 + \left(\frac{\partial S}{\partial y}\right)^2}\, dA$$

若 $\Sigma$ 為片段平滑,則 $\iint_\Sigma f(x,y,z)\, d\sigma$ 為組成 $\Sigma$ 的平滑片上的面積分之和。這個面積分類似於曲線上的純量函數相對於弧長的線積分。

### 例 9.14

計算

$$\iint_\Sigma (x^2 + y^2 - z)\, d\sigma$$

$\Sigma$ 為曲面

$$x = u\cos(v), y = u\sin(v), z = \frac{1}{2}u^2 \sin(2v)$$

的一部分,其中 $(u, v)$ 在矩形

$$D: 1 \leq u \leq 2, 0 \leq v \leq \pi$$

上變化。

首先我們需要法向量 $\mathbf{N}(u, v)$。分量為

$$\frac{\partial(y,z)}{\partial(u,v)} = \begin{vmatrix} \sin(v) & u\cos(v) \\ u\sin(2v) & u^2\cos(2v) \end{vmatrix} = u^2[\sin(v)\cos(2v) - \cos(v)\sin(2v)]$$

$$\frac{\partial(z,x)}{\partial(u,v)} = \begin{vmatrix} u\sin(2v) & u^2\cos(2v) \\ \cos(v) & -u\sin(v) \end{vmatrix} = -u^2[\sin(v)\sin(2v) + \cos(v)\cos(2v)]$$

且

$$\frac{\partial(x,y)}{\partial(u,v)} = \begin{vmatrix} \cos(v) & -u\sin(v) \\ \sin(v) & u\cos(v) \end{vmatrix} = u$$

因此

$$\|\mathbf{N}\|^2 = u^4[\sin(v)\cos(2v) - \cos(v)\sin(2v)]^2$$
$$+ u^4[\sin(v)\sin(2v) + \cos(v)\cos(2v)]^2 + u^2$$
$$= u^2(1+u^2)$$

故

$$\|\mathbf{N}\| = u\sqrt{1+u^2}$$

面積分為

$$\iint_\Sigma (x^2+y^2-z)\,d\sigma = \iint_D \left(u^2\cos^2(v) + u^2\sin^2(v) - \frac{1}{2}u^2\sin(2v)\right) u\sqrt{1+u^2}\,dA$$
$$= \int_0^\pi \int_1^2 \left(1 - \frac{1}{2}\sin(2v)\right) u^3\sqrt{1+u^2}\,du\,dv$$
$$= \left(\int_0^\pi \left(1 - \frac{1}{2}\sin(2v)\right) dv\right)\left(\int_1^2 u^3\sqrt{1+u^2}\,du\right)$$

在這個例子中，矩形 $D$ 上的重積分是相對於 $u$ 的積分與相對於 $v$ 的積分的乘積。這些積分是

$$\int_0^\pi \left(1 - \frac{1}{2}\sin(2v)\right) dv = v + \frac{1}{4}\cos(2v)\Big|_0^\pi = \pi$$

且

$$\int_1^2 u^3\sqrt{1+u^2}\,du = \frac{1}{15}(1+u^2)^{3/2}(3u^2-2)\Big|_1^2$$
$$= \frac{10}{3}\sqrt{5} - \frac{2\sqrt{2}}{15}$$

因此

$$\int_\Sigma (x^2+y^2-z)\,d\sigma = \left(\frac{10}{3}\sqrt{5} - \frac{2\sqrt{2}}{15}\right)\pi$$

**例 9.15**

計算 $\iint_\Sigma z\, d\sigma$，$\Sigma$ 為位於矩形

$$D : 0 \leq x \leq 2, 0 \leq y \leq 1$$

上方的平面 $x + y + z = 4$ 的部分。$\Sigma$ 的圖形如圖 9.15 所示。

由平面的方程式，將 $\Sigma$ 寫為

$$z = S(x, y) = 4 - x - y,\ 0 \leq x \leq 2, 0 \leq y \leq 1$$

因此

$$\iint_\Sigma z\, d\sigma = \iint_D z\sqrt{1 + \left(\frac{\partial z}{\partial x}\right)^2 + \left(\frac{\partial z}{\partial y}\right)^2}\, dA$$

$$= \iint_D z\sqrt{1 + (-1)^2 + (-1)^2}\, dA$$

$$= \sqrt{3} \iint_D z\, dA = \sqrt{3} \int_0^2 \int_0^1 (4 - x - y)\, dy\, dx$$

首先計算

$$\int_0^1 (4 - x - y)\, dy = (4 - x)y - \frac{1}{2}y^2 \Big]_0^1$$

$$= 4 - x - \frac{1}{2} = \frac{7}{2} - x$$

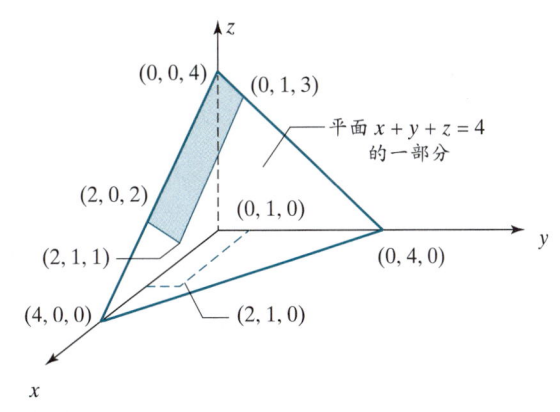

**圖 9.15** 平面 $x + y + z = 4$ 的一部分

因此
$$\iint_\Sigma z\,d\sigma = \sqrt{3}\int_0^2 \left(\frac{7}{2} - x\right) dx = 5\sqrt{3}$$

## 9.4 習題

習題 1–5，計算 $\iint_\Sigma f(x,y,z)\,d\sigma$。

1. $f(x, y, z) = x$，$\Sigma$ 為平面 $x + 4y + z = 10$ 在第一卦限 $x \geq 0$，$y \geq 0$，$z \geq 0$ 的部分。

2. $f(x, y, z) = 1$，$\Sigma$ 為拋物體 $z = x^2 + y^2$ 位於平面 $z = 2$ 與 $z = 7$ 之間的部分。

3. $f(x, y, z) = z$，$\Sigma$ 為錐體 $\sqrt{x^2 + y^2}$ 在第一卦限介於平面 $z = 2$ 與 $z = 4$ 之間的部分。

4. $f(x, y, z) = y$，$\Sigma$ 為曲面 $z = x^2$ 在 $0 \leq x \leq 2$，$0 \leq y \leq 3$ 的部分。

5. $f(x, y, z) = z$，$\Sigma$ 為平面 $z = x - y$ 在 $0 \leq x \leq 1$，$0 \leq y \leq 5$ 的部分。

## 9.5 面積分的應用

本節首先觀察面積分如何適用於測量某些事物的整體框架（測量問題）。

### 9.5.1 曲面的面積

若 $\Sigma$ 為片段平滑曲面，則
$$\iint_\Sigma d\sigma = \iint_D \|\mathbf{N}(u,v)\|\,du\,dv = \Sigma \text{ 的面積}$$

這假設有界曲面具有有限面積。我們列出下列結果，因為它與其他熟悉的測量積分公式一樣：

$$\int_C ds = C \text{ 的長度}$$

$$\iint_D dA = D \text{ 的面積}$$

$$\iiint_M dV = M \text{ 的體積}$$

### 9.5.2 殼的質量和質心

想像在片段平滑曲面 Σ 的形狀上可以忽略厚度的殼。令 δ(x, y, z) 為殼材料在 (x, y, z) 的密度。計算殼的質量。

對於 D 中的 (u, v)，假設 Σ 具有座標函數

$$x = x(u,v), y = y(u,v), z = z(u,v)$$

在 D 上形成矩形網格，如圖 9.16 所示，垂直線之間的距離為 Δu，水平線之間的距離為 Δv。繪製足夠的線以矩形 $R_1, \cdots, R_n$ 覆蓋 D。當 $R_j$ 中的點 (u, v) 代入座標函數中時，在 Σ 的圖形上定義一微小曲面 $\Sigma_j$，如圖 9.17 所示。若 $(u_j, v_j)$ 是位於 D 內 $R_j$ 中的一點，則

$$P_j = (x(u_j,v_j), y(u_j,v_j), z(u_j,v_j))$$

是該微小曲面中的一點。以在 $P_j$ 的密度乘以 $\Sigma_j$ 的面積來近似 $\Sigma_j$ 的質量。殼體的質量是以這些微小曲面的質量的總和近似：

$$\text{質量} \approx \sum_{j=1}^{n} \delta(P_j)\,(\Sigma_j \text{ 的面積})$$

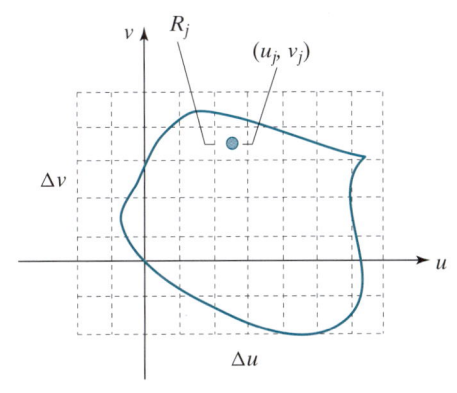

**圖 9.16** 在 D 上形成矩形網格

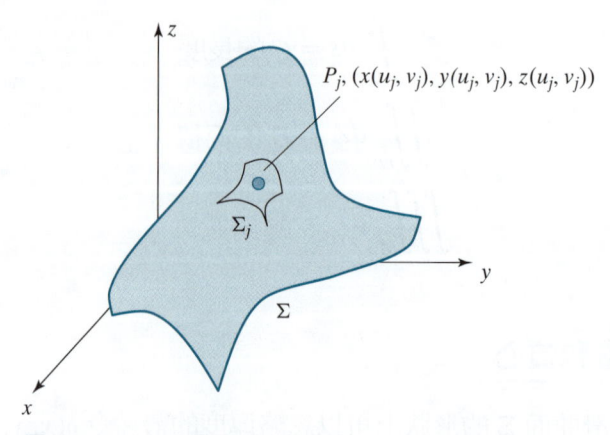

**圖 9.17** 矩形網格 $R_j$ 映射至曲面上的微小面 $\Sigma_j$

但是 $\Sigma_j$ 的面積是由在 $P_j$ 法向量的長度乘以 $R_j$ 的面積近似：

$$\Sigma_j \text{ 的面積} \approx \|\mathbf{N}(u_j, v_j)\| \, \Delta u \, \Delta v$$

且

$$\Sigma \text{ 的質量} \approx \sum_{j=1}^{n} \delta(P_j) \|\mathbf{N}(u_j, v_j)\| \, \Delta u \, \Delta v$$

當 $\Delta u \to 0$，$\Delta v \to 0$，我們得到

$$\Sigma \text{ 的質量} = \iint_{\Sigma} \delta(x, y, z) \, d\sigma$$

以類似的觀點，使用 $n$ 個點 $P_1, \cdots, P_n$ 的質心，殼的質心具有座標

$$\bar{x} = \frac{1}{m} \iint_{\Sigma} x \delta(x, y, z) \, d\sigma$$

$$\bar{y} = \frac{1}{m} \iint_{\Sigma} y \delta(x, y, z) \, d\sigma$$

$$\bar{z} = \frac{1}{m} \iint_{\Sigma} z \delta(x, y, z) \, d\sigma$$

其中 $m$ 為殼的質量。

對於 $D$ 中的 $(x, y)$，如果曲面為 $z = S(x, y)$，則

$$\text{質量} = \iint_{D} \delta(x, y, S(x, y)) \sqrt{1 + \left(\frac{\partial S}{\partial x}\right)^2 + \left(\frac{\partial S}{\partial y}\right)^2} \, dA$$

## 例 9.16

若密度函數為 $\delta(x, y, z) = x^2 + y^2$，計算錐體 $z = \sqrt{x^2 + y^2}$，$x^2 + y^2 \leq 4$ 的質量和質心。

令 $D$ 為 $x$、$y$ 平面上，以原點為圓心，半徑為 2 的圓盤 $x^2 + y^2 \leq 4$。對於法向量，我們需要

$$\frac{\partial z}{\partial x} = \frac{x}{\sqrt{x^2 + y^2}} = \frac{x}{z}$$

且由對稱，

$$\frac{\partial z}{\partial y} = \frac{y}{z}$$

使用極座標，錐體的質量為

$$m = \iint_\Sigma (x^2 + y^2)\, d\sigma = \iint_D (x^2 + y^2)\sqrt{1 + \frac{x^2}{z^2} + \frac{y^2}{z^2}}\, dA$$

$$= \iint_D (x^2 + y^2)\sqrt{\frac{x^2 + y^2 + z^2}{z^2}}\, dA$$

$$= \int_D (x^2 + y^2)\sqrt{\frac{2(x^2 + y^2)}{x^2 + y^2}}\, dA$$

$$= \int_D (x^2 + y^2)\sqrt{2}\, dA$$

$$= \int_0^{2\pi} \int_0^2 r^2 \sqrt{2}\, r\, dr\, d\theta$$

$$= 2\sqrt{2}\pi \left[\frac{r^4}{4}\right]_0^2 = 8\sqrt{2}\pi$$

由於錐體和密度函數的對稱性，質心在 $z$ 軸上，所以我們只需要計算

$$\bar{z} = \frac{1}{8\sqrt{2}\pi} \iint_\Sigma z(x^2+y^2)\,d\sigma$$

$$= \frac{1}{8\sqrt{2}\pi} \iint_D \sqrt{x^2+y^2}(x^2+y^2)\sqrt{1+\frac{x^2}{z^2}+\frac{y^2}{z^2}}\,dA$$

$$= \frac{1}{8\pi} \int_0^{2\pi} \int_0^2 r(r^2)r\,dr\,d\theta$$

$$= \frac{1}{8\pi}(2\pi)\left[\frac{1}{5}r^5\right]_0^2 = \frac{8}{5}$$

質心為 $(0, 0, 8/5)$。

## 9.5 習題

習題 1–3，求殼體 $\Sigma$ 的質量與質心。

1. $\Sigma$ 是具有頂點 $(1, 0, 0)$、$(0, 3, 0)$、$(0, 0, 2)$ 的三角形，其中 $\delta(x, y, z) = xz + 1$。

2. $\Sigma$ 為錐體 $z = \sqrt{x^2+y^2}$，$x^2+y^2 \le 9$ 且 $\delta = K$，$K$ 為常數。

3. $\Sigma$ 為拋物面 $z = 6 - x^2 - y^2$，$z \ge 0$，其中 $\delta(x, y, z) = \sqrt{1+4x^2+4y^2}$。

## 9.6 高斯散度定理

**高斯散度定理** (Gauss's divergence theorem) 是格林定理的三維推廣，將向量場的面積分與封閉面所圍區域上的向量場的散度的三重積分相關聯。

**封閉** (closed) 面包圍一體積。球體是封閉的，而錐體不封閉，除非包括圓形帽以封閉錐體的開口端。類似地，半球 $x^2+y^2+z^2 = 4$，$z \ge 0$ 不是封閉，若這個半球與形成底蓋的圓盤

$$x^2 + y^2 \le 4, z = 0$$

一起，則為封閉。

### 定理 9.8 高斯散度定理

令 Σ 為界定三維空間區域 $M$ 的片段平滑封閉面，Σ 具有單位向外法向量 **n**，而 **F** 為連續向量場其在 Σ 及整個 $M$ 具有連續的第一和第二偏導數，則

$$\iint_\Sigma \mathbf{F} \cdot \mathbf{n}\, d\sigma = \iiint_M \nabla \cdot \mathbf{F}\, dV \tag{9.8}$$

這個定理以德國數學家和科學家高斯 (Carl Fredrich Gauss, 1777–1855) 命名，可以視為質量方程式的守恆。向量場在一點的散度為遠離一點的場流動的度量。式 (9.8) 表明，向量場從 $M$ 通過邊界面 Σ 向外的通量，必須與場由 $M$ 的每一點離開的流動平衡。所有跨越 $M$ 的表面的流動必須由 $M$ 流出來（在 $M$ 中沒有源點或匯點）。

### 例 9.17

令 Σ 為由 $\Sigma_1$ 和 $\Sigma_2$ 組成的片段平滑曲面，其中 $\Sigma_1$ 為錐體曲面 $\sqrt{x^2+y^2}$，$x^2+y^2 \leq 1$，$\Sigma_2$ 為平面 $z=1$ 上的圓盤 $x^2+y^2 \leq 1$（圖 9.18）。令 **F** $= x\mathbf{i} + y\mathbf{j} + z\mathbf{k}$，計算式 (9.8) 兩邊的值。

$\Sigma_1$ 的單位向外法向量為

$$\mathbf{n}_1 = \frac{1}{\sqrt{2}}\left(\frac{x}{z}\mathbf{i} + \frac{y}{z}\mathbf{j} - \mathbf{k}\right)$$

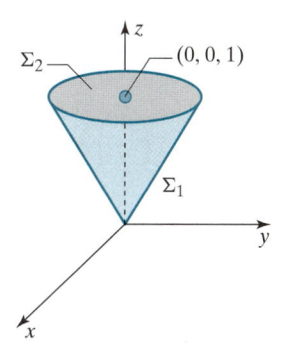

**圖 9.18** 例 9.17 的曲面

因此

$$\mathbf{F} \cdot \mathbf{n}_1 = \frac{1}{\sqrt{2}} \left( \frac{x^2}{z} + \frac{y^2}{z} - z \right) = 0$$

因為在 $\Sigma_1$ 上，$z^2 = x^2 + y^2$，所以

$$\iint_{\Sigma_1} \mathbf{F} \cdot \mathbf{n}_1 \, d\sigma = 0$$

$\Sigma_2$ 的單位向外法向量為 $\mathbf{n}_2 = \mathbf{k}$。因為在 $\Sigma_2$ 上 $z = 1$，

$$\iint_{\Sigma_2} \mathbf{F} \cdot \mathbf{n}_2 \, d\sigma = \iint_{\Sigma_2} z \, d\sigma = \iint_{\Sigma_2} d\sigma$$
$$= \Sigma_2 \text{ 的面積} = \pi$$

因此

$$\iint_{\Sigma} \mathbf{F} \cdot \mathbf{n} \, d\sigma = \iint_{\Sigma_1} \mathbf{F} \cdot \mathbf{n}_1 \, d\sigma + \iint_{\Sigma_2} \mathbf{F} \cdot \mathbf{n}_2 \, d\sigma = \pi$$

現在考慮 $\mathbf{F}$ 的散度的三重積分。首先，

$$\nabla \cdot \mathbf{F} = \frac{\partial}{\partial x} x + \frac{\partial}{\partial y} y + \frac{\partial}{\partial z} z = 3$$

故

$$\iiint_M \nabla \cdot \mathbf{F} \, dV = \iiint_M 3 \, dV$$
$$= 3 \, (\text{高度與半徑均為 1 的錐體的體積})$$
$$= 3 \left( \frac{1}{3} \right) \pi = \pi$$

### 9.6.1 阿基米德原理

阿基米德原理 (Archimedes's principle) 是，流體對浸在其中的固體物體施加的浮力等於排開的流體的重量。航空母艦漂浮在海洋中與肥皂漂浮在水桶裡是相同的原理。

**圖 9.19** 在 Σ 上的 $\Sigma_j$ 推導阿基米德原理

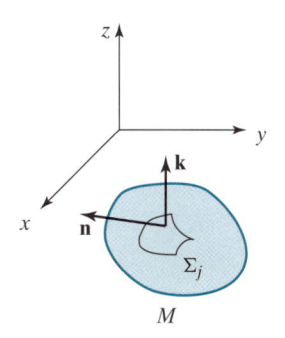

想像一固體物 $M$，在流體內由片段平滑曲面 Σ 所界定。令 $\delta$ 為流體的恆定密度，繪製座標系如圖 9.19，$M$ 在曲面的下方。使用壓力等於深度乘以密度的事實，Σ 上的點 $(x, y, z)$ 處的壓力 $p(x, y, z)$ 為 $p(x, y, z) = -\delta z$，帶負號是因為 $z$ 在向下方向為負，我們希望壓力為正。

現在考慮 Σ 的一小塊 $\Sigma_j$。$\Sigma_j$ 上的力約為 $-\delta z$ 乘以 $\Sigma_j$ 的面積 $A_j$。若 **n** 是 $\Sigma_j$ 的單位向外法向量，則 $\Sigma_j$ 上由壓力引起的力約為 $\delta z \mathbf{n} A_j$。這個力的垂直分量 $\delta z \mathbf{n} \cdot \mathbf{k} A_j$ 是向上作用於 $\Sigma_j$ 的浮力的大小，將整個表面上的這些垂直分量相加，以大致獲得對物體的浮力；然後取表面單元趨近於零的極限，得到

$$\text{在 Σ 上的淨浮力} = \iint_\Sigma \delta z \mathbf{k} \cdot \mathbf{n}\, d\sigma$$

應用散度定理可得

$$\text{在 Σ 上的淨浮力} = \iiint_M \nabla(\delta z \mathbf{k})\, dV$$
$$= \iiint_M \delta\, dV = \delta\,(M \text{ 的體積})$$

$\delta$ 乘以 $M$ 的體積是物體的重量。

## 9.6.2 熱方程式

如熱傳導，我們用散度定理推導模擬擴散過程的偏微分方程式。

假設某一介質（如金屬棒或池中的水）具有密度 $\rho(x, y, z)$、比熱 $\mu(x, y, z)$ 與導熱係數 $K(x, y, z)$。令 $u(x, y, z, t)$ 為介質在 $(x, y, z)$ 與時間 $t$ 的溫度，我們要找 $u$ 的方

程式。

利用介質內的假想平滑封閉曲面 Σ 的概念，界定一個區域。在時間間隔 $\Delta t$ 內，穿過 Σ 離開 $M$ 的熱能是 $K\nabla u$ 穿過 Σ 的通量乘以時間間隔的長度：

$$\left(\iint_\Sigma (K\nabla u)\cdot \mathbf{n}\,d\sigma\right)\Delta t$$

但是溫度在時間 $\Delta t$ 的變化大約是 $(\partial u/\partial t)\Delta t$，所以 $M$ 中的熱損失為

$$\left(\iiint_M \mu\rho \frac{\partial u}{\partial t}\,dV\right)\Delta t$$

假設在 $M$ 內沒有能量的源點或匯點（例如，由於化學反應或放射性），在 $\Delta t$，$M$ 內的熱能變化必須等於穿過 Σ 的熱交換：

$$\left(\iint_\Sigma (K\nabla u)\cdot \mathbf{n}\,d\sigma\right)\Delta t = \left(\iiint_M \mu\rho \frac{\partial u}{\partial t}\,dV\right)\Delta t$$

除以 $\Delta t$，我們有

$$\iint_\Sigma (K\nabla u)\cdot \mathbf{n}\,d\sigma = \iiint_M \mu\rho \frac{\partial u}{\partial t}\,dV$$

使用散度定理將左邊的面積分轉換成三重積分：

$$\iint_\Sigma (K\nabla u)\cdot \mathbf{n}\,d\sigma = \iiint_M \nabla\cdot(K\nabla u)\,dV$$

因此

$$\iiint (\nabla\cdot(K\nabla u))\,dV = \iiint_M \mu\rho \frac{\partial u}{\partial t}\,dV$$

故

$$\iiint_M \left(\mu\rho \frac{\partial u}{\partial t} - \nabla\cdot(K\nabla u)\right)dV = 0$$

現在 Σ 是介質內的任意封閉曲面。

我們得出結論，被積函數必須等於零：

$$\mu\rho \frac{\partial u}{\partial t} - \nabla\cdot(K\nabla u) = 0$$

故
$$\mu\rho \frac{\partial u}{\partial t} = \nabla \cdot (K\nabla u)$$

這個偏微分方程式稱為**熱方程式** (heat equation)。我們可以展開

$$\begin{aligned}
\nabla \cdot (K\nabla u) &= \nabla \cdot \left( K\frac{\partial u}{\partial x}\mathbf{i} + K\frac{\partial u}{\partial y}\mathbf{j} + K\frac{\partial u}{\partial z}\mathbf{k} \right) \\
&= \frac{\partial}{\partial x}\left( K\frac{\partial u}{\partial x} \right) + \frac{\partial}{\partial y}\left( K\frac{\partial u}{\partial y} \right) + \frac{\partial}{\partial z}\left( K\frac{\partial u}{\partial z} \right) \\
&= \frac{\partial K}{\partial x}\frac{\partial u}{\partial x} + \frac{\partial K}{\partial y}\frac{\partial u}{\partial y} + \frac{\partial K}{\partial z}\frac{\partial u}{\partial z} + K\left( \frac{\partial^2 u}{\partial x^2} + \frac{\partial^2 u}{\partial y^2} + \frac{\partial^2 u}{\partial z^2} \right) \\
&= \nabla K \cdot \nabla u + K\nabla^2 u
\end{aligned}$$

其中

$$\nabla^2 u = \frac{\partial^2 u}{\partial x^2} + \frac{\partial^2 u}{\partial y^2} + \frac{\partial^2 u}{\partial z^2}$$

為 $u$ 的 Laplacian。現在熱方程式的形式為

$$\mu\rho \frac{\partial u}{\partial t} = \nabla K \cdot \nabla u + K\nabla^2 u$$

若 $K$ 為常數,則此方程式變為

$$\frac{\partial u}{\partial t} = \frac{K}{\mu\rho} \nabla^2 u$$

在一維空間的情況下,$u = u(x, t)$ 且這個方程式為

$$\frac{\partial u}{\partial t} = k\frac{\partial^2 u}{\partial x^2}$$

其中 $k = K/\mu\rho$。

## 9.6 習題

習題 1–4，計算 $\iint_\Sigma \mathbf{F}\cdot\mathbf{n}\,d\sigma$ 或 $\iiint_M \nabla\cdot\mathbf{F}\,dV$。

1. $\mathbf{F} = x\mathbf{i} + y\mathbf{j} - z\mathbf{k}$，$\Sigma$ 為球心為 $(1, 1, 1)$，半徑為 4 的球。

2. $\mathbf{F} = 2yz\mathbf{i} - 4xz\mathbf{j} + xy\mathbf{k}$，$\Sigma$ 為球心為 $(-1, 3, 1)$，半徑為 5 的球。

3. $\mathbf{F} = 4x\mathbf{i} - z\mathbf{j} + x\mathbf{k}$，$\Sigma$ 為半球 $x^2 + y^2 + z^2 = 1$，$z \geq 0$，並且包括由點 $(x, y, 0)$，$x^2 + y^2 \leq 1$ 組成的底。

4. $\mathbf{F} = x^2\mathbf{i} + y^2\mathbf{j} + z^2\mathbf{k}$，$\Sigma$ 為圓錐 $z = \sqrt{x^2 + y^2}$，$x^2 + y^2 \leq 2$，並且包括由點 $(x, y, \sqrt{2})$，$x^2 + y^2 \leq 2$ 組成的頂蓋。

## 9.7 史托克定理

散度定理是格林定理的推廣。史托克定理 (Stokes's theorem) 是格林定理的不同推廣。

作為預備，我們必須檢視曲面的邊界曲線的概念。假設 $\Sigma$ 為具有座標函數

$$x = x(u, v), y = y(u, v), z = z(u, v)$$

的曲面，其中 $(u, v)$ 在 $D$ 中，而 $D$ 為由片段平滑封閉曲線 $K$ 界定的 $u$、$v$ 平面中的區域。

當 $(u, v)$ 在 $D$ 上移動時，則 $\Sigma(u, v)$ 掃描出曲面 $\Sigma$ 的圖形。但是當 $(u, v)$ 只是掃描曲線 $K$，則圖像點

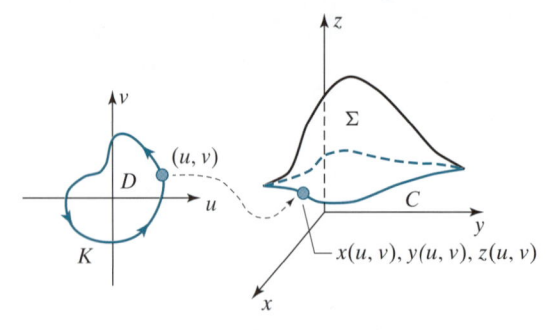

$$(x(u, v), y(u, v), z(u, v))$$

**圖 9.20** 曲面 $\Sigma$ 的邊界（曲線）$C$

掃描出 Σ 上的曲線 C。這條曲線稱為 Σ 的 **邊界 (boundary)**。圖 9.20 說明這個概念。

### 例 9.18

令 Σ 為 $z = x^2 + y^2$，其中 $(x, y)$ 為 $D : x^2 + y^2 \leq 4$ 內的一點。圖 9.21 顯示 Σ 為三維空間中的拋物曲面，以及 $x$、$y$ 平面上的參數定義域 $D$。$D$ 的邊界為圓 $K : x^2 + y^2 = 4$。若 $(x, y)$ 在 $K$ 上，則

$$z = \Sigma(x, y) = x^2 + y^2 = 4$$

故 $\Sigma(x, y)$ 為在平面 $z = 4$ 上，以原點為圓心，半徑為 2 的圓。$C$ 是拋物曲面的圓形邊緣（或頂部），這個圓是 Σ 的邊界。

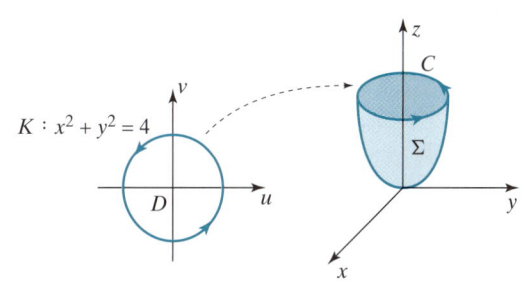

**圖 9.21** 例 9.18 的曲面的邊界

在定義面積分時，使用標準法向量 (9.7)：

$$\mathbf{N}(u, v) = \frac{\partial(y, z)}{\partial(u, v)}\mathbf{i} + \frac{\partial(z, x)}{\partial(u, v)}\mathbf{j} + \frac{\partial(x, y)}{\partial(u, v)}\mathbf{k}$$

**N** 決定 Σ 的邊界曲線 $C$ 上的方向，其非正式地描述如下：如果你站在 $C$ 上，你的身體在該點沿著 **N** 的方向，$C$ 上的正方向是你沿著 $C$ 走的時候，曲面在你的左側（相同的非正式測試適用於平面上曲線的逆時針方向，如同格林定理中所使用的）。根據這種在 $C$ 上選擇正方向的慣例，可以說 $C$ 的方向隨 **N** 而定。

我們現在準備說明史托克定理，我們將 **N** 除以其長度，以獲得單位法向量 **n**：

$$\mathbf{n} = \frac{1}{\| \mathbf{N} \|} \mathbf{N}$$

## 定理 9.9　史托克定理

令 Σ 為以片段平滑封閉曲線 $C$ 為邊界的片段平滑曲面，$C$ 的方向依 Σ 的單位向外法向量 **n** 而定。令 $\mathbf{F}(x, y, z)$ 為定義在 Σ 上的連續向量場且具有連續的第一和第二偏導數，則

$$\oint_C \mathbf{F} \cdot d\mathbf{R} = \iint_\Sigma (\nabla \times \mathbf{F}) \cdot \mathbf{n}\, d\sigma$$

正如散度定理一樣，史托克定理具有物理解釋。將 **F** 看作流體的速度場，**F** 的旋度在 **n** 方向的分量為 $(\nabla \times \mathbf{F}) \cdot \mathbf{n}$，是流體在垂直於曲面方向上的渦流量度，而 $\mathbf{F} \cdot d\mathbf{R}$ 是沿著曲面邊界的速度的切線分量。曲面邊界上的這種切線分量的總和是流體在邊界的環流量。史托克定理說，圍繞邊界曲線的流體環流量必等於渦流在曲面上的垂直分量的效應。

以下是一個計算範例來說明史托克定理所涉及的概念。

### 例 9.19

令

$$\mathbf{F}(x, y, z) = -y\mathbf{i} + xy\mathbf{j} - xyz\mathbf{k}$$

且令 Σ 為圓錐 $\sqrt{x^2 + y^2}$ 的一部分，其中 $0 \leq x^2 + y^2 \leq 9$。對於這個向量場和曲面，計算史托克定理。

與例 9.18 類似，Σ 的邊界為圓 $x^2 + y^2 = 9$，$z = 3$ 在圓錐的頂部（圖 9.22）。

由計算可得

$$\mathbf{N}(x, y) = -\frac{x}{z}\mathbf{i} - \frac{y}{z}\mathbf{j} + \mathbf{k} = \frac{1}{z}(-x\mathbf{i} - y\mathbf{j} + z\mathbf{k})$$

圓錐在原點沒有切平面和法向量。對於史托克定理，我們需要一個單位法向量。由計算得知 $\|\mathbf{N}\| = \sqrt{2}$，故

$$\mathbf{n} = \frac{1}{\sqrt{2}z}(-x\mathbf{i} - y\mathbf{j} + z\mathbf{k})$$

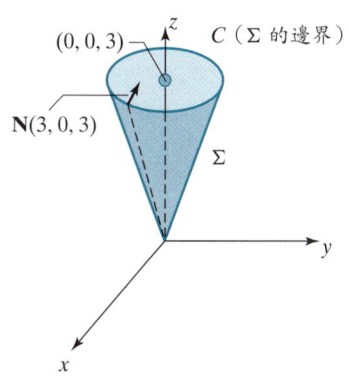

**圖 9.22** 例 9.19 中的邊界曲線 $C$ 及其方向

這個向量若以箭號來表示，是由 $\Sigma$ 上的一點指向由圓錐所界定的區域內。圖 9.22 亦顯示 $C$ 的方向依這個法向量而定。

欲求史托克定理中的線積分，將 $C$ 以下列參數式表示：

$$x = 3\cos(t), y = 3\sin(t), z = 3, \ 0 \le t \le 2\pi$$

則

$$\oint_C \mathbf{F} \cdot d\mathbf{R} = \oint_C -y\,dx + xy\,dy - xyz\,dz$$

$$= \int_0^{2\pi} [-3\sin(t)(-3\sin(t)) + 3\cos(t)3\sin(t)(3\cos(t))]\,dt$$

$$= \int_0^{2\pi} (9\sin^2(t) + 27\cos^2(t)\sin(t))\,dt$$

$$= 9\pi$$

對於面積分，首先計算

$$\nabla \times \mathbf{F} = -xz\mathbf{i} + yz\mathbf{j} + (y+1)\mathbf{k}$$

與

$$(\nabla \times \mathbf{F}) \cdot \mathbf{n} = \frac{1}{\sqrt{2}}(x^2 - y^2 + y + 1)$$

然後轉換成極座標，計算

$$\iint_\Sigma (\nabla \times \mathbf{F}) \cdot \mathbf{n}\, d\sigma = \iint_D ((\nabla \times \mathbf{F}) \cdot \mathbf{n})\, \|\mathbf{N}\|\, dA$$
$$= \iint_D (x^2 - y^2 + y + 1)\, dA$$
$$= \int_0^{2\pi} (r^2 \cos^2(\theta) - r^2 \sin^2(\theta) + r\cos(\theta) + 1)\, r\, dr\, d\theta$$
$$= \int_0^{2\pi} \int_0^3 (r^3 \cos(2\theta) + r^2 \cos(\theta) + r\cos(\theta))\, dr\, d\theta$$
$$= \int_0^{2\pi} \left(\frac{81}{4}\cos(2\theta) + 9\cos(\theta) + \frac{9}{2}\right) d\theta$$
$$= 9\pi$$

## 9.7　習題

**1.** 考慮以原點為球心，半徑為 $R$ 的球 $\Sigma$，其球座標為
$$x = R\cos(\theta)\cos(\varphi)$$
$$y = R\sin(\theta)\cos(\varphi)$$
$$z = R\sin(\varphi)$$
其中 $0 \le \theta \le 2\pi$ 且 $0 \le \varphi \le \pi$，求 $\Sigma$ 的邊界。**提示**：參數域的邊界 $D$ 是一個矩形。考慮這個矩形的每一邊如何映射到球體上的曲線。

習題 2 和 3，使用史托克定理計算 $\oint_C \mathbf{F} \cdot d\mathbf{R}$ 或 $\iint_\Sigma (\nabla \times \mathbf{F}) \cdot \mathbf{n}\, d\sigma$。

**2.** $\mathbf{F} = xy\mathbf{i} + yz\mathbf{j} + xz\mathbf{k}$，$\Sigma$ 為拋物面 $z = x^2 + y^2$，$x^2 + y^2 \le 9$。

**3.** $\mathbf{F} = z^2\mathbf{i} + x^2\mathbf{j} + y^2\mathbf{k}$，$\Sigma$ 為 $x$、$y$ 平面上方的拋物面 $z = 6 - x^2 - y^2$。

# CHAPTER 10

# 傅立葉級數

## 10.1 在 [−L, L] 的傅立葉級數

本章擴展傅立葉級數,包括不同形式的傅立葉級數、傅立葉係數的性質,以及它們的收斂性的一些細微差別。

假設 $f(x)$ 定義於 $[-L, L]$,其中 $L$ 為正數,本節探討在此區間將 $f(x)$ 寫成正弦和餘弦級數的可能性:

$$f(x) = \frac{1}{2}a_0 + \sum_{n=1}^{\infty} \left[ a_n \cos\left(\frac{n\pi x}{L}\right) + b_n \sin\left(\frac{n\pi x}{L}\right) \right] \tag{10.1}$$

假設這是可能的,應該如何選擇係數 $a_n$ 和 $b_n$?我們將用一個非正式的論證來深入了解這個問題。

首先將式 (10.1) 積分,得到

$$\int_{-L}^{L} f(x)\, dx = \frac{1}{2}\int_{-L}^{L} a_0\, dx$$
$$+ \sum_{n=1}^{\infty} \left[ a_n \int_{-L}^{L} \cos\left(\frac{n\pi x}{L}\right) dx + b_n \int_{-L}^{L} \sin\left(\frac{n\pi x}{L}\right) dx \right]$$

右側級數和中的所有積分均為零,此方程式可化簡為

$$\int_{-L}^{L} f(x)\, dx = La_0$$

因此

$$a_0 = \frac{1}{L}\int_{-L}^{L} f(x)\, dx \tag{10.2}$$

我們已解出式 (10.1) 中的 $a_0$。

如今設 $k$ 為任意正整數。以 $\cos(k\pi x/L)$ 乘以式 (10.1),然後對所產生的級數逐

項積分,可得

$$\int_{-L}^{L} f(x) \cos\left(\frac{k\pi x}{L}\right) dx = \frac{1}{2} \int_{-L}^{L} a_0 \cos\left(\frac{k\pi x}{L}\right) dx$$
$$+ \sum_{n=1}^{\infty} \left[ a_n \int_{-L}^{L} \cos\left(\frac{n\pi x}{L}\right) \cos\left(\frac{k\pi x}{L}\right) dx + b_n \int_{-L}^{L} \sin\left(\frac{n\pi x}{L}\right) \cos\left(\frac{k\pi x}{L}\right) dx \right] \quad (10.3)$$

但對所有正整數 $n$ 和 $k$ 而言,

$$\int_{-L}^{L} \cos\left(\frac{n\pi x}{L}\right) \sin\left(\frac{k\pi x}{L}\right) dx = 0$$

且

$$\int_{-L}^{L} \cos\left(\frac{n\pi x}{L}\right) \cos\left(\frac{k\pi x}{L}\right) dx = \begin{cases} 0, & n \neq k \\ L, & n = k \end{cases}$$

因此,式 (10.3) 可化簡為

$$\int_{-L}^{L} f(x) \cos\left(\frac{k\pi x}{L}\right) dx = a_k \int_{-L}^{L} \cos^2\left(\frac{k\pi x}{L}\right) dx = La_k$$

故對於 $k = 1, 2, \cdots$,

$$a_k = \frac{1}{L} \int_{-L}^{L} f(x) \cos\left(\frac{k\pi x}{L}\right) dx \quad (10.4)$$

注意:若 $k = 0$,由上式可求得 $a_0$,因此式 (10.2) 和式 (10.4) 可以合併。

最後,以 $\sin(k\pi x/L)$ 乘以式 (10.1) 且積分:

$$\int_{-L}^{L} f(x) \sin\left(\frac{k\pi x}{L}\right) dx = \frac{1}{2} a_0 \int_{-L}^{L} \sin\left(\frac{k\pi x}{L}\right) dx$$
$$+ \sum_{n=1}^{\infty} \left[ a_n \int_{-L}^{L} \cos\left(\frac{n\pi x}{L}\right) \sin\left(\frac{k\pi x}{L}\right) dx + b_n \int_{-L}^{L} \sin\left(\frac{n\pi x}{L}\right) \sin\left(\frac{k\pi x}{L}\right) dx \right]$$

除了當 $n = k$ 的係數 $b_n$,所有右側積分均等於零,故右側可化簡為一項,剩下

$$\int_{-L}^{L} f(x) \sin\left(\frac{k\pi x}{L}\right) dx = b_k \int_{-L}^{L} \sin^2\left(\frac{k\pi x}{L}\right) dx = Lb_k$$

因此對於 $k = 1, 2, \cdots$,

$$b_k = \frac{1}{L}\int_{-L}^{L} f(x)\sin\left(\frac{k\pi x}{L}\right)dx \tag{10.5}$$

由這些計算可知,如果我們將 $f(x)$ 以下列級數表示:

$$\frac{1}{2}a_0 + \sum_{n=1}^{\infty}\left[a_n\cos\left(\frac{n\pi x}{L}\right) + b_n\sin\left(\frac{n\pi x}{L}\right)\right] \tag{10.6}$$

則應有

$$a_n = \frac{1}{L}\int_{-L}^{L} f(x)\cos\left(\frac{n\pi x}{L}\right)dx,\ n = 0, 1, 2, \cdots \tag{10.7}$$

且

$$b_n = \frac{1}{L}\int_{-L}^{L} f(x)\sin\left(\frac{n\pi x}{L}\right)dx,\ n = 1, 2, \cdots \tag{10.8}$$

式 (10.7) 和式 (10.8) 為 $f(x)$ 在 $[-L, L]$ 的**傅立葉係數** (Fourier coefficients)。當使用這些係數,則式 (10.6) 的級數稱為**傅立葉級數** (Fourier series),或 $f(x)$ 在 $[-L, L]$ 的**傅立葉展開** (Fourier expansion)。

傅立葉級數中的這些係數的公式,在 18 世紀,傅立葉、歐勒等人都知道。然而,並不保證級數式 (10.6) 收斂於 $f(x)$。許多數學家花了一個多世紀的密集和有爭議的工作,來理解函數與其在區間的傅立葉展開之間的關係。

若 $-L < c < L$,則

$$f(c-) = \lim_{x\to c-} f(x)\ \text{且}\ f(c+) = \lim_{x\to c+} f(x)$$

$f(c-)$ 為 $f(x)$ 在 $c$ 的左極限,且 $f(c+)$ 為 $f(x)$ 在 $c$ 的右極限。若函數在 $c$ 為連續,則 $f(c-) = f(c+) = f(c)$。若 $f(c-) \neq f(c+)$,則函數在 $c$ 有**跳躍不連續** (jump discontinuity)。這表示函數的圖形在 $x = c$ 有間隙。圖 10.1 顯示一個典型的跳躍不連續。

在左端點,當 $x \to -L$,我們只能從右邊取右極限,因為 $f(x)$ 在 $-L$ 的左邊,可能沒有定義:

$$f(-L+) = \lim_{x\to -L+} f(x)$$

同理,在右端點,我們僅能令 $x$ 由左趨近於 $L$,因為 $f(x)$ 在 $L$ 的右邊可能沒有定義:

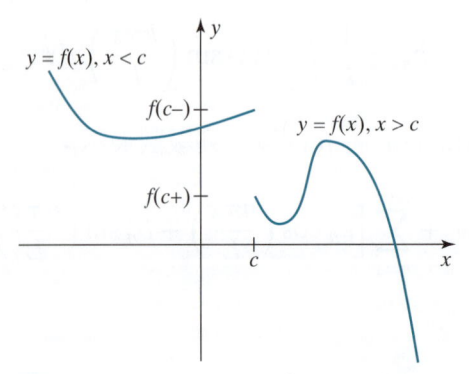

圖 10.1 函數在典型跳躍不連續點的圖形

$$f(L-) = \lim_{x \to L-} f(x)$$

除了在有限個點，函數有跳躍不連續外，若 $f(x)$ 在區間 $[-L, L]$ 為連續，則 $f(x)$ 在 $[-L, L]$ 為 **片段連續** (piecewise continuous)。片段連續函數的圖形在 $-L$ 和 $L$ 之間的有限點處具有間隙。

若導數 $f'(x)$ 在區間 $[-L, L]$ 為片段連續，則 $f(x)$ 在 $[-L, L]$ 為 **片段平滑** (piecewise smooth)。這表示除了有限點外，圖形有連續的切線，在有限點其圖形可能具有間隙（不連續點）或沒有切線的尖點（圖 10.2）。

我們現在可以敘述傅立葉級數的收斂定理。

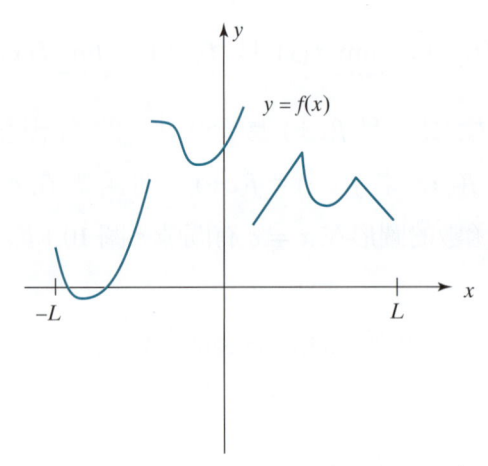

圖 10.2 除了間隙和尖點外，圖形具有切線

## 定理 10.1 傅立葉級數的收斂

設 $f(x)$ 在 $[-L, L]$ 為片段平滑，則

1. 若 $-L < c < L$，則在 $x = c$，$f(x)$ 在 $[-L, L]$ 的傅立葉級數收斂於

$$\frac{1}{2}(f(c-) + f(c+))$$

2. 在 $-L$ 和 $L$，傅立葉級數收斂於

$$\frac{1}{2}(f(-L+) + f(L-))$$

在內點 $c$，傅立葉級數收斂於 $f(x)$ 在 $c$ 點的左右極限的平均值（圖 10.3）。若 $f(x)$ 在 $c$ 為連續，則這些單邊極限均等於 $f(c)$，且在 $c$ 點，傅立葉級數收斂於 $f(c)$。

在端點，傅立葉級數收斂於 $-L$ 的右極限與 $L$ 的左極限的平均。

在觀察例子之前，重要的是要在術語上清楚一點。當我們指「$f(x)$ 在 $[-L, L]$ 的傅立葉級數」，區間包含在內，因為係數與區間有關。$e^x$ 在 $[-1, 1]$ 的展開的係數與 $e^x$ 在 $[-\pi, \pi]$ 的展開的係數不同。這個術語並沒有談到級數在區間的收斂。為了這個，我們必須使用收斂定理，此定理告訴我們（對於片段平滑函數）：(1) 函數收斂於 $-L < x < L$ 中的連續點；(2) 在 $-L < x < L$ 中的不連續點 $c$，函數收斂於 $(f(c-) + f(c+))/2$；(3) 在 $-L$ 與 $L$，函數收斂於 $(f(-L+) + f(L-))/2$。

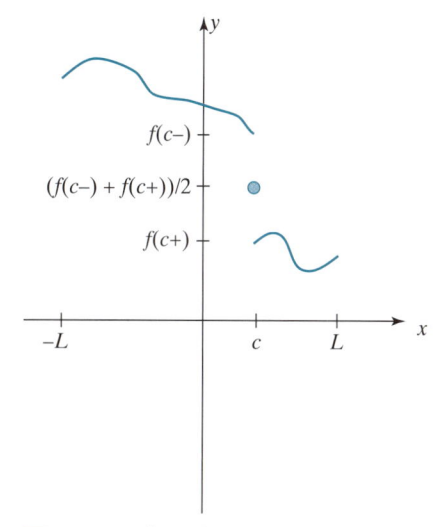

**圖 10.3** 傅立葉級數在跳躍不連續點的收斂

## 例 10.1

令

$$f(x) = \begin{cases} x+1, & 0 \le x \le 2 \\ x-1, & -2 \le x < 0 \end{cases}$$

圖 10.4 是 $f(x)$ 的圖形。除了在 $x=0$ 有跳躍不連續外，此函數為連續。在端點和不連續點的單邊極限為

$$f(0+) = \lim_{x \to 0+} f(x) = \lim_{x \to 0+} (x+1) = 1$$

$$f(0-) = \lim_{x \to 0-} f(x) = \lim_{x \to 0-} (x-1) = -1$$

$$f(-2+) = \lim_{x \to -2+} (x-1) = -3$$

$$f(2-) = \lim_{x \to 2-} (x+1) = 3$$

因為

$$\frac{1}{2}(f(0-) + f(0+)) = 1 - 1 = 0$$

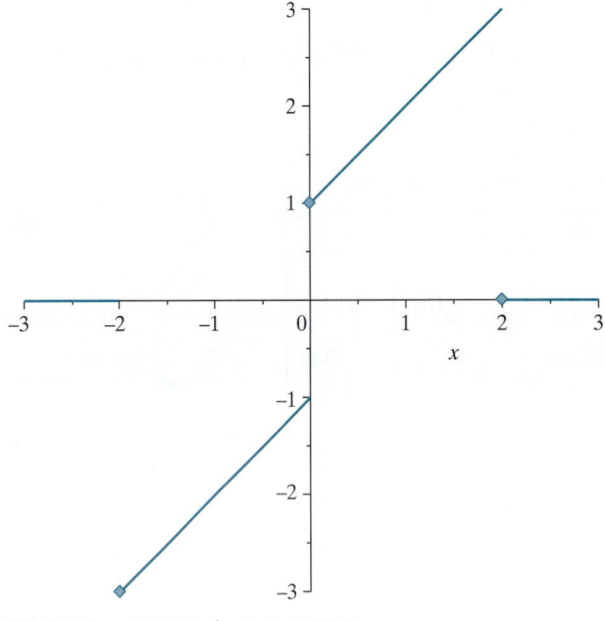

**圖 10.4** 例 10.1 中 $f(x)$ 的圖形

在 $x=0$，傅立葉級數收斂於 0，且

$$\frac{1}{2}(f(-2+)+f(2-)) = -3+3 = 0$$

因此在兩端點與在 $x=0$，傅立葉級數收斂於 0。在 $(-2, 0)$ 與 $(0, 2)$ 的所有點，函數為連續，且傅立葉級數收斂於 $f(x)$。總的來說，$f(x)$ 在 $[-2, 2]$ 的傅立葉級數收斂於

$$\begin{cases} x+1, & 0 < x < 2 \\ x-1, & -2 < x < 0 \\ 0, & \text{在 } x = -2 \cdot 0 \text{ 在 } 2 \end{cases}$$

有關這個傅立葉級數收斂的資訊可由函數本身求得，無須確實求出傅立葉係數。然而，利用求出的傅立葉係數以部分和的圖形來觀察收斂情形：

$$a_0 = \frac{1}{2}\int_{-2}^{2} f(x)\,dx = 0$$

$$a_n = \frac{1}{2}\int_{-2}^{2} f(x)\cos(n\pi x/2)\,dx = 0, \ n = 1, 2, \cdots$$

$$b_n = \frac{1}{2}\int_{-2}^{2} f(x)\sin(n\pi x/2)\,dx = \frac{2+6(-1)^{n+1}}{n\pi}, \ n = 1, 2, \cdots$$

$f(x)$ 在 $[-2, 2]$ 的傅立葉級數為

$$\sum_{n=1}^{\infty} \frac{2+6(-1)^{n+1}}{n\pi} \sin\left(\frac{n\pi x}{2}\right)$$

圖 10.5、圖 10.6 和圖 10.7 分別顯示這個級數的 10 項、25 項與 50 項的部分和。除了在點 0、2 與 −2 外，當所包含的項數越多，這些部分和的圖形看起來越趨近於函數。

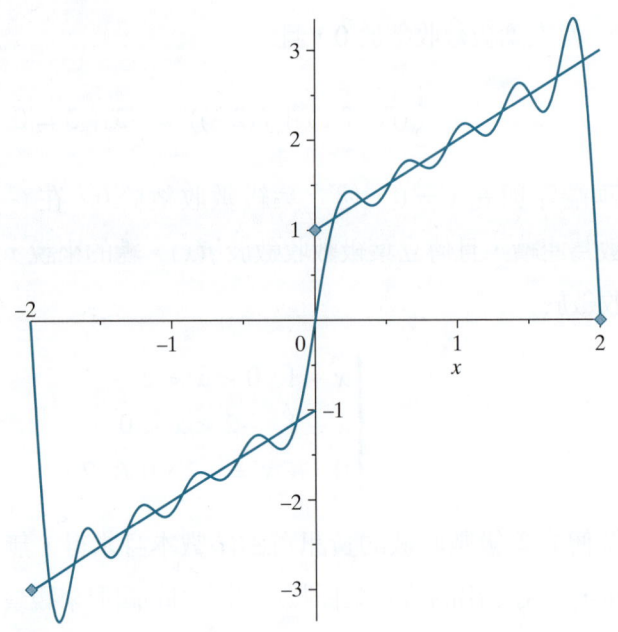

**圖 10.5** 例 10.1 中，$f(x)$ 與傅立葉級數的 10 項部分和

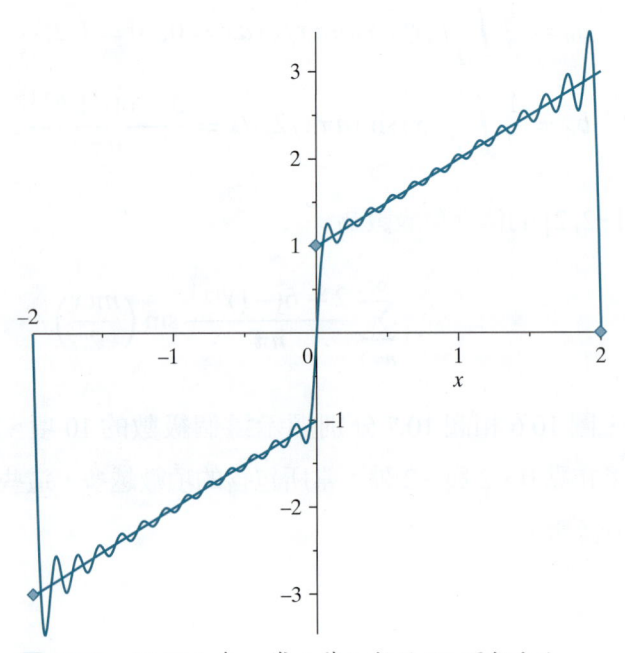

**圖 10.6** 例 10.1 中，傅立葉級數的 25 項部分和

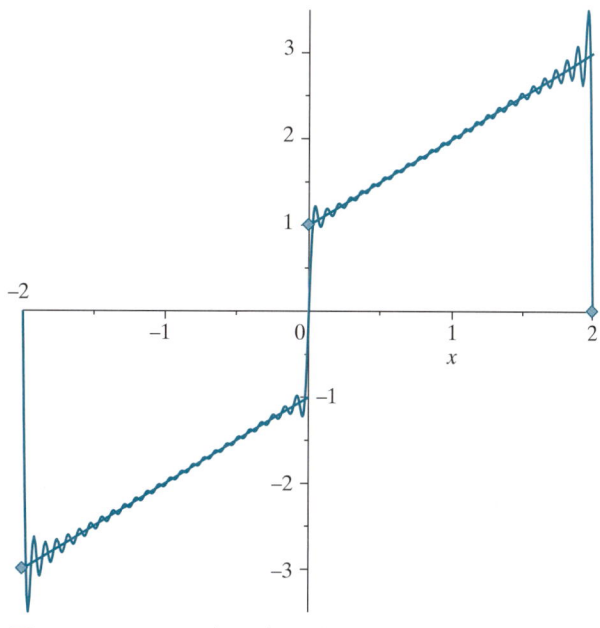

**圖 10.7** 例 10.1 中，傅立葉級數的 50 項部分和

### 例 10.2

寫出 $w(x) = e^{-x}$ 在 $[-1, 1]$ 的傅立葉展開。首先，

$$a_0 = \int_{-1}^{1} e^{-x}\, dx = e - \frac{1}{e}$$

其次，對於 $n = 1, 2, \cdots$，

$$a_n = \int_{-1}^{1} e^{-x} \cos(n\pi x)\, dx = \frac{(-1)^n}{1 + n^2\pi^2}\left(e - \frac{1}{e}\right)$$

且對於 $n = 1, 2, \cdots$，

$$b_n = \int_{-1}^{1} e^{-x} \sin(n\pi x)\, dx = \frac{(-1)^n n\pi}{1 + n^2\pi^2}\left(e - \frac{1}{e}\right)$$

$e^{-x}$ 在 $[-1, 1]$ 的傅立葉級數為

$$\frac{1}{2}\left(e - \frac{1}{e}\right) + \left(e - \frac{1}{e}\right)\sum_{n=1}^{\infty} \frac{(-1)^n}{1 + n^2\pi^2}\left[\cos(n\pi x) + n\pi \sin(n\pi x)\right]$$

在 $(-1, 1)$，此級數收斂於 $e^{-x}$。在 $1$ 和 $-1$，此級數收斂於

$$\frac{1}{2}(w(-1+) + w(1-)) = \frac{1}{2}\left(\frac{1}{e} - e\right)$$

圖 10.8 顯示此級數的 30 項部分和，

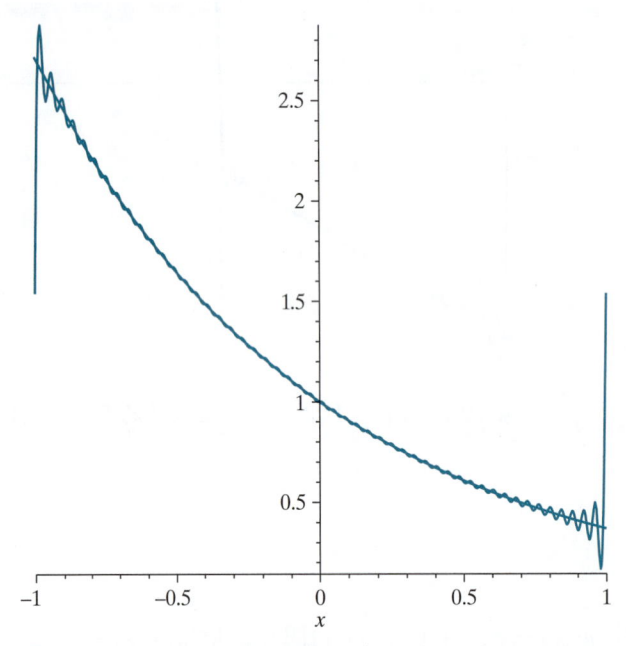

**圖 10.8** $e^x$ 在 $[-1, 1]$ 的傅立葉級數的 30 項部分和

## 10.1.1 偶函數與奇函數的傅立葉級數

有時，函數的性質可以簡化一個區間上的傅立葉係數的計算。

若 $g(-x) = g(x)$，則函數 $g(x)$ 在 $[-L, L]$ 為**偶 (even)** 函數。這表示 $-L < x < 0$ 的圖形與 $0 < x < L$ 的圖形對垂直軸鏡射。如果讀者在 $0 < x < L$ 繪製圖形，將紙張沿垂直軸摺疊並繪出該圖，可獲得 $-L < x < 0$ 的圖形。偶函數的例子是任意區間 $[-L, L]$ 上的 $x^2$、$x^4$、$\cos(n\pi x/L)$。

若 $g(-x) = -g(x)$，則 $g(x)$ 在 $[-L, L]$ 為**奇 (odd)** 函數。這表示 $-L < x < 0$ 的圖形是將 $0 < x < L$ 的圖形對垂直軸鏡射，然後再對水平軸鏡射而得。奇函數的例子是任意區間 $[-L, L]$ 上的 $x^3$、$x^7$ 和 $\sin(n\pi x/L)$。

兩個偶函數的乘積或兩個奇函數的乘積為偶函數，而一個偶函數與一個奇函數的

乘積為奇函數。例如，$x^3 x^5 = x^8$ 為偶函數，而 $x^2 \sin(x)$ 為奇函數。

由微積分可知

$$\text{若 } g(x) \text{ 在 } [-L, L] \text{ 為奇函數，則 } \int_{-L}^{L} g(x)\,dx = 0$$

且

$$\text{若 } g(x) \text{ 在 } [-L, L] \text{ 為偶函數，則 } \int_{-L}^{L} g(x)\,dx = 2\int_{0}^{L} g(x)\,dx$$

若 $g(x)$ 為偶函數，則 $g(x)\sin(n\pi x/L)$ 為奇函數（偶函數與奇函數的乘積），因此每一個 $b_n = 0$，而 $g(x)$ 在 $[-L, L]$ 的傅立葉展開僅含餘弦項。若 $g(x)$ 為奇函數，則 $g(x)\cos(n\pi x/L)$ 為奇函數（奇函數與偶函數的乘積），因此每一個 $a_n = 0$，而 $g(x)$ 在 $[-L, L]$ 的傅立葉展開僅含正弦項。

我們在例 10.1 中看到的是奇函數，以下是偶函數的例子。

### 例 10.3

對於 $[-3, 3]$，令 $g(x) = x^2$，傅立葉係數為

$$a_0 = \frac{2}{3}\int_{0}^{3} x^2\,dx = 6$$

且對 $n = 1, 2, \cdots$，

$$a_n = \frac{2}{3}\int_{0}^{3} x^2 \cos(n\pi x/3)\,dx = \frac{36(-1)^n}{n^2 \pi^2}$$

因為 $x^2$ 為偶函數，所以每一個 $b_n = 0$。$x^2$ 在 $[-3, 3]$ 的傅立葉級數為

$$3 + \sum_{n=1}^{\infty} \frac{36(-1)^n}{n^2\pi^2} \cos\left(\frac{n\pi x}{3}\right)$$

上式僅包含餘弦項和常數。

若 $-3 < x < 3$，此級數收斂於 $x^2$，因為 $g(x)$ 在 $x$ 為連續。在端點，級數收斂於

$$\frac{1}{2}(f(-3+) + f(3-)) = \frac{1}{2}(9 + 9) = 9$$

這個傅立葉級數在整個區間收斂於 $g(x)$，圖 10.9 顯示這個傅立葉級數的 5 項部分和，在此例中，部分和在 [−3, 3] 非常迅速地收斂於函數。一般來說這是不可預期的。

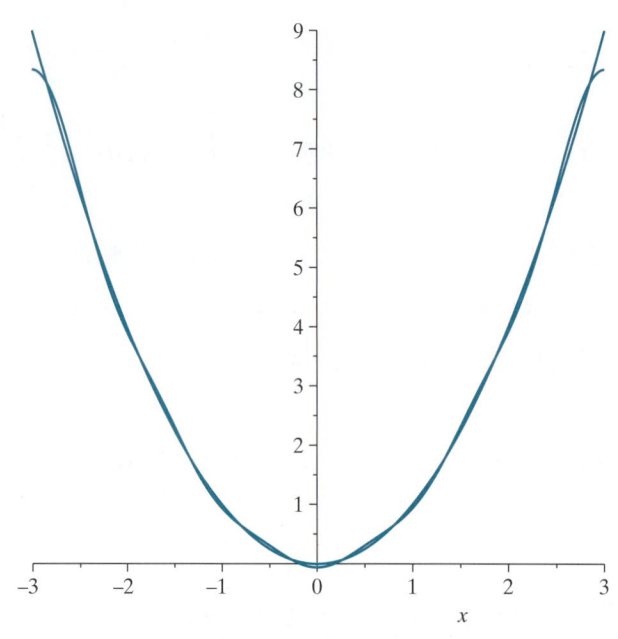

**圖 10.9** 例 10.3 中，傅立葉級數的 5 項部分和

## 數往知來——快速傅立葉變換演算法

傅立葉級數是大多數現代成像、信號處理和分析元件，以及演算法的基礎。因此，它們是設計醫療用的 MRI 和超聲波機器，以及設計化學分析用的 NMR 與 IR 光譜儀的電機工程師的基本工具。為了將這些機器的輸出信號轉化為醫生和化學家的有用資訊，電腦程式人員基於快速傅立葉變換 (FFT) 演算法編寫程式，

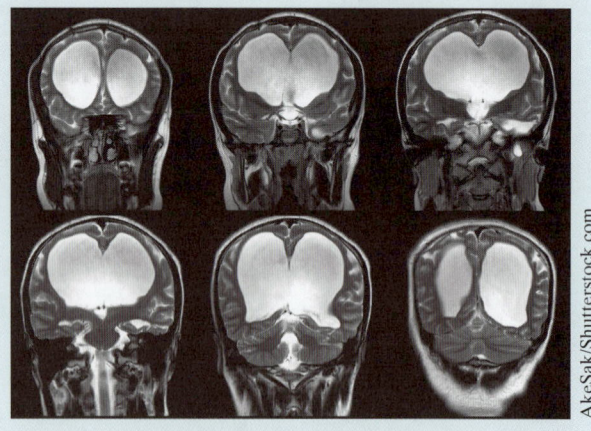

大腦的 MRI 掃描。

該演算法將本章的傅立葉方法與前幾章的矩陣方法相結合。廣播和音頻工程師甚至使用基於傅立葉分析的頻率濾波器來放大聲音，或從其傳輸中切除噪音。

### 10.1.2 在 [0, L] 的傅立葉餘弦級數

討論史特姆－李歐維里問題

$$y'' + \lambda y = 0;\ y'(0) = y'(L) = 0$$

在 [0, L] 有完全特徵函數集合

$$1, \cos(\pi x/L), \cos(2\pi x/L), \cdots, \cos(n\pi x/L), \cdots$$

假設 $g(x)$ 定義於 $0 \le x \le L$，如果我們將 $g(x)$ 的展開式以這些特徵函數表示如下：

$$\frac{1}{2}a_0 + \sum_{n=1}^{\infty} a_n \cos(n\pi x/L) \tag{10.9}$$

則係數為

$$a_n = \frac{2}{L}\int_0^L g(x)\cos(n\pi x/L)\,dx,\ n = 0, 1, 2, \cdots \tag{10.10}$$

式 (10.9) 的級數稱為 $g(x)$ 在 [0, L] 的傅立葉餘弦級數 (Fourier cosine series for $g(x)$ on [0, L])，而式 (10.10) 的 $a_n$ 稱為 $g(x)$ 在 [0, L] 的傅立葉餘弦係數 (Fourier cosine coefficient of $g(x)$ on [0, L])。

#### 定理 10.2　傅立葉餘弦級數的收斂

假設 $g(x)$ 在 [0, L] 為片段平滑，則對於 $0 < x < L$，$g(x)$ 在 [0, L] 的傅立葉餘弦級數收斂於

$$\frac{1}{2}(g(x-) + g(x+))$$

此外，在 $x = 0$，級數收斂於 $g(0+)$ 且在 $x = L$，級數收斂於 $g(L-)$。

## 例 10.4　傅立葉餘弦展開

假設在 $[0, 1]$，$g(x) = e^x$。$g(x)$ 在 $[0, 1]$ 的傅立葉餘弦係數為

$$a_0 = 2\int_0^1 e^x\,dx = 2(e-1)$$

且對於 $n = 1, 2, \cdots$，

$$a_n = 2\int_0^1 e^x \cos(n\pi x)\,dx = \frac{2}{1+n^2\pi^2}(e(-1)^n - 1)$$

$e^x$ 在 $[0, 1]$ 的餘弦展開為

$$e - 1 + \sum_{n=1}^{\infty} \frac{2}{1+n^2\pi^2}(e(-1)^n - 1)\cos(n\pi x)$$

此級數在 $[0, 1]$ 收斂於 $e^x$。圖 10.10 是將 $g(x)$ 與 $g(x)$ 在 $[0, 1]$ 的餘弦展開的 5 項部分和作一比較。在這個例子中，餘弦級數收斂到 $e^x$ 是非常快的，在圖形解析度內，即使是 5 項部分和其圖形與函數的圖形似乎是無法區分。

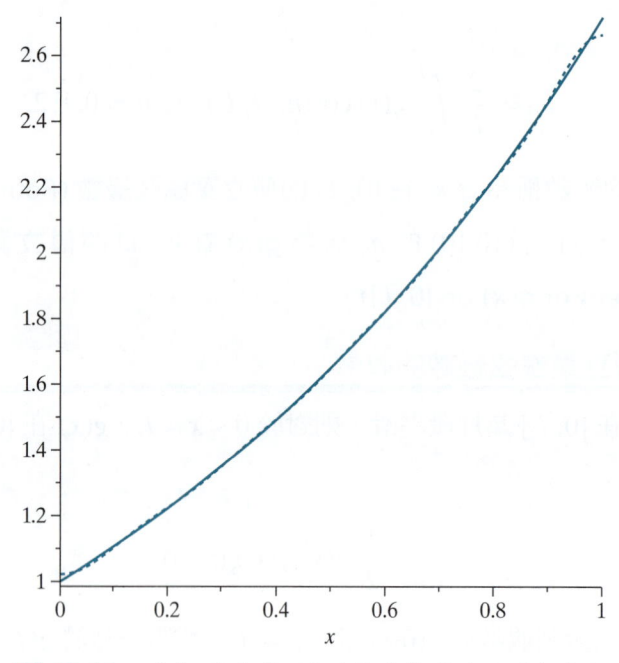

**圖 10.10**　$e^x$ 與 $e^x$ 在 $[0, 1]$ 的餘弦展開的 5 項部分和

### 10.1.3 在 [0, L] 的傅立葉正弦級數

若
$$y'' + \lambda y = 0;\ y(0) = y(L) = 0$$

有完全特徵函數集合
$$\sin(\pi x/L), \sin(2\pi x/L), \cdots, \sin(n\pi x/L), \cdots$$

若 $g(x)$ 定義於 $[0, L]$，則 $g(x)$ 的特徵函數展開式為

$$\sum_{n=1}^{\infty} b_n \sin(n\pi x/L) \tag{10.11}$$

其中

$$b_n = \frac{2}{L} \int_0^L g(x) \sin(n\pi x/L)\, dx,\ n = 1, 2, 3, \cdots \tag{10.12}$$

式 (10.11) 的級數為 $g(x)$ 在 $[0, L]$ 的傅立葉正弦級數 (Fourier sine series for $g(x)$ on $[0, L]$)，而由式 (10.12) 計算的數則為 $g(x)$ 在 $[0, L]$ 的傅立葉正弦係數 (Fourier sine coefficients of $g(x)$ on $[0, L]$)。

**定理 10.3** 傅立葉正弦級數的收斂

若 $g(x)$ 在 $[0, L]$ 為片段平滑，$g(x)$ 在 $[0, L]$ 的傅立葉正弦展開收斂於

$$\frac{1}{2}(f(x-) + f(x+))$$

其中 $0 < x < L$。在 $x = 0$ 與 $x = L$，此級數收斂於 $0$。

**例 10.5** 傅立葉正弦展開

如同例 10.4，令 $g(x) = e^x$，$0 \leq x \leq 1$。$e^x$ 在 $[0, 1]$ 的傅立葉正弦係數為

$$b_n = 2 \int_0^1 e^x \sin(n\pi x)\, dx = \frac{2n\pi}{1 + n^2 \pi^2}(1 - e(-1)^n)$$

$e^x$ 在 $[0, 1]$ 的正弦級數為

$$\sum_{n=1}^{\infty} \frac{2n\pi(1-(-1)^n e)}{1+n^2\pi^2}\sin(n\pi x)$$

圖 10.11 是 $e^x$ 與此正弦展開的 60 項部分和比較。在此例中，$e^x$ 在 $[0, 1]$ 的正弦級數的收斂比 $e^x$ 在 $[0, 1]$ 的餘弦級數的收斂慢很多。

此級數收斂於

$$\begin{cases} e^x, & 0 < x < 1 \\ 0, & x = 0 \text{ 與 } x = 1 \end{cases}$$

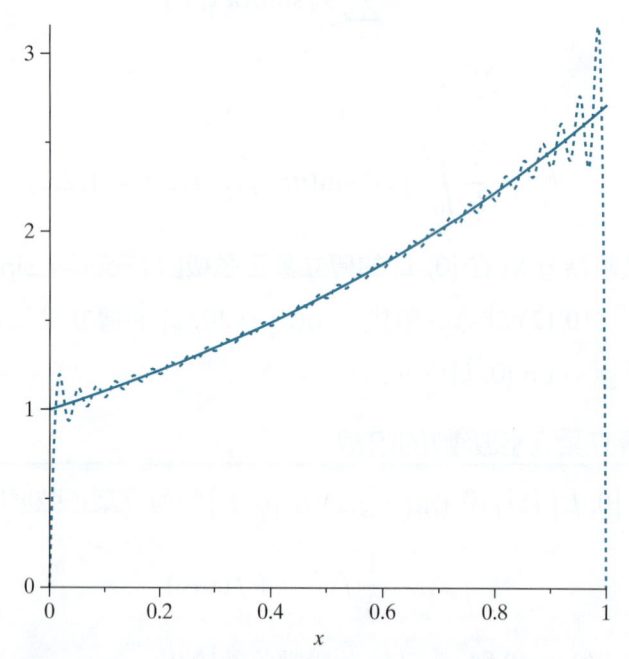

**圖 10.11**　$e^x$ 與 $e^x$ 在 $[0, 1]$ 的正弦展開的第 60 項部分和

關於傅立葉級數和係數的技術細節，已在本章中說明。現在，我們有足夠的背景來使用傅立葉展開求解偏微分方程式。

## 10.1　習題

習題 1–6，寫出函數在區間的傅立葉級數，並求級數的和。如果有軟體可用，畫出傅立葉級數的一些部分和。

1. $f(x) = 4, -3 \leq x \leq 3$

2. $f(x) = \cosh(\pi x), -1 \leq x \leq 1$

3. $f(x) = \begin{cases} -4, & -\pi \leq x \leq 0 \\ 4, & 0 < x \leq \pi \end{cases}$

4. $f(x) = x^2 - x + 3, -2 \leq x \leq 2$

5. $f(x) = \begin{cases} 1, & -\pi \leq x < 0 \\ 2, & 0 \leq x \leq \pi \end{cases}$

6. $f(x) = \cos(x), -3 \leq x \leq 3$

習題 7–10，求傅立葉級數在區間的和，不需要寫出這個級數。

7. $f(x) = \begin{cases} 2x, & -3 \leq x < -2 \\ 0, & -2 \leq x < 1 \\ x^2, & 1 \leq x \leq 3 \end{cases}$

8. $f(x) = \begin{cases} x^2, & -\pi \leq x \leq 0 \\ 2, & 0 < x \leq \pi \end{cases}$

9. $f(x) = \begin{cases} -1, & -4 \leq x < 0 \\ 1, & 0 \leq x \leq 4 \end{cases}$

10. $f(x) = \begin{cases} -2, & -4 \leq x \leq -2 \\ 1 + x^2, & -2 < x \leq 2 \\ 0, & 2 < x \leq 4 \end{cases}$

11. 求定義於 $[-L, L]$ 上，同時為偶數與奇數之所有函數。

習題 12–16，求函數在區間的傅立葉正弦級數與傅立葉餘弦級數，以及每一個級數的和。

12. $f(x) = \begin{cases} 1, & 0 \leq x \leq 1 \\ -1, & 1 < x \leq 2 \end{cases}$

13. $f(x) = 2x, 0 \leq x \leq 1$

14. $f(x) = e^{-x}, 0 \leq x \leq 1$

15. $f(x) = \begin{cases} 1, & 0 \leq x < 1 \\ 0, & 1 \leq x \leq 3 \\ -1, & 3 < x \leq 5 \end{cases}$

16. $f(x) = 1 - x^3, 0 \leq x \leq 2$

17. 利用 $\sin(x)$ 在 $[0, \pi]$ 的傅立葉餘弦級數展開式且選取適當的 $x$ 值，求級數

$$\sum_{n=1}^{\infty} \frac{(-1)^n}{4n^2 - 1}$$

的和。

## 10.2 正弦和餘弦級數

在「半區間」$[0, L]$，我們可以將一函數展開成僅含正弦項的級數或僅含餘弦項的級數。

對於正弦級數，嘗試一個展開式

$$f(x) = \sum_{n=1}^{\infty} B_n \sin\left(\frac{n\pi x}{L}\right) \tag{10.13}$$

正如我們對 $[-L, L]$ 上的傅立葉級數所進行的，我們將追求一個非正式的論證，提出如何選擇係數。以 $\sin(k\pi x/L)$ 乘以式 (10.13)，並將所得到的級數逐項積分，來獲得

$$\int_0^L f(x) \sin\left(\frac{k\pi x}{L}\right) dx = \sum_{n=1}^{\infty} B_n \int_0^L \sin\left(\frac{n\pi x}{L}\right) \sin\left(\frac{k\pi x}{L}\right) dx$$

除了 $n = k$ 外，右側所有的積分均為零，所以方程式化簡為

$$\int_0^L f(x) \sin\left(\frac{k\pi x}{L}\right) dx = \int_0^L B_k \sin^2\left(\frac{k\pi x}{L}\right) dx = \frac{L}{2} B_k$$

因此對於 $k = 1, 2, \cdots$，

$$B_k = \frac{2}{L} \int_0^L f(x) \sin\left(\frac{k\pi x}{L}\right) dx$$

有鑑於此，定義一級數

$$\sum_{n=1}^{\infty} B_n \sin\left(\frac{n\pi x}{L}\right) \tag{10.14}$$

為 $f(x)$ 在 $[0, L]$ 的**傅立葉正弦級數** (Fourier sine series) 或**傅立葉正弦展開** (Fourier sine expansion)，其中係數為

$$B_n = \frac{2}{L} \int_0^L f(x) \sin\left(\frac{n\pi x}{L}\right) dx \tag{10.15}$$

這些是 $f(x)$ 在 $[0, L]$ 的**傅立葉正弦係數** (Fourier sine coefficients)。

以下收斂定理給出了區間上函數與其傅立葉正弦展開之間的連接。

**定理 10.4** 傅立葉正弦級數的收斂

令 f(x) 在 [0, L] 為片段平滑，若 0 < x < L，則 f(x) 在 [0, L] 的傅立葉正弦級數收斂於

$$\frac{1}{2}(f(x-)+f(x+))$$

在函數為連續的 (0, L) 中的每一個點 x 處，傅立葉正弦級數收斂到 f(x)。

最後，在 x = 0 與 x = L，正弦級數收斂於 0。

正弦級數在 [0, L] 的端點處其收斂是立即的，因為所有項在 x = 0 與 x = L 等於零。

### 數往知來──傅立葉插值應用

傅立葉正弦和餘弦級數的一個應用是近似於複雜幾何中的 PDE 的解函數。使用傅立葉級數插值作為中間的計算節省了比其他方法更多的計算能力。使用多項式插值需要 $n^2$ 個計算，而傅立葉插值需要 $n \log(n)$ 個計算。因此，對於需要非常大數量的 n 個網格點的高精度或大規模模擬，基於傅立葉級數的演算法可以比其他方法快幾個數量級。

海上的石油鑽機平台。

傅立葉插值本身也適用於礦物或油庫的建模技術。岩土工程師經常需要估算礦藏和氣藏的容量與分布情況。這些是基於大面積地區採集的少量物理樣本。世界領先的油田服務公司之一 Schlumberger，是一家工程公司的例子，該公司已經開發了一種基於傅立葉級數插值法的地球物理特性專有軟體套件。

### 例 10.6

令 $f(x) = e^{2x}$，$0 \leq x \leq 1$。f(x) 在 [0, 1] 的傅立葉正弦係數為

$$B_n = 2\int_0^1 e^{2x} \sin(n\pi x)\,dx$$

$$= \left[\frac{-2n\pi e^{2x}\cos(n\pi x) + 4e^{2x}\sin(n\pi x)}{4 + n^2\pi^2}\right]_0^1$$

$$= \frac{2n\pi(1 - (-1)^n e^2)}{4 + n^2\pi^2}$$

$e^{2x}$ 在 [0, 1] 的傅立葉正弦展開為

$$\sum_{n=1}^{\infty} \frac{2n\pi(1 - (-1)^n e^2)}{4 + n^2\pi^2} \sin(n\pi x)$$

收斂於

$$\begin{cases} e^{2x}, & 0 < x < 1 \\ 0, & x = 0 \text{ 與 } x = 1 \end{cases}$$

圖 10.12 是比較 $e^{2x}$ 與其傅立葉正弦級數的 40 項部分和的圖形。

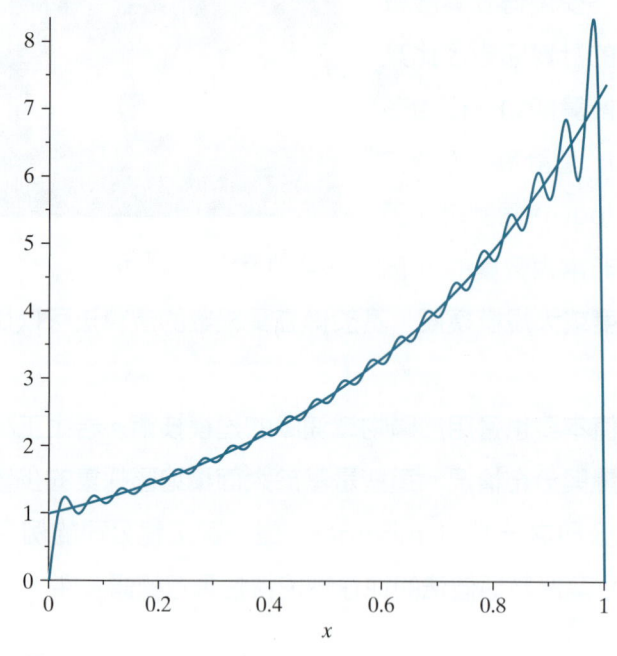

**圖 10.12**　例 10.6 中，$f(x)$ 與正弦級數的 40 項部分和

對於餘弦級數在 $[0, L]$，嘗試將 $f(x)$ 寫成級數

$$f(x) = \frac{1}{2}A_0 + \sum_{n=1}^{\infty} A_n \cos\left(\frac{n\pi x}{L}\right)$$

欲求 $A_0$，將上式由 $0$ 積分到 $L$，所有級數項的積分等於 $0$，剩下

$$\int_0^L f(x)\, dx = \frac{1}{2}\int_0^L A_0\, dx = \frac{1}{2}LA_0$$

因此

$$A_0 = \frac{2}{L}\int_0^L f(x)\, dx$$

其次，以 $\cos(k\pi x/L)$ 乘以展開式的兩邊，其中 $k$ 為任意正整數，將得到的方程式由 $0$ 積分到 $L$，右邊除了一項外均為零，我們得到

$$\int_0^L f(x)\cos(k\pi x/L)\, dx = \frac{L}{2}A_k$$

因此

$$A_k = \frac{2}{L}\int_0^L f(x)\cos(k\pi x/L)\, dx$$

其中 $k = 1, 2, \cdots$。注意：如果我們令 $k = 0$，由這個積分公式可得 $A_0$。

這個非正式的論述，導致我們定義級數

$$\frac{1}{2}A_0 + \sum_{n=1}^{\infty} A_n \cos\left(\frac{n\pi x}{L}\right) \tag{10.16}$$

為 $f(x)$ 在 $[0, L]$ 的**傅立葉餘弦級數** (Fourier cosine series)，或**傅立葉餘弦展開** (Fourier cosine expansion)，其中 $f(x)$ 在 $[0, L]$ 的**傅立葉餘弦係數** (Fourier cosine coefficients) 為

$$A_n = \frac{2}{L}\int_0^L f(x)\cos\left(\frac{n\pi x}{L}\right)\, dx, \ n = 0, 1, 2, \cdots \tag{10.17}$$

與正弦級數一樣，有一個收斂定理。

## 定理 10.5　傅立葉餘弦級數的收斂

令 $f(x)$ 在 $[0, L]$ 為片段平滑，則對於 $0 < x < L$，$f(x)$ 在 $[0, L]$ 的傅立葉餘弦級數收斂於

$$\frac{1}{2}(f(x-) + f(x+))$$

在函數為連續的 $(0, L)$ 中的每一個點 $x$ 處，傅立葉餘弦級數收斂到 $f(x)$。最後，在 $x = 0$，餘弦級數收斂於 $f(0+)$，且在 $x = L$，餘弦級數收斂於 $f(L-)$。

### 例 10.7

令 $f(x) = e^{2x}$，$0 \leq x \leq 1$。$f(x)$ 在 $[0, 1]$ 的傅立葉餘弦係數為

$$A_0 = 2\int_0^2 e^{2x}\,dx = e^2 - 1$$

且對於 $n = 1, 2, \cdots$，

$$A_n = 2\int_0^1 e^{2x}\cos(n\pi x)\,dx$$

$$= \left[\frac{4e^{2x}\cos(n\pi x) + 2n\pi e^{2x}\sin(n\pi x)}{4 + n^2\pi^2}\right]_0^1$$

$$= \frac{4(e^2(-1)^n - 1)}{4 + n^2\pi^2}$$

$e^{2x}$ 在 $[0, 1]$ 的餘弦展開式為

$$\frac{1}{2}(e^2 - 1) + \sum_{n=1}^{\infty}\frac{4(e^2(-1)^n - 1)}{4 + n^2\pi^2}\cos(n\pi x)$$

這個級數收斂於

$$\begin{cases} e^{2x}, & 0 < x < 1 \\ 1, & x = 0 \\ e^2, & x = 1 \end{cases}$$

餘弦展開在整個區間收斂到 $e^{2x}$，我們可以寫

$$e^{2x} = \frac{1}{2}(e^2 - 1) + \sum_{n=1}^{\infty} \frac{4(e^2(-1)^n - 1)}{4 + n^2\pi^2} \cos(n\pi x)$$

其中 $0 \leq x \leq 1$。圖 10.13 是比較 $f(x)$ 和餘弦級數的 5 項部分和的圖。對於 $f(x) = e^{2x}$，$[0, 1]$ 上的餘弦展開似乎收斂到 $e^{2x}$，至少對於 $0 < x < 1$，餘弦展開收斂速度比正弦展開快。

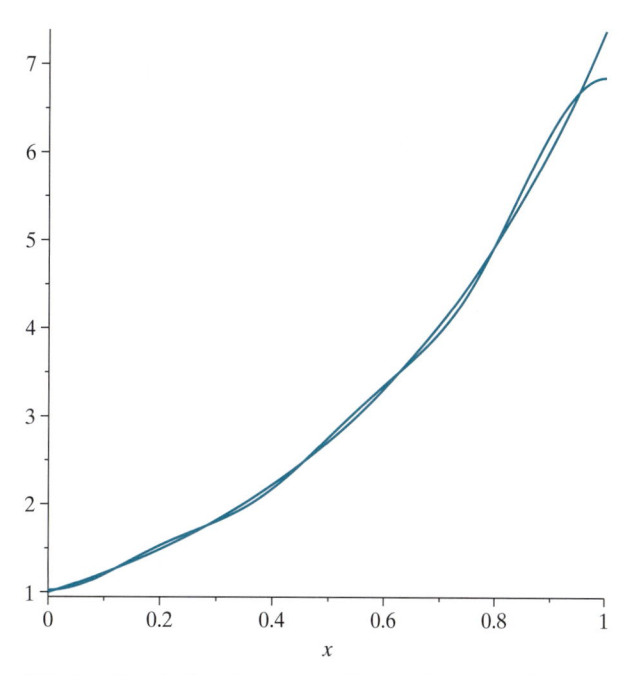

**圖 10.13** 在 $[0, 1]$，$f(x)$ 與餘弦級數的 5 項部分和

## 10.2 習題

習題 1–5，寫出函數的傅立葉餘弦級數和傅立葉正弦級數，並求每一展開式收斂到何處。繪製這些級數的一些部分和。

**1.** $f(x) = 4, 0 \leq x \leq 3$

**2.** $f(x) = \begin{cases} 0, & 0 \leq x \leq \pi \\ \cos(x), & \pi < x \leq 2\pi \end{cases}$

**3.** $f(x) = x^2, 0 \leq x \leq 2$

4. $f(x) = \begin{cases} x, & 0 \leq x \leq 2 \\ 2-x, & 2 < x \leq 3 \end{cases}$

5. $f(x) = \begin{cases} x^2, & 0 \leq x < 1 \\ 1, & 1 \leq x \leq 4 \end{cases}$

## 10.3 傅立葉級數的積分與微分

即使對於看來簡單的函數，傅立葉級數的逐項微分經常有意外的結果。

### 例 10.8

令 $f(x) = x$，$-\pi \leq x \leq \pi$，$f(x)$ 在 $[-\pi, \pi]$ 的傅立葉展開為

$$f(x) = x = \sum_{n=1}^{\infty} \frac{2}{n}(-1)^{n+1} \sin(nx), \; -\pi < x < \pi$$

對於 $-\pi < x < \pi$，展開式收斂於 $x$，而在 $x = \pm\pi$，收斂於 0。將此級數逐項微分可得

$$\sum_{n=1}^{\infty} 2(-1)^{n+1} \cos(nx)$$

這個級數不僅不會收斂於 $f'(x) = 1$，且不會收斂於 $(-\pi, \pi)$ 上的任何點。

這個例子不可將傅立葉展開逐項微分，因為微分後的級數並不收斂。稍後我們將繪出允許這樣逐項微分的條件，但首先回到傅立葉級數逐項積分的問題，事實證明有更好的前景。

### 定理 10.6　傅立葉級數的逐項積分

令 $f$ 在 $[-L, L]$ 為片段連續，其傅立葉級數為

$$\frac{1}{2}a_0 + \sum_{n=1}^{\infty}[a_n \cos(n\pi x/L) + b_n \sin(n\pi x/L)]$$

則對於在 $[-L, L]$ 的任意 $x$，

$$\int_{-L}^{x} f(t)\,dt = \frac{1}{2}a_0(x+L)$$
$$+ \frac{L}{\pi}\sum_{n=1}^{\infty}\frac{1}{n}[a_n \sin(n\pi x/L) - b_n(\cos(n\pi x/L) - (-1)^n)]$$

這個方程式的右邊，正是我們將 $f(x)$ 的傅立葉級數由 $-L$ 到 $x$ 逐項積分而得。即使在跳躍不連續傅立葉級數不會收斂到 $f(x)$，此積分對於片段連續函數是成立的。

### 例 10.9

由前例，
$$f(x) = x = \sum_{n=1}^{\infty}\frac{2}{n}(-1)^{n+1}\sin(nx),\quad -\pi < x < \pi$$

$f(x)$ 為片段連續，具有連續的導數 $f'(x)=1$，我們可以在 $[-\pi, \pi]$ 將此傅立葉級數逐項積分

$$\int_{-\pi}^{x} t\,dt = \frac{1}{2}(x^2 - \pi^2)$$
$$= \sum_{n=1}^{\infty}\frac{2}{n}(-1)^{n+1}\int_{-\pi}^{x}\sin(nt)\,dt$$
$$= \sum_{n=1}^{\infty}\frac{2}{n}(-1)^{n+1}\left[-\frac{1}{n}\cos(nx) + \frac{1}{n}\cos(n\pi)\right]$$
$$= \sum_{n=1}^{\infty}\frac{2}{n^2}(-1)^{n}(\cos(nx) - (-1)^n)$$

有條件允許傅立葉級數逐項微分。這裡有一個這樣的定理。

### 定理 10.7

令 $f$ 在 $[-L, L]$ 為連續且假設 $f(-L) = f(L)$。令 $f'(x)$ 在 $[-L, L]$ 為連續，則對於 $-L \leq x \leq L$，$f(x)$ 在 $[-L, L]$ 的傅立葉級數收斂於 $f(x)$：

$$f(x) = \frac{1}{2}a_0 + \sum_{n=1}^{\infty}\left[a_n \cos\left(\frac{n\pi x}{L}\right) + b_n \sin\left(\frac{n\pi x}{L}\right)\right]$$

此外，在 $(-L, L)$ 的每一點，$f''(x)$ 存在，$f(x)$ 的傅立葉級數的逐項導數收斂於 $f'(x)$：

$$f'(x) = \sum_{n=1}^{\infty} \frac{n\pi}{L}\left[-a_n \sin\left(\frac{n\pi x}{L}\right) + b_n \cos\left(\frac{n\pi x}{L}\right)\right]$$

定理可以用 $f'(x)$ 在 $[-L, L]$ 上的傅立葉級數展開來證明。此級數在 $f''(x)$ 存在的每一點收斂於 $f'(x)$。使用分部積分法將 $f'(x)$ 傅立葉係數與 $f(x)$ 的傅立葉係數相關聯，類似於傅立葉級數逐項積分的定理證明所使用的策略。

### 例 10.10

令 $f(x) = x^2$ 在 $[-2, 2]$。由傅立葉收斂定理，

$$f(x) = \frac{4}{3} + \frac{16}{\pi^2} \sum_{n=1}^{\infty} \frac{(-1)^n}{n^2} \cos(n\pi x/2)$$

在 $[-2, 2]$。在這個展開式中只出現餘弦項，因為 $f(x)$ 是偶函數，所有定理的條件均符合，且對於 $-2 < x < 2$，

$$f'(x) = 2x = \frac{8}{\pi} \sum_{n=1}^{\infty} \frac{(-1)^{n+1}}{n} \sin(n\pi x/2)$$

本節以傅立葉級數絕對且均勻收斂的充分條件作為總結。

### 定理 10.8　絕對且均勻收斂

令 $f$ 在 $[-L, L]$ 為連續且假設 $f'$ 為片段連續。假設 $f(-L) = f(L)$，則在 $[-L, L]$，$f(x)$ 的傅立葉級數絕對且均勻收斂於 $f(x)$。

### 數往知來——NMR 光譜

紅外 (infrared, IR)、質量和核磁共振 (NMR) 光譜可用於確定化合物的結構。這種機器通常用於法醫、醫療，甚至環境工程實驗室，它們大多數是利用快速傅立葉變換 (FFT) 來分析化合物。

在 NMR 系統中，將包含寬範圍頻率的等能量無線電波的脈衝信號引入到保持在環境磁場中的化學樣品。這導致場的磁化的變化，因為一些原子由信號中吸收輻射。當吸收的輻射最終被發射時，在附近的接收器線圈中感應出電流，經由 FFT 演算法分離電流中的頻率顯示信號中的主要頻率和振幅。頻率對於特定的官能團（醇、醚等）和原子的排列通常是獨特的，每個頻率與其他頻率的相對振幅可以確定存在於官能團中的原子的量，經過培訓的化學家可以非常準確地解釋這些數據來鑑別化合物。

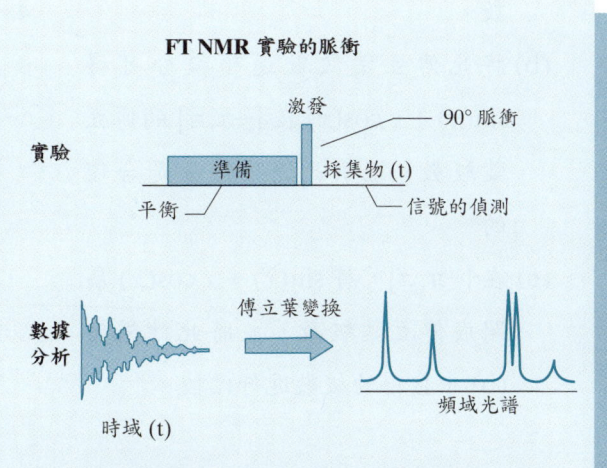

顯示使用傅立葉分析來分析原始 NMR 數據的方案。
根據 Danish Kurien, nmr-9645019, http://image.slidesharecdn.com/lecture8-111011090608-phpapp01/95/nmr-6-728.jpg?cb=1318342068

## 10.3 習題

**1.** 令
$$f(x) = \begin{cases} 0, & -\pi \leq x \leq 0 \\ x, & 0 < x \leq \pi \end{cases}$$

(a) 寫出 $f(x)$ 在 $[-\pi, \pi]$ 的傅立葉展開且證明此級數在 $(-\pi, \pi)$ 收斂於 $f(x)$。

(b) 證明 $f(x)$ 的積分可由傅立葉級數逐項積分而得，並使用它來獲得 $\int_{-L}^{x} f(t)\,dt$ 的傅立葉展開。

(c) 以計算 $\int_{-L}^{x} f(t)\,dt$ 來檢查 (b) 的結果，並在 $[-\pi, \pi]$ 將此函數展開成傅立葉級數。

**2.** 在 $[-1, 1]$，令 $f(x) = |x|$。

(a) 寫出 $f(x)$ 在 $[-1, 1]$ 的傅立葉級數。

(b) 證明此傅立葉級數可逐項微分產生 $f'(x)$ 在 $[-1, 1]$ 的傅立葉級數。

(c) 在 $[-1, 1]$，將 $f'(x)$ 展開成傅立葉級數來驗證此結果。

**3.** 在 $[-\pi, \pi]$，令 $f(x) = x\sin(x)$。

(a) 寫出 $f(x)$ 在此區間的傅立葉級

數。

(b) 將此傅立葉級數逐項微分可得 $\sin(x) + x\cos(x)$ 在 $[-\pi, \pi]$ 的傅立葉級數。證明此逐項微分是合理的。

(c) 在 $[-\pi, \pi]$，將 $\sin(x) + x\cos(x)$ 展開成傅立葉級數，並將此結果與 (b) 中獲得的級數進行比較。

4. 在 $[-3, 3]$，令 $f(x) = x^2$。

(a) 寫出 $f(x)$ 在 $[-3, 3]$ 的傅立葉級數。

(b) 證明此傅立葉級數可逐項微分產生 $2x$ 在此區間的傅立葉級數。

(c) 在 $[-3, 3]$，將 $f'(x)$ 展開成傅立葉級數來驗證 (b) 的結果。

## 10.4 傅立葉係數的性質

傅立葉係數以及正弦與餘弦係數具有有趣和重要的性質，本節研究其中的一些。

### 定理 10.9 貝索不等式 (Bessel's inequalities)

假設 $\int_0^L g(x)\, dx$ 存在，則

1. $g(x)$ 在 $[0, L]$ 的傅立葉正弦係數 $B_n$ 滿足

$$\sum_{n=1}^{\infty} B_n^2 \leq \frac{2}{L} \int_0^L (g(x))^2\, dx$$

2. $g(x)$ 在 $[0, L]$ 的傅立葉餘弦係數 $A_n$ 滿足

$$\frac{1}{2}A_0^2 + \sum_{n=1}^{\infty} A_n^2 \leq \frac{2}{L} \int_0^L (g(x))^2\, dx$$

3. 若 $\int_{-L}^{L} f(x)\, dx$ 存在，則 $f(x)$ 在 $[-L, L]$ 的傅立葉係數 $a_n$、$b_n$ 滿足

$$\frac{1}{2}a_0^2 + \sum_{n=1}^{\infty} (a_n^2 + b_n^2) \leq \frac{1}{L} \int_{-L}^{L} (f(x))^2\, dx$$

### 例 10.11

在 $[-\pi, \pi]$，令 $f(x) = x^2$，$f(x)$ 在此區間的傅立葉展開為

$$x^2 = \frac{1}{3}\pi^2 + \sum_{n=1}^{\infty} \frac{4(-1)^n}{n^2} \cos(nx)$$

從這個展開式讀取係數，

$$a_0 = \frac{2\pi^2}{3} \text{ 且 } a_n = \frac{4(-1)^n}{n^2}$$

現在由貝索不等式，我們得到結論

$$\frac{1}{2}\left(\frac{2\pi^2}{3}\right)^2 + \sum_{n=1}^{\infty}\left(\frac{4(-1)^n}{n^2}\right)^2$$

$$= \frac{2\pi^4}{9} + 16\sum_{n=1}^{\infty}\frac{1}{n^4}$$

$$\leq \frac{1}{\pi}\int_{-\pi}^{\pi} x^4\, dx = \frac{2}{5}\pi^4$$

因此

$$16\sum_{n=1}^{\infty}\frac{1}{n^4} \leq \left(\frac{2}{5} - \frac{2}{9}\right)\pi^4 = \frac{8\pi^4}{45}$$

故

$$\sum_{n=1}^{\infty}\frac{1}{n^4} \leq \frac{\pi^4}{90}$$

大約為 1.0823。這給出了這個級數的總和的界限（而不是近似）。

有了一些額外的條件後，貝索不等式就成為一個等式。

### 定理 10.10 Parseval

令 $f$ 在 $[-L, L]$ 為連續且 $f'$ 在 $[-L, L]$ 為片段連續。假設 $f(-L) = f(L)$，則在 $[-L, L]$ 上的傅立葉係數滿足

$$\frac{1}{2}a_0^2 + \sum_{n=1}^{\infty}(a_n^2 + b_n^2) = \frac{1}{L}\int_{-L}^{L}(f(x))^2\,dx$$

### 例 10.12

有時候 Parseval 定理可以用來求級數的和。在 $[\pi, \pi]$，令 $f(x) = \cos(x/2)$。例行的積分可得 $f(x)$ 在此區間的傅立葉係數

$$a_0 = \frac{1}{\pi}\int_{-\pi}^{\pi}\cos(x/2)\,dx = \frac{4}{\pi}$$

且

$$a_n = \frac{1}{\pi}\int_{-\pi}^{\pi}f(x)\cos(x/2)\cos(nx)\,dx = -\frac{4}{\pi}\frac{(-1)^n}{4n^2-1}$$

每一個 $b_n = 0$，因為 $f(x)$ 為偶函數。由 Parseval 定理，

$$\frac{1}{2}\left(\frac{4}{\pi}\right)^2 + \sum_{n=1}^{\infty}\left(\frac{4}{\pi}\frac{(-1)^n}{4n^2-1}\right)^2 = \frac{1}{\pi}\int_{-\pi}^{\pi}\cos^2(x/2)\,dx = 1$$

經過一些運算，我們可以將上式寫成

$$\sum_{n=1}^{\infty}\frac{1}{(4n^2-1)^2} = \frac{\pi^2-8}{16}$$

此值大約為 0.1169。

## 10.4.1 最小平方最適化

本節討論傅立葉正弦係數的最適化性質，其結果也適用於傅立葉係數和傅立葉餘弦係數，但是推導的符號對於正弦級數來說較為簡單，所以我們以正弦級數為例。

首先，對於求解的問題，我們需要一個運算和制定問題的環境。

令 $PS[0, L]$ 為定義於 $[0, L]$ 的所有片段平滑函數的集合。$PS[0, L]$ 具有像 $R^n$ 的代數結構：片段連續函數的線性組合為片段連續，且零函數的行為就像 $n$-向量中的零向量。

定義 $PS[0, L]$ 中的距離如下：若 $f$ 在 $PS[0, L]$ 中，定義 $f$ 的**範數** (norm) 為

$$\|f\| = \sqrt{\int_0^L (f(x))^2\, dx}$$

這個範數具體地分享了 $n$-向量範數的一些性質，

1. $\|f\| \geq 0$。
2. $\|cf\| = |c|\,\|f\|$，其中 $c$ 為任意實數 $c$。
3. $\|f + g\| \leq \|f\| + \|g\|$（三角不等式）。

如同向量一樣，將 $PS[0, L]$ 中的 $f$ 和 $g$ 之間的**距離** (distance) 定義為它們的差的範數

$$\|f - g\|$$

現在，以方便求解問題的方式重新形成函數在 $[0, L]$ 的傅立葉正弦級數，我們將立即說明。若 $f(x)$ 在 $PS[0, L]$ 中，則 $f(x)$ 有正弦展開

$$f(x) = \sum_{n=1}^{\infty} B_n \sin\left(\frac{n\pi x}{L}\right)$$

其中

$$B_n = \frac{2}{L} \int_0^L f(\xi) \sin\left(\frac{n\pi \xi}{L}\right) d\xi$$

定義

$$\varphi_n(x) = \sqrt{\frac{2}{L}} \sin\left(\frac{n\pi x}{L}\right)$$

上式中基本正弦函數的恆定倍數其範數為 1，因為

$$\|\varphi_n(x)\|^2 = \int_0^L (\varphi_n(x))^2\, dx$$
$$= \frac{2}{L} \int_0^L \sin^2\left(\frac{n\pi x}{L}\right) dx = 1$$

此外，我們可將 $f(x)$ 在 $[0, L]$ 的傅立葉正弦級數以函數 $\varphi_n(x)$ 表示如下：

$$\sum_{n=1}^{\infty} B_n \sin(n\pi x/L)$$

$$= \sum_{n=1}^{\infty} \left( \frac{2}{L} \int_0^L f(\xi) \sin(n\pi\xi/L) \, d\xi \right) \sin(n\pi x/L)$$

$$= \sum_{n=1}^{\infty} \left( \int_0^L \sqrt{\frac{2}{L}} \sin(n\pi\xi/L) \, d\xi \right) \sqrt{\frac{2}{L}} \sin(n\pi x/L)$$

$$= \sum_{n=1}^{\infty} c_n \varphi_n(n\pi x/L)$$

其中

$$c_n = \int_0^L f(\xi) \varphi_n(\xi) \, d\xi$$

函數 $\varphi_n(x)$ 稱為**被正規化 (normalized)**，因為它們都具有範數 1。在正弦展開式中使用它們，類似於在 $R^n$ 中使用單位基底向量來寫出一向量。

現在將制定一個我們承諾要討論的最適化問題。

假設 $f$ 是在 $PS[0, L]$ 中，如何選擇實數 $k_1, \cdots, k_N$ 來最小化 $f$ 與 $N$ 項部分和 $\sum_{n=1}^{N} k_n \varphi_n$ 在 $PS[0, L]$ 之間的距離？

以向量空間的語言，給予 $f$，我們要找最接近 $f$ 的 $\varphi_1(x), \cdots, \varphi_n(x)$ **織成 (span)** 的函數（使用範數量測距離）。

使用範數，這個問題是選擇 $k_1, \cdots, k_N$ 以使

$$\| f - \sum_{n=1}^{N} k_n \varphi_n \|$$

最小化，這與最小化

$$\| f - \sum_{n=1}^{N} k_n \varphi_n \|^2$$

相同。更明確地說，我們要選擇係數 $k_1, \cdots, k_n$ 來最小化

$$\int_0^L \left( f(x) - \sum_{n=1}^{N} k_n \varphi_n(x) \right)^2 dx$$

為了求解這個問題，從如同用於導出貝索不等式的計算開始：

$$0 \leq \int_0^L \left( f(x) - \sum_{n=1}^N k_n \varphi_n(x) \right)^2 dx$$

$$= \int_0^L (f(x))^2 \, dx - 2 \sum_{n=1}^N k_n \int_0^L f(x) \varphi_n(x) \, dx + \sum_{n=1}^N \sum_{m=1}^N k_n k_m \int_0^L \varphi_n(x) \varphi_m(x) \, dx$$

$$= \int_0^L (f(x))^2 \, dx - 2 \sum_{n=1}^N k_n c_n + \sum_{n=1}^N k_n^2$$

在這裡，我們使用了這個事實

$$\int_0^L \varphi_n(x) \varphi_m(x) \, dx = \begin{cases} 1, & n = m \\ 0, & n \neq m \end{cases}$$

到目前為止，我們已經證明

$$0 \leq \int_0^L (f(x))^2 \, dx - 2 \sum_{n=1}^N k_n c_n + \sum_{n=1}^N k_n^2$$

將涉及 $c_n$ 與 $k_n$ 的項配方，則不等式可寫成

$$0 \leq \int_0^L (f(x))^2 \, dx + \sum_{n=1}^N (k_n - c_n)^2 - \sum_{n=1}^N c_n^2$$

我們要將右側最小化。但是，當以這種方式寫出問題時，答案是顯而易見的。當非負項

$$\sum_{n=1}^N (k_n - c_n)^2$$

盡可能小時，右側是最小值，當 $k_n = c_n$ 時，該項為零。應該選擇 $k_n$ 作為 $f(x)$ 在區間的正弦係數。

使用距離，$PS[0, L]$ 中最接近 $f(x)$ 的線性組合 $\sum_{n=1}^N k_n \varphi_n(x)$ 是 $f(x)$ 在 $[0, L]$ 的傅立葉正弦展開的 $N$ 項部分和，使用傅立葉正弦係數作為常數。

## 10.4 習題

1. 將 10.4.1 節的討論，用函數 $\sqrt{2/L}\cos(n\pi x/L)$, $n = 0, \cdots, N$ 的線性組合作為 $[0, L]$ 上的近似。

2. 將 10.4.1 節的討論，用函數 $\sqrt{2/L}\cos(n\pi x/L)$, $n = 0, \cdots, N$ 與 $\sqrt{2/L}\sin(n\pi x/L)$, $n = 1, \cdots, N$ 的線性組合作為 $[-L, L]$ 上的近似。

## 10.5 複數傅立葉級數

在 $[-L, L]$ 的區間，存在函數的複數傅立葉級數。回顧歐勒公式

$$e^{i\theta} = \cos(\theta) + i\sin(\theta)$$

用 $-\theta$ 替換 $\theta$，上式成為

$$e^{-i\theta} = \cos(\theta) - i\sin(\theta)$$

解出 $\cos(\theta)$ 和 $\sin(\theta)$，得到三角函數的複指數形式：

$$\cos(\theta) = \frac{1}{2}\left(e^{i\theta} + e^{-i\theta}\right), \sin(\theta) = \frac{1}{2i}\left(e^{i\theta} - e^{-i\theta}\right)$$

我們還將使用這樣的事實：如果 $x$ 是實數，則 $e^{ix}$ 的共軛複數是

$$\overline{e^{ix}} = e^{-ix}$$

這可由歐勒公式得知

$$\overline{e^{ix}} = \overline{\cos(x) + i\sin(x)} = \cos(x) - i\sin(x) = e^{-ix}$$

現在令 $f$ 為基本週期 $2L$ 的片段平滑週期函數。為了導出 $f(x)$ 在 $[-L, L]$ 的複數傅立葉展開，從 $f(x)$ 的傅立葉級數開始。使用 $\omega_0 = \pi/L$，這個級數是

$$\frac{1}{2}a_0 + \sum_{n=1}^{\infty}(a_n\cos(n\omega_0 x) + b_n\sin(n\omega_0 x))$$

其中常數是 $f(x)$ 在區間上的傅立葉係數。

將 $\cos(n\omega_0 x)$ 和 $\sin(n\omega_0 x)$ 的複數式代入此展開式中：

$$\frac{1}{2}a_0 + \sum_{n=1}^{\infty}\left[a_n\frac{1}{2}\left(e^{in\omega_0 x}+e^{-in\omega_0 x}\right)+b_n\frac{1}{2i}\left(e^{in\omega_0 x}-e^{-in\omega_0 x}\right)\right]$$

$$=\frac{1}{2}a_0+\sum_{n=1}^{\infty}\left[\frac{1}{2}(a_n-ib_n)e^{in\omega_0 x}+\frac{1}{2}(a_n+ib_n)e^{-in\omega_0 x}\right]$$

其中我們使用了 $1/i = -i$ 的事實。令

$$d_0 = \frac{1}{2}a_0$$

且對於 $n = 1, 2, \cdots$,

$$d_n = \frac{1}{2}(a_n - ib_n)$$

$f(x)$ 在 $[-L, L]$ 的傅立葉級數變成

$$d_0 + \sum_{n=1}^{\infty} d_n e^{in\omega_0 x} + \sum_{n=1}^{\infty} \overline{d_n} e^{-in\omega_0 x} \tag{10.18}$$

如今

$$d_0 = \frac{1}{2}a_0 = \frac{1}{2L}\int_{-L}^{L} f(x)\,dx$$

且對於 $n = 1, 2, \cdots$,

$$d_n = \frac{1}{2}(a_n - ib_n)$$

$$= \frac{1}{2L}\int_{-L}^{L} f(x)\cos(n\omega_0 x)\,dx - \frac{i}{2L}\int_{-L}^{L} f(x)\sin(n\omega_0 x)\,dx$$

$$= \frac{1}{2L}\int_{-L}^{L} f(x)[\cos(n\omega_0 x) - i\sin(n\omega_0 x)]\,dx$$

$$= \frac{1}{2L}\int_{-L}^{L} f(x)e^{-in\omega_0 x}\,dx$$

因此

$$\overline{d_n} = \frac{1}{2L}\int_{-L}^{L} f(x)\overline{e^{-in\omega_0 x}}\,dx = \frac{1}{2L}\int_{-L}^{L} f(x)e^{in\omega_0 x}\,dx = d_{-n}$$

利用上式,式 (10.18) 變成

$$d_0 + \sum_{n=1}^{\infty} d_n e^{in\omega_0 x} + \sum_{n=1}^{\infty} d_{-n} e^{-in\omega_0 x}$$

$$= \sum_{n=-\infty}^{\infty} d_n e^{in\omega_0 x}$$

這導致我們將 f 在 [–L, L] 的複數傅立葉級數 (complex Fourier series of f on [–L, L]) 定義為

$$\sum_{n=-\infty}^{\infty} d_n e^{in\omega_0 x}$$

其中係數為

$$d_n = \frac{1}{2L} \int_{-L}^{L} f(x) e^{-in\omega_0 x} \, dx$$

$n = 0, \pm 1, \pm 2, \cdots$。

由於 $f(x)$ 的週期性，定義係數的積分可以在長度為 $2L$ 的任何區間 $[\alpha, \alpha + 2L]$ 上進行。傅立葉收斂定理適用於這個複數傅立葉展開，因為這是函數的傅立葉級數的另一種形式。

### 例 10.13

令 $f(x) = x$，$-1 \leq x \leq 1$，假設 $f$ 具有基本週期 2，所以對於所有 $x$，$f(x + 2) = f(x)$。如今 $L = 1$ 且 $\omega_0 = \pi$。

$d_0 = 0$，因為 $f$ 是奇函數。對於 $n \neq 0$，

$$d_n = \frac{1}{2} \int_{-1}^{1} x e^{-in\pi x} \, dx$$

$$= \frac{1}{2n^2\pi^2} \left[ in\pi e^{in\pi} - e^{in\pi} + in\pi e^{-in\pi} + e^{-in\pi} \right]$$

$$= \frac{1}{2n^2\pi^2} \left[ in\pi \left( e^{in\pi} + e^{-in\pi} \right) - \left( e^{in\pi} - e^{-in\pi} \right) \right]$$

$f(x)$ 的複數傅立葉級數為

$$\sum_{n=-\infty, n \neq 0}^{\infty} \frac{1}{2n^2\pi^2} \left[ in\pi \left( e^{in\pi} + e^{-in\pi} \right) - \left( e^{in\pi} - e^{-in\pi} \right) \right] e^{in\pi x}$$

上式收斂於 $x$，$-1 < x < 1$。在這個例子中，我們可以化簡級數。對於 $n \neq 0$，

$$d_n = \frac{1}{2n^2\pi^2}[2in\pi \cos(n\pi) - 2i\sin(n\pi)]$$
$$= \frac{i}{n\pi}(-1)^n$$

因為 $\sin(n\pi) = 0$。在 $\sum_{n=-\infty}^{-1}$ 中,以 $-n$ 取代 $n$,並從 $n = 1$ 加到 $\infty$,然後結合從 1 到 $\infty$ 的兩個求和來獲得

$$\sum_{n=-\infty, n\neq 0}^{\infty} \frac{i}{n\pi}(-1)^n e^{in\pi x}$$
$$= \sum_{n=1}^{\infty} \left( \frac{i}{n\pi}(-1)^n e^{in\pi x} + \frac{i}{-n\pi}(-1)^{-n} e^{-in\pi x} \right)$$
$$= \sum_{n=1}^{\infty} \frac{i}{n\pi}(-1)^n \left( e^{in\pi x} - e^{-in\pi x} \right)$$
$$= \sum_{n=1}^{\infty} \frac{2}{n\pi}(-1)^{n+1} \sin(n\pi x)$$

這是 $f(x) = x$ 在 $[-1, 1]$ 的傅立葉級數。

週期函數的複數傅立葉級數的**振幅譜** (amplitude spectrum) 是點 $(n\omega_0, |d_n|)$ 的圖形,有時該圖也稱為**頻譜** (frequency spectrum)。

## 10.5 習題

習題 1–4,寫出 $f$ 的複數傅立葉級數、求級數的和,並畫出頻譜的某些點。

**1.** $f(x) = 2x$,$0 \leq x \leq 3$,週期 3

**2.** $f(x) = \begin{cases} 0, & 0 \leq x < 1 \\ 1, & 1 \leq x < 4 \end{cases}$

　　$f$ 具有週期 4

**3.** $f(x) = \begin{cases} -1, & 0 \leq x < 2 \\ 2, & 2 \leq x < 4 \end{cases}$

　　$f$ 具有週期 4

**4.** $f(x) = \begin{cases} x, & 0 \leq x < 1 \\ 2-x, & 1 \leq x < 2 \end{cases}$

　　$f$ 具有週期 2

# CHAPTER 11

# 傅立葉變換

## 11.1 傅立葉變換

傅立葉積分和變換先前用於求解偏微分方程式。在這裡，我們將焦點集中在傅立葉變換的性質，包括反傅立葉變換的積分公式，以及開發傅立葉餘弦和正弦變換。

假設 $f(x)$ 在區間 $[-L, L]$ 為片段平滑，並且假設 $f$ 是 **絕對可積** (absolutely integrable)，亦即 $\int_{-\infty}^{\infty} |f(x)|\, dx$ 收斂，則在 $f$ 為連續的每一點 $x$，$f(x)$ 有傅立葉積分表達式

$$f(x) = \int_0^{\infty} [A_\omega \cos(\omega x) + B_\omega \sin(\omega x)]\, d\omega \tag{11.1}$$

其中傅立葉積分係數為

$$A_\omega = \frac{1}{\pi} \int_{-\infty}^{\infty} f(\xi) \cos(\omega \xi)\, d\xi \text{ 且 } B_\omega = \frac{1}{\pi} \int_{-\infty}^{\infty} f(\xi) \sin(\omega \xi)\, d\xi \tag{11.2}$$

若函數在 $x$ 有跳躍不連續，則傅立葉積分在 $x$ 收斂於

$$\frac{1}{2}(f(x-) + f(x+))$$

然而，在下列的討論中，我們將繼續用式 (11.1) 中的 $f(x)$ 以使敘述更流暢。

若我們將積分係數 (11.2) 代入式 (11.1)，則有

$$\begin{aligned}
f(x) &= \int_0^{\infty} \left[ \left( \frac{1}{\pi} \int_{-\infty}^{\infty} f(\xi) \cos(\omega \xi)\, d\xi \right) \cos(\omega x) \right.\\
&\quad \left. + \left( \frac{1}{\pi} \int_{-\infty}^{\infty} f(\xi) \sin(\omega \xi)\, d\xi \right) \sin(\omega \xi) \right] d\omega \\
&= \frac{1}{\pi} \int_0^{\infty} \int_{-\infty}^{\infty} f(\xi)[\cos(\omega \xi) \cos(\omega x) + \sin(\omega \xi) \sin(\omega x)]\, d\xi\, d\omega \\
&= \frac{1}{\pi} \int_0^{\infty} \int_{-\infty}^{\infty} f(\xi) \cos(\omega(\xi - x))\, d\xi\, d\omega \tag{11.3}
\end{aligned}$$

我們在第 10 章看到

$$\cos(x) = \frac{1}{2}\left(e^{ix} + e^{-ix}\right)$$

將上式代入式 (11.3)：

$$f(x) = \frac{1}{\pi}\int_0^\infty \int_{-\infty}^\infty f(\xi)\frac{1}{2}\left(e^{i\omega(\xi-x)} + e^{-i\omega(\xi-x)}\right) d\xi\, d\omega$$

$$= \frac{1}{2\pi}\int_0^\infty \int_{-\infty}^\infty f(\xi)e^{i\omega(\xi-x)}\, d\xi\, d\omega + \frac{1}{2\pi}\int_0^\infty \int_{-\infty}^\infty f(\xi)e^{-i\omega(\xi-x)}\, d\xi\, d\omega$$

在最後一列的第一個積分中，以 $-\omega$ 取代 $\omega$，並用 $\int_{-\infty}^0 \cdots d\omega$ 取代 $\int_0^\infty \cdots d\omega$ 來補償此變化：

$$f(x) = \frac{1}{2\pi}\int_{-\infty}^0 \int_{-\infty}^\infty f(\xi)e^{-i\omega(\xi-x)}\, d\xi\, d\omega$$

$$+ \frac{1}{2\pi}\int_0^\infty \int_{-\infty}^\infty f(\xi)e^{-i\omega(\xi-x)}\, d\xi\, d\omega$$

合併這些積分得到

$$f(x) = \frac{1}{2\pi}\int_{-\infty}^\infty \int_{-\infty}^\infty f(\xi)e^{-i\omega\xi}e^{i\omega x}\, d\xi\, d\omega \tag{11.4}$$

這是 *f(x)* 在實線的複數傅立葉積分表達式 [complex Fourier integral representation of *f(x)* on the real line]。若

$$C_\omega = \int_{-\infty}^\infty f(\xi)e^{-i\omega\xi}\, d\xi$$

則這個複數積分表達式為

$$f(x) = \frac{1}{2\pi}\int_{-\infty}^\infty C_\omega e^{i\omega x} d\omega$$

$C_\omega$ 為 *f* 的複數傅立葉積分係數 (complex Fourier integral coefficient of *f*)。

使用這個複數傅立葉積分作為傅立葉變換的跳板，其概念包含在式 (11.4) 中。為了強調我們如何想到這個方程式，把它寫成

$$f(x) = \frac{1}{2\pi}\int_{-\infty}^\infty \left(\int_{-\infty}^\infty f(\xi)e^{-i\omega\xi}\, d\xi\right) e^{i\omega x}\, d\omega \tag{11.5}$$

括號內的積分是 $f$ 的傅立葉變換 $\mathcal{F}[f](\omega)$：

$$\mathcal{F}[f](\omega) = \int_{-\infty}^{\infty} f(x)e^{-i\omega x}\, dx \tag{11.6}$$

工程師常指變換函數的變數 $\omega$ 為信號 $f$ 的**頻率** (frequency)。

$\mathcal{F}[f]$ 也寫成

$$\mathcal{F}[f](\omega) = \widehat{f}(\omega)$$

### 例 11.1

求 $e^{-c|x|}$ 的變換，其中 $c$ 為正數。首先，將 $f(x)$ 寫成

$$f(x) = e^{-c|x|} = \begin{cases} e^{-cx}, & x \geq 0 \\ e^{cx}, & x < 0 \end{cases}$$

則

$$\begin{aligned}
\mathcal{F}[f](\omega) &= \int_{-\infty}^{\infty} e^{-c|x|} e^{-i\omega x}\, dx \\
&= \int_{-\infty}^{0} e^{cx} e^{-i\omega x}\, dx + \int_{0}^{\infty} e^{-cx} e^{-i\omega x}\, dx \\
&= \int_{-\infty}^{0} e^{(c-i\omega)x}\, dx + \int_{0}^{\infty} e^{-(c+i\omega)x}\, dx \\
&= \left[\frac{1}{c-i\omega} e^{(c-i\omega)x}\right]_{-\infty}^{0} + \left[\frac{-1}{c+i\omega} e^{-(c+i\omega)x}\right]_{0}^{\infty} \\
&= \left(\frac{1}{c+i\omega} + \frac{1}{c-i\omega}\right) = \frac{2c}{c^2+\omega^2}
\end{aligned}$$

我們也可以寫成

$$\widehat{f}(\omega) = \frac{2c}{c^2+\omega^2}$$

### 例 11.2

令 $H(x)$ 為 Heaviside 函數，其定義為

$$H(x) = \begin{cases} 1, & x \geq 0 \\ 0, & x < 0 \end{cases}$$

計算

$$f(x) = H(x)e^{-5x} = \begin{cases} e^{-5x}, & x \geq 0 \\ 0, & x < 0 \end{cases}$$

的傅立葉變換。由變換的定義，

$$\widehat{f}(\omega) = \int_{-\infty}^{\infty} H(x)e^{-5x}e^{-i\omega x} dx$$
$$= \int_{0}^{\infty} e^{-5x}e^{-i\omega x} dx = \int_{0}^{\infty} e^{-(5+i\omega)x} dx$$
$$= -\frac{1}{5+i\omega} \left[ e^{-(5+i\omega)x} \right]_{0}^{\infty} = \frac{1}{5+i\omega}$$

### 例 11.3

令 $a$ 與 $k$ 為正數，求 $\widehat{f}(\omega)$，其中

$$f(x) = \begin{cases} k, & -a \leq x < a \\ 0, & x < -a \text{ 且 } x \geq a \end{cases}$$

這是脈動

$$f(x) = k\left[H(x+a) - H(x-a)\right]$$

因此

$$\widehat{f}(\omega) = \int_{-\infty}^{\infty} f(x)e^{-i\omega x} dx$$
$$= \int_{-a}^{a} k e^{-i\omega x} dx = \left[ \frac{-k}{i\omega} e^{-i\omega x} \right]_{-a}^{a}$$
$$= -\frac{k}{i\omega}[e^{-i\omega a} - e^{i\omega a}] = \frac{2k}{\omega}\sin(a\omega)$$

這些例子以積分來作非常簡單。通常尋找函數的傅立葉變換是使用表或軟體程式。

現在假設在每一區間 $[-L, L]$，$f$ 為連續且 $f'$ 為片段平滑，因為 $\widehat{f}(\omega)$ 為 $f$ 的複數傅立葉積分表達式中的係數，

$$f(x) = \frac{1}{2\pi} \int_{-\infty}^{\infty} \widehat{f}(\omega) e^{i\omega x} \, d\omega \tag{11.7}$$

式 (11.7) 定義**反傅立葉變換** (inverse Fourier transform)。已知滿足某些條件的 $f$，我們可以使用式 (11.6) 計算其傅立葉變換 $\widehat{f}$；反之，已知 $\widehat{f}$，我們可以使用式 (11.7) 求 $f$。由於這個原因，式 (11.6) 和式 (11.7)，

$$\widehat{f}(\omega) = \int_{-\infty}^{\infty} f(x) e^{-i\omega x} \, dx \text{ 和 } f(x) = \frac{1}{2\pi} \int_{-\infty}^{\infty} \widehat{f}(\omega) e^{i\omega x} \, d\omega$$

稱為形成一個**變換對** (transform pair)。

我們將反傅立葉變換以 $\mathcal{F}^{-1}$ 表示：

$$\text{若 } \mathcal{F}[f] = \widehat{f} \text{，則 } \mathcal{F}^{-1}[\widehat{f}] = f$$

### 例 11.4

令

$$f(x) = \begin{cases} 1 - |x|, & -1 \leq x \leq 1 \\ 0, & |x| > 1 \end{cases}$$

則 $f$ 為連續且絕對可積，而 $f'$ 為片段連續。由直接積分可得 $f$ 的傅立葉變換：

$$\widehat{f}(\omega) = \int_{-\infty}^{\infty} f(x) e^{-i\omega x} \, dx$$

$$= \int_{-1}^{1} (1 - |x|) e^{-i\omega x} = \frac{2(1 - \cos(\omega))}{\omega^2}$$

為了說明式 (11.7)，計算這個傅立葉變換的反變換，

$$\mathcal{F}^{-1}[\widehat{f}](x) = \frac{1}{2\pi}\int_{-\infty}^{\infty}\widehat{f}(\omega)e^{i\omega x}\,d\omega$$

$$= \frac{1}{\pi}\int_{-\infty}^{\infty}\frac{1-\cos(\omega)}{\omega^2}e^{i\omega x}\,d\omega$$

$$= \pi(x+1)\mathrm{sgn}(x+1) + \pi(x-1)\mathrm{sgn}(x-1) - 2\mathrm{sgn}(x)$$

這個積分可以使用軟體程式計算，其中

$$\mathrm{sgn}(x) = \begin{cases} 1, & x > 0 \\ -1, & x < 0 \\ 0, & x = 0 \end{cases}$$

考慮 $x < -1$、$-1 < x < 1$ 和 $x > 1$ 的情形，在此例中可驗證 $\mathcal{F}^{-1}[\widehat{f}](x) = f(x)$。

信號 $f(x)$ 的 **振幅譜** (amplitude spectrum) 為 $|\widehat{f}(\omega)|$ 的圖形。

### 例 11.5

令 $a$ 與 $k$ 為正數且令

$$f(x) = \begin{cases} k, & -a \leq x \leq a \\ 0, & x < -a \text{ 且 } x > a \end{cases}$$

則

$$\widehat{f}(\omega) = \int_{-\infty}^{\infty} f(x)e^{-i\omega x}\,dx$$

$$= \int_{-a}^{a} ke^{-i\omega x}\,dx = -\frac{k}{i\omega}(e^{-i\omega x} - e^{i\omega x})\Big|_{-a}^{a}$$

$$= \frac{2k}{\omega}\sin(a\omega)$$

$f$ 的振幅譜為

$$|\widehat{f}(\omega)| = 2k\left|\frac{\sin(a\omega)}{\omega}\right|$$

的圖形，如圖 11.1 所示，其中 $k = 1$ 且 $a = 2$。

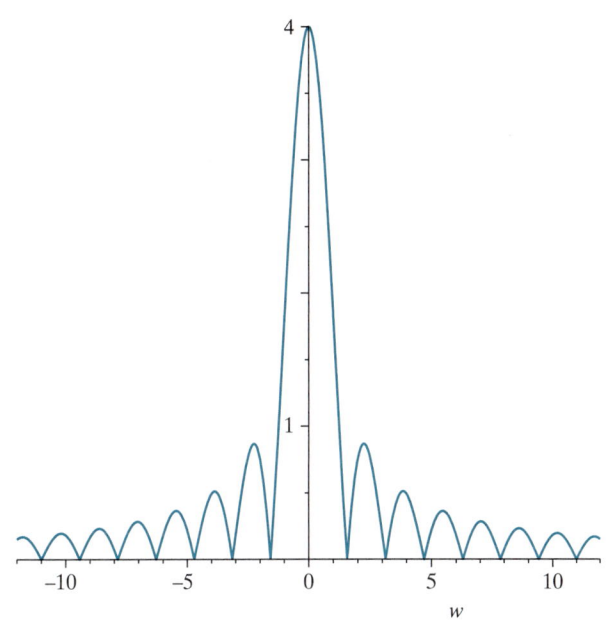

**圖 11.1** 在例 11.5 中的振幅譜的圖形

傅立葉變換的一些性質和計算公式包括：

1. **線性**

$$\mathcal{F}[f+g] = \mathcal{F}[f] + \mathcal{F}[g]$$

且對於任意數 $k$，

$$\mathcal{F}[kf] = k\mathcal{F}[f]$$

2. **移位** 若 $x_0$ 為一實數，則

$$\mathcal{F}[f(x-x_0)](\omega) = e^{-i\omega x_0}\widehat{f}(\omega) \tag{11.8}$$

移位函數 $f(x-x_0)$ 的傅立葉變換為 $f$ 的傅立葉變換乘以 $e^{-i\omega x_0}$。這類似於拉氏變換的第二移位定理。

移位定理的反變換為

$$\mathcal{F}^{-1}[e^{-i\omega x_0}\widehat{f}(\omega)](x) = f(x-x_0) \tag{11.9}$$

### 例 11.6

計算

$$\mathcal{F}^{-1}\left[\frac{e^{2i\omega}}{5+i\omega}\right]$$

指數因數 $e^{2i\omega}$ 的存在建議使用移位定理的反變換。將 $x_0 = -2$ 與

$$\widehat{f}(\omega) = \frac{1}{5+i\omega}$$

代入式 (11.9) 可得

$$\mathcal{F}^{-1}[e^{2i\omega}\widehat{f}(\omega)](x) = f(x-(-2)) = f(x+2)$$

其中

$$f(x) = \mathcal{F}^{-1}\left[\frac{1}{5+i\omega}\right] = H(x)e^{-5x}$$

由移位定理,

$$\mathcal{F}^{-1}\left[\frac{e^{2i\omega}}{5+i\omega}\right] = f(x+2) = H(x+2)e^{-5(x+2)}$$

3. **頻移** 若 $\omega_0$ 為任意實數,則

$$\mathcal{F}[e^{i\omega_0 x}f(x)](\omega) = \widehat{f}(\omega - \omega_0)$$

以 $e^{i\omega_0 x}$ 乘以函數的傅立葉變換為 $f$ 的傅立葉變換右移 $\omega_0$。

為了證明這個結果,計算

$$\mathcal{F}[e^{i\omega_0 x}f(x)](\omega) = \int_{-\infty}^{\infty} e^{i\omega_0 x}f(x)e^{-i\omega x}\,dx$$
$$= \int_{-\infty}^{\infty} e^{-i(\omega-\omega_0)x}f(x)\,dx = \widehat{f}(\omega - \omega_0)$$

頻移的反變換為

$$\mathcal{F}^{-1}[\widehat{f}(\omega - \omega_0)](x) = e^{i\omega_0 x}f(x)$$

4. **縮放** 若 $c$ 為任意非零實數,則

$$\mathcal{F}[f(cx)](\omega) = \frac{1}{|c|}\widehat{f}(\omega/c)$$

在 $f(cx)$ 的傅立葉變換的積分中，縮放可以用變數 $u = cx$ 進行驗證。縮放定理的反變換為

$$\mathcal{F}^{-1}[\widehat{f}(\omega/c)] = |c|f(cx)$$

5. **反轉**

$$\mathcal{F}[f(-x)](\omega) = \widehat{f}(-\omega)$$

在縮放定理中，令 $c = -1$ 即得反轉。

6. **對稱**

$$\mathcal{F}[\widehat{f}(x)](\omega) = 2\pi f(-\omega)$$

若我們在變換函數 $\widehat{f}$ 中以 $x$ 代替 $\omega$，然後對 $x$ 的這個函數進行變換，則得到原函數 $f(-\omega)$ 的 $2\pi$ 倍。

7. **調變** 若 $\omega_0$ 為一實數，則

$$\mathcal{F}[f(x)\cos(\omega_0 x)](\omega) = \frac{1}{2}\left(\widehat{f}(\omega + \omega_0) + \widehat{f}(\omega - \omega_0)\right)$$

且

$$\mathcal{F}[f(x)\sin(\omega_0 x)](\omega) = \frac{i}{2}\left(\widehat{f}(\omega + \omega_0) - \widehat{f}(\omega - \omega_0)\right)$$

8. **運算公式** 為了將傅立葉變換應用於微分方程式，我們必須能夠變換導數，這稱為**運算規則** (operational rule)。記住，$f$ 的第 $k$ 階導數表示為 $f^{(k)}$，其中令 $f^{(0)} = f$。

令 $n$ 為任意正整數且假設在每一區間 $[-L, L]$，$f^{(n-1)}$ 為連續且 $f^{(n)}$ 為片段連續。又假設 $\int_{-\infty}^{\infty} |f^{(n-1)}(x)|\,dx$ 收斂且對於 $k = 0, 1, 2, \cdots, n-1$，

$$\lim_{x \to \infty} f^{(k)}(x) = \lim_{x \to -\infty} f^{(k)}(x) = 0$$

則

$$\mathcal{F}[f^{(n)}(x)](\omega) = (i\omega)^n \widehat{f}(\omega)$$

在這些條件下，$f$ 的第 $n$ 階導數的傅立葉變換為 $i\omega$ 的 $n$ 次方乘以 $f$ 的傅立葉變換。

### 例 11.7

解微分方程式

$$y' - 4y = H(x)e^{-4x}$$

應用傅立葉變換於微分方程式，可得

$$\mathcal{F}[y'(x)](\omega) - 4\widehat{y}(\omega) = \mathcal{F}[H(x)e^{-4x}](\omega)$$

由運算規則，當 $n = 1$ 時，

$$\mathcal{F}[y'](\omega) = i\omega\widehat{y}(\omega)$$

$$\mathcal{F}[H(x)e^{-4x}](\omega) = \frac{1}{4 + i\omega}$$

因此

$$i\omega\widehat{y} - 4\widehat{y} = \frac{1}{4 + i\omega}$$

解出 $\widehat{y}$，得到

$$\widehat{y}(\omega) = \frac{-1}{16 + \omega^2}$$

由例 11.1，$c = 4$，

$$y(x) = \mathcal{F}^{-1}\left[\frac{-1}{16 + \omega^2}\right] = -\frac{1}{8}e^{-4|x|}$$

可以調整運算公式以適應有限個 $f$ 的跳躍不連續。若這些發生在 $x_1, \cdots, x_M$ 且若

$$\lim_{x \to -\infty} f(x) = \lim_{x \to \infty} f(x) = 0$$

則

$$\mathcal{F}[f'(x)](\omega) = i\omega\widehat{f}(\omega) - \sum_{j=1}^{M}(f(x_j+) - f(x_j-))e^{-ix_j\omega}$$

每一項 $f(x_j+) - f(x_j-)$ 是在 $x_j$ 的跳躍不連續的大小。

9. **頻率微分**　$\widehat{f}(\omega)$ 中使用的變數 $\omega$ 是 $f(x)$ 的頻率，因為它出現在複指數 $e^{i\omega x}$ 中，而 $e^{i\omega x} = \cos(\omega x) + i\sin(\omega x)$。在這種情況下，計算

$$\frac{d}{d\omega}\widehat{f}(\omega)$$

的過程稱為**頻率微分** (frequency differentiation)。$\widehat{f}(\omega)$ 的導數和 $f(x)$ 之間有重要的關係。

令 $n$ 為正整數，對於每一正數 $L$，令 $f$ 在 $[-L, L]$ 為片段連續且假設 $\int_{-\infty}^{\infty} |x^n f(x)|\, dx$ 收斂，則

$$\frac{d^n}{d\omega^n}\widehat{f}(\omega) = i^{-n}\mathcal{F}[x^n f(x)](\omega)$$

這表示 $f(x)$ 的傅立葉變換的 $n$ 階導數等於 $i^{-n}$ 乘以 $x^n f(x)$ 的變換。

我們將為 $n = 1$ 的情況提供證明，亦即

$$\frac{d}{d\omega}\widehat{f}(\omega) = \frac{d}{d\omega}\int_{-\infty}^{\infty} f(x)e^{-i\omega x}\, dx = \int_{-\infty}^{\infty} \frac{\partial}{\partial\omega}[f(x)e^{-i\omega x}]\, dx$$

$$= \int_{-\infty}^{\infty} f(x)(-ix)e^{-i\omega x}\, dx = -i\int_{-\infty}^{\infty} [xf(x)]e^{-i\omega x}\, dx$$

$$= -i\mathcal{F}[xf(x)](\omega)$$

例如，使用例 11.1 的結果。

$$\mathcal{F}[x^2 e^{-5|x|}](\omega) = i^2\frac{d^2}{d\omega^2}\left(\frac{10}{25+\omega^2}\right) = 20\left(\frac{25-3\omega^2}{(25+\omega^2)^2}\right)$$

10. **積分的傅立葉變換**　令 $f$ 在每一區間 $[-L, L]$ 為片段連續。假設 $\int_{-\infty}^{\infty} |f(x)|\, dx$ 收斂且 $\widehat{f}(0) = 0$，則

$$\mathcal{F}\left[\int_{-\infty}^{x} f(\xi)d\xi\right](\omega) = \frac{1}{i\omega}\widehat{f}(\omega)$$

要驗證這一點，定義 $g(x) = \int_{-\infty}^{x} f(\xi)\, d\xi$，然後在 $f$ 為連續的每一點處有 $g'(x) = f(x)$。此外，當 $x \to \infty$ 時，$g(x) \to 0$，且由假設

$$\lim_{x\to\infty} g(x) = \int_{-\infty}^{\infty} f(\xi)\, d\xi = \widehat{f}(0) = 0$$

因此，應用運算公式，我們有

$$\widehat{f}(\omega) = \mathcal{F}[g'(x)](\omega)$$
$$= i\omega \mathcal{F}[g(x)](\omega) = i\omega \mathcal{F}\left[\int_{-\infty}^{x} f(\xi)\, d\xi\right](\omega)$$

11. **卷積**

積分變換通常具有卷積運算，我們已經看到了拉氏變換的卷積。對於傅立葉變換，$f$ 與 $g$ 的**卷積** (convolution) 是函數 $f * g$，定義為

$$(f * g)(x) = \int_{-\infty}^{\infty} f(x - \xi) g(\xi)\, d\xi$$

在作出這個定義時，假設對於每一區間 $[a, b]$，$\int_{a}^{b} f(x)\, dx$ 與 $\int_{a}^{b} g(x)\, dx$ 存在且對於每一實數 $x$，$\int_{-\infty}^{\infty} |f(x - \xi) g(\xi)|\, d\xi$ 收斂。

卷積有下列性質：

(11-1) **交換性**　若 $f * g$ 有定義，則 $g * f$ 也有定義且

$$f * g = g * f$$

這可以用變數的改變 $\tau = x - \xi$ 來驗證。

(11-2) 對於常數 $\alpha$ 和 $\beta$ 以及函數 $f$、$g$、$h$，

$$(\alpha f + \beta g) * h = \alpha(f * h) + \beta(g * h)$$

條件是所有這些卷積都有定義。

對於卷積的後三個性質，假設 $f$ 和 $g$ 在實線上是有界和連續，並且 $f$ 和 $g$ 都是絕對可積，則

(11-3)

$$\int_{-\infty}^{\infty} (f * g)(x)\, dx = \int_{-\infty}^{\infty} f(x)\, dx \int_{-\infty}^{\infty} g(x)\, dx$$

(11-4) **卷積定理**

$$\mathcal{F}[f * g] = \widehat{f}\widehat{g}$$

兩個函數的卷積的傅立葉變換為經傅立葉變換後的兩函數的乘積，這稱為**卷積定理** (convolution theorem)，並且類似的結果適用於拉氏變換。卷積定理的反傅立葉變換為

$$\mathcal{F}^{-1}[\widehat{f}(\omega)\widehat{g}(\omega)](x) = (f * g)(x)$$

兩個變換函數的乘積的反傅立葉變換等於兩函數的卷積。

**(11-5) 頻率卷積**

$$\mathcal{F}[fg](\omega) = \frac{1}{2\pi}(\widehat{f} * \widehat{g})(\omega)$$

### 例 11.8

計算

$$\mathcal{F}^{-1}\left[\frac{1}{(4+\omega^2)(9+\omega^2)}\right]$$

我們要找乘積的反變換，必須要知道每個因數的反變換。

$$\mathcal{F}^{-1}\left(\frac{1}{4+\omega^2}\right) = f(x) = \frac{1}{4}e^{-2|x|}$$

且

$$\mathcal{F}^{-1}\left(\frac{1}{9+\omega^2}\right) = g(x) = \frac{1}{6}e^{-3|x|}$$

卷積定理的反變換，告訴我們

$$\mathcal{F}^{-1}\left[\frac{1}{(4+\omega^2)(9+\omega^2)}\right](x) = (f * g)(x) = \frac{1}{24}\int_{-\infty}^{\infty} e^{-2|x-\xi|}e^{-3|\xi|}d\xi$$

為了計算這個積分，我們必須考慮三種情況。若 $x > 0$，則

$$24(f * g)(x) = \int_{-\infty}^{0} e^{-2|x-\xi|}e^{-3|\xi|}d\xi + \int_{0}^{x} e^{-2|x-\xi|}e^{-3|\xi|}d\xi + \int_{x}^{\infty} e^{-2|x-\xi|}e^{-3|\xi|}d\xi$$

$$= \int_{-\infty}^{0} e^{-2(x-\xi)}e^{3\xi}d\xi + \int_{0}^{x} e^{-2(x-\xi)}e^{-3\xi}d\xi + \int_{x}^{\infty} e^{-2(x-\xi)}e^{-3\xi}d\xi$$

$$= \frac{6}{5}e^{-2x} - \frac{4}{5}e^{-3x}$$

若 $x < 0$，則

$$24(f*g)(x) = \int_{-\infty}^{x} e^{-2|x-\xi|}e^{-3|\xi|}d\xi + \int_{x}^{0} e^{-2|x-\xi|}e^{-3|\xi|}d\xi + \int_{0}^{\infty} e^{-2|x-\xi|}e^{-3|\xi|}d\xi$$

$$= \int_{-\infty}^{x} e^{-2(x-\xi)}e^{3\xi}d\xi + \int_{x}^{0} e^{2(x-\xi)}e^{3\xi}d\xi + \int_{0}^{\infty} e^{2(x-\xi)}e^{-3\xi}d\xi$$

$$= -\frac{4}{5}e^{3x} + \frac{6}{5}e^{2x}$$

最後，若 $x = 0$，

$$24(f*g)(0) = \int_{-\infty}^{\infty} e^{-2|\xi|}e^{-3|\xi|}\, d\xi = \frac{2}{5}$$

因此

$$\mathcal{F}^{-1}\left[\frac{1}{(4+\omega^2)(9+\omega^2)}\right](x) = \frac{1}{24}\left(\frac{6}{5}e^{-2|x|} - \frac{4}{5}e^{-3|x|}\right)$$

$$= \frac{1}{20}e^{-2|x|} - \frac{1}{30}e^{-3|x|}$$

表 11.1 是傅立葉變換的簡短表，$a$ 為任意正數，$H$ 為 Heaviside 函數，sgn 函數定義為

**表 11.1  傅立葉變換**

| $f(x)$ | $\mathcal{F}(\omega)$ |
|---|---|
| $1$ | $2\pi\delta(\omega)$ |
| $\frac{1}{x}$ | $i\operatorname{sgn}(\omega)$ |
| $e^{-a|x|}$ | $\frac{2a}{a^2+\omega^2}$ |
| $xe^{-a|x|}$ | $\frac{-4ai\omega}{(a^2+\omega^2)^2}$ |
| $|x|e^{-ax}$ | $\frac{2(a^2-\omega^2)}{(a^2+\omega^2)^2}$ |
| $e^{-a^2x^2}$ | $\frac{\sqrt{\pi}}{a}e^{-\omega^2/4a^2}$ |
| $\frac{1}{a^2+x^2}$ | $\frac{\pi}{a}e^{-a|\omega|}$ |
| $\frac{x}{a^2+x^2}$ | $-\frac{i}{2}\frac{\pi}{a}\omega e^{-a|\omega|}$ |
| $H(t+a) - H(t-a)$ | $\frac{2}{i\omega}(1-\cos(a\omega))$ |

$$\text{sgn}(x) = \begin{cases} 1, & x > 0 \\ 0, & x = 0 \\ -1, & x < 0 \end{cases}$$

### 11.1.1　濾波和 Dirac delta 函數

Dirac delta 函數 $\delta(x)$ 在 3.5 節中討論過。當高度趨於無窮大且持續時間為零，我們可以將 $\delta(x)$ 視為脈動的極限，採用 Heaviside 函數 $H(x)$，

$$\delta(x) = \lim_{a \to 0+} \frac{1}{2a}[H(x+a) - H(x-a)]$$

在這個定義中，脈動以零為中心，從 $x-a$ 延伸到 $x+a$。

通常我們處理**移位的 delta 函數** (shifted delta function) $\delta(x - x_0)$，其中脈衝是以 $x_0$ 為中心。

delta 函數的濾波性質，使我們能夠將函數值與移位的 delta 函數相乘後，再積分來求函數值 $f(x_0)$。

**定理 11.1**　用 delta 函數進行濾波

若 $f(x)$ 有傅立葉變換且在 $x_0$ 連續，則

$$\int_{-\infty}^{\infty} f(x)\delta(x - x_0)\,dx = f(x_0)$$

為了證明這一點，首先要注意：

$$H(x - x_0 + a) - H(x - x_0 - a) = \begin{cases} 0, & x \le x_0 - a \text{ 或 } x > x_0 + a \\ 1, & x_0 - a < x \le x_0 + a \end{cases}$$

現在使用 $\delta(x)$ 的定義來寫

$$\int_{-\infty}^{\infty} f(x)\delta(x - x_0)\,dx$$
$$= \int_{-\infty}^{\infty} f(x)\left[\lim_{a \to 0+} \frac{1}{2a}[H(x - x_0 + a) - H(x - x_0 - a)]\right]dx$$
$$= \lim_{a \to 0+} \frac{1}{2a}\int_{-\infty}^{\infty} f(x)[H(x - x_0 + a) - H(x - x_0 - a)]\,dx$$
$$= \lim_{a \to 0+} \frac{1}{2a}\int_{x_0 - a}^{x_0 + a} f(x)\,dx$$

以積分的均值定理，對於某些 $\xi_a$，

$$\int_{x_0-a}^{x_0+a} f(x)\,dx = 2af(\xi_a)$$

其中 $x_0 - a < \xi_a < x_0 + a$。當 $a \to 0+$，$\xi_a \to x_0$，故 $f(\xi_a) \to f(x_0)$ 且

$$\int_{-\infty}^{\infty} f(x)\delta(x - x_0)\,dx = \lim_{a \to 0} \frac{1}{2a}(2af(\xi_a)) = f(x_0)$$

如果在 $x_0$ 有跳躍不連續，則可修改此論點，以產生

$$\int_{-\infty}^{\infty} f(x)\delta(x - x_0)\,dx = \frac{1}{2}[f(x_0+) + f(x_0-)]$$

這完成了定理 11.1 的證明。

我們將推導出 delta 函數的傅立葉變換。首先

$$\mathcal{F}[H(x+a) - H(x-a)] = \int_{-a}^{a} e^{-i\omega x}\,dx = -\frac{1}{i\omega}e^{-i\omega x}\Big]_{-a}^{a}$$

$$= \frac{1}{i\omega}\left(e^{ia\omega} - e^{-ia\omega}\right) = 2\frac{\sin(a\omega)}{\omega}$$

將極限與傅立葉變換的運算交換，我們有

$$\mathcal{F}[\delta(x)](\omega) = \mathcal{F}\left[\lim_{a \to 0+} \frac{1}{2a}[H(x+a) - H(x-a)]\right](\omega)$$

$$= \lim_{a \to 0+} \frac{1}{2a}\mathcal{F}[H(x+a) - H(x-a)](\omega)$$

$$= \lim_{a \to 0+} \frac{\sin(a\omega)}{a\omega} = 1$$

經過這種運算導致

$$\mathcal{F}[\delta(t)](\omega) = 1$$

delta 函數的傅立葉變換是取值為 1 的常數函數。現在使用這個結果與卷積，可得

$$\mathcal{F}[\delta * f] = \mathcal{F}[\delta]\mathcal{F}[f] = \mathcal{F}[f]$$

且

$$\mathcal{F}[f * \delta] = \mathcal{F}[f]\mathcal{F}[\delta] = \mathcal{F}[f]$$

表示

$$\delta * f = f * \delta = f$$

在傅立葉卷積之下，delta 函數的行為如同單位函數。

## 11.1 習題

習題 1–5，求函數的傅立葉變換並繪製振幅譜，無論 $k$ 在哪裡出現，都是正的常數。可使用以下的變換公式：

$$\mathcal{F}[e^{-kx^2}](\omega) = \sqrt{\frac{\pi}{k}} e^{-\omega^2/4k}$$

且

$$\mathcal{F}\left[\frac{1}{k^2 + x^2}\right](\omega) = \frac{\pi}{k} e^{-k|\omega|}$$

1. $f(x) = \begin{cases} 1, & 0 \leq x \leq 1 \\ -1, & -1 \leq x < 0 \\ 0, & |x| > 1 \end{cases}$

2. $f(x) = 5[H(x-3) - H(x-11)]$

3. $f(x) = H(x - K)e^{-x/4}$
4. $f(x) = 1/(1 + x^2)$
5. $f(x) = 3e^{-4|x+2|}$

習題 6–8，求函數的反傅立葉變換。

6. $9e^{-(\omega+4)^2/32}$
7. $e^{(2\omega-6)i}/(5-(3-\omega)i)$
8. $(1+i\omega)/(6-\omega^2+5i\omega)$。**提示**：將分母分解因式，並使用部分分式。

習題 9 和 10，使用卷積，求函數的反傅立葉變換。

9. $1/((1+i\omega)(2+i\omega))$
10. $\sin(3\omega)/\omega(2+i\omega)$

## 11.2 傅立葉餘弦和正弦變換

若 $f$ 在每一區間 $[0, L]$ 為片段平滑且 $\int_0^\infty |f(x)|\,dx$ 收斂，則在每一個 $x$，$f$ 是連續的，$f$ 的傅立葉餘弦積分為

$$f(x) = \int_0^\infty a_\omega \cos(\omega x)\,d\omega$$

其中

$$a_\omega = \frac{2}{\pi} \int_0^\infty f(x) \cos(\omega x)\, dx$$

這些建議我們定義 *f 的傅立葉餘弦變換* (Fourier cosine transform of f) 為

$$\mathcal{F}_C[f](\omega) = \int_0^\infty f(x) \cos(\omega x)\, dx \tag{11.10}$$

我們經常以 $\mathcal{F}_C[f](\omega) = \widehat{f}_C(\omega)$ 表示。

請注意：

$$\widehat{f}_C(\omega) = \frac{\pi}{2} a_\omega$$

且

$$f(t) = \frac{2}{\pi} \int_0^\infty \widehat{f}_c(\omega) \cos(\omega t)\, d\omega \tag{11.11}$$

式 (11.10) 和式 (11.11) 形成傅立葉餘弦變換的**變換對** (transform pair)。式 (11.11) 是反傅立葉餘弦變換，由 $\widehat{f}_c$ 反求 $f$。這個反變換以 $\widehat{f}_C^{-1}$ 表示。

### 例 11.9

令 $k$ 為正數且令

$$f(x) = \begin{cases} 1, & 0 \leq x \leq K \\ 0, & x > K \end{cases}$$

則

$$\widehat{f}_C(\omega) = \int_0^\infty f(x) \cos(\omega x)\, dx = \int_0^K \cos(\omega x)\, dx = \frac{\sin(K\omega)}{\omega}$$

使用傅立葉正弦積分代替餘弦積分，將 *f 的傅立葉正弦變換* (Fourier sine transform of f) 定義為

$$\mathcal{F}_S[f](\omega) = \int_0^\infty f(x) \sin(\omega x)\, dx$$

我們也將其表示為 $\widehat{f}_S(\omega)$。

若 $f$ 在 $x > 0$ 為連續，則傅立葉正弦積分為

$$f(x) = \int_0^\infty b_\omega \sin(\omega x)\, d\omega$$

其中

$$b_\omega = \frac{2}{\pi} \int_0^\infty f(x) \sin(\omega x)\, dx = \frac{2}{\pi} \widehat{f}_S(\omega)$$

這意味著

$$f(x) = \frac{2}{\pi} \int_0^\infty \widehat{f}_S(\omega) \sin(\omega x)\, d\omega$$

這提供了一種從 $\widehat{f}_S$ 反求 $f$ 的方法。這個積分是反傅立葉正弦變換 $\widehat{f}_S^{-1}$。

### 例 11.10

使用如例 11.9 中的 $f$，

$$\widehat{f}_S(\omega) = \int_0^\infty f(x) \sin(\omega x)\, dx = \int_0^K \sin(\omega x)\, dx = \frac{1}{\omega}[1 - \cos(K\omega)]$$

當使用這些變換來求解微分方程式時，需要運算公式。

**運算公式** 令 $f$ 與 $f'$ 在每一區間 $[0, L]$ 為連續且令 $\int_0^\infty |f(x)|\, dx$ 收斂。假設當 $x \to \infty$ 時，$f(x) \to 0$ 且 $f'(x) \to \infty$。假設 $f''$ 在每一個 $[0, L]$ 為片段連續，則

1. $\mathcal{F}_C[f''(x)](\omega) = -\omega^2 \widehat{f}_C(\omega) - f'(0)$
2. $\mathcal{F}_S[f''(x)](\omega) = -\omega^2 \widehat{f}_S(\omega) + \omega f(0)$

表 11.2 和表 11.3 給出一些常見函數的傅立葉餘弦與正弦變換。

**表 11.2** 傅立葉餘弦變換

| $f(x)$ | $\mathcal{F}_C(\omega)$ |
|---|---|
| $x^{r-1}, 0 < r < 1$ | $\omega^{-r}\Gamma(r)\cos(\pi r/2)$ |
| $e^{-ax}$ | $\dfrac{a}{a^2+\omega^2}$ |
| $xe^{-ax}$ | $\dfrac{a^2-\omega^2}{(a^2+\omega^2)^2}$ |
| $e^{-a^2x^2}$ | $\dfrac{\sqrt{\pi}}{2a}e^{-\omega^2/4a^2}$ |
| $\dfrac{1}{a^2+x^2}$ | $\dfrac{\pi}{2a}e^{-a\omega}$ |
| $\dfrac{1}{(a^2+x^2)^2}$ | $\dfrac{\pi}{4a^3}(1+a\omega)e^{-a\omega}$ |
| $\cos(x^2/2)$ | $\dfrac{\sqrt{\pi}}{2}[\cos(\omega^2/2)+\sin(\omega^2/2)]$ |
| $\sin(x^2/2)$ | $\dfrac{\sqrt{\pi}}{2}[\cos(\omega^2/2)-\sin(\omega^2/2)]$ |
| $\dfrac{1}{2}(1+x)e^{-x}$ | $\dfrac{1}{(1+\omega^2)^2}$ |
| $\sqrt{\dfrac{2}{\pi x}}$ | $\dfrac{1}{\sqrt{\omega}}$ |
| $e^{-x/\sqrt{2}}\sin\left(\dfrac{\pi}{4}+\dfrac{x}{\sqrt{2}}\right)$ | $\dfrac{1}{1+\omega^2}$ |
| $e^{-x/\sqrt{2}}\cos\left(\dfrac{\pi}{4}+\dfrac{x}{\sqrt{2}}\right)$ | $\dfrac{\omega^2}{1+\omega^4}$ |
| $\dfrac{2}{x}e^{-x}\sin(x)$ | $\arctan(2/\omega^2)$ |
| $H(t)-H(t-a)$ | $\dfrac{1}{\omega}$ |

## 表 11.3　傅立葉正弦變換

| $f(x)$ | $\mathcal{F}_S(\omega)$ |
|---|---|
| $\dfrac{1}{x}$ | $-\pi/2$ 若 $\omega < 0$，$\pi/2$ 若 $\omega > 0$ |
| $x^{r-1},\ 0 < r < 1$ | $\omega^{-r}\Gamma(r)\sin(\pi r/2)$ |
| $\dfrac{1}{\sqrt{x}}$ | $\sqrt{\pi/2\omega}$ |
| $e^{-ax}$ | $\dfrac{\omega}{a^2+\omega^2}$ |
| $xe^{-ax}$ | $\dfrac{2a\omega}{(a^2+\omega^2)^2}$ |
| $xe^{-a^2x^2}$ | $\dfrac{\sqrt{\pi}}{4a^3}\omega e^{-\omega^2/4a^2}$ |
| $\dfrac{1}{x}e^{-ax}$ | $\arctan\left(\dfrac{\omega}{a}\right)$ |
| $\dfrac{x}{a^2+x^2}$ | $\dfrac{\pi}{2}e^{-a\omega}$ |
| $\dfrac{x}{(a^2+x^2)^2}$ | $\dfrac{4}{\pi a}\omega e^{-a\omega}$ |
| $\dfrac{1}{x(a^2+x^2)}$ | $\dfrac{\pi}{2a^2}(1-e^{-a\omega})$ |
| $e^{-x/\sqrt{2}}\sin\left(\dfrac{x}{\sqrt{2}}\right)$ | $\dfrac{\omega}{1+\omega^4}$ |
| $\dfrac{2}{\pi}\dfrac{x}{a^2+x^2}$ | $e^{-a\omega}$ |
| $\dfrac{2}{\pi}\arctan(a/x)$ | $\dfrac{1}{\omega}(1-e^{-a\omega})$ |
| $\operatorname{erf}\left(\dfrac{x}{2\sqrt{a}}\right)$ | $\dfrac{1}{\omega}(1-e^{-a\omega^2})$ |
| $\dfrac{4}{\pi}\dfrac{x}{4+x^4}$ | $e^{-\omega}\sin(\omega)$ |
| $\sqrt{\dfrac{2}{\pi x}}$ | $\dfrac{1}{\sqrt{\omega}}$ |

## 11.2 習題

習題 1–6，求函數的傅立葉餘弦變換與傅立葉正弦變換。

1. $f(x) = e^{-x}$
2. $f(x) = xe^{-ax}$，$a$ 為任意正數
3. $f(x) = \begin{cases} \cos(x), & 0 \leq x \leq K \\ 0, & x > K \end{cases}$

   $K$ 為任意正數

4. $f(x) = \begin{cases} 1, & 0 \leq x < K \\ -1, & K \leq x < 2K \\ 0, & x \geq 2K \end{cases}$
5. $f(x) = e^{-x}\cos(x)$
6. $f(x) = \begin{cases} \sinh(x), & K \leq x < 2K \\ 0, & 0 \leq x < K \text{ 且 } x \geq 2K \end{cases}$

# CHAPTER 12 偏微分方程式

## 12.1 波動方程式

### 12.1.1 在有界區間的波動

使用波動方程式模擬薄膜或鋼板中的振動、沿著吉他弦的振盪和海洋中的波浪。本章開發在各種環境求解波動方程式的方法，主要集中在一維空間的情況。一維波動方程式為

$$y_{tt} = c^2 y_{xx} \tag{12.1}$$

這個方程式描述在垂直平面中振動弦的運動。在時間 $t$，$y = y(x, t)$ 的圖形是弦的形狀。數字 $c$ 取決於運動中的物體的材料——原聲吉他聽起來不像電吉他。

與熱方程式一樣，需要初始和邊界條件將解完全確定。在本節中，假設端點是固定的，不要移動（想到一個釘在一起的吉他弦或橋上的支柱）。以下是**邊界條件** (boundary condition)：

$$y(0, t) = y(L, t) = 0$$

假設弦被提升到初始位置

$$y(x, 0) = f(x)$$

並且它以初始速度

$$y_t(x, 0) = g(x)$$

釋放。這些是**初始條件** (initial condition)。若 $g(x)$ 等於零，則弦被移位，然後從靜止釋放。

波動方程式與邊界和初始條件構成初始 – 邊界值問題：

$$y_{tt} = c^2 y_{xx},\ 0 < x < L, t > 0$$

$$y(0,t) = y(L,t) = 0$$

$$y(x,0) = f(x), y_t(x,0) = g(x)$$

這與相對於時間的二次導數和具有兩個初始條件（位置與速度）的標準擴散問題不同。

使用分離變數，將 $y(x,t) = X(x)T(t)$ 代入波動方程式，可得

$$T''X = c^2 X''T$$

因此

$$\frac{X''}{X} = \frac{T''}{c^2 T}$$

因為左邊僅隨 $x$ 而變，右邊僅隨 $t$ 而變，而 $x$ 與 $t$ 可以獨立選擇，所以這個等式表示兩邊必須等於相同的常數：

$$\frac{X''}{X} = \frac{T''}{c^2 T} = -\lambda$$

因此

$$X'' + \lambda X = 0 \ \text{且}\ T'' + \lambda c^2 T = 0$$

由邊界條件，

$$y(0,t) = X(0)T(t) = 0$$

其中 $t > 0$。假設 $T(t)$ 不等於零，則 $X(0) = 0$。同理，$X(L) = 0$，形成 $X$ 的正則史特姆－李歐維里問題：

$$X'' + \lambda X = 0;\ X(0) = X(L) = 0$$

$X$ 的這個問題與熱方程式中所遭遇的相同。特徵值與特徵函數分別為

$$\lambda_n = \frac{n^2 \pi^2}{L^2}\ \text{且}\ X_n(x) = \sin\left(\frac{n\pi x}{L}\right), n = 1, 2, 3, \cdots$$

$T$ 的方程式為

$$T'' + \frac{n^2\pi^2 c^2}{L^2}T = 0$$

其解為

$$T_n(t) = a_n \cos\left(\frac{n\pi ct}{L}\right) + b_n \sin\left(\frac{n\pi ct}{L}\right)$$

對於每一正整數 $n$，函數

$$\begin{aligned} y_n(x,t) &= X_n(x)T_n(t) \\ &= \left[a_n \cos\left(\frac{n\pi ct}{L}\right) + b_n \sin\left(\frac{n\pi ct}{L}\right)\right]\sin\left(\frac{n\pi x}{L}\right) \end{aligned}$$

滿足波動方程式與邊界條件。

通常，取決於 $f(x)$ 與 $g(x)$，我們不能滿足任何特定選擇的 $n$ 的初始條件，甚至不能滿足函數 $y_n(x,t)$ 的有限和的初始條件。因此，我們嘗試一個解

$$\begin{aligned} y(x,t) &= \sum_{n=1}^{\infty} y_n(x,t) \\ &= \sum_{n=1}^{\infty}\left[a_n \cos\left(\frac{n\pi ct}{L}\right) + b_n \sin\left(\frac{n\pi ct}{L}\right)\right]\sin\left(\frac{n\pi x}{L}\right) \end{aligned} \quad (12.2)$$

並嘗試選擇係數以滿足初始條件。

對於條件 $y(x,0) = f(x)$，將 $t = 0$ 代入式 (12.2)，得到

$$y(x,0) = f(x) = \sum_{n=1}^{\infty} a_n \sin\left(\frac{n\pi x}{L}\right)$$

這是初始位置函數 $f(x)$ 在 $[0, L]$ 的傅立葉正弦展開，因此

$$a_n = \frac{2}{L}\int_0^L f(\xi)\sin(n\pi\xi/L)\,d\xi \quad (12.3)$$

對於初始速度條件，將式 (12.2) 對 $t$ 微分且令 $t = 0$，

$$y_t(x,0) = g(x) = \sum_{n=1}^{\infty} \frac{n\pi c}{L} b_n \sin\left(\frac{n\pi x}{L}\right)$$

這是 $g(x)$ 在 $[0, L]$ 的傅立葉正弦展開，係數為

$$\frac{n\pi c}{L} b_n = \frac{2}{L} \int_0^L g(\xi) \sin(n\pi \xi/L) \, d\xi$$

由此方程式

$$b_n = \frac{2}{n\pi c} \int_0^L g(\xi) \sin(n\pi \xi/L) \, d\xi \tag{12.4}$$

式 (12.2) 及係數式 (12.3) 與式 (12.4) 為問題的解。

### 例 12.1

假設端點固定在 $0$ 和 $\pi$ 的弦，最初在弦的中點將弦拾起到位置

$$f(x) = \begin{cases} x, & 0 \le x \le \pi/2 \\ \pi - x, & \pi/2 \le x \le \pi \end{cases}$$

並以初始速度 $g(x) = x(1 + \cos(x))$ 釋放。若 $c = 2$，描述弦的運動。

由式 (12.2)，解為

$$y(x, t) = \sum_{n=1}^{\infty} [a_n \cos(2nt) + b_n \sin(2nt)] \sin(nx)$$

其中，由式 (12.3) 與式 (12.4)，

$$a_n = \frac{2}{L} \int_0^L f(\xi) \sin(n\pi \xi/L) \, d\xi$$

且

$$b_n = \frac{2}{n\pi c} \int_0^L g(\xi) \sin(n\pi \xi/L) \, d\xi$$

係數為

$$a_n = \frac{2}{\pi} \int_0^\pi f(\xi) \sin(n\xi) \, d\xi = \frac{4 \sin(n\pi/2)}{n^2 \pi}$$

且

$$b_n = \frac{1}{n\pi} \int_0^\pi \xi(1+\cos(\xi))\sin(n\xi)\,d\xi$$

$$= \begin{cases} 3/4, & n=1 \\ \frac{(-1)^n}{n^2(n^2-1)}, & n=2,3,\cdots \end{cases}$$

解為

$$y(x,t) = \left[\frac{4}{\pi}\cos(2t) + \frac{3}{4}\sin(2t)\right]\sin(x)$$

$$+ \sum_{n=2}^\infty \left[\frac{4\sin(n\pi/2)}{\pi n^2}\cos(2nt) + \frac{(-1)^n}{n^2(n^2-1)}\sin(2nt)\right]\sin(nx)$$

其中 $n=1$ 項單獨書寫，因為 $b_1$ 必須與 $b_n$，$n=2,3,\cdots$ 分開計算。

圖 12.1 顯示在不同 $t$ 值的波形分布 $y(x,t)$。在這個時間框架內，波從最初的位置向下移動。圖 12.2 是 $x$、$t$、$y$ 空間中解的曲面圖。

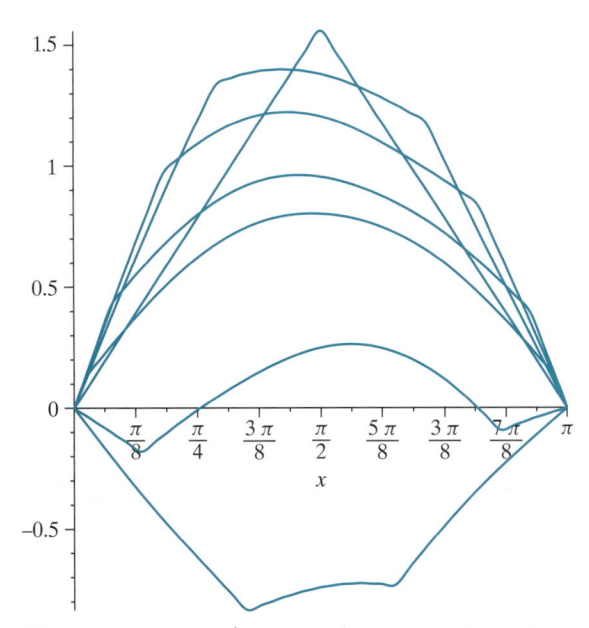

**圖 12.1** 例 12.1 中 $y(x,t)$ 在 $t=0$、1/3、2/3、3/4、1、4/3 的圖形

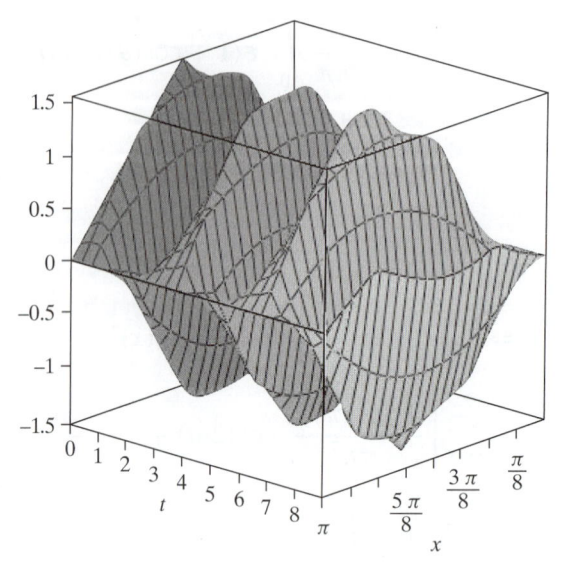

**圖 12.2** $y(x, t)$ 在 $0 \leq x \leq \pi$，$t = 0, \cdots, 9$ 的圖形

## 數往知來——打樁

　　打樁機與樁：土木、大地工程及機械工程師可能熟悉為橋樑和其他結構建造基礎的打樁方法。一樁（混凝土、鋼、木等）被稱為打樁機的機器重複地錘擊到地下。此系統顯然具有振盪面（如週期性的錘擊），因此打樁的一些問題是用波動方程式來模擬。此外，在樁的測試期間使用波動分析，以確保應力控制，並估計樁的極限承載能力。

在馬來西亞的一個施工現場的鑽孔機。這種重型機器在建築基礎工作階段中使用。

## 12.1.1 習題

習題 1–4，解下列問題：
$$y_{tt} = c^2 y_{xx}, 0 < x < L, t > 0$$
$$y(0, t) = y(L, t) = 0$$
$$y(x, 0) = f(x), y_t(x, 0) = g(x)$$
其中 $c$、$L$、$f(x)$ 與 $g(x)$ 為已知。

**1.** $c = 1$，$L = 2$，$f(x) = 0$ 且
$$g(x) = \begin{cases} 2x, & 0 \leq x \leq 1 \\ 0, & 1 < x \leq 2 \end{cases}$$

**2.** $c = 2, L = 3, f(x) = 0, g(x) = x(3-x)$

**3.** $c = 2\sqrt{2}$，$L = 2\pi$，$g(x) = 0$ 且
$$f(x) = \begin{cases} 3x, & 0 \leq x \leq \pi \\ 6\pi - 3x, & \pi < x \leq 2\pi \end{cases}$$

**4.** $c = 3$，$L = 2$，$f(x) = x(x-2)$ 且
$$g(x) = \begin{cases} 0, & 0 \leq x < 1/2 \text{ 且 } 1 < x \leq 2 \\ 3, & 1/2 \leq x \leq 1 \end{cases}$$

## 12.1.2 在無界介質中的波動

考慮波動方程式在實線上，以及半線 $[0, \infty]$ 上的解。所用的方法與用於熱方程式的方法相同，其中傅立葉積分替代在有界區間上使用的傅立葉級數。

考慮實線上的波動方程式
$$y_{tt} = c^2 y_{xx} \text{ 對於所有 } x \text{ 和 } t > 0$$
$$y(x, 0) = f(x), y_t(x, 0) = 0$$

沒有邊界條件，但是已知初始位置和速度。簡化討論是假設弦由靜止（零初速度）中釋放。正如處理熱方程式的情形一樣，我們尋求有界解。

用分離變數法，令 $y(x, t) = X(x)T(t)$ 可得
$$X'' + \lambda X = 0, T'' + \lambda c^2 T = 0$$

其中 $\lambda$ 為分離常數。由 $T(t)$ 的方程式中可以看出，熱和波動方程式之間的差異，波動方程式為二階。然而，在這兩種情況下的 $X$ 的微分方程式是相同的，我們可以使用與熱方程式相同的分析法，寫出特徵值和特徵函數：
$$\lambda = \omega^2, X_\omega = a_\omega \cos(\omega x) + b_\omega \sin(\omega x)$$
其中 $\omega \geq 0$。

考慮初始速度為零的條件，我們有 $y_t(x, 0) = X(x)T'(0) = 0$，因此 $T'(0) = 0$ 且 $T$ 的問題為

$$T'' + \omega^2 c^2 T = 0;\ T'(0) = 0$$

這個方程式的解為

$$T_\omega(t) = \cos(\omega ct)$$

的恆定倍數。

對於每一個 $\omega \geq 0$，

$$y_\omega(x, t) = [a_\omega \cos(\omega x) + b_\omega \sin(\omega x)] \cos(\omega ct)$$

滿足波動方程式與初始條件 $y_t(x, 0) = 0$。為了滿足初始位置條件，對於所有 $\omega > 0$，嘗試重疊法，亦即使用下列的積分：

$$y(x, t) = \int_0^\infty [a_\omega \cos(\omega x) + b_\omega \sin(\omega x)] \cos(\omega ct)\, d\omega \qquad (12.5)$$

必須滿足

$$y(x, 0) = f(x) = \int_0^\infty [a_\omega \cos(\omega x) + b_\omega \sin(\omega x)]\, d\omega$$

這是 $f(x)$ 在實數線上的傅立葉積分表達式，而係數為傅立葉積分係數：

$$a_\omega = \frac{1}{\pi}\int_{-\infty}^\infty f(\xi)\cos(\omega\xi)\, d\xi,\ b_\omega = \frac{1}{\pi}\int_{-\infty}^\infty f(\xi)\sin(\omega\xi)\, d\xi \qquad (12.6)$$

### 例 12.2

解實線上的波動問題，其中初始速度為零，而初始位置函數為

$$y(x, 0) = f(x) = e^{-|x|}$$

我們所要做的就是計算 $f(x)$ 的傅立葉積分係數，亦即

$$a_\omega = \frac{1}{\pi}\int_{-\infty}^\infty e^{-|\xi|}\cos(\omega\xi)\, d\xi = \frac{2}{\pi(1+\omega^2)}$$

因為 $e^{-|x|}\sin(\omega x)$ 是一個奇函數，所以不需要任何計算，即可得知 $b_\omega = 0$。解為

$$y(x,t) = \frac{2}{\pi} \int_0^\infty \frac{1}{1+\omega^2} \cos(\omega x) \cos(\omega c t) \, d\omega$$

可以得到曲面 $y(x, t)$ 的近似圖，以及在特定時間 $t_0$ 的波形近似圖，亦即 $y(x, t_0)$ 的圖形。這是將 $\omega$ 的積分由 0 到 $\infty$ 改為 0 到 $K$，$K$ 為正數，並且進行數值積分。圖 12.3 和圖 12.4 顯示的是 $c = 1/8$ 與 $K = 30$ 的例子。

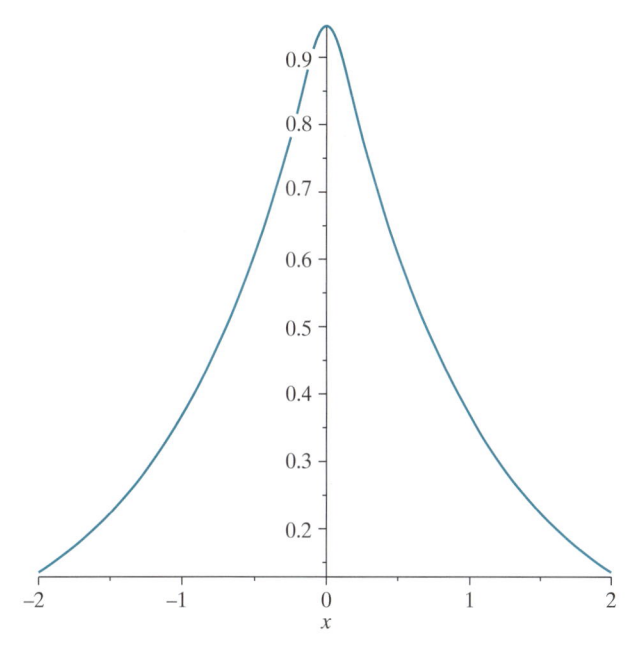

**圖 12.3** 例 12.2 的 $y(x, 1/2)$，其中 $-2 \leq x \leq 2$

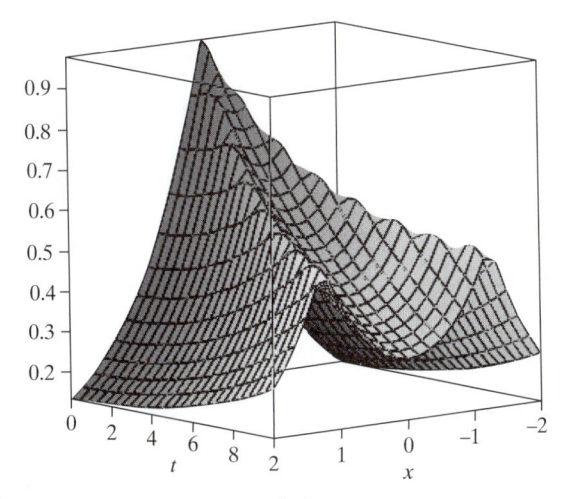

**圖 12.4** $y(x, t)$ 的圖形，其中 $-2 \leq x \leq 2$，$0 \leq t \leq 10$

我們還可以解初始位置為零，並具有指定初始速度的問題：

$$y_{tt} = c^2 y_{xx} \text{ 對於所有 } x \text{ 和 } t > 0$$

$$y(x, 0) = 0, y_t(x, 0) = g(x)$$

像以前一樣進行，使用分離變數 $y(x, t) = X(x)T(t)$。產生的 $X$ 方程式是相同的，亦即

$$\lambda = \omega^2 \text{ 且 } X_\omega(x) = \alpha_\omega \cos(\omega x) + \beta_\omega \sin(\omega x)$$

其中 $\omega > 0$。這裡用 $\alpha_\omega$ 與 $\beta_\omega$ 來表示係數將零初始速度的情況和零初始位移的情況分開。

然而，$T(t)$ 的問題為

$$T''(t) + \omega^2 c^2 T = 0;\ T(0) = 0$$

因為 $y(x, 0) = X(x)T(0) = 0$ 表示 $T(0) = 0$。因此

$$T_\omega(t) = \sin(\omega c t)$$

且對於每一個 $\omega > 0$，我們有滿足波動方程式和初始條件 $y(x, 0) = 0$ 的函數

$$y_\omega(x, t) = [\alpha_\omega \cos(\omega x) + \beta_\omega \sin(\omega x)] \sin(\omega c t)$$

為了滿足初始速度條件，使用重疊法，

$$y(x, t) = \int_0^\infty [\alpha_\omega \cos(\omega x) + \beta_\omega \sin(\omega x)] \sin(\omega c t)\, d\omega$$

而

$$y_t(x, t) = \int_0^\infty [\alpha_\omega \cos(\omega x) + \beta_\omega \sin(\omega x)] \omega c \cos(\omega c t)\, d\omega \tag{12.7}$$

因此

$$y_t(x, 0) = \int_0^\infty [\omega c \alpha_\omega \cos(\omega x) + \omega c \beta_\omega \sin(\omega x)]\, d\omega = g(x)$$

這是 $g(x)$ 在實數線上的傅立葉積分展開。然而，在這個展開式中的係數為 $\omega c \alpha_\omega$ 和

$\omega c\beta_\omega$，因此

$$\alpha_\omega = \frac{1}{\pi\omega c}\int_{-\infty}^{\infty} g(\xi)\cos(\omega\xi)\,d\xi \text{ 且 } \beta_\omega = \frac{1}{\pi\omega c}\int_{-\infty}^{\infty} g(\xi)\sin(\omega\xi)\,d\xi \qquad (12.8)$$

### 例 12.3

假設弦的初始位移為零，而初始速度為

$$g(x) = \begin{cases} e^x, & 0 \leq x \leq 1 \\ 0, & x < 0 \text{ 且 } x > 1 \end{cases}$$

為了解這種情況下的波函數，利用式 (12.8) 計算係數

$$\alpha_\omega = \frac{1}{\pi\omega c}\int_0^1 e^\xi \cos(\omega\xi)\,d\xi$$
$$= \frac{1}{\pi\omega c}\frac{e\cos(\omega) + e\omega\sin(\omega) - 1}{1+\omega^2}$$

且

$$\beta_\omega = \frac{1}{\pi\omega c}\int_0^1 e^\xi \sin(\omega\xi)\,d\xi$$
$$= -\frac{1}{\pi\omega c}\frac{e\omega\cos(\omega) - e\sin(\omega) - \omega}{1+\omega^2}$$

解為

$$y(x,t) = \int_0^\infty \left(\frac{1}{\pi\omega c}\frac{e\cos(\omega) + e\omega\sin(\omega) - 1}{1+\omega^2}\right)\cos(\omega x)\sin(\omega ct)\,d\omega$$
$$+ \int_0^\infty \left(-\frac{1}{\pi\omega c}\frac{e\omega\cos(\omega) - e\sin(\omega) - \omega}{1+\omega^2}\right)\sin(\omega x)\sin(\omega ct)\,d\omega$$

$\omega$ 由 0 積分到 $\infty$ 可用由 0 積分到 $K$ 作為其近似值，由此可以了解該解的外觀。圖 12.5 是 $c=1$ 且顯示從時間 $t=1/4$、$1/2$、$3/4$ 和 1 開始的波形，在積分中使用 $K=30$。

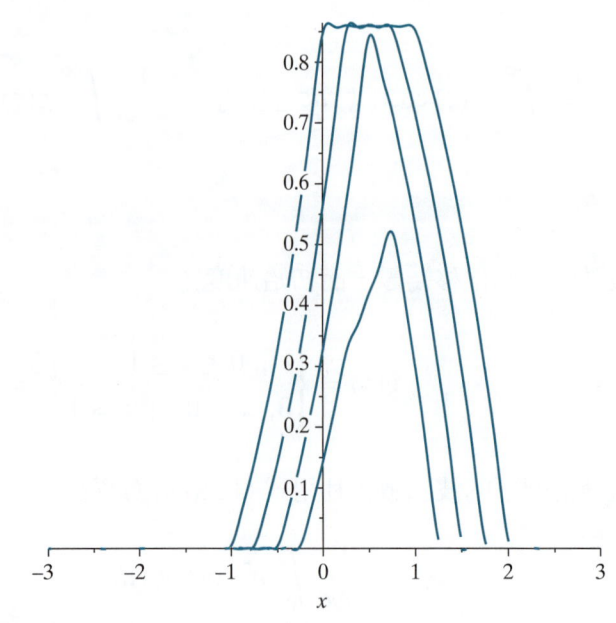

**圖 12.5** 例 12.3 的 $y(x, t)$，其中 $t = 1/4$、$1/2$、$3/4$、$1$

如果波動方程式在實數線上具有非零初始條件

$$y(x, 0) = f(x), y_t(x, 0) = g(x)$$

我們可以令問題 1 為具有

$$y(x, 0) = f(x), y_t(x, 0) = 0$$

的初始 – 邊界值問題，且問題 2 為具有

$$y(x, 0) = 0, y_t(x, 0) = g(x)$$

的初始 – 邊界值問題。因此原題的解 $y(x, t)$ 為問題 1 與問題 2 的解之和。

## 12.1.2 習題

習題 1–4，求實線上的波動方程式的解，其中 $c$ 的值、初始位置 $f(x)$ 和初始速度 $g(x)$ 為已知。對於各種 $t_0$ 值繪出一些波形分布 $y(x, t_0)$，並繪製曲面 $y(x, t)$ 的一部分圖形。

**1.** $c = 12, f(x) = e^{-5|x|}, g(x) = 0$

2. $c = 4$，$f(x) = 0$ 且

$$g(x) = \begin{cases} \sin(x), & -\pi \leq x \leq \pi \\ 0, & |x| > \pi \end{cases}$$

3. $c = 3$，$f(x) = 0$ 且

$$g(x) = \begin{cases} e^{-2x}, & x \geq 1 \\ 0, & x < 1 \end{cases}$$

4. $c = 7$

$$f(x) = \begin{cases} 1, & -1 \leq x \leq 2 \\ 3, & 2 < x \leq 5 \\ 0, & x < -1 \text{ 且 } x > 5 \end{cases}$$

且

$$g(x) = \begin{cases} e^{-x}, & -1 \leq x \leq 1 \\ 0, & |x| > 1 \end{cases}$$

## 12.2 熱方程式

偏微分方程式

$$u_t = k u_{xx} \tag{12.9}$$

稱為**熱方程式** (heat equation)，或**擴散方程式** (diffusion equation)。

熱方程式也可以寫成

$$\frac{\partial u}{\partial t} = k \frac{\partial^2 u}{\partial x^2}$$

但是通常偏導數採用下標符號。

本節涉及求解 $u(x, t)$，其中 $0 \leq x \leq L$，$t \geq 0$。在這種情況下，空間變數是有界的，我們可以將方程式解釋為對長度為 $L$ 的均勻棒中的溫度函數進行模擬 (modeling)，其中 $u(x, t)$ 為棒在 $x$ 橫截面且在時間 $t$ 的溫度，棒的材料決定 $k$，而 $k$ 稱為**棒的熱擴散率** (thermal diffusivity of the bar)。這是一個熟悉的狀況，我們可以從經驗相關聯，但該方程式適用於許多擴散過程，其可能涉及如某些類型的群體。

為了準確地模擬一個擴散過程，式 (12.9) 的解，必須滿足初始和邊界條件，亦即指定棒的初始條件（例如，零時的溫度），以及擴散過程與周圍環境的交互作用。這些條件可以採取各種形式來模擬不同的狀況。這裡有一些比較常見的條件。

條件

$$u(0,t) = T_1, u(L,t) = T_2,\ t \geq 0$$

$$u(x,0) = f(x),\ 0 \leq x \leq L$$

表示棒的端點始終保持在恆定溫度 $T_1$ 和 $T_2$，並且整個棒中的初始溫度為 $f(x)$。

邊界條件與初始條件

$$u_x(0,t) = u_x(L,t) = 0,\ t \geq 0$$

$$u(x,0) = f(x),\ 0 \leq x \leq L$$

適用於具有絕熱端點（端點沒有熱損失）的棒且初始溫度為 $f(x)$。

若棒的初始溫度為 $f(x)$ 且左端保持在溫度 $T$，而右端為絕熱，則為

$$u(0,t) = T, u_x(L,t) = 0,\ t \geq 0$$

$$u(x,0) = f(x),\ 0 \leq x \leq L$$

自由輻射或對流的發生是棒由兩端將能量輻射到周圍介質而損失能量，而周圍介質假設維持在恆溫 $T$。此時邊界與初始條件為

$$u_x(0,t) = A[u(0,t) - T], u_x(L,t) = -A[u(L,t) - T],\ t \geq 0$$

$$u(x,0) = f(x),\ 0 \leq x \leq L$$

其中 $A$ 為正的常數（稱為**傳遞常數 (transfer constant)**）。熱能從較高溫度端流向較低溫度端，其速率與梯度（端點溫度差）成正比。這是**牛頓的冷卻定律** (Newton's law of cooling)。

下列混合邊界條件：

$$u(0,t) = T_1, u_x(L,t) = -A[u(L,t) - T_2],\ t \geq 0$$

$$u(x,0) = f(x),\ 0 \leq x \leq L$$

表示左端溫度保持在 $T_1$，而能量從右端輻射到溫度為 $T_2$ 的周圍介質。

偏微分方程式與區間上的初始和邊界條件，構成該區間的**初始－邊界值問題** (initial-boundary value problem)。

## 12.2.1 在區間的熱方程式

我們將開發求解熱方程式的方法，考慮

$$u_t = ku_{xx}, 0 < x < L, t > 0$$

$$u(0,t) = u(L,t) = 0$$

$$u(x,0) = f(x)$$

其中兩端的溫度保持在零度。

**分離變數** (separation of variables)，或**傅立葉方法** (Fourier method) 包括嘗試

$$u(x,t) = X(x)T(t)$$

形式的解。亦即，解為 $x$ 的函數與 $t$ 的函數之乘積。將此式代入熱方程式，可得

$$XT' = kX''T$$

因此

$$\frac{X''}{X} = \frac{T'}{kT}$$

其中 $0 < x < L$，$t \geq 0$。左邊僅與 $x$ 有關，而右邊僅與 $t$ 有關，$x$ 與 $t$ 獨立變化。在右邊固定 $t = t_0$，則對區間內的所有 $x$ 而言，$X''/X$ 為常數；同理，固定 $x$，則對所有 $t > 0$ 而言，$T'/kT$ 為常數。因此，

$$\frac{X''}{X} = \frac{T'}{kT} = -\lambda$$

其中 $\lambda$ 為欲求的某個常數（稱為**分離常數** (separation constant)）。將兩個商設為等於 $-\lambda$ 而不是 $\lambda$ 是常見的做法，但是任何一種方式最終都會導致相同的解。

$X$ 與 $T$ 的微分方程式為

$$X'' + \lambda X = 0, T' + \lambda kT = 0$$

此外，

$$u(0,t) = X(0)T(t) = 0$$

故 $X(0) = 0$，且

$$u(L,t) = X(L)T(t) = 0$$

因此 $X(L) = 0$。這裡假設 $T(t)$ 至少有一段時間不為零，否則 $u$ 等於零。

在這些邊界條件下，我們對 $X(x)$ 在 $[0, L]$ 有一個正則史特姆－李歐維里問題：

$$X'' + \lambda X = 0; X(0) = X(L) = 0$$

特徵值（$\lambda$ 的解）與對應特徵函數（$X$ 的解）分別為 $\lambda_n = n^2\pi^2/L^2$ 和

$$X_n(x) = \sin\left(\frac{n\pi x}{L}\right),\ n = 1, 2, \cdots$$

如今

$$T' + \lambda kT = T' + \frac{n^2\pi^2 k}{L^2}T = 0$$

其解為 $e^{-n^2\pi^2 kt/L^2}$ 的恆定倍數。

對於每一個正整數 $n$，函數

$$u_n(x,t) = X_n(x)T_n(t) = b_n \sin\left(\frac{n\pi x}{L}\right)e^{-n^2\pi^2 kt/L^2}$$

其中 $b_n$ 為待定的常數，滿足熱方程式和兩個邊界條件，但尚未滿足初始條件 $u(x, 0) = f(x)$。為此，嘗試一個總和

$$u(x,t) = \sum_{n=1}^{\infty} b_n \sin(n\pi x/L)e^{-n^2\pi^2 kt/L^2}$$

此總和滿足熱方程式和兩個邊界條件 $u(0, t) = u(L, t) = 0$。為了滿足初始條件，我們需要

$$u(x,0) = \sum_{n=1}^{\infty} b_n \sin(n\pi x/L) = f(x)$$

這是 $f(x)$ 在 $[0, L]$ 的傅立葉正弦展開，所以選擇

$$b_n = \frac{2}{L}\int_0^L f(x)\sin(n\pi x/L)\,dx \tag{12.10}$$

端點溫度保持在零度的情況下，問題之解為

$$u(x,t) = \sum_{n=1}^{\infty}\left(\frac{2}{L}\int_0^L f(\xi)\sin(n\pi\xi/L)\,d\xi\right)\sin\left(\frac{n\pi x}{L}\right)e^{-n^2\pi^2 kt/L^2} \tag{12.11}$$

### 例 12.4

當 $L = 1$，$k = 1/4$，且初始溫度分佈為

$$u(x,0) = f(x) = x\cos(\pi x/2)$$

時，解此邊界值問題。首先利用式 (12.10) 求係數：

$$b_n = 2\int_0^1 \xi \cos(\pi\xi/2)\sin(n\pi\xi)\,d\xi = \frac{32(-1)^{n+1}}{\pi^2(4n^2-1)^2}$$

其中 $n = 1, 2, \cdots$。由式 (12.11) 可知，解為

$$u(x,t) = \sum_{n=1}^{\infty} \frac{32(-1)^{n+1}}{\pi^2(4n^2-1)^2}\sin(n\pi x)e^{-n^2\pi^2 t/4}$$

圖 12.6 顯示當時間 $t = 0$、0.2、0.4、0.6 和 0.8 時，此解的 20 項部分和的圖形。由於指數因素，這些近似解隨著時間的增加而迅速衰減。頂部曲線是初始溫度分布，其為 $f(x) = x\cos(\pi x/2)$ 的圖，最低曲線為 $t = 0.8$ 時的溫度分布。圖 12.7 顯示 $x$、$t$、$u$ 空間中，$u(x,t)$ 的曲面圖。

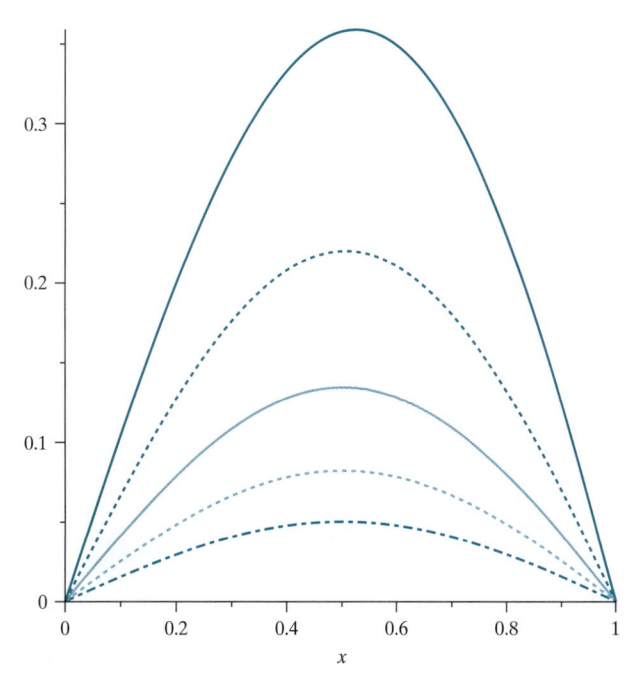

**圖 12.6** 例 12.4 中 $u(x,t)$ 在 $t = 0$、0.2、0.4、0.6 和 0.8 的圖形

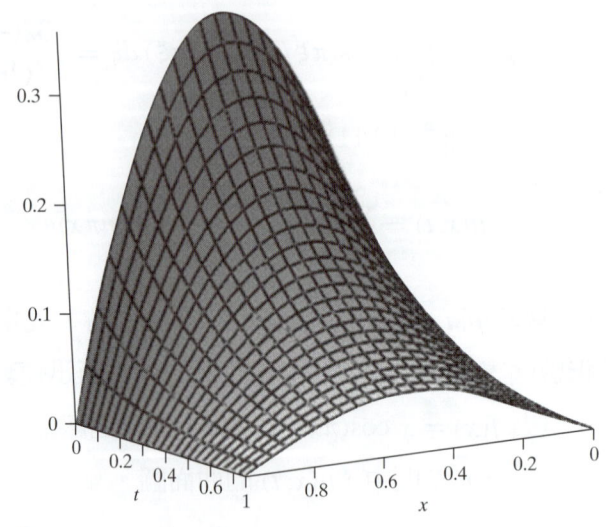

**圖 12.7** 例 12.4 中 $0 \leq x \leq 1$，$0 \leq t \leq 3/4$ 的 $u(x, t)$

## 數往知來── 一維熱方程式

由於物體是三維的，求解一維熱方程式可能看起來像純粹解數學習題，幾乎沒有物理相關性。然而，工程師常常使用一維熱方程式來模擬和設計其中一個長度明顯大於另一個長度的元件。一些例子是：

- 用於爐或放熱反應容器的壁／絕熱設計。
- 用於散熱器或輻射器的翅片設計。
- 承載熱傳流體，如冷卻劑或蒸汽的圓柱形管。

儘管使用這種方法的門檻因應用和期望的準確度而異，但一維模型可以為 $h/D$（高度／直徑）的比值低於 5 的某些圓柱形系統，提供合理的工程近似。

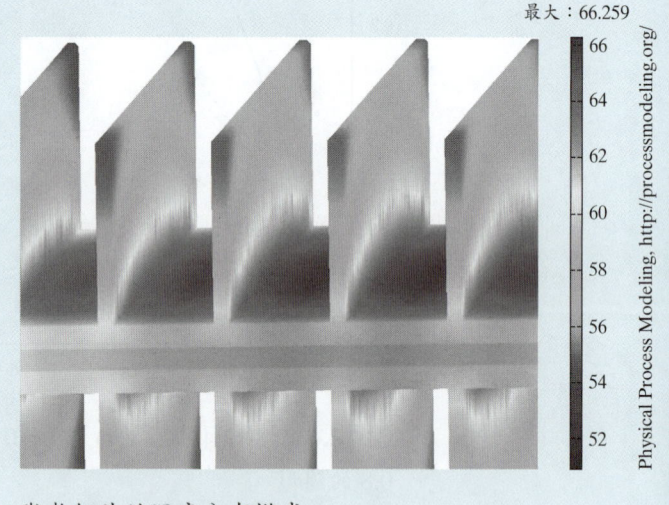

散熱翅片的溫度分布模式。

最大：66.259

## 12.2.1 習題

習題 1-4，求初始－邊界值問題的解。

**1.**
$$u_t = ku_{xx}, 0 < x < L, t > 0$$
$$u(0, t) = u(L, t) = 0$$
$$u(x, 0) = x(L - x)$$

**2.**
$$u_t = 3u_{xx}, 0 < x < L, t > 0$$
$$u(0, t) = u(L, t) = 0$$
$$u(x, 0) = L(1 - \cos(2\pi x/L))$$

**3.**
$$u_t = 4ku_{xx}, 0 < x < 2\pi, t > 0$$
$$u(0, t) = u_x(2\pi, t) = 0$$
$$u(x, 0) = x(2\pi - x)^2$$

**4.**
$$u_t = 2u_{xx}, 0 < x < 6, t > 0$$
$$u_x(0, t) = u_x(6, t) = 0$$
$$u(x, 0) = x \cos(\pi x/4)$$

## 12.2.2 在無界介質中的熱方程式

在某些情況下，我們要解無界介質中的擴散問題。例如，對於潛艇指揮官或天文學家來說，海洋或宇宙似乎是無界的。

這是一個在實線上的典型問題，此實線是由所有實數組成：

$$u_t = ku_{xx}, \; -\infty < x < \infty, t > 0$$
$$u(x, 0) = f(x)$$

因為實線沒有邊界點，所以沒有邊界條件。因為熱方程式與有界區間的相同，所以由分離變數可得

$$\frac{X''(x)}{X(x)} = \frac{T'(t)}{kT(t)} = -\lambda$$

或

$$X'' + \lambda X = 0, T' + \lambda kT = 0$$

在 $X$ 的問題中，在沒有任何邊界條件的情況下，尋找 $\lambda$ 和 $X$ 的解。對所有 $x$，解是有界的。

若 $\lambda = 0$，則 $X(x) = $ 常數，是有界解，因此 0 是特徵值。

若 $\lambda = -\omega^2$，$\omega > 0$，則

$$X(x) = ae^{\omega x} + be^{-\omega x}$$

但除非 $a=0$，否則對於 $x>0$，$ae^{\omega x}$ 是無界的；除非 $b=0$，否則對於 $x<0$，$be^{-\omega x}$ 是無界的，所以有界特徵函數沒有負特徵值。

若 $\lambda = \omega^2$，$\omega > 0$，則對於每一個正數 $\omega$，

$$X(x) = a\cos(\omega x) + b\sin(\omega x)$$

為 $X$ 的有界解。因此，每一個正數 $\lambda = \omega^2$ 為特徵函數所對應的特徵值，此特徵函數是 $\cos(\omega x)$ 和 $\sin(\omega x)$ 的線性組合。

若允許 $\omega = 0$，則此情況包括特徵值 $0$，而獲得常數特徵函數。

總而言之，對於每一個 $\omega \geq 0$，我們在實線上有 $X$ 的有界解：

$$X_\omega(x) = a_\omega \cos(\omega x) + b_\omega \sin(\omega x)$$

此外，$T' + \omega^2 kT = 0$ 的解為

$$T_\omega(t) = e^{-\omega^2 kt}$$

的恆定倍數，因此對於所有 $x$ 和 $t \geq 0$，

$$u_\omega(x,t) = X_\omega(x)T_\omega(t) = [a_\omega \cos(\omega x) + b_\omega \sin(\omega x)]e^{-\omega^2 kt}$$

為熱方程式的有界解。

剩下選擇 $a_\omega$ 和 $b_\omega$ 以獲得滿足初始條件的解。在有界區間的情況下，特徵值為 $n^2\pi^2/L^2$，且對每一個正整數 $n$ 都有一個特徵函數。將函數 $u_n(x,t)$ 相加以形成無窮級數，此級數於 $t=0$ 可簡化為初始溫度函數 $f(x)$ 的傅立葉級數。

對所以 $\omega \geq 0$ 求和，用積分

$$\int_0^\infty \cdots d\omega$$

取代

$$\frac{1}{2}a_0 + \sum_{n=1}^\infty$$

其中 $n$ 為正整數。這導致我們嘗試

$$u(x,t) = \int_0^\infty u_\omega(x,t)\, d\omega$$
$$= \int_0^\infty [a_\omega \cos(\omega x) + b_\omega \sin(\omega x)] e^{-\omega^2 kt}\, d\omega \qquad (12.12)$$

若上式為一解,則需滿足

$$u(x,0) = \int_0^\infty [a_\omega \cos(\omega x) + b_\omega \sin(\omega x)]\, d\omega = f(x) \qquad (12.13)$$

積分是對 $\omega$ 而言,由 0 積分到 $\infty$,因為 $\omega \geq 0$。然而,$x$ 可以是任意實數。

與傅立葉級數一樣,問題是如何選擇係數 $a_\omega$ 和 $b_\omega$,使得積分收斂到 $f(x)$。可以證明我們必須選擇

$$a_\omega = \frac{1}{\pi} \int_{-\infty}^\infty f(\xi) \cos(\omega\xi)\, d\xi \quad \text{且} \quad b_\omega = \frac{1}{\pi} \int_{-\infty}^\infty f(\xi) \sin(\omega\xi)\, d\xi \qquad (12.14)$$

這些是**實線上 f(x) 的傅立葉積分係數** [Fourier integral coefficients of f(x) on the real line]。當選擇這些係數時,式 (12.13) 是**實線上 f(x) 的傅立葉積分表達式** [Fourier integral representation of f(x) on the real line]。

若 $\int_{-\infty}^\infty |f(\xi)|\, d\xi$ 收斂,則 $f(x)$ 為**絕對收斂** (absolutely convergent)。另外,如果 $f(x)$ 在 $L > 0$ 的每一個區間 $[-L, L]$ 是片段平滑,則在每一個實數 $x$,$f(x)$ 的傅立葉積分,如式 (12.13) 所示,收斂到

$$\frac{1}{2}(f(x-) + f(x+))$$

此問題的解為式 (12.12),其中傅立葉積分係數為式 (12.14)。

### 例 12.5

解
$$u_t = k u_{xx}, \quad -\infty < x < \infty, t > 0$$
$$u(x,0) = f(x) = e^{-|x|}$$

首先觀察

$$\int_{-\infty}^\infty e^{-|x|}\, d\xi = 2$$

因此 $f(x)$ 為絕對收斂。計算 $e^{-|x|}$ 的傅立葉積分係數：

$$a_\omega = \frac{1}{\pi}\int_{-\infty}^{\infty} e^{-|\xi|}\cos(\omega\xi)\,d\xi = \frac{2}{\pi}\frac{1}{1+\omega^2}$$

且

$$b_\omega = \frac{1}{\pi}\int_{-\infty}^{\infty} e^{-|\xi|}\sin(\omega\xi)\,d\xi = 0$$

上式不需要進行積分即可立即求得其值，此乃因 $e^{-|\xi|}\sin(\omega\xi)$ 是實線上的奇函數。

問題的解為

$$u(x,t) = \frac{2}{\pi}\int_0^{\infty} \frac{1}{1+\omega^2}\cos(\omega x)e^{-\omega^2 kt}\,d\omega$$

圖 12.8 是 $x$、$t$、$u$ 空間中，$u(x, t)$ 曲面的近似圖。當 $k = 1$ 時，進行數值積分，將 $\omega$ 由 $-10$ 積分到 $10$，即可得此近似圖。

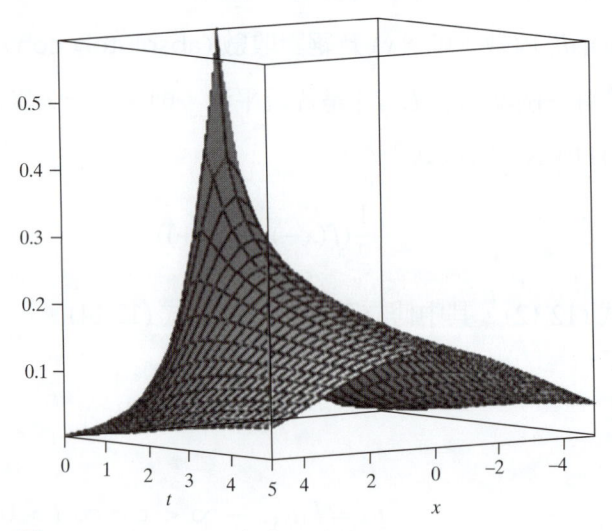

**圖 12.8** 例 12.5 的部分溫度曲面

## 12.2.2 習題

習題 1–8，利用式 (12.12) 和 $f(x)$ 的傅立葉積分表達式寫出實線上問題的解：
$$u_t = ku_{xx}, -\infty < x < \infty, t > 0$$
$$u(x,0) = f(x)$$
並將解重新改寫成
$$u(x,t) = \frac{1}{2\sqrt{\pi kt}} \int_{-\infty}^{\infty} f(\xi)e^{-(x-\xi)^2/4kt} \, d\xi$$
的形式。

1. $f(x) = e^{-4|x|}$

2. 
$$f(x) = \begin{cases} \sin(x), & |x| \leq \pi \\ 0, & |x| > \pi \end{cases}$$

3. 
$$f(x) = \begin{cases} x, & 0 \leq x \leq 4 \\ 0, & x < 0 \text{ 且 } x > 4 \end{cases}$$

4. 
$$f(x) = \begin{cases} e^{-x}, & |x| \leq 1 \\ 0, & |x| > 1 \end{cases}$$

5. 
$$f(x) = \begin{cases} -1, & -1 \leq x < 0 \\ 1, & 0 \leq x \leq 1 \end{cases}$$

6. 
$$f(x) = \begin{cases} 2, & 0 \leq x < 1 \\ 4, & 1 \leq x < 3 \\ 7, & 3 \leq x \leq 9 \\ 0, & x < 0 \text{ 且 } x > 9 \end{cases}$$

7. 
$$f(x) = \begin{cases} \cos(x), & |x| \leq \pi/2 \\ 0, & |x| > \pi/2 \end{cases}$$

8. 
$$f(x) = \begin{cases} 1-x, & -1 \leq x \leq 0 \\ 1+x, & 1 \leq x \leq 2 \\ 0, & x < -1, 0 < x < 1 \text{ 且 } x > 2 \end{cases}$$

9. 導出
$$\int_{-\infty}^{\infty} e^{-\zeta^2} \cos\left(\frac{\alpha\zeta}{\beta}\right) d\zeta = \sqrt{\pi} e^{-\alpha^2/4\beta^2}$$

**提示**：令
$$F(x) = \int_0^{\infty} e^{-\zeta^2} \cos(x\zeta) \, d\zeta$$
將積分式微分，證明
$$F'(x) = -\frac{1}{2}xF(x)$$
求此線性一階微分方程式的通解。欲求 $F(x)$ 的唯一解，可使用初始條件
$$F(0) = \int_0^{\infty} e^{-\zeta^2} d\zeta = \frac{1}{2}\sqrt{\pi}$$
這是統計中經常會使用到的結果。最後，令 $x = \alpha/\beta$。

## 12.3 位勢方程式

### 12.3.1 拉氏方程式

二維**拉氏方程式** (Laplace's equation) 為

$$u_{xx} + u_{yy} = 0 \qquad (12.15)$$

以法國數學家 Pierre Simon de Laplace (1749–1827) 命名，也稱為**位勢方程式** (potential equation)。

三維拉氏方程式為

$$u_{xx} + u_{yy} + u_{zz} = 0$$

然而，在本章中，我們主要討論平面上的拉氏方程式。

通常使用 del 算子 $\nabla$（讀作「del」）來寫拉氏方程式。在二維，定義 $\nabla^2$，或 del 平方，為

$$\nabla^2 = \frac{\partial^2}{\partial x^2} + \frac{\partial^2}{\partial y^2}$$

以 $\nabla^2$ 乘以 $u$ 而形成 $\nabla^2 u$，是將 $u$ 插入偏導數符號 $\nabla^2$ 而獲得

$$\nabla^2 u(x,y) = \frac{\partial^2 u}{\partial x^2} + \frac{\partial^2 u}{\partial y^2}$$

採用這個符號，拉氏方程式 (12.15) 為

$$\nabla^2 u = 0$$

一函數在平面的某個區域 $\Omega$ 中的所有 $(x, y)$ 滿足拉氏方程式，則稱此函數在 $\Omega$ 為**調和** (harmonic)。例如，$x^2 - y^2$、$xy$ 與 $e^x \cos(y)$ 在整個平面為調和，而 $\ln(x^2 + y^2)$ 是在去除原點的平面上的調和函數。

假設 $C$ 為平面上的一曲線，$C$ 為界定區域 $\Omega$ 的邊界。例如，若 $\Omega$ 是由 $x^2 + y^2 < 1$ 的點 $(x, y)$ 組成的單位圓盤，則邊界曲線 $C$ 為單位圓 $x^2 + y^2 = 1$，且若 $\Omega$ 是由 $y > 0$ 的點 $(x, y)$ 組成的上半平面，則邊界是 $x$ 軸。

一區域 $\Omega$ 的 **Dirichlet 問題** (Dirichlet problem) 是在 $\Omega$ 上求調和函數 $u(x, y)$，並

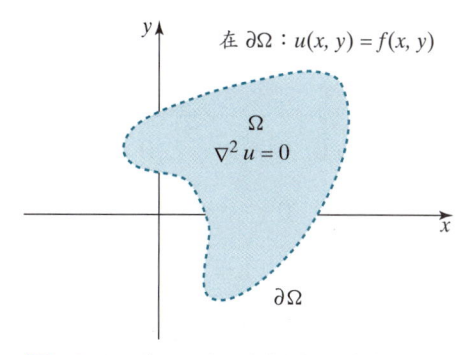

**圖 12.9** 在 Ω 的 Dirichlet 問題

且在 Ω 的邊界 $C$ 上有確定值，亦即 $u(x, y) = f(x, y)$，其中 $(x, y)$ 為 $C$ 上的點。

區域 Ω 的邊界通常以 $\partial\Omega$ 表示。使用這個符號，Ω 的 Dirichlet 問題是解下列邊界值問題：

$$\nabla^2 u = 0 \text{ 在 } \Omega$$

$$u(x, y) = f(x, y), \ (x, y) \text{ 在 } \partial\Omega$$

圖 12.9 說明此問題。

Dirichlet 問題是否有解，取決於區域 Ω 和指定的邊界函數 $f(x, y)$。我們將看一些特殊情況，其中該區域有一些性質使我們能夠使用分離變數。

### 12.3.2 矩形的 Dirichlet 問題

假設 Ω 是如圖 12.10 所示的矩形，由所有 $(x, y)$ 組成，其中 $0 < x < L$，$0 < y < K$。這個矩形的一角在原點，兩邊在軸上。邊界 $\partial\Omega$ 由四個線段組成，每個線段均與軸平行。對於 Ω 的 Dirichlet 問題包括找到一個在 Ω 上為調和的函數，並且在各邊給出已知的值。

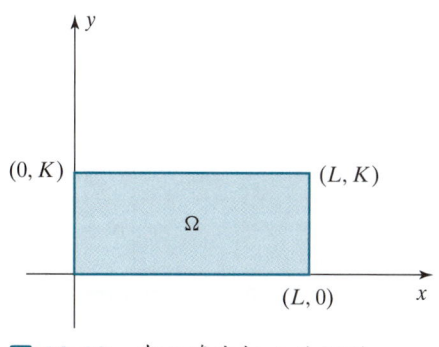

**圖 12.10** 有兩邊在軸上的矩形

若矩形僅有一邊的邊界數據不為零，則可用分離變數法求解。為了說明，考慮下列的問題：

$$\nabla^2 u = 0,\ 0 < x < L, 0 < y < K$$
$$u(x,0) = 0,\ 0 \leq x \leq L$$
$$u(0,y) = u(L,y) = 0,\ 0 \leq y \leq K$$
$$u(x,K) = f(x),\ 0 \leq x \leq L$$

這個問題可用圖 12.11 來說明。在 Ω 上，我們欲求一個調和函數，在 Ω 的上方的邊，此函數等於 $f(x)$，在 Ω 的下方和兩個垂直邊，此函數為零。

將 $u(x,y) = X(x)Y(y)$ 代入 $u_{xx} + u_{yy} = 0$ 中，可得

$$X''Y + XY'' = 0$$

因此

$$\frac{X''}{X} = -\frac{Y''}{Y}$$

因為左邊僅與 $x$ 有關，而右邊僅與 $y$ 有關，且 $x$ 與 $y$ 為獨立，所以兩邊必須等於常數：

$$\frac{X''}{X} = -\frac{Y''}{Y} = -\lambda$$

因此

$$X'' + \lambda X = 0 \text{ 且 } Y'' - \lambda Y = 0$$

如今

$$u(0,y) = X(0)Y(y) = 0$$

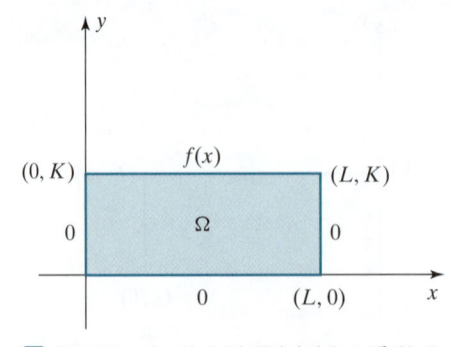

**圖 12.11** 矩形上的 Dirichlet 問題

故 $X(0) = 0$。同理，

$$u(L,y) = X(L)Y(y) = 0$$

表示 $X(L) = 0$，且

$$u(x,0) = X(x)Y(0) = 0$$

表示 $Y(0) = 0$。

因此，$X$ 和 $Y$ 的問題是

$$X'' + \lambda X = 0; X(0) = X(L) = 0$$

以及

$$Y'' - \lambda Y = 0; Y(0) = 0$$

$X$ 是一個熟悉的問題，具有特徵值和特徵函數

$$\lambda_n = \frac{n^2\pi^2}{L^2}, X_n(x) = \sin\left(\frac{n\pi x}{L}\right)$$

其中 $n = 1, 2, \cdots$。由此可知，$Y$ 的問題是

$$Y'' - \frac{n^2\pi^2}{L^2}Y = 0; Y(0) = 0$$

其解為

$$Y_n(y) = \sinh\left(\frac{n\pi y}{L}\right)$$

其中 $n = 1, 2, \cdots$。對於每一個正整數 $n$，函數

$$u_n(x,y) = c_n \sin\left(\frac{n\pi x}{L}\right) \sinh\left(\frac{n\pi y}{L}\right)$$

在 $\Omega$ 為調和，而在 $\Omega$ 的底邊與垂直邊為零。要找到也要滿足 $u(x, K) = f(x)$ 的函數，我們通常必須使用與 $f(x)$ 有關的疊加法：

$$u(x,y) = \sum_{n=1}^{\infty} c_n \sin\left(\frac{n\pi x}{L}\right) \sinh\left(\frac{n\pi y}{L}\right)$$

我們需要

$$u(x,K) = f(x) = \sum_{n=1}^{\infty} c_n \sin\left(\frac{n\pi x}{L}\right) \sinh\left(\frac{n\pi K}{L}\right)$$

這是 $f(x)$ 在 $[0, L]$ 的傅立葉正弦展開式，這個展開式的第 $n$ 項係數為 $c_n \sinh(n\pi K/L)$，它必須等於 $f(x)$ 在 $[0, L]$ 的傅立葉正弦係數：

$$c_n \sinh(n\pi K/L) = \frac{2}{L} \int_0^L f(\xi) \sin(n\pi \xi/L)\, d\xi$$

因此

$$c_n = \frac{2}{L \sinh(n\pi K/L)} \int_0^L f(\xi) \sin(n\pi \xi/L)\, d\xi$$

解為

$$u(x, y) = \sum_{n=1}^{\infty} \frac{2}{L} \left( \int_0^L f(\xi) \sin(n\pi \xi/L)\, d\xi \right) \sin(n\pi x/L) \frac{\sinh(n\pi y/L)}{\sinh(n\pi K/L)}$$

例如，若 $L = K = \pi$ 且 $f(x) = x(\pi - x)$，計算

$$\frac{2}{\pi} \int_0^\pi \xi(\pi - \xi) \sin(n\xi)\, d\xi = \frac{4(1 - (-1)^n)}{\pi n^3}$$

可得到解

$$u(x, y) = \sum_{n=1}^{\infty} \frac{4}{\pi n^3} (1 - (-1)^n) \sin(nx) \frac{\sinh(ny)}{\sinh(n\pi)}$$

這個問題的解法適用於矩形三邊的邊界數據為零的情形。一般可以在多於一邊為指定非零值的情況下進行，如圖 12.12 所示。這個想法是形成四個 Dirichlet 問題，每一個都只有一邊有（可能）非零數據：

問題 1：$u(x, 0) = f(x)$ 且 $u(x, y)$ 在左、右、上邊為零。
問題 2：$u(L, y) = g(y)$ 且 $u(x, y)$ 在左、上、下邊為零。
問題 3：$u(x, K) = h(x)$ 且 $u(x, y)$ 在左、右、下邊為零。
問題 4：$u(0, y) = w(y)$ 且 $u(x, y)$ 在右、上、下邊為零。

令 $u_k(x, y)$ 為問題 $k$ 的解。很容易驗證

$$u(x, y) = \sum_{k=1}^{4} u_k(x, y)$$

為原 Dirichlet 問題的解。這些函數中的每一個都是調和，所以它們的和是調和（和

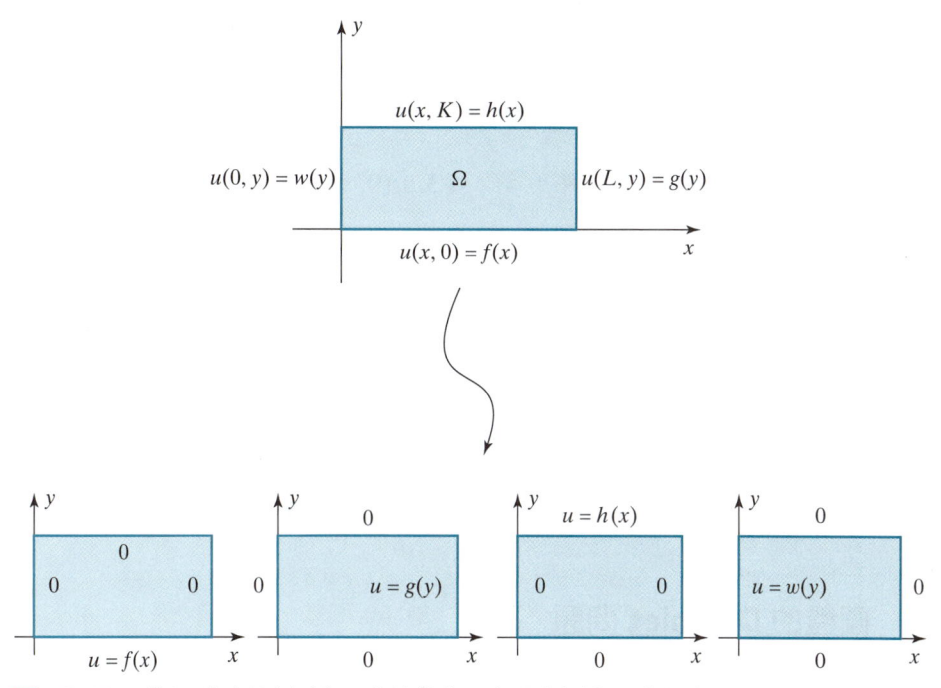

**圖 12.12** 將矩形的 Dirichlet 問題寫成四個 Dirichlet 問題的和

的導數是導數的和）。在每一邊，有三個函數為零，而第四個等於該邊的所予值。例如：

$$u(x,0) = u_1(x,0) + u_2(x,0) + u_3(x,0) + u_4(x,0) = f(x)$$

因為 $u_2(x,0) = u_3(x,0) = u_4(x,0) = 0$，而 $u_1(x,0) = f(x)$。

### 數往知來——電容器

電容器是大多數現代電子產品的基本構件，它可以從供電到計算機主機板的電力中隨處可見。在許多其他應用中，它們用於儲存能量，並平穩供應電力時的波動。電容器的設計是基於靜電以及電位和場的量化。拉氏方程式（及其非齊次變量，Poisson 方程式）是靜電的基本工具之一。

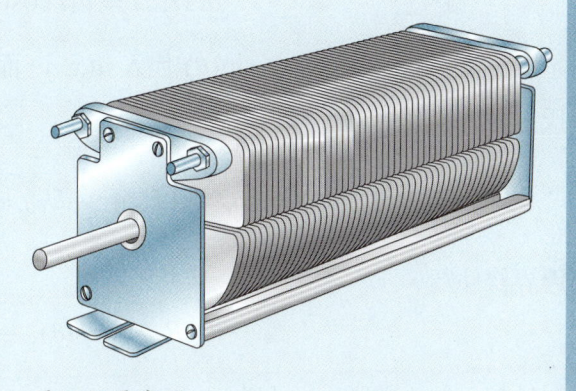

平行板電容器。

根據 Encyclopaedia Britannica, Capacitor, http://media-1.web.britannica.com/eb-media/35/235-004-661BC2CD.jpg

## 12.3.2 習題

習題 1–3，已知矩形和邊界條件，解 Dirichlet 問題。

1. $u(0, y) = u(1, y) = 0$, $0 \leq y \leq \pi$
   $u(x, \pi) = 0$, $u(x, 0) = \sin(\pi x)$, $0 \leq x \leq 1$

2. $u(0, y) = u(1, y) = 0$, $0 \leq y \leq 4$
   $u(x, 4) = x \cos(\pi x/2)$, $u(x, 0) = 0$,
   $0 \leq x \leq 1$

3. $u(0, y) = 0$, $u(2, y) = \sin(y)$, $0 \leq y \leq \pi$
   $u(x, 0) = 0$, $u(x, \pi) = x \sin(\pi x)$,
   $0 \leq x \leq 2$

4. 解
   $\nabla^2 u = 0$, $0 < x < a$, $0 < y < b$
   $u(x, 0) = 0$, $u(x, b) = f(x)$, $0 \leq x \leq a$
   $u(0, y) = u_x(a, y) = 0$, $0 \leq y \leq b$

## 12.3.3 圓盤的 Dirichlet 問題

若 $\Omega$ 為 $x^2 + y^2 < R^2$ 的圓盤，$\Omega$ 的 Dirichlet 問題具有下列形式：

$$\nabla^2 u = 0, \ x^2 + y^2 < R^2$$

$$u(x, y) = f(x, y), \ x^2 + y^2 = R^2$$

有幾種方法解這個問題。使用極座標，令

$$x = r \cos(\theta), y = r \sin(\theta)$$

而

$$U(r, \theta) = u(r \cos(\theta), r \sin(\theta))$$

是將 $x = r \cos(\theta)$，$y = r \sin(\theta)$ 代入 $u(x, y)$ 而得。由微分的連鎖律可證明極座標的拉氏方程式為

$$\nabla^2 U(r, \theta) = U_{rr} + \frac{1}{r} U_r + \frac{1}{r^2} U_{\theta\theta} = 0, \ 0 \leq r < R, -\pi \leq \theta \leq \pi$$

邊界條件為

$$U(R, \theta) = f(\theta), \ -\pi \leq \theta \leq \pi$$

對於每一個正整數 $n$，函數

$$1, r^n \cos(n\theta), r^n \sin(n\theta)$$

滿足極座標的拉氏方程式。考慮一個滿足邊界條件的傅立葉級數，嘗試解為這些調和

函數的恆定倍數的和：

$$U(r,\theta) = \frac{1}{2}a_0 + \sum_{n=1}^{\infty}(a_n r^n \cos(n\theta) + b_n r^n \sin(n\theta))$$

選擇係數以滿足邊界條件：

$$U(R,\theta) = f(\theta) = \frac{1}{2}a_0 + \sum_{n=1}^{\infty}(a_n R^n \cos(n\theta) + b_n R^n \sin(n\theta))$$

這是 $f(\theta)$ 在 $[-\pi,\pi]$ 的傅立葉展開式，其中 $a_0$、$a_n R^n$、$b_n R^n$ 為係數。因此，

$$a_0 = \frac{1}{\pi}\int_{-\pi}^{\pi} f(\xi)\,d\xi$$

且當 $n = 1, 2, \ldots$，

$$a_n = \frac{1}{\pi R^n}\int_{-\pi}^{\pi} f(\xi)\cos(n\xi)\,d\xi \text{ 且 } b_n = \frac{1}{\pi R^n}\int_{-\pi}^{\pi} f(\xi)\sin(n\xi)\,d\xi$$

將這些係數代入 $U(r,\theta)$，可得

$$U(r,\theta) = \frac{1}{2\pi}\int_{-\pi}^{\pi} f(\xi)\,d\xi$$
$$+ \frac{1}{\pi}\sum_{n=1}^{\infty}\left(\frac{r}{R}\right)^n \left(\int_{-\pi}^{\pi} f(\xi)[\cos(n\xi)\cos(n\theta) + \sin(n\xi)\sin(n\theta)]\,d\xi\right) \quad (12.16)$$

利用三角恆等式，可將上式寫成更簡潔的形式：

$$U(r,\theta) = \frac{1}{2\pi}\int_{-\pi}^{\pi} f(\xi)\,d\xi + \frac{1}{\pi}\sum_{n=1}^{\infty}\left(\frac{r}{R}\right)^n \int_{-\pi}^{\pi} f(\xi)\cos(n(\xi-\theta))\,d\xi \quad (12.17)$$

### 例 12.6

解 Dirichlet 問題：

$$\nabla^2 u(x,y) = 0, \ x^2 + y^2 < 9$$
$$u(x,y) = x^2 y^2, \ x^2 + y^2 = 9$$

將此問題轉換成極座標，令

$$U(r,\theta) = u(r\cos(\theta), r\sin(\theta))$$

在邊界上，
$$x = 3\cos(\theta), y = 3\sin(\theta)$$

因此
$$U(3,\theta) = 9\cos^2(\theta) \cdot 9\sin^2(\theta) = 81\sin^2(\theta)\cos^2(\theta) = f(\theta)$$

解出此問題的極座標解 $U(r, \theta)$，然後將解轉換回直角座標以獲得 $u(x, y)$。由式 (12.16)，

$$U(r,\theta) = \frac{1}{2\pi}\int_{-\pi}^{\pi} f(\xi)\,d\xi$$
$$+ \frac{1}{\pi}\sum_{n=1}^{\infty}\left(\frac{r}{3}\right)^n \left[\left(\int_{-\pi}^{\pi} f(\xi)\cos(n\xi)\,d\xi\right)\cos(n\theta) + \left(\int_{-\pi}^{\pi} f(\xi)\sin(n\xi)\,d\xi\right)\sin(n\theta)\right]$$

我們需要做的就是計算這些積分：

$$\int_{-\pi}^{\pi} 81\cos^2(\xi)\sin^2(\xi)\,d\xi = \frac{81\pi}{4}$$

$$\int_{-\pi}^{\pi} 81\cos^2(\xi)\sin^2(\xi)\cos(n\xi)\,d\xi = \begin{cases} 0, & n \neq 4 \\ -81\pi/8, & n = 4 \end{cases}$$

且

$$\int_{-\pi}^{\pi} 81\cos^2(\xi)\sin^2(\xi)\sin(n\xi)\,d\xi = 0$$

極座標的解是

$$U(r,\theta) = \frac{1}{2\pi}\frac{81\pi}{4} - \frac{1}{\pi}\frac{81\pi}{8}\left(\frac{r}{3}\right)^4\cos(4\theta)$$
$$= \frac{81}{8} - \frac{1}{8}r^4\cos(4\theta)$$

如果我們要直角座標的解，可利用下列恆等式：

$$\cos(2\theta) = \cos^2(\theta) - \sin^2(\theta)$$

得到
$$\cos(4\theta) = 8\cos^4(\theta) - 8\cos^2(\theta) + 1$$

因此
$$U(r,\theta) = \frac{81}{8} - \frac{1}{8}\left(8r^4\cos^4(\theta) - 8r^4\cos^2(\theta) + r^4\right)$$
$$= \frac{81}{8} - \frac{1}{8}\left(8(r\cos(\theta))^4 - 8r^2(r\cos(\theta))^2 + r^4\right)$$

可得
$$u(x,y) = \frac{81}{8} - \frac{1}{8}\left(8x^4 - 8(x^2+y^2)x^2 + (x^2+y^2)^2\right)$$
$$= \frac{81}{8} - \frac{1}{8}\left(x^4 + y^4 - 6x^2y^2\right)$$

利用圓盤邊界 $y^2 = 9 - x^2$ 的事實，可驗證在邊界點滿足 $u(x,y) = x^2y^2$。

## 12.3.3　習題

習題 1–4，已知圓盤關於原點的半徑 $R$，邊界函數 $f(\theta)$，求圓盤的 Dirichlet 問題的解，以極座標表示。

**1.** $R = 3$, $f(\theta) = 1$
**2.** $R = 2$, $f(\theta) = \theta^2 - \theta$
**3.** $R = 4$, $f(\theta) = e^{-\theta}$
**4.** $R = 8$, $f(\theta) = 1 - \theta^2$

習題 5 和 6，藉由轉換為極座標，求問題的解。

**5.**　$\nabla^2 u(x,y) = 0$, $x^2 + y^2 < 16$
　　　$u(x,y) = x^2$, $x^2 + y^2 = 16$

**6.**　$\nabla^2 u(x,y) = 0$, $x^2 + y^2 < 4$
　　　$u(x,y) = x^2 - y^2$, $x^2 + y^2 = 4$

# 習題解答

## CHAPTER 1 　一階微分方程式

### 1.1　術語和可分離變數的方程式

1. $y^3 = 2x^2 + c$，或 $y = (2x^2 + c)^{1/3}$
2. 不可分離
3. $y = 1/(1-cx)$ 且 $y=0$ 與 $y=1$ 為奇異解
4. $\sec(y) = kx$ 且 $y = (2n+1)\pi/2$，其中 $n$ 為任意整數
5. 不可分離
6. $\frac{1}{2}y^2 - y + \ln(y+1) = \ln(x) - 2$
7. $(\ln(y))^2 = 3x^2 - 3$
8. $3y\sin(3y) + \cos(3y) = 9x^2 - 5$

### 1.2　線性一階方程式

1. $y = cx^3 + 2x^3 \ln|x|$
2. $y = \frac{1}{2}x - \frac{1}{4} + ce^{-2x}$
3. $y = 4x^2 + 4x + 2 + ce^{2x}$
4. $y = \frac{1}{x-2}(x^3 - 3x^2 + 4)$
5. $y = x + 1 + 4(x+1)^{-2}$

### 1.3　正合方程式

1. $2xy^2 + e^{xy} + y^2 = c$
2. 非正合
3. $y^3 + xy + \ln|x| = c$
4. $\alpha = -3$；$x^2y^3 - 3xy - 3y^2 = c$
5. $3xy^4 - x = 47$
6. $x\sin(2y - x) = \pi/24$
7. 由於方程式 $\varphi(x, y) = k$ 和 $\varphi(x, y) + c = k$ 以 $x$ 的形式隱含地定義 $y$ 的相同函數，所以通解是相同的。

## 1.4 積分因子

1. $\frac{1}{M}\left(\frac{\partial N}{\partial x} - \frac{\partial M}{\partial y}\right)$ 與 $x$ 無關。

2. (a) $\frac{\partial M}{\partial y} = 1$，$\frac{\partial N}{\partial x} = -1$，故此方程式不為正合。
   (b) $\mu(x) = \frac{1}{x^2}$
   (c) $v(x) = \frac{1}{x^2}$
   (d) 對所有滿足 $a + b = -2$ 的 $a$，$b$ 而言，$\eta(x, y) = x^a y^b$

3. $e^{3y}$；$xe^{3y} - e^y = c$

4. $\frac{1}{y+1}$；$x^2 y = c$ 或 $y = -1$

5. $e^{-3x} y^{-4}$；$y^3 - 1 = ky^3 e^{3x}$

6. $\frac{1}{x}$；$y = 4 - \ln|x|$

7. $\frac{1}{y}$；$y = 4e^{-x^2/3}$

8. $\frac{\partial}{\partial y}(c\mu M) = c\frac{\partial}{\partial y}(\mu M) = c\frac{\partial}{\partial x}(\mu N) = \frac{\partial}{\partial x}(c\mu N)$

## 1.5 齊次、伯努利與李卡地方程式

1. 李卡地方程式，$S(x) = x$；
$$y = x + \frac{x}{c - \ln(x)}$$

2. 伯努利方程式，$\alpha = 2$；
$$y = \frac{1}{1 + ce^{-x^2/2}}$$

3. 齊次，$y \ln|y| - x = cy$

4. 正合，通解為 $xy - x^2 - y^2 = c$，亦為齊次

5. 伯努利，$\alpha = -3/4$；$5x^{7/4} y^{7/4} + 7x^{-5/4} = c$

6. 伯努利，$\alpha = 2$；
$$y = 2 + \frac{2}{cx^2 - 1}$$

7. 李卡地，$S(x) = e^x$；
$$y = \frac{2e^x}{ce^{2x} - 1}$$

# CHAPTER 2　二階微分方程式

## 2.1　線性二階方程式

**1.** $W(x) = -6$。相關齊次方程式的通解為
$$y_h(x) = c_1 \sin(6x) + c_2 \cos(6x)$$
非齊次方程式的通解為
$$y(x) = c_1 \sin(6x) + c_2 \cos(6x) + \frac{1}{36}(x-1)$$
初值問題的解為
$$y(x) = y(x) = \frac{71}{216} \sin(6x) - \frac{179}{36} \cos(6x) + \frac{1}{36}(x-1)$$

**2.** $W(x) = e^{-3x}$。相關齊次方程式的通解為
$$y_h(x) = c_1 e^{-2x} + c_2 e^{-x}$$
非齊次方程式的通解為
$$y(x) = c_1 e^{-2x} + c_2 e^{-x} + \frac{15}{2}$$
初值問題的解為
$$y(x) = y(x) = \frac{23}{2} e^{-2x} - 22 e^{-x} + \frac{15}{2}$$

**3.** $W(x) = e^{2x}$。相關齊次方程式的通解為
$$y_h(x) = c_1 e^x \cos(x) + c_2 e^x \sin(x)$$
非齊次方程式的通解為
$$y(x) = c_1 e^x \cos(x) + c_2 e^x \sin(x) - \frac{5}{2} x^2 - 5x - \frac{5}{2}$$
初值問題的解為
$$y(x) = \frac{17}{2} e^x \cos(x) - \frac{5}{2} e^x \sin(x) - \frac{5}{2} x^2 - 5x - \frac{5}{2}$$

## 2.2　降階法

**1.** $y = c_1 \cos(2x) + c_2 \sin(2x)$
**2.** $y = c_1 e^{5x} + c_2 x e^{5x}$
**3.** $y = c_1 x^2 + c_2 x^2 \ln|x|$

4. $y = c_1 x^4 + c_2 x^{-2}$
5. $y = c_1(\frac{\cos(x)}{\sqrt{x}}) + c_2(\frac{\sin(x)}{\sqrt{x}})$
6. (a) $y^4 = c_1 x + c_2$
   (b) $(y-1)e^y = c_1 x + c_2$ 或 $y = c_3$
   (c) $y = c_1 e^{c_1 x}/(c_2 - e^{c_1 x})$ 或 $y = 1/(c_3 - x)$
   (d) $y = \ln|\sec(x + c_1)| + c_2$
   (e) $y = \ln|c_1 x + c_2|$

## 2.3 常係數齊次方程式

1. $y = c_2 e^{-2x} + c_2 e^{3x}$
2. $y = e^{-3}x(c_1 + c_2 x)$
3. $y = e^{-5x}(c_1 \cos(x) + c_2 \sin(x))$
4. $y = e^{-3x/2}[c_1 \cos(3\sqrt{7}x/2) + c_2 \sin(3\sqrt{7}x/2)]$
5. $y = e^{7x}(c_1 + c_2 x)$
6. $y = 5 - 2e^{-3x}$
7. $y(x) = 0$
8. $y = e^{3(x-2)} + e^{-4(x-2)}$
9. $y = e^{x-1}(29 - 17x)$
10. $y = e^{(x+2)/2}\left[\cos(\sqrt{15}(x+2)/2) + \frac{5}{\sqrt{15}}\sin(\sqrt{15}(x+2)/2)\right]$

## 2.4 非齊次方程式的特解

1. $y = c_1 \cos(x) + c_2 \sin(x) - \cos(x) \ln|\sec(x) + \tan(x)|$
2. $y = c_1 \cos(3x) + c_2 \sin(3x) + 4x \sin(3x) + \frac{4}{3} \cos(3x) \ln|\cos(3x)|$
3. $y = c_1 e^x + c_2 e^{2x} - e^{2x} \cos(e^{-x})$
4. $y = c_1 e^{2x} + c_2 e^{-x} - x^2 + x - 4$
5. $y = e^x[c_1 \cos(3x) + c_2 \sin(3x)] + 2x^2 + x - 1$
6. $y = c_1 e^{2x} + c_2 e^{4x} + e^x$
7. $y = c_1 e^x + c_2 e^{2x} + 3\cos(x) + \sin(x)$
8. $y = e^{2x}[c_1 \cos(3x) + c_2 \sin(3x)] + \frac{1}{3}e^{2x} - \frac{1}{2}e^{3x}$
9. $y = \frac{7}{4}e^{2x} - \frac{3}{4}e^{-2x} - \frac{7}{4}xe^{2x} - \frac{1}{4}x$
10. $y = \frac{3}{8}e^{-2x} - \frac{19}{120}e^{-6x} + \frac{1}{5}e^{-x} + \frac{7}{12}$
11. $y = 2e^{4x} + 2e^{-2x} - 2e^{-x} - e^{2x}$
12. $y = 4e^{-x} - \sin^2(x) - 2$

## 2.5 歐勒方程式

1. $y = c_1 x^2 + c_2 x^{-3}$
2. $y = c_1 \cos(2 \ln(x)) + c_2 \sin(2 \ln(x))$
3. $y = c_1 x^4 + c_2 x^{-4}$
4. $y = c_1 x^{-2} + c_2 x^{-3}$
5. $y = x^{-12}(c_1 + c_2 \ln(x))$
6. $y = \frac{7}{10} \left(\frac{x}{2}\right)^3 + \frac{3}{10} \left(\frac{x}{2}\right)^{-7}$
7. $y = x^2(4 - 3\ln(x))$
8. $y = 3x^6 - 2x^4$

## 2.6.1 冪級數解

1. $a_0$ 為任意數；$a_1 = 1$，$2a_2 - a_0 = -1$，且 $a_n = \frac{1}{n} a_{n-2}, n = 3, 4, \cdots$；

$$y(x) = a_0 \left(1 + \frac{1}{2}x^2 + \frac{1}{2 \cdot 4}x^4 + \frac{1}{2 \cdot 4 \cdot 6}x^6 + \cdots \right)$$
$$+ x + \frac{1}{3}x^3 + \frac{1}{3 \cdot 5}x^5 + \cdots$$

2. $a_0$ 為任意數；$a_1 + a_0 = 0$，$2a_2 + a_1 = 1$，

$$a_{n+1} = \frac{1}{n+1}(a_{n-2} - a_n), n = 2, 3, \cdots$$

$$y(x) = a_0 \left[1 - x + \frac{1}{2!}x^2 + \frac{1}{3!}x^3 - \frac{7}{4!}x^4 + \cdots \right]$$
$$+ \frac{1}{2!}x^2 - \frac{1}{3!}x^3 + \frac{1}{4!}x^4 + \frac{11}{5!}x^5 - \frac{31}{6!}x^6 + \cdots$$

3. $a_0$ 與 $a_1$ 為任意數；$a_2 = \frac{1}{2}(3 - a_0)$，

$$a_{n+2} = \frac{n-1}{(n+1)(n+2)}a_n, n = 1, 2, \cdots$$

$$y(x) = a_0 + a_1 x$$
$$+ (3 - a_0) \left[\frac{1}{2!}x^2 + \frac{1}{4!}x^4 + \frac{3}{6!}x^6 + \frac{3(5)}{8!}x^8 + \frac{3(5)(7)}{10!}x^{10} + \cdots \right]$$

4. $a_0$，$a_1$ 為任意數；$a_2 + a_0 = 0$，$6a_3 + 2a_1 = 1$，

$$a_n = \frac{(n-3)a_{n-3} - 2a_{n-2}}{n(n-1)}, n = 4, 5, \cdots$$

$$y(x) = a_0 \left[1 - x^2 + \frac{1}{6}x^4 - \frac{1}{10}x^5 - \frac{1}{90}x^6 + \cdots\right]$$
$$+ a_1 \left[x - \frac{1}{3}x^3 + \frac{1}{12}x^4 + \frac{1}{30}x^5 - \frac{7}{180}x^6 + \cdots\right]$$
$$+ \left[\frac{1}{6}x^3 - \frac{1}{60}x^5 + \frac{1}{60}x^6 + \frac{1}{1260}x^7 - \frac{1}{480}x^8 + \cdots\right]$$

其中 $a_0 = y(0)$ 且 $a_1 = y'(0)$。第三個括弧內為當 $a_0 = a_1 = 0$ 時的特解。

5. $a_0 \cdot a_1$ 為任意數；$2a_2 + a_1 + 2a_0 = 1$，$6a_3 + 2a_2 + a_1 = 0$，$12a_4 + 3a_3 = -1$，
$$a_n = \frac{-(n-1)a_{n-1} + (n-4)a_{n-2}}{n(n-1)}, n = 5, 6, \cdots$$

$$y(x) = a_0 \left(1 - x^2 + \frac{1}{3}x^3 - \frac{1}{12}x^4 + \frac{1}{30}x^5 - \cdots\right)$$
$$+ a_1 \left(x - \frac{1}{2}x^2\right) + \frac{1}{2}x^2 - \frac{1}{6}x^3$$
$$- \frac{1}{24}x^7 - \frac{1}{360}x^6 + \frac{1}{2520}x^7 + \cdots$$

### 2.6.2　Frobenius 解

**1.** $y_1(x) = c_0(1-x)$
$$y_2(x) = (1-x)\ln(x) + 3x$$
$$- \sum_{n=2}^{\infty} \frac{1}{n(n-1)}x^n$$

**2.** $y_1(x) = c_0[x^4 + 2x^5 + 3x^6 + 4x^7 + \cdots]$
$$= c_0 \frac{x^4}{(1-x)^2}, y_2(x) = c_0^* \frac{3-4x}{(1-x)^2}$$

**3.** $y_1(x) = c_0 \left[x^{1/2} - \frac{1}{2(1!)(3)}x^{3/2} + \frac{1}{2^2(2!)(3)(5)}x^{5/2}\right.$
$$\left. - \frac{1}{2^3(3!)(3)(5)(7)}x^{7/2} + \frac{1}{2^4(4!)(3)(5)(7)(9)}x^{9/2} + \cdots\right]$$
$$= c_0 x^{1/2} \left[1 + \sum_{n=1}^{\infty} \frac{(-1)^n}{2^n n!(3 \cdot 5 \cdots (2n+1))}x^n\right]$$

$$y_2(x) = c_0^* \left[ 1 - \frac{1}{2}x + \frac{1}{2^2(3!)(3)(5)}x^3 \right.$$
$$\left. + \frac{1}{2^4(4!)(3)(5)(7)}x^4 + \cdots \right]$$
$$= c_0^* \left[ 1 + \sum_{n=1}^{\infty} \frac{(-1)^n}{2^n n!(1 \cdot 3 \cdots (2n-1))}x^n \right]$$

4. $y_1(x) = c_0 \left[ x^2 + \frac{1}{3!}x^4 + \frac{1}{5!}x^6 + \frac{1}{7!}x^8 + \cdots \right] = c_0 x \sinh(x)$,

$y_2(x) = c_0^*[x - x^2 + \frac{1}{2!}x^3 - \frac{1}{3!}x^4 + \frac{1}{4!}x^5 - \cdots] = c_0^* x e^{-x}$

5. $y_1(x) = c_0(1-x), y_2(x) = c_0^* \left( (1-x) \ln\left( \frac{x}{x-2} \right) - 2 \right)$

## CHAPTER 3　拉氏變換

### 3.1　定義與符號

1. $3\dfrac{s^2 - 4}{(s^2 + 4)^2}$

2. $\dfrac{14}{s^2} - \dfrac{7}{s^2 + 49}$

3. $-10\dfrac{1}{(s+4)^3} + \dfrac{3}{s^2+9}$

4. $\cos(8t)$

5. $e^{-42t} - t^3 e^{-3t/6}$

### 3.2　初值問題的解

1. $y = \frac{1}{4} - \frac{13}{4}e^{-4t}$
2. $y = -\frac{4}{17}e^{-4t} + \frac{4}{17}\cos(t) + \frac{1}{17}\sin(t)$
3. $y = -\frac{1}{4} + \frac{1}{2}t + \frac{17}{4}e^{2t}$
4. $y = \frac{22}{25}e^{2t} - \frac{13}{5}te^{2t} + \frac{3}{25}\cos(t) - \frac{4}{25}\sin(t)$
5. $y = \frac{1}{16} + \frac{1}{16}t - \frac{33}{16}\cos(4t) + \frac{15}{64}\sin(4t)$

### 3.3　Heaviside 函數與移位定理

1. $\dfrac{6}{(s+2)^4} - \dfrac{3}{(s+2)^2} + \dfrac{2}{s+2}$

2. $\dfrac{1}{s}(1-e^{-7s}) + \dfrac{s}{s^2+1}\cos(7)e^{-7s} - \dfrac{1}{s^2+1}\sin(7)e^{-7s}$

3. $\dfrac{1}{s^2} - \dfrac{11}{s}e^{-3s} - \dfrac{4}{s^2}e^{-3s}$

4. $\dfrac{1}{s+1} - \dfrac{2}{(s+1)^3} + \dfrac{1}{(s+1)^2+1}$

5. $\dfrac{s}{s^2+1} + \left(\dfrac{2}{s} - \dfrac{s}{s^2+1} - \dfrac{1}{s^2+1}\right)e^{-2\pi s}$

6. $\dfrac{(s+1)^2-9}{((s+1)^2+9)^2}$

7. $\dfrac{1}{s^2} - \dfrac{2}{s} + \left(\dfrac{1}{s} - \dfrac{1}{s^2}\right)e^{-16s}$

8. $\dfrac{24}{(s+5)^5} + \dfrac{4}{(s+5)^3} + \dfrac{1}{(s+5)^2}$

9. $F(s) = \dfrac{1}{(s-2)^2+1}$，故 $f(t) = e^{2t}\sin(t)$

10. $\tfrac{1}{3}\sin(3(t-2))H(t-2)$

11. $F(s) = \dfrac{1}{(s+3)^2-2}$，故 $f(t) = \dfrac{1}{\sqrt{2}}e^{-3t}\sinh(\sqrt{2}t)$

12. $F(s) = \dfrac{(s+3)-1}{(s+3)^2-8}$，故 $f(t) = e^{-3t}\cosh(2\sqrt{2}t) - \dfrac{1}{2\sqrt{2}}e^{-3t}\sinh(2\sqrt{2}t)$

13. $\tfrac{1}{16}(1-\cos(4(t-21)))H(t-21)$

15. $y = \cos(2t) + \tfrac{3}{4}(1-\cos(2(t-4)))H(t-4)$

16. $y = \left[-\dfrac{1}{4} + \dfrac{1}{12}e^{-2(t-6)} + \dfrac{1}{6}e^{-(t-6)}\cos(\sqrt{3}(t-6))\right]H(t-6)$

17. $y = -\dfrac{1}{4} + \dfrac{2}{5}e^t - \dfrac{3}{20}\cos(2t) - \dfrac{1}{5}\sin(2t)$
$\quad -\left[-\dfrac{1}{4} + \dfrac{2}{5}e^{t-5} - \dfrac{3}{20}\cos(2(t-5)) - \dfrac{1}{5}\sin(2(t-5))\right]H(t-5)$

18. $i(t) = \dfrac{k}{R}\left(1-e^{-Rt/L}\right) - \dfrac{k}{R}\left(1-e^{-R(t-5)/L}\right)H(t-5)$

19. $f(t) = \dfrac{1}{6}e^t + \dfrac{4}{7}e^{2t} + \dfrac{25}{42}e^{5t}$

20. $f(t) = -\dfrac{7}{11}e^{3t} + \dfrac{47}{143}e^{-8t} + \dfrac{17}{13}e^{5t}$

## 3.4 卷積

1. $\frac{1}{16}[\sinh(2t) - \sin(2t)]$
2. $\frac{\cos(at)-\cos(bt)}{(b-a)(b+a)}$ 若 $b^2 \neq a^2$ ; $t\sin(at)/2a$ 若 $b^2 = a^2$
3. $\frac{1}{a^4}[1 - \cos(at)] - \frac{1}{2a^3}t\sin(at)$
4. $\left(\frac{1}{2} - \frac{1}{2}e^{-2(t-4)}\right)H(t-4)$
5. $y(t) = e^{3t} * f(t) - e^{2t} * f(t)$
6. $y(t) = \frac{1}{4}e^{6t} * f(t) - \frac{1}{4}e^{2t} * f(t) + 2e^{6t} - 5e^{2t}$
7. $y(t) = \frac{1}{3}\sin(3t) * f(t) - \cos(3t) + \frac{1}{3}\sin(3t)$
8. $y(t) = \frac{4}{3}e^t - \frac{1}{4}e^{2t} - \frac{1}{12}e^{-2t} - \frac{1}{3}e^t * f(t) + \frac{1}{4}e^{2t} * f(t) + \frac{1}{12}e^{-2t} * f(t)$
9. $f(t) = \frac{1}{2}e^{-2t} - \frac{3}{2}$
10. $f(t) = \cosh(t)$
11. $f(t) = 3 + \frac{2}{5}\sqrt{15}e^{t/2}\sin(\sqrt{15}t/2)$

## 3.5 脈衝與 Dirac delta 函數

1. $y(t) = 3[e^{-2(t-2)} - e^{-3(t-2)}]H(t-2) - 4[e^{-2(t-5)} - e^{-3(t-5)}]H(t-5)$
3. $y = 6(e^{-2t} - e^{-t} + te^{-t})$
5. $\varphi(t) = (B+9)e^{-2t} - (B+6)e^{-3t}$

## 3.6 線性微分方程組

1. $x(t) = -t - 2 + 2e^{t/2}$，$y(t) = -t - 1 + e^{t/2}$
2. $x(t) = \frac{1}{3}t + \frac{4}{9}(1 - e^{3t/4})$，$y(t) = \frac{2}{3}(-1 + e^{3t/4})$
3. $x(t) = \frac{1}{2}(t + t^2) + \frac{3}{4}(1 - e^{2t/3})$，$y(t) = t + \frac{3}{2}(1 - e^{2t/3})$
4. $x(t) = t - 1 + e^{-t}\cos(t)$，$y(t) = t^2 - t + e^{-t}\sin(t)$
5. $x(t) = 1 - (2t+1)e^{-t}$，$y(t) = 1 - e^{-t}$
6. $x(t) = \frac{2}{27} - \frac{2}{9}t - \frac{1}{6}t^2 - \frac{2}{27}e^{-3t}$，$y(t) = -\frac{1}{4}t(t+2)$，
$z(t) = -\frac{2}{81} - \frac{16}{27}t - \frac{1}{9}t^2 + \frac{2}{81}e^{-3t}$

# Chapter 4　向量與向量空間 $R^n$

### 4.1　平面與三維空間的向量

習題 1–3 之解分別表示 $\mathbf{F}+\mathbf{G}$、$\mathbf{F}-\mathbf{G}$、$2\mathbf{F}$、$3\mathbf{G}$ 與 $\|\mathbf{F}\|$。

1. $(2+\sqrt{2})\mathbf{i}+3\mathbf{j}, (2-\sqrt{2})\mathbf{i}-9\mathbf{j}+10\mathbf{k}, 4\mathbf{i}-6\mathbf{j}+10\mathbf{k}, 3\sqrt{2}\mathbf{i}+18\mathbf{j}-15\mathbf{k}, \sqrt{38}$
2. $3\mathbf{i}-\mathbf{k}, \mathbf{i}-10\mathbf{j}+\mathbf{k}, 4\mathbf{i}-10\mathbf{j}, 3\mathbf{i}+15\mathbf{j}-3\mathbf{k}, \sqrt{29}$
3. $3\mathbf{i}-\mathbf{j}+3\mathbf{k}, -\mathbf{i}+3\mathbf{j}-\mathbf{k}, 2\mathbf{i}+2\mathbf{j}+2\mathbf{k}, 6\mathbf{i}-6\mathbf{j}+6\mathbf{k}, \sqrt{3}$
4. $\frac{3}{\sqrt{5}}(-5\mathbf{i}-4\mathbf{j}+2\mathbf{k})$
5. $x=3-6t, y=t, z=0, -\infty<t<\infty$
6. $\frac{4}{9}(-4\mathbf{i}+7\mathbf{j}+4\mathbf{k})$
7. $x=0, y=1-t, z=3-2t, -\infty<t<\infty$
8. $x=2-3t, y=-3+9t, z=6-2t, -\infty<t<\infty$

### 4.2　點積

1. $2$，$\cos(\theta)=2/\sqrt{14}$，非正交
2. $-23$，$\cos(\theta)=-23/\sqrt{29}\sqrt{41}$，非正交
3. $-18$，$\cos(\theta)=-9/10$，非正交
4. $3x-y+4z=4$
5. $4x-3y+2z=25$
6. $7x+6y-5z=-26$
7. $-\frac{9}{14}(-3\mathbf{i}+2\mathbf{j}-\mathbf{k})$
8. $\frac{1}{62}(2\mathbf{i}+7\mathbf{j}-3\mathbf{k})$
9. $\frac{15}{53}(-9\mathbf{i}+3\mathbf{j}+4\mathbf{k})$

### 4.3　叉積

1. $\mathbf{F}\times\mathbf{G}=8\mathbf{i}+2\mathbf{j}+12\mathbf{k}$
2. $\mathbf{F}\times\mathbf{G}=-8\mathbf{i}-12\mathbf{j}-5\mathbf{k}$
3. 非共線，$x-2y+z=3$
4. 非共線，$2x-11y+z=0$
5. 非共線，$29x+37y-12z=30$
6. $\mathbf{i}-\mathbf{j}+2\mathbf{k}$

## 4.4 n-向量和 $R^n$ 的代數結構

1. $S$ 為 $R^4$ 的子空間。
2. $S$ 不是 $R^5$ 的子空間（具有第四座標 1 的向量的純量倍數不需要具有等於 1 的第四座標）。
3. $S$ 不是 $R^4$ 的子空間，因為具有至少一個等於零的座標的向量和可能不具有等於零的座標。
4. 獨立
5. 獨立
6. 相依，因為
$$<6, 4, -6, 4> = <4, 0, 0, 2> + 2<1, 2, -3, 1>$$
7. 相依，因為
$$-2<1, -2> + 2<4, 1> = <6, 6>$$
8. 獨立
9. 基底由 $<1, 0, 0, -1>$ 與 $<0, 1, -1, 0>$ 構成，且維數為 2。
10. 基底由 $<1, 0, 0, 0>$, $<0, 0, 1, 0>$ 與 $<0, 0, 0, 1>$ 構成，維數為 3。
11. 向量 $<0, 1, 0, 2, 0, 3, 0>$ 形成一基底，且維數為 1。
12. 兩向量為線性獨立因為它們都不是其他的純量倍數。此外，
$$-5<1, 1, 1> + 2<0, 1, 1> = <-5, -3, -3>$$
13. 兩向量為線性獨立因為它們都不是其他的純量倍數。最後，
$$-3<1, 0, -3, 2> - <1, 0, -1, -1> = <-4, 0, 10, -5>$$
14. 因為 $\mathbf{U}$ 在 $S$ 中，為 $\mathbf{V}_1, \cdots, \mathbf{V}_k$ 的基底，則 $\mathbf{U}$ 為 $\mathbf{V}_1, \cdots, \mathbf{V}_k$ 的線性組合。因此 $\mathbf{V}_1, \cdots, \mathbf{V}_k$ 為線性獨立。

# CHAPTER 5　矩陣、行列式與線性方程組

## 5.1 矩陣與矩陣代數

1. $\begin{pmatrix} 14 & -2 & 6 \\ 10 & -5 & -6 \\ -26 & -43 & -8 \end{pmatrix}$

2. $\begin{pmatrix} 2 + 2x - x^2 & -12x + (1-x)(x + e^x + 2\cos(x)) \\ 4 + 2x + 2e^x + 2xe^x & -22 - 2x + e^{2x} + 2e^x \cos(x) \end{pmatrix}$

3. $\begin{pmatrix} -36 & 0 & 68 & 196 & 20 \\ 128 & -40 & -36 & -8 & 72 \end{pmatrix}$

4. $\mathbf{AB} = \begin{pmatrix} -10 & -34 & -16 & -30 & -14 \\ 10 & -2 & -11 & -8 & -45 \\ -5 & 1 & 15 & 61 & -63 \end{pmatrix}$

   $\mathbf{BA}$ 無定義。

5. $\mathbf{AB} = (115)$ 且

   $$\mathbf{BA} = \begin{pmatrix} 3 & -18 & -6 & -42 & 66 \\ -2 & 12 & 4 & 28 & -44 \\ -6 & 36 & 12 & 84 & -132 \\ 0 & 0 & 0 & 0 & 0 \\ 4 & -24 & -8 & -56 & 88 \end{pmatrix}$$

6. $\mathbf{AB}$ 無定義；

   $$\mathbf{BA} = \begin{pmatrix} 410 & 36 & -56 & 227 \\ 17 & 253 & 40 & -1 \end{pmatrix}$$

7. $\mathbf{AB}$ 無定義；

   $$\mathbf{BA} = \begin{pmatrix} -16 & -13 & -5 \end{pmatrix}$$

8. $\mathbf{BA}$ 無定義；

   $$\mathbf{AB} = \begin{pmatrix} 39 & -84 & 21 \\ -23 & 38 & 3 \end{pmatrix}$$

9. $\mathbf{AB}$ 為 $14 \times 14$，$\mathbf{BA}$ 為 $21 \times 21$

10. $\mathbf{AB}$ 無定義；$\mathbf{BA}$ 為 $4 \times 2$

11. $\mathbf{AB}$ 無定義；$\mathbf{BA}$ 為 $7 \times 6$

## 5.2 列運算與簡化矩陣

1. $\begin{pmatrix} -2 & 1 & 4 & 2 \\ 0 & \sqrt{3} & 16\sqrt{3} & 3\sqrt{3} \\ 1 & -2 & 4 & 8 \end{pmatrix}$；$\Omega = \begin{pmatrix} 1 & 0 & 0 \\ 0 & \sqrt{3} & 0 \\ 0 & 0 & 1 \end{pmatrix}$

2. $\begin{pmatrix} 40 & 5 & -15 \\ -2+2\sqrt{13} & 14+9\sqrt{13} & 6+5\sqrt{13} \\ 2 & 9 & 5 \end{pmatrix}$；$\Omega = \begin{pmatrix} 0 & 5 & 0 \\ 1 & 0 & \sqrt{13} \\ 0 & 0 & 1 \end{pmatrix}$

# 習題解答

3. $\begin{pmatrix} 30 & 120 \\ -3+2\sqrt{3} & 15+8\sqrt{3} \end{pmatrix}$; $\Omega = \begin{pmatrix} 0 & 15 \\ 1 & \sqrt{3} \end{pmatrix}$

4. $\begin{pmatrix} -1 & 0 & 3 & 0 \\ -36 & 28 & -20 & 28 \\ -13 & 3 & 44 & 9 \end{pmatrix}$; $\Omega = \begin{pmatrix} 1 & 0 & 0 \\ 0 & 0 & 4 \\ 14 & 1 & 0 \end{pmatrix}$

5. 矩陣為簡化式，所以 $\Omega = \mathbf{I}_2$ 且 $\mathbf{A}_R = \mathbf{A}$。

6. $\Omega = \begin{pmatrix} 0 & 1 \\ 1 & -2 \end{pmatrix}$

    且
    $$\mathbf{A}_R = \begin{pmatrix} 1 & 1 \\ 0 & 0 \end{pmatrix}$$

7. $\Omega = \begin{pmatrix} -1/3 & 0 \\ 0 & 1 \end{pmatrix}$

    且
    $$\mathbf{A}_R = \begin{pmatrix} 1 & -4/3 & -4/3 \\ 0 & 0 & 0 \end{pmatrix}$$

8. $\Omega = \frac{1}{4}\begin{pmatrix} 0 & 0 & 1 \\ 4 & -4 & -8 \\ -4 & 8 & 8 \end{pmatrix}$

    且
    $$\mathbf{A}_R = \begin{pmatrix} 1 & 0 & 0 & -3/4 \\ 0 & 1 & 0 & 3 \\ 0 & 0 & 1 & 0 \end{pmatrix}$$

9. $\Omega = \begin{pmatrix} 0 & 0 & 1 & 0 \\ 0 & 1 & 3 & 0 \\ 1 & 0 & -6 & 0 \\ 0 & 0 & -1 & 1 \end{pmatrix}$

    且
    $$\mathbf{A}_R = \begin{pmatrix} 1 \\ 0 \\ 0 \\ 0 \end{pmatrix}$$

## 5.3 齊次線性方程組的解

1. $\alpha \begin{pmatrix} -1 \\ 1 \\ 1 \\ 0 \end{pmatrix} + \beta \begin{pmatrix} 1 \\ -1 \\ 0 \\ 1 \end{pmatrix}$

   解空間之維數為 2。

2. $\begin{pmatrix} 0 \\ 0 \\ 0 \end{pmatrix}$

   （僅為當然解）。解空間之維數為 0。

3. $\alpha \begin{pmatrix} -9/4 \\ -7/4 \\ -5/8 \\ 13/8 \\ 1 \end{pmatrix}$

   解空間之維數為 1。

4. $\alpha \begin{pmatrix} -5/6 \\ -2/3 \\ -8/3 \\ -2/3 \\ 1 \\ 0 \end{pmatrix} + \beta \begin{pmatrix} -5/9 \\ -10/9 \\ -13/9 \\ -1/9 \\ 0 \\ 1 \end{pmatrix}$

   解空間之維數為 2。

5. $\alpha \begin{pmatrix} 5/14 \\ 11/7 \\ 6/7 \\ 1 \end{pmatrix}$

   解空間之維數為 1。

6. $\alpha \begin{pmatrix} 1 \\ 1 \\ 0 \\ 1 \\ 1 \\ 0 \\ 0 \end{pmatrix} + \beta \begin{pmatrix} -2 \\ -3/2 \\ 2/3 \\ -4/3 \\ 0 \\ 1 \\ 0 \end{pmatrix} + \gamma \begin{pmatrix} 0 \\ 1/2 \\ -3 \\ 0 \\ 0 \\ 0 \\ 1 \end{pmatrix}$

   解空間之維數為 0。

## 5.4 非齊次線性方程組的解

1. 唯一解
$$\begin{pmatrix} 1 \\ 1/2 \\ 4 \end{pmatrix}$$

2. $\alpha \begin{pmatrix} 1 \\ 1 \\ 3/2 \\ 1 \\ 0 \\ 0 \end{pmatrix} + \beta \begin{pmatrix} 0 \\ 0 \\ 1/2 \\ 0 \\ 1 \\ 0 \end{pmatrix} + \gamma \begin{pmatrix} -17/2 \\ -6 \\ -51/4 \\ 0 \\ 0 \\ 1 \end{pmatrix} + \begin{pmatrix} 9/2 \\ 3 \\ 25/4 \\ 0 \\ 0 \\ 0 \end{pmatrix}$

3. $\alpha \begin{pmatrix} 2 \\ 2 \\ 7 \\ 3/2 \\ 1 \\ 0 \end{pmatrix} + \beta \begin{pmatrix} -2 \\ -1 \\ -9/2 \\ -3/4 \\ 0 \\ 1 \end{pmatrix} + \begin{pmatrix} -4 \\ -4 \\ -38 \\ -11/2 \\ 0 \\ 0 \end{pmatrix}$

4. $\alpha \begin{pmatrix} -1/2 \\ -1 \\ 3 \\ 1 \\ 0 \end{pmatrix} + \beta \begin{pmatrix} -3/4 \\ 1 \\ -2 \\ 0 \\ 1 \end{pmatrix} + \begin{pmatrix} 9/8 \\ 2 \\ 0 \\ 0 \\ 0 \end{pmatrix}$

5. $\alpha \begin{pmatrix} -1 \\ 1 \\ 0 \\ 0 \\ 0 \\ 0 \\ 0 \end{pmatrix} + \beta \begin{pmatrix} 1 \\ 0 \\ 0 \\ 1 \\ 0 \\ 0 \\ 0 \end{pmatrix} + \gamma \begin{pmatrix} -3/14 \\ 0 \\ 3/14 \\ 0 \\ 1 \\ 0 \\ 0 \end{pmatrix} + \delta \begin{pmatrix} -1 \\ 0 \\ 0 \\ 0 \\ 0 \\ 1 \\ 0 \end{pmatrix} + \epsilon \begin{pmatrix} 1/14 \\ 0 \\ -1/14 \\ 0 \\ 0 \\ 0 \\ 1 \end{pmatrix} + \begin{pmatrix} -29/7 \\ 0 \\ 1/7 \\ 0 \\ 0 \\ 0 \\ 0 \end{pmatrix}$

6. $\alpha \begin{pmatrix} -19/15 \\ 3 \\ 67/15 \\ 1 \end{pmatrix} + \begin{pmatrix} 22/15 \\ -5 \\ -121/15 \\ 0 \end{pmatrix}$

7. 唯一解

$$\mathbf{X} = \frac{1}{57}\begin{pmatrix} 16 \\ 99 \\ 23 \end{pmatrix}$$

### 5.5 反矩陣

1. $\frac{1}{5}\begin{pmatrix} -1 & 2 \\ 2 & 1 \end{pmatrix}$

2. $\frac{1}{12}\begin{pmatrix} -2 & 2 \\ 1 & 5 \end{pmatrix}$

3. $\frac{1}{12}\begin{pmatrix} 3 & -2 \\ -3 & 6 \end{pmatrix}$

4. $\frac{1}{31}\begin{pmatrix} -6 & 11 & 2 \\ 3 & 10 & -1 \\ 1 & -7 & 10 \end{pmatrix}$

5. $-\frac{1}{12}\begin{pmatrix} 6 & -6 & 0 \\ -3 & -9 & 2 \\ 3 & -3 & -2 \end{pmatrix}$

6. $\mathbf{X} = \mathbf{A}^{-1}\mathbf{B} = \frac{1}{11}\begin{pmatrix} -1 & -1 & 8 & 4 \\ -9 & 2 & -5 & 14 \\ 2 & 2 & -5 & 3 \\ 3 & 3 & -2 & -1 \end{pmatrix}\begin{pmatrix} 1 \\ 2 \\ 0 \\ -5 \end{pmatrix} = \frac{1}{11}\begin{pmatrix} -23 \\ -75 \\ -9 \\ 14 \end{pmatrix}$

7. $\frac{1}{7}\begin{pmatrix} 22 \\ 27 \\ 30 \end{pmatrix}$

8. $\frac{1}{5}\begin{pmatrix} -21 \\ 14 \\ 0 \end{pmatrix}$

### 5.6 行列式

1. $-22$
2. $-14$
3. $-2,247$
4. $-122$
5. $72$

6. 15,698
7. 3,372

## 5.7　克蘭姆法則

1. $x_1 = -11/47, x_2 = -100/47$
2. $x_1 = -1/2, x_2 = -19/22, x_3 = 2/11$
3. $x_1 = 5/6, x_2 = -10/3, x_3 = -5/6$
4. $x_1 = -86, x_2 = -109/2, x_3 = -43/2, x_4 = 37/2$
5. $x_1 = 33/93, x_2 = -409/33, x_3 = -1/93, x_4 = 116/93$

# CHAPTER 6　特徵值、對角化與特殊矩陣

## 6.1　特徵值與特徵向量

1. $p_\mathbf{A}(\lambda) = \lambda^2 - 2\lambda - 5$；特徵值及對應的特徵向量為
$$1+\sqrt{6}, \begin{pmatrix} \sqrt{6} \\ 2 \end{pmatrix}, 1-\sqrt{6}, \begin{pmatrix} -\sqrt{6} \\ 2 \end{pmatrix}$$

2. $p_\mathbf{A}(\lambda) = \lambda^2 + 3\lambda - 10$，
$$-5, \begin{pmatrix} 7 \\ -1 \end{pmatrix}, 2, \begin{pmatrix} 0 \\ 1 \end{pmatrix}$$

3. $p_\mathbf{A}(\lambda) = \lambda^2 - 3\lambda + 14$，
$$\frac{1}{2}(3+\sqrt{47}i), \begin{pmatrix} -1+\sqrt{47}i \\ 4 \end{pmatrix}, \frac{1}{2}(3-\sqrt{47}i), \begin{pmatrix} -1-\sqrt{47}i \\ 4 \end{pmatrix}$$

4. $p_\mathbf{A}(\lambda) = \lambda^3 - 5\lambda^2 + 6\lambda$，
$$0, \begin{pmatrix} 0 \\ 1 \\ 0 \end{pmatrix}, 2, \begin{pmatrix} 2 \\ 1 \\ 0 \end{pmatrix}, 3, \begin{pmatrix} 0 \\ 2 \\ 3 \end{pmatrix}$$

5. $p_\mathbf{A}(\lambda) = \lambda^2(\lambda+3)$，
$$0, 0, \begin{pmatrix} 1 \\ 0 \\ 3 \end{pmatrix}, -3, \begin{pmatrix} 1 \\ 0 \\ 0 \end{pmatrix}$$

6. $p_\mathbf{A}(\lambda) = (\lambda+14)(\lambda-2)^2$，

$$-14, \begin{pmatrix} -16 \\ 0 \\ 1 \end{pmatrix}, 2, 2, \begin{pmatrix} 0 \\ 0 \\ 1 \end{pmatrix}$$

特徵值 2 的重數為 2 不具有兩個線性獨立之特徵向量。

7. $p_\mathbf{A}(\lambda) = \lambda(\lambda^2 - 8\lambda + 7)$，

$$0, \begin{pmatrix} 14 \\ 7 \\ 10 \end{pmatrix}, 1, \begin{pmatrix} 6 \\ 0 \\ 5 \end{pmatrix}, 7, \begin{pmatrix} 0 \\ 0 \\ 1 \end{pmatrix}$$

8. $p_\mathbf{A}(\lambda) = (\lambda - 1)(\lambda - 2)(\lambda^2 + \lambda - 13)$，

$$1, \begin{pmatrix} -2 \\ -11 \\ 0 \\ 1 \end{pmatrix}, 2, \begin{pmatrix} 0 \\ 0 \\ 1 \\ 0 \end{pmatrix},$$

$$(-1 + \sqrt{53})/2, \begin{pmatrix} \sqrt{53} - 7 \\ 0 \\ 0 \\ 2 \end{pmatrix}, (-1 - \sqrt{53})/2, \begin{pmatrix} -\sqrt{53} - 7 \\ 0 \\ 0 \\ 2 \end{pmatrix}$$

## 6.2　對角化

習題 1 到 5，給予特徵值與對角化矩陣 **P**，或敘述此矩陣不可對角化。

1. $(3 + \sqrt{7}i)/2, (3 - \sqrt{7}i)/2$，

$$\mathbf{P} = \begin{pmatrix} 2 & 2 \\ -3 - \sqrt{7}i & -3 + \sqrt{7}i \end{pmatrix}, \mathbf{P}^{-1}\mathbf{A}\mathbf{P} = \begin{pmatrix} (3 + \sqrt{7}i)/2 & 0 \\ 0 & (3 - \sqrt{7}i)/2 \end{pmatrix}$$

2. 不可對角化；**A** 具有特徵值 1, 1 且所有具有 −2 的特徵向量都是純量倍數

$$\begin{pmatrix} 0 \\ 1 \end{pmatrix}$$

所以矩陣為非對角化。

3. $0, 5, -2$，

$$\mathbf{P} = \begin{pmatrix} 0 & 5 & 0 \\ 1 & 1 & -3 \\ 0 & 0 & 2 \end{pmatrix}, \mathbf{P}^{-1}\mathbf{A}\mathbf{P} = \begin{pmatrix} 0 & 0 & 0 \\ 0 & 5 & 0 \\ 0 & 0 & -2 \end{pmatrix}$$

4. 特徵值為 1, −2, −2 且所有特徵向量都是純量倍數
$$\begin{pmatrix} -3 \\ 1 \\ 0 \end{pmatrix}$$
所以矩陣為非對角化。

5. $1, 4, (-5+\sqrt{5})/2, (-5-\sqrt{5})/2$
$$\mathbf{P} = \begin{pmatrix} 1 & 0 & 0 & 0 \\ 0 & 1 & (2-3\sqrt{5})/41 & (2+3\sqrt{5})/41 \\ 0 & 0 & (-1+\sqrt{5})/2 & (-1-\sqrt{5})/2 \\ 0 & 0 & 1 & 1 \end{pmatrix}$$

6. $\mathbf{A}^6 = \begin{pmatrix} 1 & 0 \\ -3,906 & 15,625 \end{pmatrix}$

7. $\mathbf{A}^6 = \begin{pmatrix} 8 & 0 \\ 0 & 8 \end{pmatrix}$

## 6.3 特殊矩陣及其特徵值和特徵向量

習題 1 到 6，給予特徵值和相關的特徵向量，以及給予矩陣對角化的正交矩陣 $\mathbf{Q}$。

1. $0, \begin{pmatrix} 1 \\ 2 \end{pmatrix}, 5, \begin{pmatrix} -2 \\ 1 \end{pmatrix}, \mathbf{Q} = \begin{pmatrix} 1/\sqrt{5} & -2/\sqrt{5} \\ 2/\sqrt{5} & 1/\sqrt{5} \end{pmatrix}$

2. $5+\sqrt{2}, \begin{pmatrix} 1+\sqrt{2} \\ 1 \end{pmatrix}, 5-\sqrt{2}, \begin{pmatrix} 1-\sqrt{2} \\ 1 \end{pmatrix}$
$$\mathbf{Q} = \begin{pmatrix} (1+\sqrt{2})/(\sqrt{4+2\sqrt{2}}) & (1-\sqrt{2})/(\sqrt{4-2\sqrt{2}}) \\ 1/\sqrt{4+2\sqrt{2}} & 1/\sqrt{4-2\sqrt{2}} \end{pmatrix}$$

3. $3, \begin{pmatrix} 0 \\ 0 \\ 1 \end{pmatrix}; -1+\sqrt{2}, \begin{pmatrix} 1 \\ \sqrt{2}-1 \\ 0 \end{pmatrix}; -1-\sqrt{2}, \begin{pmatrix} 1 \\ -1-\sqrt{2} \\ 0 \end{pmatrix}$
$$\mathbf{Q} = \begin{pmatrix} 1/\sqrt{4-2\sqrt{2}} & 1/\sqrt{4+2\sqrt{2}} & 0 \\ (-1+\sqrt{2})/\sqrt{4-2\sqrt{2}} & (-1-\sqrt{2})/\sqrt{4+2\sqrt{2}} & 0 \\ 0 & 0 & 1 \end{pmatrix}$$

4. $7, \begin{pmatrix} 0 \\ 1 \\ 0 \end{pmatrix}; (5+\sqrt{41})/2, \begin{pmatrix} 5+\sqrt{41} \\ 0 \\ 4 \end{pmatrix}; (5-\sqrt{41})/2, \begin{pmatrix} 5-\sqrt{41} \\ 0 \\ 4 \end{pmatrix}$

$$\mathbf{Q} = \begin{pmatrix} 0 & (5+\sqrt{41})/\sqrt{82+10\sqrt{41}} & (5-\sqrt{41})/\sqrt{82-10\sqrt{41}} \\ 1 & 0 & 0 \\ 0 & 4/\sqrt{82+10\sqrt{41}} & 4/\sqrt{82-10\sqrt{41}} \end{pmatrix}$$

習題 5 到 7，給予特徵值，以及其矩陣為非單式、賀米特、反賀米特或以上皆非。

5. $2, 2$，非單式、賀米特或反賀米特
6. $0, \sqrt{3}i, -\sqrt{3}i$，反賀米特
7. $2, i, -i$，非單式、非賀米特、非反賀米特

## 6.4 二次式

1. 矩陣形式為
$$\mathbf{A} = \begin{pmatrix} -5 & 2 \\ 2 & 3 \end{pmatrix}$$

   特徵值為 $-1 \pm 2\sqrt{5}$。標準式為
$$(-1+2\sqrt{5})y_1^2 + (-1-1\sqrt{5})y_2^2$$

2. 矩陣
$$\mathbf{A} = \begin{pmatrix} -3 & 2 \\ 2 & 7 \end{pmatrix}$$

   特徵值為 $2 \pm \sqrt{29}$。標準式為
$$(2+\sqrt{29})y_1^2 + (2-\sqrt{29})y_2^2$$

3. $\mathbf{A} = \begin{pmatrix} 0 & -3 \\ -3 & 4 \end{pmatrix}$

   特徵值為 $2 \pm \sqrt{13}$。標準式為
$$(2+\sqrt{13})y_1^2 + (2-\sqrt{13})y_2^2$$

4. $\mathbf{A} = \begin{pmatrix} 0 & -1 \\ -1 & 2 \end{pmatrix}$

   特徵值為 $1 \pm \sqrt{2}$。標準式為
$$(1+\sqrt{2})y_1^2 + (1-\sqrt{2})y_2^2$$

# CHAPTER 7　線性微分方程組

## 7.1　線性方程組

在這些解答中，給予一個基本矩陣。可為每個系統編寫不同的基本矩陣（例如，若使用系統矩陣的不同特徵向量）。基本矩陣用於編寫初始值問題的唯一解。

1. $\Omega(t) = \begin{pmatrix} -e^{2t} & 3e^{6t} \\ e^{2t} & e^{6t} \end{pmatrix}$

   $\mathbf{X}(t) = \begin{pmatrix} -3e^{2t} + 3e^{6t} \\ 3e^{2t} + e^{6t} \end{pmatrix}$

2. $\Omega(t) = \begin{pmatrix} 4e^{(1+2\sqrt{3})t} & 4e^{(1-2\sqrt{3})t} \\ (-1+\sqrt{3})e^{(1+2\sqrt{3})t} & (-1-\sqrt{3})e^{(1-2\sqrt{3})t} \end{pmatrix}$

   $\mathbf{X}(t) = \begin{pmatrix} 2e^t \cosh(2\sqrt{3}t) + \frac{10}{\sqrt{3}} e^t \sinh(2\sqrt{3}t) \\ 2e^t \cosh(2\sqrt{3}t) - \frac{1}{\sqrt{3}} e^t \sinh(2\sqrt{3}t) \end{pmatrix}$

3. $\Omega(t) = \begin{pmatrix} -e^t & e^t & e^{-3t} \\ 0 & e^t & 3e^{-3t} \\ e^t & 0 & e^{-3t} \end{pmatrix}$

   $\mathbf{X}(t) = \begin{pmatrix} 10e^t - 9e^{-3t} \\ 24e^t - 27e^{-3t} \\ 14e^t - 9e^{-3t} \end{pmatrix}$

## 7.2　當 A 為常數的 X′ = AX 的解

為每個問題給予一個基本矩陣。基本矩陣並不是唯一的，並且可以為每個方程組找到其他基本矩陣。

1. $\Omega(t) = \begin{pmatrix} 7e^{3t} & 0 \\ 5e^{3t} & e^{-4t} \end{pmatrix}$

2. $\Omega(t) = \begin{pmatrix} 1 & e^{2t} \\ -1 & e^{2t} \end{pmatrix}$

3. $\Omega(t) = \begin{pmatrix} 1 & 2e^{3t} & -e^{-4t} \\ 6 & 3e^{3t} & 2e^{-4t} \\ -13 & -2e^{3t} & e^{-4t} \end{pmatrix}$

4. $\Omega(t) = e^{2t}\begin{pmatrix} -2\sin(2t) & 2\cos(2t) \\ \cos(2t) & \sin(2t) \end{pmatrix}$

5. $\Omega(t) = \begin{pmatrix} e^{2t} & -3e^{5t} & (-3-2/3)e^{5t} \\ 0 & -3e^{5t} & (-3t-1)e^{5t} \\ 0 & e^{5t} & te^{5t} \end{pmatrix}$

6. $\Omega(t) = e^{2t}\begin{pmatrix} -2\sin(2t) & 2\cos(2t) \\ \cos(2t) & \sin(2t) \end{pmatrix}$

7. $\Omega(t) = e^{t}\begin{pmatrix} 2\cos(t) - \sin(t) & \cos(t) + 2\sin(t) \\ \cos(t) & \sin(t) \end{pmatrix}$

8. $\Omega(t) = \begin{pmatrix} 0 & e^{-t}\cos(2t) & e^{-t}\sin(2t) \\ 0 & e^{-t}(\cos(2t) - 2\sin(2t)) & e^{-t}(2\cos(2t) + \sin(2t)) \\ e^{-2t} & 3e^{-t}\cos(2t) & 3e^{-t}\sin(2t) \end{pmatrix}$

9. $\Omega(t) = e^{3t}\begin{pmatrix} 1 & t \\ 0 & 1/2 \end{pmatrix}$

10. $\Omega(t) = e^{4t}\begin{pmatrix} -2\cos(\sqrt{29}t) + \sqrt{29}\sin(\sqrt{29}t) & -\sqrt{29}\cos(\sqrt{29}t) - 2\sin(\sqrt{29}t) \\ 3\cos(\sqrt{29}t) & 3\sin(\sqrt{29}t) \end{pmatrix}$

11. $\Omega(t) = \begin{pmatrix} 2 & 3e^{3t} & e^{t} & 0 \\ 0 & 2e^{3t} & 0 & -2e^{t} \\ 1 & 2e^{3t} & 0 & -2e^{t} \\ 0 & 0 & 0 & e^{t} \end{pmatrix}$

7.3 指數矩陣解

1. $e^{\mathbf{A}t} = \begin{pmatrix} \cos(2t) - \frac{1}{2}\sin(2t) & \frac{1}{2}\sin(2t) \\ -\frac{5}{2}\sin(2t) & \cos(2t) + \frac{1}{2}\sin(2t) \end{pmatrix}$

2. $e^{\mathbf{A}t} = e^{3t}\begin{pmatrix} \cos(2t) + \sin(2t) & -\sin(2t) \\ 2\sin(2t) & \cos(2t) - \sin(2t) \end{pmatrix}$

3. $e^{\mathbf{A}t} = e^{t}\begin{pmatrix} \cos(2t) & 2\sin(2t) \\ -\frac{1}{2}\sin(2t) & \cos(2t) \end{pmatrix}$

4. $e^{\mathbf{A}t} = e^{-t/2}\begin{pmatrix} \cos(at) + \frac{1}{\sqrt{3}}\sin(at) & -\frac{2}{\sqrt{3}}\sin(at) \\ \frac{2}{\sqrt{3}}\sin(at) & \cos(at) - \frac{1}{\sqrt{3}}\sin(at) \end{pmatrix}$, $a = 3\sqrt{3}/2$。

# CHAPTER 8　向量的微分

8.1　單變數的向量函數

1. $(f(t)\mathbf{F}(t))' = -12\sin(3t)\mathbf{i} + 12t[2\cos(3t) - 3t\sin(3t)]\mathbf{j} + 8[\cos(3t) - 3t\sin(3t)]\mathbf{k}$
2. $(\mathbf{F} \times \mathbf{G})' = (1 - 4\sin(t))\mathbf{i} - 2t\mathbf{j} - (\cos(t) - t\sin(t))\mathbf{k}$
3. $(f(t)\mathbf{F}(t))' = (1 - 8t^3)\mathbf{i} + (6t^2\cosh(t) - (1 - 2t^3)\sinh(t))\mathbf{j} + (-6t^2 e^t + e^t(1 - 2t^3))\mathbf{k}$
4. $te^t(2 + t)(\mathbf{j} - \mathbf{k})$
5. (a) $\mathbf{F}(t) = \sin(t)\mathbf{i} + \cos(t)\mathbf{j} + 45t\mathbf{k}, 0 \leq t \leq 2\pi, \mathbf{F}'(t) = \cos(t)\mathbf{i} - \sin(t)\mathbf{j} + 45\mathbf{k}$
   (b) $s(t) = \sqrt{2026}\,t$
   (c) $\mathbf{G}(s) = \mathbf{F}(t(s)) = \dfrac{1}{\sqrt{2026}}\left[\sin(s/\sqrt{2026})\mathbf{i} + \cos(s/\sqrt{2026}) + (45s/\sqrt{2026})\mathbf{k}\right]$
   $\mathbf{G}'(s) = \dfrac{1}{\sqrt{2026}}\left[\cos\left(\dfrac{s}{\sqrt{2026}}\right)\mathbf{i} - \sin\left(\dfrac{s}{\sqrt{2026}}\right)\mathbf{j} + \dfrac{45}{\sqrt{2026}}\mathbf{k}\right]$
6. (a) $\mathbf{F}(t) = t^2(2\mathbf{i} + 3\mathbf{j} + 4\mathbf{k}), 1 \leq t \leq 3, \mathbf{F}'(t) = 2t(2\mathbf{i} + 3\mathbf{j} + 4\mathbf{k})$
   (b) $s(t) = \sqrt{29}(t^2 - 1)$
   (c) $\mathbf{G}(s) = \mathbf{F}(t(s)) = \left(1 + \dfrac{s}{\sqrt{29}}\right)(2\mathbf{i} + 3\mathbf{j} + 4\mathbf{k})$
   $\mathbf{G}'(s) = \dfrac{1}{\sqrt{29}}(2\mathbf{i} + 3\mathbf{j} + 4\mathbf{k})$

8.2　速度、加速度與曲率

1. $\mathbf{v}(t) = 3\mathbf{i} + 2t\mathbf{k}, v(t) = \sqrt{9 + 4t^2}, \mathbf{a}(t) = 2\mathbf{k}$,
   $a_T = \dfrac{4t}{\sqrt{9 + 4t^2}}, \kappa = \dfrac{6}{(9 + 4t^2)^{3/2}}, a_N = \dfrac{6}{(9 + 4t^2)^{1/2}}$
2. $\mathbf{v}(t) = 2\mathbf{i} - 2\mathbf{j} + \mathbf{k}, v(t) = 3, \mathbf{a}(t) = \mathbf{O}$
   $\kappa = 0, a_T = a_N = 0$
3. $\mathbf{v}(t) = -3e^{-t}(\mathbf{i} + \mathbf{j} - 2\mathbf{k}), v(t) = 3\sqrt{6}e^{-t}, \mathbf{a}(t) = 3e^{-t}(\mathbf{i} + \mathbf{j} - 2\mathbf{k})$
   $\kappa = 0, a_T = -3\sqrt{6}e^{-t}, a_N = 0$
4. $\mathbf{v}(t) = 2\cosh(t)\mathbf{j} - 2\sinh(t)\mathbf{k}, v(t) = 2\sqrt{\cosh(2t)}, \mathbf{a}(t) = 2\sinh(t)\mathbf{j} - 2\cosh(t)\mathbf{k}$
   $\kappa = \dfrac{1}{2(\cosh(2t))^{3/2}}, a_T = 2\sinh(2t)/\sqrt{\cosh(2t)}, a_N = 2/\sqrt{\cosh(2t)}$
5. $\mathbf{v}(t) = 2t(\alpha\mathbf{i} + \beta\mathbf{j} + \gamma\mathbf{k}), v(t) = 2|t|\sqrt{\alpha^2 + \beta^2 + \gamma^2}, a_N = 0, \kappa = 0$,
   $a_T = 2\sigma\sqrt{\alpha^2 + \beta^2 + \gamma^2}$，其中 $\sigma$ 等於 1 若 $t \geq 0$，且 $\sigma$ 等於 $-1$ 若 $t < 0$

## 8.3 梯度場

1. $\nabla\varphi = yz\mathbf{i} + xz\mathbf{j} + xy\mathbf{k}, \nabla\varphi(1,1,1) = \mathbf{i} + \mathbf{j} + \mathbf{k}, \sqrt{3}, -\sqrt{3}$
2. $\nabla\varphi = (2y + e^z)\mathbf{i} + 2x\mathbf{j} + xe^z\mathbf{k}, \nabla\varphi(-2, 1, 6) = (2 + e^6)\mathbf{i} - 4\mathbf{j} - 2e^6\mathbf{k}$,
   $\sqrt{20 + 4e^6 + 5e^{12}}, -\sqrt{20 + 4e^6 + 5e^{12}}$
3. $\nabla\varphi = 2y\sinh(2xy)\mathbf{i} + 2x\sinh(2xy)\mathbf{j} - \cosh(z)\mathbf{k}, \nabla\varphi(0, 1, 1) = -\cosh(1)\mathbf{k}$,
   $\cosh(1), -\cosh(1)$
4. $(1/\sqrt{3})(8y^2 - z + 16xy - x)$
5. $\dfrac{1}{\sqrt{5}}(2x^2z^3 + 3x^2yz^2)$
6. 切平面：$x + y + \sqrt{2}z = 4$
   法線：$x = y = 1 + 2t, z = \sqrt{2}(1 + 2t)$
7. 切平面：$x = y$
   法線：$x = 1 + 2t, y = 1 - 2t, z = 0$
8. 切平面：$x = 1$
   法線：$x = 1 + 2t, y = \pi, z = 1$
9. 等值面為平面 $x + z = k$

## 8.4 散度與旋度

習題 1 到 3，先給予 $\nabla \cdot \mathbf{F}$，然後 $\nabla \times \mathbf{F}$。

1. $4, \mathbf{O}$
2. $2y + xe^y + 2, (e^y - 2x)\mathbf{k}$
3. $\cosh(x) + xz\sinh(xyz) - 1, (-1 - xy\sinh(xyz))\mathbf{i} - \mathbf{j} + yz\sinh(xyz)\mathbf{k}$

習題 4 和 5，$\nabla\varphi$ 為已知。

4. $\mathbf{i} - \mathbf{j} + 4z\mathbf{k}$
5. $-6x^2yz^2\mathbf{i} - 2x^3z^2\mathbf{j} - 4x^3yz\mathbf{k}$
6. $(\cos(x+y+z) - x\sin(x+y+z))\mathbf{i} - x\sin(x+y+z)(\mathbf{j} + \mathbf{k})$

# CHAPTER 9　向量的積分

## 9.1 線積分

1. $0$
2. $26\sqrt{2}/3$
3. $-422/5$

4. $\sin(3) - 81/2$
5. 0
6. $-27/2$

## 9.2 格林定理

1. $-8$
2. $-12$
3. $-40$
4. $512\pi$
5. 0
6. $95/4$

## 9.3 與路徑無關以及位勢理論

1. 保守，$\varphi(x, y) = xy^3 - 4y$
2. 保守，$\varphi(x, y) = 8x^2 + 2y - y^3/3$
3. 保守，$\varphi(x, y) = \ln(x^2 + y^2)$
4. $\varphi(x, y, z) = x - 2y + z$
5. 向量場非保守
6. $-27$
7. $5 + \ln(3/2)$
8. $-5$
9. $-403$
10. $2e^{-2}$

## 9.4 面積分

1. $125\sqrt{2}$
2. $\pi(29^{3/2} - 27)/6$
3. $28\pi\sqrt{2}/3$
4. $(9/8)(\ln(4 + \sqrt{17}) + 4\sqrt{17})$
5. $-10\sqrt{3}$

## 9.5 面積分的應用

1. $49/12$, $(12/35, 33/35, 24/35)$
2. $9\pi K\sqrt{2}$, $(0, 0, 2)$
3. $78\pi$, $(0, 0, 27/13)$

## 9.6 高斯散度定理

1. $256\pi/3$
2. $0$
3. $8\pi/3$
4. $2\pi$

## 9.7 史托克定理

1. 邊界是平面 $y = 0$ 中的圓 $x^2 + z^2 = R^2$。
2. $0$
3. $0$

# CHAPTER 10 傅立葉級數

## 10.1 在 $[-L, L]$ 的傅立葉級數

1. $4$；在 $[-3, 3]$ 級數（由一項構成）收斂至 $4$。

2. $\dfrac{1}{\pi}\sinh(\pi) + \dfrac{2}{\pi}\sinh(\pi)\sum_{n=1}^{\infty}\dfrac{(-1)^n}{n^2+1}\cos(n\pi x)$

   當 $-1 \leq x \leq 1$ 收斂至 $\cos(\pi x)$。

3. $\dfrac{16}{\pi}\sum_{n=1}^{\infty}\dfrac{1}{2n-1}\sin((2n-1)x)$

   當 $-\pi < x < 0$ 收斂至 $-4$，當 $0 < x < \pi$ 收斂至 $4$，當 $x = 0$，$-\pi$，$\pi$ 收斂至 $0$。

4. $\dfrac{13}{3} + \sum_{n=1}^{\infty}(-1)^n\left[\dfrac{16}{n^2\pi^2}\cos\left(\dfrac{n\pi x}{2}\right) + \dfrac{4}{n\pi}\sin\left(\dfrac{n\pi x}{2}\right)\right]$

   當 $-2 < x < 2$ 收斂至 $f(x)$，在 $x = \pm 2$ 收斂至 $7$。

5. $\dfrac{3}{2} + \dfrac{1}{\pi}\sum_{n=1}^{\infty}\dfrac{1-(-1)^n}{n}\sin(nx)$

   當 $-\pi < x < 0$ 收斂至 $1$，當 $0 < x < \pi$ 收斂至 $2$，在 $x = 0$，$-\pi$，$\pi$ 收斂至 $3/2$。

6. $\dfrac{1}{3}\sin(3) + 6\sin(3)\sum_{n=1}^{\infty}\dfrac{(-1)^{n+1}}{n^2\pi^2-9}\cos\left(\dfrac{n\pi x}{3}\right)$

   在 $[-3, 3]$ 收斂至 $\cos(x)$。

7. 級數收斂至

$$\begin{cases} 3/2, & x = \pm 3 \\ 2x, & -3 < x < -2 \\ -2, & x = -2 \\ 0, & -2 < x < 1 \\ 1/2, & x = 1 \\ x^2, & 1 < x < 3 \end{cases}$$

8. 級數收斂至

$$\begin{cases} \frac{1}{2}(2+\pi^2), & x = \pm\pi \\ x^2, & -\pi < x < 0 \\ 1, & x = 0 \\ 2, & 0 < x < \pi \end{cases}$$

9. 級數收斂至

$$\begin{cases} -1, & -4 < x < 0 \\ 0, & x = \pm 4 \text{ 或 } x = 0 \\ 1, & 0 < x < 4 \end{cases}$$

10. 級數收斂至

$$\begin{cases} -1, & x = -4 \text{ 或 } x = 4 \\ 3/2, & x = -2 \\ 5/2, & x = 2 \\ -2, & -4 < x < -2 \\ 1+x^2, & -2 < x < 2 \\ 0, & 2 < x < 4 \end{cases}$$

12. 餘弦級數為

$$-\frac{4}{\pi}\sum_{n=1}^{\infty}\frac{(-1)^n}{2n-1}\cos((2n-1)\pi x/2)$$

級數收斂至

$$\begin{cases} 1, & 0 \le x < 1 \\ -1, & 1 < x \le 2 \\ 0, & x = 1 \end{cases}$$

正弦級數為

$$\frac{2}{\pi}\sum_{n=1}^{\infty}\frac{1}{n}(1+(-1)^n-2\cos(n\pi/2))\sin(n\pi x/2)$$

級數收斂至

$$\begin{cases} 1, & 0 < x < 1 \\ 0, & x = 0, 1, 2 \\ -1, & 1 < x < 2 \end{cases}$$

13. 餘弦級數為

$$1-\frac{8}{\pi^2}\sum_{n=1}^{\infty}\frac{1}{(2n-1)^2}\cos((2n-1)\pi x)$$

當 $0 \le x \le 1$ 收斂至 $2x$。

正弦級數為

$$-\frac{4}{\pi}\sum_{n=1}^{\infty}\frac{(-1)^n}{n}\sin(n\pi x)$$

當 $0 < x < 1$ 收斂至 $2x$，當 $x = 0$ 且當 $x = 1$ 收斂至 $0$。

14. 餘弦級數為

$$1-\frac{1}{e}+2\sum_{n=1}^{\infty}\frac{1-(-1)^n e^{-1}}{1+n^2\pi^2}\cos(n\pi x)$$

當 $0 \le x \le 1$ 收斂至 $e^{-x}$。

正弦級數為

$$2\pi\sum_{n=1}^{\infty}\frac{n}{1+n^2\pi^2}(1-(-1)^n e^{-1})\sin(n\pi x)$$

當 $0 < x < 1$ 收斂至 $e^{-x}$，當 $x = 0$ 且當 $x = 1$ 收斂至 $0$。

15. 餘弦級數為

$$-\frac{1}{5}+\frac{4}{\pi}\sum_{n=1}^{\infty}\frac{1}{n}\cos(n\pi/5)\sin(2n\pi/5)\cos(n\pi x/5)$$

級數收斂至

$$\begin{cases} 1, & 0 \leq x < 1 \\ 1/2, & x = 1 \\ 0, & 1 < x < 3 \\ -1/2, & x = 3 \\ -1, & 3 < x < 5 \end{cases}$$

正弦級數為

$$\frac{4}{\pi} \sum_{n=1}^{\infty} \frac{1}{2n} (1 + (-1)^n - 2\cos(n\pi/5)\cos(2n\pi/5)) \sin(n\pi x/5)$$

級數收斂至

$$\begin{cases} 1, & 0 < x < 1 \\ 1/2, & x = 1 \\ 0, & 1 < x < 3 \text{ 且 } x = 0 \text{ 且 } x = 5 \\ -1/2, & x = 3 \\ -1, & 3 < x < 5 \end{cases}$$

**16.** 餘弦級數為

$$-1 - \frac{24}{\pi^2} \sum_{n=1}^{\infty} \frac{1}{n^2} \left[ 2(-1)^n + \frac{4}{n^2}(1 - (-1)^n) \right] \cos(n\pi x/2)$$

當 $0 \leq x \leq 2$ 收斂至 $1 - x^2$。

正弦級數為

$$\frac{2}{\pi} \sum_{n=1}^{\infty} \frac{1}{n} \left[ 1 + 7(-1)^n - \frac{48}{n^2 \pi^2}(-1)^n \right] \sin(n\pi x/2)$$

當 $0 < x < 2$ 收斂至 $1 - x^2$，當 $x = 0$ 且當 $x = 2$ 收斂至 $0$。

### 10.2 正弦和餘弦級數

**1.** 當 $0 \leq x \leq 3$，餘弦級數為 4，函數本身。正弦級數為

$$\frac{16}{\pi} \sum_{n=1}^{\infty} \frac{1}{2n-1} \sin\left(\frac{(2n-1)\pi x}{3}\right)$$

若 $x = 0$ 或 $x = 3$，則級數收斂於 0 且若 $0 < x < 3$，則收斂於 4。

**2.** 餘弦級數為

$$\frac{1}{2}\cos(x) + \sum_{n=1,n\neq 2}^{\infty} \frac{2n\sin(n\pi/2)}{\pi(n^2-4)} \cos\left(\frac{nx}{2}\right)$$

當 $0 \leq x < \pi$ 收斂至 $0$，在 $x = 2\pi$，收斂至 $1$，當 $\pi < x < 2$ 收斂至 $\cos(x)$，在 $x = \pi$，收斂至 $-1/2$。正弦級數為

$$-\frac{2}{3\pi}\sin(x/2) + \sum_{n=3}^{\infty} \frac{-2n}{\pi(n^2-4)}(\cos(n\pi/2) + (-1)^n)\sin(nx/2)$$

當 $0 \leq x < \pi$ 且當 $x = 2\pi$ 收斂至 $0$，當 $x = \pi$ 收斂至 $-1/2$，當 $\pi < x < 2\pi$，收斂至 $\cos(x)$。

3. 餘弦級數為

$$\frac{4}{3} + \frac{16}{\pi^2} \sum_{n=1}^{\infty} \frac{(-1)^n}{n^2} \cos(n\pi x/2)$$

當 $0 \leq x \leq 2$ 收斂至 $x^2$。正弦級數為

$$-\frac{8}{\pi}\sum_{n=1}^{\infty}\left[\frac{(-1)^n}{n} + \frac{2(1-(-1)^n)}{n^3\pi^2}\right]\sin(n\pi x/2)$$

若 $0 < x < 2$ 收斂至 $x^2$，當 $x = 0$ 且當 $x = 2$ 收斂至 $0$。

4. 餘弦級數為

$$\frac{1}{2} + \sum_{n=1}^{\infty}\left[\frac{4}{n\pi}\sin(2n\pi/3) + \frac{12}{n^2\pi^2}\cos(2n\pi/3) - \frac{6}{n^2\pi^2}(1+(-1)^n)\right]\cos(n\pi x/3)$$

若 $0 \leq x < 2$ 收斂至 $x$，若 $x = 2$ 收斂至 $1$，若 $2 < x \leq 3$ 收斂至 $2-x$。正弦級數為

$$\sum_{n=1}^{\infty}\left[\frac{12}{n^2\pi^2}\sin(2n\pi/3) - \frac{4}{n\pi}\cos(2n\pi/3) + \frac{12}{n\pi}(-1)^n\right]\sin(n\pi x/3)$$

若 $0 \leq x < 2$ 收斂至 $x$，若 $x = 2$ 收斂至 $1$，若 $2 < x < 3$ 收斂至 $2-x$，若 $x = 3$ 收斂至 $0$。

5. 餘弦級數為

$$\frac{5}{6} + \frac{16}{\pi^2}\sum_{n=1}^{\infty}\left[\frac{1}{n^2}\cos\left(\frac{n\pi}{4}\right) - \frac{4}{n^3\pi}\sin\left(\frac{n\pi}{4}\right)\right]\cos\left(\frac{n\pi x}{4}\right)$$

當 $0 \leq x \leq 1$ 收斂至 $x^2$，且當 $1 < x \leq 4$ 收斂至 $1$。正弦級數為

$$\sum_{n=1}^{\infty}\left[\frac{16}{n^2\pi^2}\sin\left(\frac{n\pi}{4}\right) + \frac{64}{n^3\pi^3}\left[\cos\left(\frac{n\pi}{4}\right) - 1\right] - \frac{2(-1)^n}{n\pi}\right]\sin\left(\frac{n\pi x}{4}\right)$$

當 $0 \leq x \leq 1$ 收斂至 $x^2$，當 $1 < x < 4$ 收斂至 1，當 $x = 4$ 收斂至 0。

6. 級數收斂至 $1/2 - \pi/4$。

## 10.3　傅立葉級數的積分與微分

1. $f$ 在 $[-\pi, \pi]$ 之傅立葉級數為

$$\frac{\pi}{4} + \sum_{n=1}^{\infty} \left[ \frac{-1 + (-1)^n}{\pi n^2} \cos(nx) + \frac{(-1)^{n+1}}{n} \sin(nx) \right]$$

此級數在 $(-\pi, \pi)$ 收斂於 $f(x)$。將此級數逐項積分可得

$$\int_{-\pi}^{x} f(t)\, dt =$$

$$= \frac{\pi}{4}(x + \pi) + \sum_{n=1}^{\infty} \left[ \frac{-1 + (-1)^n}{\pi n^3} \sin(nx) + \frac{(-1)^n}{n}(\cos(nx) - (-1)^n) \right]$$

其中 $-\pi < x < \pi$。現在明確計算 $\int_{\pi}^{x} f(t)\, dt$ 並在 $[-\pi, \pi]$ 上，將計算所得的函數以傅立葉級數展開，而與 $f(x)$ 的傅立葉級數逐項積分所得的結果進行比較。

3. 當 $-\pi \leq x < \pi$

$$x \sin(x) = 1 - \frac{1}{2} \cos(x) + 2 \sum_{n=2}^{\infty} \frac{(-1)^{n+1}}{n^2 - 1} \cos(nx)$$

在 $[-\pi, \pi]$ $f$ 為連續以及 $f$ 有連續的第一和第二導數，且 $f(-\pi) = f(\pi)$，故我們可將級數逐項微分得到

$$x \cos(x) + \sin(x) = \frac{1}{2} \sin(x) + 2 \sum_{n=2}^{\infty} \frac{n(-1)^n}{n^2 - 1} \sin(nx)$$

其中 $-\pi < x < \pi$。

## 10.5　複數傅立葉級數

1. $3 + \dfrac{3i}{\pi} \sum_{n=-\infty, n \neq 0}^{\infty} \dfrac{1}{n} e^{2n\pi i x/3}$

該級數在 $x = 0$ 和 $x = 3$ 時收斂至 3，在 $0 < x < 3$ 時收斂到 $2x$。頻譜點為

$$(0, 3), \left( \frac{2n\pi}{3}, \frac{3}{n\pi} \right)$$

2. $\dfrac{3}{4} - \dfrac{1}{2\pi} \sum_{n=-\infty, n \neq 0}^{\infty} \dfrac{1}{n} \left( \sin(n\pi/2) + (\cos(n\pi/2) - 1)i \right) e^{n\pi i x/2}$

若 $x = 0$、1 或 4，則該級數收斂至 1/2，若 $0 < x < 1$ 收斂至 0，如果 $1 < x < 4$ 收斂至 1。頻譜點為

$$\left(0, \frac{3}{4}\right), \left(\frac{n\pi}{2}, \frac{1}{2n\pi}\sqrt{\sin^2(n\pi/2) + (\cos(n\pi/2) - 1)^2}\right)$$

3. $\dfrac{1}{2} + \dfrac{3i}{\pi} \displaystyle\sum_{n=-\infty, n\neq 0}^{\infty} e^{(2n-1)\pi ix/2}$

若 $x = 0$、2 或 4，則該級數收斂至 1/2，如果 $0 < x < 2$ 收斂至 $-1$，如果 $2 < x < 4$ 收斂至 2。頻譜點為

$$\left(0, \frac{1}{2}\right), \left(\frac{n\pi}{2}, \frac{3}{(2n-1)\pi}\right)$$

4. $\dfrac{1}{2} - \dfrac{2}{\pi^2} \displaystyle\sum_{n=-\infty, n\neq 0}^{\infty} \dfrac{1}{(2n-1)^2} e^{(2n-1)\pi ix}$

當 $0 \leq x \leq 2$ 時，該級數收斂於 $f(x)$。頻譜點為

$$\left(0, \frac{1}{2}\right), \left(n\pi, \frac{2}{\pi^2(2n-1)^2}\right)$$

# CHAPTER 11　傅立葉變換

## 11.1　傅立葉變換

1. $2i[\cos(\omega) - 1]/\omega$

振幅譜為

$$|\widehat{f}(\omega)| = \left|\frac{2}{\omega}\cos(\omega - 1)\right|$$

的圖形

2. $10e^{-7i\omega}\sin(4\omega)/\omega$

振幅譜為

$$\left|\frac{10}{\omega}\sin(4\omega)\right|$$

的圖形

3. $\dfrac{4}{1+4i\omega} e^{-(1+4i\omega)k/4}$

振幅譜為

$$\left|\frac{4e^{-k/4}}{\sqrt{1+16\omega^2}}\right|$$

的圖形

4. $\pi e^{-|\omega|}$

振幅譜為

$$\pi e^{-|\omega|}$$

的圖形

5. $\frac{24}{16+\omega^2}e^{2i\omega}$

振幅譜為

$$\frac{24}{16+\omega^2}$$

的圖形

6. $18\sqrt{\frac{2}{\pi}}e^{-8x^2}e^{-4ix}$

7. $H(x+2)e^{-(10+(5-3i)x)}$

8. $H(x)[2e^{-3x} - e^{-2x}]$

## 10.2 傅立葉餘弦和正弦變換

1. $\widehat{f}_C(\omega) = \frac{1}{1+\omega^2}, \widehat{f}_S(\omega) = \frac{\omega}{1+\omega^2}$

3. 當 $\omega \neq \pm 1$

$$\hat{f}_C(\omega) = \frac{1}{2}\left[\frac{\sin(K(1-\omega))}{1-\omega} + \frac{\sin(K(1+\omega))}{1+\omega}\right]$$

$$\hat{f}_C(-1) = \hat{f}_C(1) = \frac{K}{2} + \frac{1}{2}\sin(2K)$$

當 $\omega \neq \pm 1$

$$\hat{f}_S(\omega) = \frac{\omega}{\omega^2-1} - \frac{1}{2}\left[\frac{\cos(K(1+\omega))}{1+\omega} + \frac{\cos(K(1-\omega))}{1-\omega}\right]$$

$$\hat{f}_S(1) = \frac{1}{4}(1-\cos(2K)) = -\hat{f}_S(-1)$$

5. $f_C(\omega) = \frac{1}{2}\left[\frac{1}{1+(1+\omega)^2} + \frac{1}{1+(1-\omega)^2}\right]$

$f_S(\omega) = \frac{1}{2}\left[\frac{1+\omega}{1+(1+\omega)^2} - \frac{1-\omega}{1+(1-\omega)^2}\right]$

# CHAPTER 12 偏微分方程式

### 12.1.1 在有界區間的波動

1. $y(x,t) = \sum_{n=1}^{\infty} \left( \dfrac{16\sin(n\pi/2) - 8n\pi\cos(n\pi/2)}{n^3\pi^3} \right) \sin\left(\dfrac{n\pi x}{2}\right) \sin\left(\dfrac{n\pi t}{2}\right)$

2. $y(x,t) = \sum_{n=1}^{\infty} \dfrac{108}{(2n-1)^4\pi^4} \sin((2n-1)\pi x/3)\sin(2(2n-1)\pi t/3)$

3. $y(x,t) = \sum_{n=1}^{\infty} \dfrac{24(-1)^{n+1}}{(2n-1)^2\pi} \sin((2n-1)x/2)\cos((2n-1)\sqrt{2}t)$

4. $y(x,t) = \sum_{n=1}^{\infty} \dfrac{-32}{(2n-1)^3\pi^3} \sin((2n-1)\pi x/2)\cos(3(2n-1)\pi t/2)$
$+ \sum_{n=1}^{\infty} \dfrac{4}{n^2\pi^2} [\cos(n\pi/4) - \cos(n\pi/2)]\sin(n\pi x/2)\sin(3n\pi t/2)$

### 12.1.2 在無界介質中的波動

1. $y(x,t) = \displaystyle\int_0^{\infty} \dfrac{10}{\pi(25+\omega^2)} \cos(\omega x)\cos(12\omega t)\,d\omega$

2. $y(x,t) = \displaystyle\int_0^{\infty} \dfrac{1}{2\pi\omega} \dfrac{\sin(\pi\omega)}{1-\omega^2} \sin(\omega x)\sin(4\omega t)\,d\omega$

3. $y(x,t) = \displaystyle\int_0^{\infty} \left[ \left( \dfrac{e^{-2}}{3\pi\omega} \dfrac{2\cos(\omega) - \omega\sin(\omega)}{4+\omega^2} \right) \cos(\omega x) \right.$
$\left. + \left( \dfrac{e^{-2}}{3\pi\omega} \dfrac{\omega\cos(\omega) + 2\sin(\omega)}{4+\omega^2} \right) \sin(\omega x) \right] \sin(3\omega t)\,d\omega$

4. $y(x,t) = \displaystyle\int_0^{\infty} [a_\omega \cos(\omega x) + b_\omega \sin(\omega x)]\cos(7\omega t)\,d\omega$
$+ \displaystyle\int_0^{\infty} [A_\omega \cos(\omega x) + B_\omega \sin(\omega x)]\sin(7\omega t)\,d\omega$
其中
$a_\omega = \dfrac{1}{\pi\omega}(\sin(\omega) - 2\sin(2\omega)$
$+ 3\sin(5\omega)), b_\omega = \dfrac{1}{\pi\omega}(\cos(\omega) + 2\cos(2\omega) - 3\cos(5\omega))$
$A_\omega = \dfrac{1}{7\pi\omega(1+\omega^2)} \left( (e - e^{-1})\cos(\omega) + \omega(e + e^{-1})\sin(\omega) \right)$

且
$$B_\omega = -\frac{1}{7\pi\omega(1+\omega^2)}\left((e^{-1}-e)\omega\cos(\omega) + (e+e^{-1})\sin(\omega)\right)$$

## 12.2.1 在區間的熱方程式

1. $u(x,t) = \sum_{n=1}^{\infty} \frac{8L^2}{(2n-1)^3\pi^3} \sin((2n-1)\pi x/L) \exp(-(2n-1)^2\pi^2 kt/L^2)$

2. $u(x,t) = \sum_{n=1}^{\infty} d_n \sin((2n-1)\pi x/L) \exp(-3(2n-1)^2\pi^2 t/L^2)$,

   其中
   $$d_n = \frac{-16L}{(2n-1)\pi[(2n-1)^2-4]}$$

3. $u(x,t) = \frac{2}{3}\pi^3 + \sum_{n=1}^{\infty} a_n \cos(nx/2) e^{-n^2 t}$

   其中
   $$a_n = -\frac{16}{\pi n^4}\left(n^2\pi^2 - 6 + 5(-1)^n\right)$$

4. $u(x,t) = -\frac{4}{3}\left(\frac{2+3\pi}{\pi^2}\right) + \sum_{n=1}^{\infty} a_n \cos(n\pi x/6) e^{-n^2\pi^2 t/18}$

   其中
   $$a_n = \frac{24(-18 - 18n^2 - 27\pi(-1)^n + 12n^2\pi(-1)^n)}{\pi^2(4n^2-9)^2}$$

## 12.2.2 在無界介質中的熱方程式

1. 解為
$$u(x,t) = \frac{8}{\pi}\int_0^\infty \frac{1}{16+\omega^2}\cos(\omega x)e^{-\omega^2 kt}\,d\omega$$

   也可以寫為
   $$u(x,t) = \frac{1}{2\sqrt{\pi kt}}\int_{-\infty}^{\infty} e^{-|\xi|} e^{-(x-\xi)^2/4kt}\,d\xi$$

3. 我們可以寫出解為

$$u(x,t) = \int_0^\infty (a_\omega \cos(\omega x) + b_\omega \sin(\omega x))e^{-\omega^2 kt}\, d\omega$$

其中

$$a_\omega = \frac{1}{\pi} \int_0^4 \xi \cos(\omega\xi)\, d\xi = \frac{1}{\pi\omega^2}(4\omega \sin(4\omega) + \cos(4\omega) - 1)$$

且

$$b_\omega = \frac{1}{\pi} \int_0^\infty \xi \sin(\omega\xi)\, d\xi = \frac{1}{\pi\omega^2}(\sin(4\omega) - 4\omega \cos(4\omega))$$

也可以寫為

$$u(x,t) = \frac{1}{2\sqrt{\pi kt}} \int_0^4 \xi e^{-(x-\xi)^2/4kt}\, d\xi$$

**5.** $u(x,t) = \int_0^\infty (a_\omega \cos(\omega x) + b_\omega \sin(\omega x))e^{-\omega^2 kt}$

其中 $a_\omega = 0$ 且

$$b_\omega = \frac{1}{\pi} \int_{-1}^1 f(\xi) \sin(\omega\xi)\, d\xi = 4\left(\frac{1-\cos(\omega)}{\pi\omega}\right)$$

**7.** $u(x,t) = \int_0^\infty (a_\omega \cos(\omega x) + b_\omega \sin(\omega x))e^{-\omega^2 kt}$

其中 $b_\omega = 0$ 且

$$a_\omega = \frac{2\cos(\pi\omega/2)}{\pi(1-\omega^2)}$$

### 12.3.2 矩形的 Dirichlet 問題

**1.** $u(x,y) = \dfrac{1}{\sinh(\pi^2)} \sin(\pi x) \sinh(\pi(\pi - y))$

**2.** $u(x,y) = \sum_{n=1}^\infty \dfrac{32}{\pi^2 \sinh(4n\pi)} \dfrac{n(-1)^{n+1}}{(2n-1)^2(2n+1)^2} \sin(n\pi x) \sinh(n\pi y)$

**3.** $u(x,y) = \dfrac{1}{\sinh(\pi^2)} \sin(\pi x) \sinh(\pi y)$
$+ \sum_{n=1, n\neq 2}^\infty \dfrac{10n[(-1)^n - 1]}{\pi^2(n-2)^2(n+2)^2 \sinh(n\pi^2/2)} \sin(n\pi x/2) \sinh(n\pi y/2)$

**4.** $u(x,y) = \sum_{n=1}^{\infty} c_n \sin((2n-1)\pi x/2a) \sinh((2n-1)\pi y/2a)$

其中

$$c_n = \frac{2}{a \sinh((2n-1)\pi b/2a)} \int_0^a f(\xi) \sin((2n-1)\pi \xi/2a)\, d\xi$$

### 12.3.3 圓盤的 Dirichlet 問題

**1.** $u(r,\theta) = 1$

**2.** $u(r,\theta) = \frac{1}{3}\pi^2 + \sum_{n=1}^{\infty} \left(\frac{r}{2}\right)^n 2(-1)^n \frac{1}{n^2}[2\cos(n\theta) + n\sin(n\theta)]$

**3.** $u(r,\theta) = \frac{1}{\pi}\sinh(\pi) + \frac{2}{\pi}\sum_{n=1}^{\infty} \left(\frac{r}{4}\right)^n \frac{(-1)^n \sinh(\pi)}{n^2+1}[\cos(n\theta) + n\sin(n\theta)]$

**4.** $u(r,\theta) = 1 - \frac{1}{3}\pi^2 + \sum_{n=1}^{\infty} \left(\frac{r}{8}\right)^n \frac{4(-1)^{n+1}}{n^2} \cos(n\theta)$

**5.** 以極座標表示，問題為解

$$\nabla^2 U(r,\theta) = 0,\, r < 4,\, U(4,\theta) = 16\cos^2(\theta).$$

解為

$$U(r,\theta) = 8 + r^2\left(\cos^2(\theta) - \frac{1}{2}\right)$$

故

$$u(x,y) = \frac{1}{2}(x^2 - y^2) + 8$$

**6.** 以極座標表示，$U(r,\theta) = r^2(2\cos^2(\theta) - 1)$，故 $u(x,y) = x^2 - y^2$。

# 索引

|**A**| 以第 $i$ 列的餘因子展開　cofactor expansion of |**A**| by row $i$　188−189

|**A**| 以第 $j$ 行的餘因子展開　cofactor expansion of |**A**| by column $j$　189

del 算子　del operator　279

Dirichlet 問題　Dirichlet problem　416

$f$ 在 $[-L, L]$ 的複數傅立葉級數　complex Fourier series of $f$ on $[-L, L]$　368

$f(x)$ 在實線的複數傅立葉積分表達式　complex Fourier integral representation of $f(x)$ on the real line　372

$f$ 的傅立葉正弦變換　Fourier sine transform of $f$　388

$f$ 的傅立葉餘弦變換　Fourier cosine transform of $f$　388

$f$ 的複數傅立葉積分係數　complex Fourier integral coefficient of $f$　372

Frobenius 級數　Frobenius series　76

Frobenius 方法　method of Frobenius　80

**F** 的標準表示　standard representation of **F**　130

**F** 和 **G** 之間的角度　angle between **F** and **G**　135

$g(x)$ 在 $[0, L]$ 的傅立葉正弦係數　Fourier sine coefficients of $g(x)$ on $[0, L]$　347

$g(x)$ 在 $[0, L]$ 的傅立葉正弦級數　Fourier sine series for $g(x)$ on $[0, L]$　347

$g(x)$ 在 $[0, L]$ 的傅立葉餘弦係數　Fourier cosine coefficient of $g(x)$ on $[0, L]$　345

$g(x)$ 在 $[0, L]$ 的傅立葉餘弦級數　Fourier cosine series for $g(x)$ on $[0, L]$　345

Heaviside 公式　Heaviside formula　111

Heaviside 函數　Heaviside function　101

$L$ 的參數方程式　parametric equations of $L$　132

Putzer 演算法　Putzer algorithm　253

$s$ 變數的移位　shifting in the $s$ variable　99

$t$ 變數的移位　shifting in the $t$-variable　104

## 二劃

二次式　quadratic form　224

## 三劃

叉積　cross product　140

大小　magnitude　126, 144

子空間　subspace　145

## 四劃

不相容　inconsistent　177

元素　element　153

內部　interior　295

分布　distribution　116

分離常數　separation constant　407

分離變數　separation of variables　407

切平面　tangent plane　274

反　inverse　182

反拉氏變換　inverse Laplace transform　92

反傅立葉變換　inverse Fourier transform　375

反賀米特　skew-hermitian　221

方陣　square　158

片段平滑　piecewise smooth　314, 336

片段連續　piecewise continuous　92, 336

牛頓的冷卻定律　Newton's law of cooling　406

## 五劃

主對角　main diagonal　158, 210

加速度　acceleration　265

可分離　separable　1

可微　differentiable　259

外部　exterior　295

平行　parallel　127

平行四邊形定律　parallelogram law　128

平滑　smooth　314

未定係數法　method of undetermined coefficients　58

正交　orthogonal　137, 144, 217

正向的　positively oriented　294

正則　regular　76

正則矩形　regular rectangular　301

## 六劃

交叉乘積項　cross product term　226

列空間　row space　154

列等價　row equivalent　164

向量　vector　125

向量函數　vector functioin　259

向量和　vector sum　127

向量場　vector field　271

曲率　curvature　265

曲線　curve　287

行列式　determinant　188

行空間　column space　154

## 七劃

位勢方程式　potential equation　416

位勢函數　potential function　18, 297

位置向量　position vector　260

伯努利方程式　Bernoulli equation　33

投影　projection　138

李卡地方程式　Riccati equation　35

## 八劃

卷積　convolution　113, 382

卷積定理　convolution theorem　113, 382

奇　odd　342

奇異　singular　185

奇異解　singular solution　6

奇異點　singular point　76

拉氏方程式　Laplace's equation　416

拉氏變換　Laplace transform　89

法　normal　310

法向量　normal vector　274

法線　normal line　274

初始條件　initial condition　2, 230, 393

初始點　initial point　285

初始－邊界值問題　initial-boundary value problem　406

初值問題　initial value problem　2, 230

非正則　irregular　76

非奇異　nonsingular　185

非旋轉　irrotational　283

非當然　nontrivial　201

非對角元素　off-diagonal element　210

非齊次　nonhomogeneous　44, 176, 230

## 九劃

保守　conservative　297

垂直　perpendicular　137

封閉　closed　322

封閉形式　closed form　70

指數矩陣　exponential matrix　251

指標方程式　indicial equation　78

柯西－舒瓦茲不等式　Cauchy-Schwarz inequality　135

柯西－歐勒微分方程式　Cauchy-Euler differential equation　66

相依　dependent　41

相容　consistent　177

相等　equal　154

相關聯　associated with　199

負向　negative orientation　294–295

重數　multiplicity　206

重疊原理　principle of superposition　55

面積分　surface integral　315

## 十劃

差　difference　44

座標函數　coordinate functions　285

振幅譜　amplitude spectrum　369, 376

朗士基　Wronskian　42

特解　particular solution　2

特徵方程式　characteristic equation　51, 66

特徵向量　eigenvector　199

特徵多項式　characteristic polynomial　201

特徵值　eigenvalue　199

秩　rank　172

純量　scalar　125

純量函數　scalar function　259

純量乘法　scalar multiplication　126

純量場　scalar field　271

脈動　pulse　102

脈衝　impulse　116

高斯散度定理　Gauss's divergence theorem　322

移位函數　shifted function　97

移位的 delta 函數　shifted delta function　383

移位的 Heaviside 函數　shifted Heaviside function　101

第一、第二與第三分量　first, second, and third components　125

終端速度　terminal velocity　8

終點　terminal point　285

被正規化　normalized　364

通解　general solution　2, 42, 171, 234

連鎖律　chain rule　266

連續　continuous　259

速度　velocity　265

速率　speed　265

## 十一劃

偶　even　342

參數方程式　parametric equations　285

參數變換法　method of variation of parameters　55

域　domain　304, 306

基本列運算　elementary row operations　161

基本矩陣　elementary matrix　163

基本矩陣　fundamental matrix　235

基底　basis　149

旋度　curl　279

## 十二劃

傅立葉方法　Fourier method　407

傅立葉正弦係數　Fourier sine coefficients　350

傅立葉正弦展開　Fourier sine expansion　350

傅立葉正弦級數　Fourier sine series　350

傅立葉正弦變換　Fourier sine transform　388

傅立葉係數　Fourier coefficients　335

傅立葉展開　Fourier expansion　335

傅立葉級數　Fourier series　335

傅立葉餘弦係數　Fourier cosine coefficients　353

傅立葉餘弦展開　Fourier cosine expansion　353

傅立葉餘弦級數　Fourier cosine series　353

單式　unitary　220

單式系統　unitary system　221

單位向量　unit vector　129

單位矩陣　identity matrix　158

單位階梯函數　unit step function　101

單連通　simply connected　304, 306

散度　divergence　279

棒的熱擴散率　thermal diffusivity of the bar　405

等位面　level surface　273

絕對可積　absolutely integrable　371

絕對收斂　absolutely convergent　413

賀米特　hermitian　221

距離　distance　252, 363

## 十三劃

傳遞常數　transfer constant　406

當然子空間　trivial subspace　145

解空間　solution space　170

路徑　path　295

跳躍不連續　jump discontinuity　93, 335

運算規則　operational rule　379

零向量　zero vector　127

零矩陣　zero matrix　158

## 十四劃

圖形　graph　287

實二次式　real quadratic form　224

實線上 $f(x)$ 的傅立葉積分表達式　Fourier integral representation of $f(x)$ on the real line　413

實線上 $f(x)$ 的傅立葉積分係數　Fourier integral coefficients of $f(x)$ on the real line　413

對角化　diagonalize　211

對角矩陣　diagonal matrix　210

對應於　corresponding to　199

對應齊次方程式　associated homogeneous equation　44

維數　dimension　150

與路徑無關　independence of path　300

遞迴關係式　recurrence relation　73

領導元素　leading entry　164

齊次　homogeneous　41, 230

齊次方程組　associated homogeneous system　237

齊次微分方程式　homogeneous differential equation　28

## 十五劃

增廣矩陣　augmented matrix　166
標準式　standard form　144, 226
標準單位向量　standard unit vectors　144
歐勒微分方程式　Euler differential equation　66
熱方程式　heat equation　327, 405
範數　norm　126, 144, 251, 362
線性　linear　12, 39, 91
線性相依　linearly dependent　41, 148, 232
線性組合　linear combination　41, 146, 232
線性獨立　linearly independent　41, 148, 232
線積分　line integral　287
複數傅立葉級數　complex Fourier series　368
調和　harmonic　416
餘因子　cofactor　188

## 十六劃

獨立　independent　41
積分方程式　integral equation　115
積分因子　integrating factor　12
積分曲線　integral curve　2, 39
頻率　frequency　369, 371
頻率微分　frequency differentiation　381

## 十七劃

點積　dot product　134

## 十八劃

擴散方程式　diffusion equation　405
簡化列梯形式　reduced row echelon form　164
簡化式　reduced form　164
簡化的方程組　reduced system　171
簡化矩陣　reduced matrix　165
織成　span　147, 364
轉移矩陣　transition matrix　253
轉置　transpose　158

## 十九劃

邊界　boundary　329
邊界條件　boundary conditions　393

## 二十三劃

變換對　transform pair　335, 388